CÁLCULO
das funções de uma variável

O GEN | Grupo Editorial Nacional reúne as editoras Guanabara Koogan, Santos, Roca, AC Farmacêutica, Forense, Método, LTC, E.P.U. e Forense Universitária, que publicam nas áreas científica, técnica e profissional.

Essas empresas, respeitadas no mercado editorial, construíram catálogos inigualáveis, com obras que têm sido decisivas na formação acadêmica e no aperfeiçoamento de várias gerações de profissionais e de estudantes de Administração, Direito, Enfermagem, Engenharia, Fisioterapia, Medicina, Odontologia, Educação Física e muitas outras ciências, tendo se tornado sinônimo de seriedade e respeito.

Nossa missão é prover o melhor conteúdo científico e distribuí-lo de maneira flexível e conveniente, a preços justos, gerando benefícios e servindo a autores, docentes, livreiros, funcionários, colaboradores e acionistas.

Nosso comportamento ético incondicional e nossa responsabilidade social e ambiental são reforçados pela natureza educacional de nossa atividade, sem comprometer o crescimento contínuo e a rentabilidade do grupo.

CÁLCULO
das funções de uma variável

Volume 1

7ª EDIÇÃO

Geraldo Ávila

O autor e a editora empenharam-se para citar adequadamente e dar o devido crédito a todos os detentores dos direitos autorais de qualquer material utilizado neste livro, dispondo-se a possíveis acertos caso, inadvertidamente, a identificação de algum deles tenha sido omitida.

Não é responsabilidade da editora nem do autor a ocorrência de eventuais perdas ou danos a pessoas ou bens que tenham origem no uso desta publicação.

Apesar dos melhores esforços do autor, do editor e dos revisores, é inevitável que surjam erros no texto. Assim, são bem-vindas as comunicações de usuários sobre correções ou sugestões referentes ao conteúdo ou ao nível pedagógico que auxiliem o aprimoramento de edições futuras. Os comentários dos leitores podem ser encaminhados à **LTC — Livros Técnicos e Científicos Editora** pelo e-mail ltc@grupogen.com.br.

Direitos exclusivos para a língua portuguesa
Copyright © 2003 by Geraldo Severo de Souza Ávila
LTC — Livros Técnicos e Científicos Editora Ltda.
Uma editora integrante do GEN | Grupo Editorial Nacional

Reservados todos os direitos. É proibida a duplicação ou reprodução deste volume, no todo ou em parte, sob quaisquer formas ou por quaisquer meios (eletrônico, mecânico, gravação, fotocópia, distribuição na internet ou outros), sem permissão expressa da editora.

Travessa do Ouvidor, 11
Rio de Janeiro, RJ — CEP 20040-040
Tels.: 21-3543-0770 / 11-5080-0770
Fax: 21-3543-0896
ltc@grupogen.com.br
www.grupogen.com.br

CIP-BRASIL. CATALOGAÇÃO-NA-FONTE
SINDICATO NACIONAL DOS EDITORES DE LIVROS, RJ.

A972c
7.ed.
v.1

Ávila, Geraldo, (1933-2010)
Cálculo das funções de uma variável, volume 1 / Geraldo Ávila. - 7.ed., - [Reimpr.]. - Rio de Janeiro : LTC, 2018.

Inclui bibliografia e índice
ISBN 978-85-216-1370-1

1. Cálculo diferencial. 2. Cálculo integral. I. Título.

08-3759.	CDD: 515.33	
	CDU: 517.2	

*Para a minha neta Camila
com muito carinho*

Nota do Editor

O Prof. Geraldo Ávila, a quem a comunidade acadêmica muito deve, é um desses líderes eternos que, mesmo quando nos privam do seu convívio, permanecem conosco através de sua obra.

A ele nossa homenagem póstuma, e nosso reconhecimento pela contribuição de muitos anos na formação de uma geração de professores de Matemática.

Sumário

Prefácio xv
    Uma palavra com o professor xv
    Uma palavra com o estudante xvi
    Uma palavra com o professor e o estudante xvi
    Os agradecimentos xvii

1 Números reais e coordenadas na reta 1
    1.1   Números reais 1
           Números irracionais 2
           A raiz quadrada de 2 3
           Números reais 3
           Coordenadas na reta 3
        EXERCÍCIOS 4
        RESPOSTAS, SUGESTÕES E SOLUÇÕES 4
    1.2   Intervalos, valor absoluto e inequações 5
           Implicação e equivalência 6
           Desigualdades 7
           Valor absoluto 7
           Equações e inequações envolvendo o valor absoluto 8
        EXERCÍCIOS 13
        RESPOSTAS, SUGESTÕES E SOLUÇÕES 13
    1.3   Notas históricas 14
           Representação decimal 14
           Grandezas incomensuráveis 15

2 Equações e gráficos 17
    2.1   Coordenadas no plano 17
        EXERCÍCIOS 18
        RESPOSTAS, SUGESTÕES E SOLUÇÕES 18
    2.2   Equação da reta 18
           Declive ou coeficiente angular 18
           Equação da reta 21
           O declive ajuda na construção do gráfico 21
           Equação geral da reta 22
           Reta na forma segmentária 22
           Retas paralelas 23
        EXERCÍCIOS 25
        RESPOSTAS, SUGESTÕES E SOLUÇÕES 26
    2.3   Distância e perpendicularismo 26
           Retas perpendiculares 28
        EXERCÍCIOS 29
        RESPOSTAS, SUGESTÕES E SOLUÇÕES 30
    2.4   Equação da circunferência 30
           Completando quadrados 31
        EXERCÍCIOS 33
        RESPOSTAS, SUGESTÕES E SOLUÇÕES 33
    2.5   Nota histórica: Descartes e Fermat 34

3 Funções — 35

3.1 Funções e gráficos 35
- O que caracteriza uma função 36
- Terminologia e notação 36
- Uma notação precisa 37
- O contradomínio 37
- O argumento de uma função 37
- Gráfico e imagem 38
- Exemplos de funções 38
- Translação de gráficos 40
- Fórmulas aproximadas e modelos 41
- Modelos em ciências exatas 41
- EXERCÍCIOS 42
- RESPOSTAS, SUGESTÕES E SOLUÇÕES 42

3.2 A parábola 43
- Parábolas mais abertas e mais fechadas 44
- Parábolas transladadas 45
- A parábola $y = \sqrt{x}$ 47
- EXERCÍCIOS 48
- RESPOSTAS, SUGESTÕES E SOLUÇÕES 49

3.3 A Hipérbole 49
- Hipérboles do tipo $y = k/x$ 51
- Uma aplicação em Biologia 53
- Produção de calor no interior do Sol 53
- EXERCÍCIOS 54
- RESPOSTAS, SUGESTÕES E SOLUÇÕES 54

3.4 Notas históricas 55
- O simbolismo algébrico 55
- O conceito de função 56
- As seções cônicas 57
- Cálculo do calor produzido no Sol 60

4 Derivadas e limites — 61

4.1 Reta tangente e reta normal 61
- Razão incremental 62
- Reta tangente 62
- O declive como limite 63
- Reta normal 65
- EXERCÍCIOS 65
- RESPOSTAS, SUGESTÕES E SOLUÇÕES 66

4.2 Limite e continuidade 67
- Continuidade e valor intermediário 69
- Continuidade e descontinuidade 70
- Limites laterais 70
- Limites infinitos e limites no infinito 71
- EXERCÍCIOS 72
- RESPOSTAS, SUGESTÕES E SOLUÇÕES 73

4.3 A derivada 73
- Notação 76
- Continuidade das funções deriváveis 77
- EXERCÍCIOS 78
- RESPOSTAS, SUGESTÕES E SOLUÇÕES 78

4.4 Aplicações à Cinemática 79
- Velocidade instantânea 80
- Movimento uniformemente variado 80

	Equação horária	81
	EXERCÍCIOS	83
	RESPOSTAS, SUGESTÕES E SOLUÇÕES	84
4.5	Notas históricas	86
	As origens da ciência moderna	86
	Tycho Brahe e Johannes Kepler	86
	Galileu e o telescópio	87
	O Cálculo no século XVII	87
	A reta tangente segundo Fermat	87
	A reta normal segundo Descartes	88
	Curvas sem tangentes e movimento browniano	89
	Velocidade instantânea	90

5 O cálculo formal de derivadas — 91

5.1	Regras de derivação	91
	Derivada de x^n	91
	Derivada de uma soma	92
	Derivada de um produto	93
	Derivada de um quociente	94
	EXERCÍCIOS	94
	RESPOSTAS, SUGESTÕES E SOLUÇÕES	95
5.2	Função composta e regra da cadeia	96
	EXERCÍCIOS	99
	RESPOSTAS, SUGESTÕES E SOLUÇÕES	100
5.3	Funções implícitas	100
	EXERCÍCIOS	102
	RESPOSTAS, SUGESTÕES E SOLUÇÕES	102
5.4	Função inversa	104
	Definição de função inversa	104
	Funções crescente e decrescente	105
	Derivada da função inversa	105
	EXERCÍCIOS	107
	RESPOSTAS, SUGESTÕES E SOLUÇÕES	108
5.5	Notas históricas	110
	O formalismo na Matemática	110
	Leibniz	110
	O sonho de Leibniz	110
	George Boole	111
	Gottlob Frege	111
	Os Fundamentos da Matemática	112

6 Derivadas das funções trigonométricas — 113

6.1	As funções trigonométricas	113
	As funções seno e co-seno	113
	Gráficos de seno e co-seno	115
	As funções tangente, co-tangente, secante e co-secante	117
	Uma função importante: $\text{sen}(1/x)$	118
	EXERCÍCIOS	119
	RESPOSTAS, SUGESTÕES E SOLUÇÕES	120
6.2	Identidades trigonométricas	120
	EXERCÍCIOS	122
	RESPOSTAS, SUGESTÕES E SOLUÇÕES	122
6.3	Derivadas das funções trigonométricas	122
	Derivada do seno	122
	Derivada do co-seno	124

Derivada das outras quatro funções trigonométricas 124

Dois exemplos importantes 126

EXERCÍCIOS 127

RESPOSTAS, SUGESTÕES E SOLUÇÕES 128

6.4 Formas indeterminadas 129

Formas do tipo 0/0 129

Formas do tipo ∞/∞ 132

Formas do tipo $\infty - \infty$ 133

EXERCÍCIOS 134

RESPOSTAS, SUGESTÕES E SOLUÇÕES 135

6.5 Funções trigonométricas inversas 136

A inversa da função seno 136

A inversa da função tangente 138

A inversa da função secante 138

EXERCÍCIOS 141

RESPOSTAS, SUGESTÕES E SOLUÇÕES 141

6.6 Notas históricas 142

Origens da trigonometria 142

Aristarco e a Astronomia 142

Hiparco e a precessão dos equinócios 144

Ptolomeu e a tabela de cordas 145

As funções trigonométricas 146

7 As funções logarítmica e exponencial 147

7.1 A função logarítmica 147

O logaritmo natural 148

O número e 148

Derivada do logaritmo 149

Logaritmo do produto, do quociente e de uma potência 151

Vários exemplos 152

Gráfico do logaritmo 154

EXERCÍCIOS 155

RESPOSTAS, SUGESTÕES E SOLUÇÕES 156

7.2 A função exponencial 157

Gráfico da exponencial 158

Propriedade fundamental 159

A exponencial a^x 159

As derivadas de e^x e a^x 161

A derivada de x^c 161

Vários exemplos 161

Logaritmo numa base qualquer 163

EXERCÍCIOS 164

RESPOSTAS, SUGESTÕES E SOLUÇÕES 165

7.3 As funções hiperbólicas 166

Interpretação geométrica 167

Propriedades adicionais das funções hiperbólicas 168

EXERCÍCIOS 168

RESPOSTAS, SUGESTÕES E SOLUÇÕES 169

7.4 Taxa de variação 169

Aplicações à Economia 172

EXERCÍCIOS 174

RESPOSTAS, SUGESTÕES E SOLUÇÕES 176

7.5 Notas históricas 178

A invenção dos logaritmos 178

Os logaritmos no cálculo numérico 179

Sumário

	Calculando com logaritmos	179
	Como Briggs construiu uma tábua de logaritmos	180
	As séries infinitas	181

8 Máximos e mínimos — 182

8.1	Máximos e mínimos	182
	Extremos locais e absolutos	182
	Extremos de funções contínuas	184
	Vários exemplos	187
	Exercícios	189
	Respostas, Sugestões e Soluções	190
8.2	O Teorema do Valor Médio	191
	Funções crescentes e decrescentes	194
	Testes das derivadas primeira e segunda	195
	Exercícios	198
	Respostas, Sugestões e Soluções	199
8.3	Problemas de máximos e mínimos	201
	Exercícios	207
	Respostas, Sugestões e Soluções	209
8.4	Notas históricas	210
	O Princípio de Fermat e as leis da Óptica Geométrica	210

9 Comportamento das funções — 212

9.1	Regra de L'Hôpital	212
	Interpretação geométrica	213
	Vários exemplos	214
	A lentidão do logaritmo	215
	O crescimento exponencial	216
	Outras formas indeterminadas	216
	O número e	217
	Exercícios	218
	Respostas, Sugestões e Soluções	218
9.2	Concavidade, inflexão e gráficos	219
	Exercícios	221
	Respostas, Sugestões e Soluções	222
9.3	Aplicações da função exponencial	223
	Juros compostos	223
	Capitalização contínua	224
	Crescimento populacional	226
	Desintegração radioativa	227
	A meia-vida	229
	Idades geológicas	230
	Pressão atmosférica	230
	Circuito elétrico	231
	Exercícios	232
	Respostas, Sugestões e Soluções	233
9.4	Notas históricas	234
	Os naturalistas	234
	Idades geológicas	235
	O carbono-14 e as idades arqueológicas	235

10 O Cálculo Integral — 237

10.1	Primitivas	237
	Exercícios	238
	Respostas, Sugestões e Soluções	238

10.2	O conceito de integral		239
	Funções integráveis		240
	Quando o integrando é negativo		240
	Propriedades da integral		241
	Teorema Fundamental do Cálculo		242
	Integral definida e integral indefinida		243
	Usando primitivas para calcular integrais		244
	Vários exemplos		244
	EXERCÍCIOS		246
	RESPOSTAS, SUGESTÕES E SOLUÇÕES		247
10.3	Funções com saltos e desigualdades		247
	Desigualdades		249
	EXERCÍCIOS		250
	RESPOSTAS, SUGESTÕES E SOLUÇÕES		250
10.4	Integrais impróprias		251
	Observações importantes		252
	EXERCÍCIOS		255
	RESPOSTAS, SUGESTÕES E SOLUÇÕES		256
10.5	A integral de Riemann		256
	Definição de integral		256
	Trabalho e energia		259
	Movimento de queda livre		260
	Velocidade de escape		261
	EXERCÍCIOS		262
	RESPOSTAS, SUGESTÕES E SOLUÇÕES		263
10.6	Notas históricas		264
	Arquimedes e a área do círculo		264
	Arquimedes e a área do segmento de parábola		265
	Bernhard Riemann		265

11 Métodos de integração — 267

11.1	Integração por substituição		267
	EXERCÍCIOS		270
	RESPOSTAS, SUGESTÕES E SOLUÇÕES		271
11.2	Integração por partes		271
	EXERCÍCIOS		274
	RESPOSTAS, SUGESTÕES E SOLUÇÕES		275
11.3	Funções definidas por integrais		275
	O logaritmo		275
	A função de distribuição normal		276
	A integral como instrumento para definir funções		276
	Funções elementares e transcendentes		277
	Métodos numéricos		277
11.4	Funções racionais		278
	Decomposição em frações simples		279
	EXERCÍCIOS		282
	RESPOSTAS, SUGESTÕES E SOLUÇÕES		283
11.5	Produtos de potências trigonométricas		283
	EXERCÍCIOS		286
	RESPOSTAS, SUGESTÕES E SOLUÇÕES		287
11.6	Substituição inversa		288
	EXERCÍCIOS		289
	RESPOSTAS, SUGESTÕES E SOLUÇÕES		289
11.7	Integrandos do tipo $R(e^x)$		289
	EXERCÍCIOS		290

11.8	Integrandos do tipo $R(\operatorname{sen} x, \cos x)$	290
	EXERCÍCIOS	292
	RESPOSTAS, SUGESTÕES E SOLUÇÕES	292
11.9	Integrandos do tipo $R(x, \sqrt{k \pm x^2})$	293
	EXERCÍCIOS	295
11.10	Integrandos do tipo $R(x, \sqrt{ax^2 + bx + c})$	296
	EXERCÍCIOS	296
11.11	Notas históricas	297
	Os mapas e a navegação	297
	O mapa de Mercator	298
	Quem foi Mercator	298
	A idéia e o trabalho de Mercator	299

Bibliografia comentada   302

Índice remissivo   305

Tabela de primitivas   309

Prefácio

Este livro é o primeiro de uma obra em dois volumes sobre o Cálculo das funções de uma variável. Lançado pela primeira vez em janeiro de 1978, já passou por sucessivas edições e reimpressões, sem ter sofrido grandes mudanças. Mas a presente edição apresenta modificações mais significativas que as anteriores. Alguns capítulos foram desdobrados em vários outros, seja por motivos didáticos, seja para enfatizar certos tópicos de maior importância. É este o caso das funções logarítmica e exponencial, que agora figuram em capítulo à parte. Do mesmo modo, as regras de L'Hôpital e as aplicações da função exponencial também aparecem à parte no Capítulo 9, permitindo dar mais ênfase a esses tópicos. O Capítulo 10, sobre a integral, foi bastante refundido no que diz respeito à apresentação desse conceito como limite de somas de Riemann. O texto foi revisado em várias de suas partes, para torná-lo mais claro ao leitor. As "Notas históricas" no final de cada capítulo têm sido muito apreciadas, tanto por estudantes como por colegas professores, por isso mesmo cuidamos de aumentá-las ainda mais.

Não obstante todas as modificações feitas, o livro guarda as mesmas características das edições anteriores. Todo o material é desenvolvido de maneira prática, utilizando bastante a intuição e a visualização geométrica. Mas isso não significa que adotamos atitudes "dogmáticas", dando "receitas" sem justificativas. Nada disso. Tanto é que vários dos exercícios propostos são do tipo "Demonstre", "Prove que", "Mostre que". O estudante tem de se exercitar em questões desse tipo; não há como fazer Matemática sem demonstrar resultados, provar teoremas.

Uma palavra com o professor

Quando esse texto foi escrito, há mais de duas décadas, os estudantes chegavam ao ensino superior com graves deficiências de formação básica, daí a necessidade da inclusão de tópicos do ensino médio, como noções de Geometria Analítica, funções — particularmente o logaritmo e a exponencial — e Trigonometria. Infelizmente, a situação não melhorou, desde, pelo menos, 1968, ano esse que marca o início da grande expansão do ensino superior. Por causa disso, esses mesmos tópicos continuam presentes no livro. Mas o Cálculo propriamente só se inicia no Capítulo 4, com o conceito de derivada. Portanto, fica a critério do professor decidir exatamente onde, no livro, iniciar seu curso. Isso vai depender muito de seus objetivos e do nível de preparo básico de seus alunos.

Ao longo de meio século de carreira acadêmica, tivemos oportunidade de testemunhar várias mudanças no ensino da Matemática. Muitas delas trouxeram inovações importantes, como a ênfase que se procura dar atualmente à participação ativa do aluno no aprendizado, ao mesmo tempo que se atribui menor papel às aulas expositivas. Mas outras são modismos passageiros. Dentre estes lembro-me do que aconteceu a partir de 1965 nos Estados Unidos. Propalava-se então a idéia de que o advento do computador dispensava o ensino da "Matemática do contínuo", vale dizer, do Cálculo, como ele era ensinado tradicionalmente; e que a derivada deveria ser ensinada por métodos discretos, com o auxílio do computador. Vários textos "modernos" de Cálculo surgiram naquela época, seguindo essa linha de pensamento, mas em poucos anos o modismo passou e esses livros desapareceram.

A partir de 1985 aproximadamente surgiu, também nos Estados Unidos, um movimento de renovação dos livros e do ensino de Cálculo. Isso trouxe boas contribuições, como a já mencionada ênfase no papel ativo do aluno no aprendizado, mas também tem acarretado inconvenientes, tanto na insistência do uso exagerado de "softwares", como num ensino tipo "receituário", sem a devida apresentação de conceitos e teorias que o justifiquem. Temos acompanhado esses desenvolvimentos, cientes das virtudes de certas inovações, porém sem prejuízo da preservação de valores consagrados do ensino. Cremos que a utilização de softwares é vantajosa, desde que não substitua nem prejudique a apresentação tradicional das técnicas do Cálculo. É preciso também que haja disciplinas separadas (de Cálculo Numérico e Equações Diferenciais, por exemplo), em que softwares sejam utilizados inteligentemente, isto é, sem que o aluno deixe de ser informado sobre as teorias matemáticas a eles subjacentes.[1] Não podemos nos esquecer de que um primeiro curso de Cálculo exige muito em termos de trabalho puramente matemático. Além da quantidade de matéria a ser coberta num tal curso, os novos conceitos e técnicas a serem desenvolvidos precisam ser tratados com cuidados especiais: os alunos não apenas estão entrando em contato com idéias totalmente novas, mas todo esse material — como os conceitos de derivada e integral, e as técnicas a eles associados — contrasta bastante com a Matemática do ensino médio. Isso significa, a nosso ver, que os softwares devem servir apenas como instrumento que facilite cálculos laboriosos, onde isso for possível e conveniente, mesmo porque não vemos onde um software possa ser utilizado com vantagem no desenvolvimento de conceitos e idéias do Cálculo.

Essas considerações — necessariamente breves — são inseridas aqui para alertar nossos colegas professores sobre as muitas virtudes do ensino tradicional; e sobre os perigos dos atuais modismos, tanto os de natureza computacional como os do ensino de fatos matemáticos sem justificações teóricas. Nosso livro está estruturado dentro de uma filosofia de ensino da Matemática que acolhe inovações inteligentes e proveitosas, sem prejuízo de valores antigos e consagrados.

Uma palavra com o estudante

Ninguém aprende Matemática ouvindo o professor em sala de aula, por mais organizadas e claras que sejam suas preleções, por mais que se entenda tudo o que ele explica. Isso ajuda muito, mas é preciso estudar por conta própria logo após as aulas, antes que o benefício delas desapareça com o tempo. Portanto, você, leitor, não vai aprender Matemática porque assiste aulas, mas porque estuda. E esse estudo exige muita disciplina e concentração: estuda-se sentado à mesa, com lápis e papel à mão, prontos para serem utilizados a todo momento. Você tem de interromper a leitura com freqüência para ensaiar a sua parte: fazer um gráfico ou diagrama, escrever alguma coisa ou simplesmente rabiscar uma figura que ajude a seguir o raciocínio do livro, sugerir ou testar uma idéia; escrever uma fórmula, resolver uma equação ou fazer um cálculo que verifique se alguma afirmação do livro está mesmo correta. Por isso mesmo, não espere que o livro seja completo, sem lacunas a serem preenchidas pelo leitor; do contrário, esse leitor será induzido a uma situação passiva, quando o mais importante é desenvolver as habilidades para o trabalho independente, despertando a capacidade de iniciativa individual e a criatividade. Você estará fazendo progresso realmente significativo quando sentir que está conseguindo aprender sozinho, sem ajuda do professor; quando sentir que está realmente "aprendendo a aprender".

Os exercícios são uma das partes mais importantes do livro. De nada adianta estudar a teoria sem aplicar-se na resolução dos exercícios propostos. Muitos desses exercícios são complementos da teoria e não podem ser negligenciados, sob pena de grande prejuízo no aprendizado. Como em outros livros de nossa autoria, as listas de exercícios são sempre seguidas de respostas para a maioria deles, sugestões para alguns e soluções para os mais difíceis ou menos familiares. Mas o leitor precisa saber usar esses recursos com proveito, só consultando-os após razoável esforço próprio. E não espere que uma sugestão ou resolução seja completa, às vezes é apenas uma dica para dar início ao trabalho independente do leitor.

Uma palavra com o professor e o estudante

Livros, é claro, são feitos para serem lidos. Infelizmente, muitos livros didáticos são pouco utilizados de maneira adequada. O presente livro foi escrito com especial atenção ao leitor. E uma das coisas que mais nos agradam a seu respeito são os comentários que muitas vezes recebemos de estudantes que o utilizaram ou o utilizam, observando que se trata de um texto claro e de fácil compreensão. Houve mesmo quem nos escrevesse dizendo, entre outras coisas, que conseguia estudar pelo livro sem precisar de ajuda de professor.

É exatamente esta a atitude que esperamos dos leitores: que utilizem o livro por iniciativa própria. O professor não tem obrigação de "repetir" o livro em sala de aula; nem deve fazer isso. A nosso ver, uma preleção deve ser utilizada para "esboçar as idéias", enfatizar os pontos mais importantes, demonstrar um teorema ou outro, deixando aos alunos a tarefa de descer aos detalhes em seu trabalho individual. Uma preleção ininterrupta de mais de meia hora pode começar a ficar cansativa e pouco produtiva. A nosso ver, o professor deve utilizar parte da aula para

---

[1]Veja nosso artigo no número 19 da Revista Matemática Universitária (da Sociedade Brasileira de Matemática), dezembro de 1995, abordando essa questão.

Prefácio xvii

resolver dificuldades encontradas no texto, esclarecer dúvidas, ajudar na resolução de exercícios, esclarecer o significado de uma definição ou a demonstração de um teorema. O aluno não deve e não pode esperar que o professor faça exposições detalhadas de tudo o que se encontra no livro, mas que esteja disponível para ajudar. Nada justifica o aluno dizer "ah, o professor não ensinou isso", mesmo porque é impossível "ensinar" tudo. O aluno precisa "aprender a aprender". Muitos de nós professores já tivemos oportunidade de ministrar várias disciplinas que nunca estudamos em cursos; mas que tivemos de aprender por conta própria. Para dar um exemplo bem concreto e simples de compreender, imagine um cardiologista com dez anos de formado. Para manter-se como profissional atualizado e competente, ele certamente já teve de aprender muitas coisas que nunca lhe foram ensinadas quando estudante! Um oncologista clínico é outro bom exemplo; ele tem de estar se atualizando permanentemente, e aprendendo coisas novas que nunca viu na faculdade. Isso é verdade não só das especialidades médicas, mas praticamente de todas as profissões e áreas do conhecimento.

É necessário também que o estudante "cultive" o que lhe foi ensinado, o que estudou, o que aprendeu. Mesmo o que tenha sido bem aprendido, se não for sempre cuidado, acaba por se perder. O professor sabe muito bem disso, pois quando é chamado a ministrar certa disciplina, invariavelmente tem de se preparar, mesmo que já tenha ministrado essa disciplina em semestres anteriores. Enfim, o professor deve ser visto mais como um colega de maior experiência que está ali para ajudar do que alguém que sabe tudo.

O professor jamais saberá tudo. O estudante não espere, pois, que seu mestre esteja pronto para responder a qualquer pergunta de improviso. No trato de alguma questão que exija esclarecimento durante a aula, pode acontecer que o professor não tenha resposta pronta, sendo natural ele dizer, depois de alguma reflexão: "tenho de pensar mais sobre isso até a próxima aula, vamos passar a outro assunto agora para não perdermos tempo". A propósito, um dos melhores professores que eu tive — por sinal, um dos mais ilustres matemáticos ainda vivos — raramente terminava a resolução de algum problema ou demonstração de um teorema em sala de aula. Freqüentemente, como não se lembrava mesmo como continuar, deixava essas questões como tarefas para os alunos. Eram tarefas muito proveitosas, pois o mestre não as deixava de vez; fazia comentários esclarecedores sobre o significado maior dos teoremas ou do desenvolvimento da teoria.

A propósito dessas várias observações sobre ensino, recomendamos, especialmente aos colegas professores, o artigo que publicamos no número 32 da já citada Revista Matemática Universitária, junho de 2002.

Os agradecimentos

Queremos registrar aqui os nossos agradecimentos a todos que nos ajudaram no preparo desta edição. Agradecemos, em especial, a Roberto dos Santos Melo Oliveira, que cuidou da elaboração das figuras e montagem do texto no sistema LATEX. Sua paciente e persistente dedicação foi valiosa e decisiva na resolução dos muitos problemas que encontrávamos a todo momento. Agradecemos aos nossos Editores pelo continuado interesse em nosso trabalho e pelo apoio que sempre nos deram; e a toda a equipe da LTC Editora, que muito nos ajudou durante todo o tempo de preparação do livro. Queremos agradecer também aos colegas professores e a todos os leitores que têm feito sugestões construtivas ou apontado erros a corrigir. Esperamos que isto continue acontecendo, seja por comunicação direta a nós ou através da própria Editora.

Geraldo Ávila
Brasília, abril de 2003

CÁLCULO

das funções de uma variável

Capítulo 1

Números reais
e coordenadas na reta

Este primeiro capítulo é uma recordação de matéria do ensino médio. Contém uma explicação sucinta e prática do que são números racionais, irracionais e números reais, enfatizando propriedades desses números que recebem pouca atenção no ensino médio. Um tratamento mais completo dos números reais não é necessário num primeiro curso de Cálculo, onde já há várias outras prioridades a serem tratadas.

Especial atenção deve-se dar aos tópicos "valor absoluto", "desigualdades" e "inequações". Embora matéria do ensino médio, são tópicos que costumam causar dificuldades aos alunos. Eles devem se exercitar nas técnicas expostas; e para isso contam com uma profusão de exemplos resolvidos e exercícios propostos, mas precisam ser advertidos e estimulados a se dedicarem ao estudo dos exemplos e à resolução dos exercícios.

1.1 Números reais

Comecemos recordando os diferentes tipos de números, com os quais o leitor já se familiarizou em seus estudos anteriores. Temos, primeiro, os *números naturais* ou *inteiros positivos*: 1, 2, 3, etc. Juntando-se a eles o zero e os inteiros negativos, $-1, -2, -3$, etc., obtemos o conjunto de todos os *números inteiros*: $0, \pm 1, \pm 2, \pm 3$, etc. Se a este conjunto acrescentamos as frações, obtemos o chamado conjunto dos *números racionais*. Assim, número racional é todo número que pode ser representado na forma p/q, onde p e q são inteiros e q é diferente de zero, como

$$\frac{2}{3}, \quad \frac{7}{5}, \quad \frac{-5}{9}, \quad \frac{4}{7}, \quad \frac{5}{-3}.$$

Em particular, os números inteiros são desse tipo. Por exemplo, $5/1$, $10/2$, $35/7$ ou $15/3$ são frações que representam o mesmo número inteiro 5.

Convém lembrar que p/q representa a divisão de p por q. As expressões

$$\frac{-p}{q}, \quad \frac{p}{-q} \quad \text{e} \quad -\frac{p}{q}$$

representam o mesmo número racional. Por exemplo,

$$\frac{-2}{3} = \frac{2}{-3} = -\frac{2}{3}.$$

Para se obter a representação decimal de uma fração ordinária p/q, basta efetuar a divisão de p por q, considerando p decimal. Exemplos:

$$\frac{3}{4} = \frac{3,00}{4} = 0,75; \quad \frac{2}{5} = \frac{2,0}{5} = 0,4; \quad \frac{133}{32} = 4,15625;$$

$$\frac{2}{3} = \frac{2,000\ldots}{3} = 0,666\ldots \text{ (período 6)}; \quad \frac{512}{11} = \frac{512,000\ldots}{11} = 46,545454\ldots \text{ (período 54)}.$$

Nessas conversões, se o denominador só contiver os fatores primos de 10, que são 2 e 5, obteremos sempre decimais exatas, e é fácil ver a razão disso: podemos introduzir fatores 2 e 5 no denominador em número suficiente para transformá-lo em potência de 10. Fazendo isso, é claro que temos de compensar, introduzindo os mesmos fatores no numerador. Exemplos:

$$\frac{1}{2} = \frac{1 \times 5}{2 \times 5} = \frac{5}{10} = 0,5;$$

$$\frac{3}{5} = \frac{3 \times 2}{5 \times 2} = \frac{6}{10} = 0,6;$$

$$\frac{17}{20} = \frac{17}{2^2 \times 5} = \frac{17 \times 5}{2^2 \times 5^2} = \frac{85}{100} = 0,85;$$

$$\frac{13}{25} = \frac{13}{5^2} = \frac{2^2 \times 13}{2^2 \times 5^2} = \frac{52}{100} = 0,52.$$

Ao contrário, se o denominador contiver algum fator primo diferente de 2 e 5, a fração ordinária (em forma irredutível!) terá representação decimal periódica. Exemplos:

$$\frac{5}{6} = 0,833\ldots; \quad \frac{3}{22} = 0,13636\ldots; \quad \frac{70}{11} = 6,3636\ldots; \quad \frac{2}{11} = 0,1818\ldots$$

Vemos, assim, que as representações decimais das frações ordinárias são de dois tipos apenas: decimais finitas e decimais periódicas.

```
5,00000000 | 7
  10         0, 714285 71...
   30            período
    20
    60
     40
      50
       10
```

E para bem compreender que essas são as únicas possibilidades, consideremos, em detalhe, o exemplo concreto da conversão de $5/7$ em decimal. Na primeira divisão (de 50 por 7) obtemos o resto 1; depois, os restos 3, 2, 6, 4 e 5. No momento em que obtemos o resto 5, que já ocorreu antes, sabemos que os algarismos do quociente voltarão a se repetir. Isto certamente acontecerá, pois os possíveis restos de qualquer divisão por 7 são 0, 1, 2, 3, 4, 5 e 6, donde vemos, também, que o período terá no máximo seis algarismos.

Números irracionais

Existem números cuja representação decimal não é nem finita nem periódica. Números como esses são chamados *números irracionais*. É fácil produzir números irracionais; basta inventar uma regra de formação que não permita aparecer período. Exemplos:

$$0,20\,200\,2000\,20000\ldots; \quad 0,35\,355\,3555\,35555\ldots; \quad 0,17\,1177\,111777\,11117777\ldots$$

Um exemplo importante de número irracional é o conhecido número π, dado aqui com suas primeiras 30 casas decimais:

$$\pi = 3,141592653589793238462643383279\ldots$$

O fato de não vermos período nas aproximações de π, por mais que aumentemos essas aproximações, não prova que π seja irracional, pois é concebível que o período tenha milhões, bilhões, trilhões de algarismos — ou mais! Sabemos que π é irracional porque isto pode ser *demonstrado* rigorosamente, assim como se demonstra que a soma dos ângulos de qualquer triângulo é $180°$, ou que todo número composto se decompõe em fatores primos.

A raiz quadrada de 2

Parece que o primeiro número irracional a ser descoberto foi $\sqrt{2}$. Em geral, é difícil saber se um dado número é irracional ou não, como é o caso do número π, cuja demonstração de irracionalidade não é simples. Bem mais fácil é demonstrar que o número $\sqrt{2}$ é irracional. Vamos fazer essa demonstração raciocinando por absurdo. Se $\sqrt{2}$ fosse racional, haveria dois inteiros positivos p e q, tais que $\sqrt{2} = p/q$, sendo p/q uma fração irredutível, isto é, p e q primos entre si, ou seja, eles não têm divisor comum maior do que 1. Elevando essa igualdade ao quadrado, obtemos $2 = p^2/q^2$, donde

$$p^2 = 2q^2. \tag{1.1}$$

Isso mostra que p^2 é par, donde concluímos que p também é par (se p fosse ímpar, p^2 seria ímpar), digamos $p = 2r$, com r inteiro. Substituindo na Eq. (1.1), obtemos

$$4r^2 = 2q^2, \quad \text{ou} \quad q^2 = 2r^2.$$

Daqui concluímos, como no caso de p, que o número q também deve ser par. Isto é absurdo, pois então p e q são ambos divisíveis por 2, e p/q não é fração irredutível. O absurdo a que chegamos é conseqüência da hipótese que fizemos no início, de que $\sqrt{2}$ fosse racional. Somos, assim, forçados a afastar essa hipótese e concluir que $\sqrt{2}$ é irracional.

Números reais

Número real é todo número que é racional ou irracional. Observe que os números naturais e os números inteiros são casos particulares de números racionais, de forma que quando dizemos que um número é racional fica aberta a possibilidade de ele ser um número inteiro (positivo ou negativo) ou simplesmente um número natural.

A totalidade de todos os números racionais e irracionais é o chamado conjunto dos *números reais*.

Coordenadas na reta

Sempre que falarmos em número, sem qualquer qualificação, entenderemos tratar-se de número real. Os números reais têm uma representação simples e muito útil, por meio dos pontos de uma reta. Para isso, tomamos um ponto qualquer de uma reta e a ele associamos o número zero; esse ponto é chamado *origem*. Escolhemos, em seguida, uma unidade de comprimento e marcamos cada ponto P da reta com um número real r, que dá a medida do segmento OP em função da unidade de comprimento escolhida (Fig. 1.1).

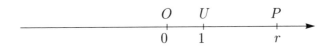

Figura 1.1

Os pontos que ficam de um só lado da origem são marcados com números positivos; os do outro lado são marcados com números negativos. O número r que marca o ponto P é chamado *coordenada* de P ou *abscissa* de P. Uma reta em que a cada ponto se associa a sua abscissa pelo processo descrito é chamada *reta numérica, eixo real* ou simplesmente *eixo*. Ela fica orientada, pois nela podemos distinguir dois sentidos de percurso: *sentido positivo*, que é o das coordenadas crescentes, e *sentido negativo*, sentido oposto ou das coordenadas decrescentes. Quando só lidamos com um eixo isolado, é costume desenhá-lo na horizontal, tomar o sentido positivo como sendo da esquerda para a direita e indicar esse sentido com uma seta. A Fig. 1.2 mostra um eixo com várias abscissas assinaladas.

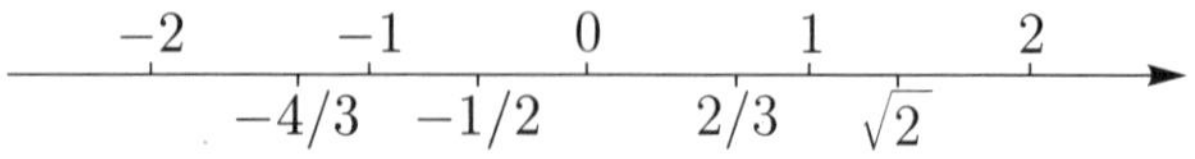

4   Capítulo 1   Números reais e coordenadas na reta

Figura 1.2

Num eixo, como os números são representados por pontos, é costume designar um número x pelo ponto que o representa. Daí falarmos freqüentemente em "ponto x" em vez de "número x".

Exercícios

1. Prove que a dízima periódica $0,232323\ldots$ é igual a $23/99$.

Reduza à forma de fração ordinária as dízimas periódicas dos Exercícios 2 a 10.

2. $0,777\ldots$ **3.** $1,666\ldots$ **4.** $0,370370\ldots$ **5.** $1,2727\ldots$ **6.** $0,343343\ldots$

7. $0,0909\ldots$ **8.** $21,4545\ldots$ **9.** $3,0202\ldots$ **10.** $5,2121\ldots$

11. Estabeleça a seguinte regra: *toda dízima periódica simples* ("simples"quer dizer que o período começa logo após a vírgula) *é igual a uma fração ordinária, cujo numerador é igual a um período e cujo denominador é constituído de tantos 9 quantos são os algarismos do período.*

12. Prove que a dízima periódica $0,21507507\ldots$ é igual a

$$\frac{21507 - 21}{99900} = \frac{21486}{99900} = \frac{3581}{16650}.$$

Reduza à forma de fração ordinária os números decimais dos Exercícios 13 a 16.

13. $0,377\ldots$ **14.** $0,20505\ldots$ **15.** $3,266\ldots$ **16.** $0,0002727\ldots$

17. Prove que $\sqrt{3}$ é irracional.

18. Prove que $\sqrt{p}$ é irracional, onde $p > 1$ é um número primo qualquer.

19. Se a e b são números irracionais, é verdade que $(a+b)/2$ é irracional? Prove a veracidade dessa afirmação ou dê um contra-exemplo, mostrando que ela é falsa.

20. Prove que a soma ou a diferença entre um número racional e um número irracional é um número irracional. Mostre, com um contra-exemplo, que o produto de dois números irracionais pode ser racional.

21. Prove que o produto de um número irracional por um número racional diferente de zero é um número irracional.

22. Prove que se r for um número irracional então $1/r$ também o será.

23. Prove que se x e y forem números irracionais tais que $x^2 - y^2$ seja racional não-nulo, então $x+y$ e $x-y$ serão ambos irracionais. Exemplo: $\sqrt{3} + \sqrt{2}$ e $\sqrt{3} - \sqrt{2}$.

Respostas, sugestões e soluções

1. Seja $x = 0,232323\ldots$ Então, $100x = 23,2323\ldots$, donde $100x = 23 + x$, donde $x = 23/99$.

3. $1 + 6/9 = 5/3$.   **4.** $10/27$.   **5.** $14/11$.   **7.** $1/11$.   **9.** $3 + 2/99$.

11. Denotemos com $x = 0, a_1 a_2 \ldots a_r\ a_1 a_2 \ldots a_r \ldots$ uma dízima periódica simples, cujo período possui os r algarismos $a_1, a_2, \ldots, a_r$. Multiplicando ambos os membros da igualdade por 10^r, obtemos

$$10^r x = a_1 a_2 \ldots a_r + x, \quad \text{donde} \quad x = \frac{a_1 a_2 \ldots a_r}{10^r - 1}.$$

Isso estabelece a regra formulada, pois $10^r - 1$ é um número formado de r algarismos 9; assim,

$$\text{se } r = 3, \ 10^r - 1 = 999; \text{ se } r = 4, \ 10^r - 1 = 9999, \text{ etc.}$$

1.2 Intervalos, valor absoluto e inequações

12. $x = 0,21\,507\,507\ldots$, donde $100x = 21 + 0,507\,507\ldots$, donde

$$100x = 21 + \frac{507}{999} = \frac{21 \times 999 + 507}{999} = \frac{21(1000-1) + 507}{999} = \frac{21507 - 21}{999},$$

$$\text{donde } x = \frac{21507 - 21}{99900} = \frac{21486}{99900}.$$

Dividindo numerador e denominador por 6, obtemos, finalmente, $x = 3581/16650$.

15. Seja $x = 3,266\ldots$ Então, $10x = 32 + 2/3 = 98/3$, donde $x = 98/30 = 49/15$.

18. A resolução deste exercício e do exercício anterior utiliza o mesmo raciocínio do texto no caso de $\sqrt{2}$. Se $\sqrt{p}$ fosse racional, teríamos $\sqrt{p} = m/n$, com m e n primos entre si. Então, $p = m^2/n^2$, donde $m^2 = pn^2$. Isso mostra que m^2 é divisível por p; logo, m também é divisível por p, ou seja, $m = rp$, com r inteiro. Daqui e de $m^2 = pn^2$ segue-se que $r^2p^2 = pn^2$, donde $n^2 = pr^2$, significando que n também é divisível por p. Mas isto é absurdo, senão m e n seriam ambos divisíveis por p e m/n não seria fração irredutível. O absurdo a que chegamos é conseqüência da hipótese inicial de que $\sqrt{p}$ fosse racional. Somos assim forçados a afastar esta hipótese e concluir que $\sqrt{p}$ é irracional.

19. Afirmação falsa. Basta tomar $a = 10 + \sqrt{2}$ e $b = -\sqrt{2}$, que são números irracionais. No entanto, $(a+b)/2 = 5$ é racional.

20. Sejam a um número racional e α um número irracional. Se $x = a + \alpha$ fosse racional, então $\alpha = x - a$ seria racional (por ser a diferença de dois racionais), o que é absurdo. Assim, concluímos que $a + \alpha$ é irracional. Prove, do mesmo modo, que $a - \alpha$ e $\alpha - a$ são irracionais.

21. Sejam α irracional e $a \neq 0$ racional. Se $x = a\alpha$ fosse racional, o mesmo seria verdade de $\alpha = x/a$, o que é absurdo.

23. Lembramos que $(x+y)(x-y) = x^2 - y^2$. Se um dos fatores, digamos, $x+y$, fosse racional, então $x-y$ também o seria, pois $x - y = (x^2 - y^2)/(x+y)$. Então, x e y também seriam racionais, pois

$$x = \frac{(x+y)+(x-y)}{2} \quad \text{e} \quad y = \frac{(x+y)-(x-y)}{2}.$$

O leitor deve repetir o raciocínio supondo $x - y$ racional.

1.2 Intervalos, valor absoluto e inequações

Dados dois números a e b, com $a < b$, chamamos *intervalo aberto* de extremos a e b ao conjunto (a, b) dos números maiores que a e menores que b. Em notação de conjuntos, escrevemos:

$$(a, b) = \{x \colon a < x < b\},$$

que lemos, "o intervalo (a, b) é igual ao conjunto de todos os números entre a e b" (Fig. 1.3).

Figura 1.3   Figura 1.4

Se incluirmos os extremos a e b no intervalo, então ele será denominado *intervalo fechado* e denotado com o símbolo $[a, b]$ (Fig. 1.4):

$$[a, b] = \{x \colon a \leq x \leq b\}.$$

O intervalo pode também ser *semifechado* ou *semi-aberto*, como nos exemplos seguintes (Fig. 1.5):

$$[-3, 1) = \{x \colon -3 \leq x < 1\} \quad \text{e} \quad (3, 5] = \{x \colon 3 < x \leq 5\}.$$

Figura 1.5

Introduzindo os símbolos $-\infty$ e $+\infty$, podemos considerar todo o eixo real como um intervalo:

$$(-\infty, +\infty) = \{x\colon -\infty < x < +\infty\}.$$

Adotamos notação análoga para semi-eixos fechados ou abertos na extremidade finita. Exemplos (Fig. 1.6):

$$(-\infty, 3) = \{x\colon -\infty < x < 3\} \quad \text{e} \quad [7, +\infty) = \{x\colon 7 \leq x < +\infty\}.$$

Figura 1.6

Implicação e equivalência

Chama-se "proposição" a uma afirmação qualquer, como "3 é um número", "15 é divisível por 3", "$ABCD$ é um quadrado", "a soma dos ângulos internos de qualquer triângulo é 180°", etc.

Quando escrevemos "$A \Rightarrow B$", queremos dizer que a proposição A implica (ou acarreta) a proposição B. Por exemplo, A pode significar "N é divisível por 9" e B pode significar "N é divisível por 3". Neste caso, podemos escrever, concretamente:

$$N \text{ é divisível por } 9 \;\Rightarrow\; N \text{ é divisível por } 3.$$

Mas a recíproca não é verdadeira; não podemos escrever

$$N \text{ é divisível por } 3 \;\Rightarrow\; N \text{ é divisível por } 9.$$

De fato, sempre que um número for divisível por 9 — como 9, 18, 27, etc. —, ele será necessariamente divisível por 3; mas um número pode muito bem ser divisível por 3 — como 6, 12, 15, 21, etc. —, sem ser divisível por 9.

Veja: dissemos que N será necessariamente divisível por 3 se for divisível por 9. Dito de outra maneira, "ser divisível por 3" é condição necessária de "ser divisível por 9". Mais formalmente, quando $A \Rightarrow B$, dizemos que B é *condição necessária* de A; vale dizer, acontecendo A, necessariamente acontecerá B. Mas B pode acontecer sem que A aconteça. Por outro lado, A é *condição suficiente* de B, pois A sendo verdadeira, B também o será.

Assim, "ser divisível por 3" é condição necessária para um número ser divisível por 9, mas não é suficiente; e "ser divisível por 9" é condição suficiente para um número ser divisível por 3, mas não é condição necessária.

Quando temos, ao mesmo tempo,
$$A \Rightarrow B \quad \text{e} \quad B \Rightarrow A,$$

costumamos escrever $A \Leftrightarrow B$. Neste caso, qualquer uma das duas proposições (A e B) é ao mesmo tempo condição necessária e suficiente da outra. Costuma-se também dizer que elas são *equivalentes*. Exemplo:

$$x + 3 = 5 \;\Leftrightarrow\; x = 2,$$

ou seja,

$$(x + 3 = 5 \Rightarrow x = 2) \quad \text{e} \quad (x = 2 \Rightarrow x + 3 = 5).$$

1.2 Intervalos, valor absoluto e inequações

Ao resolvermos equações, costumamos transformá-las, sucessivamente, em outras equivalentes, como neste exemplo:

$$3x - 7 = 13 - 2x \Leftrightarrow 3x + 2x = 13 + 7 \Leftrightarrow 5x = 20 \Leftrightarrow x = 4.$$

Mas observe que, embora essas equações sejam todas equivalentes entre si, é costume indicar as implicações apenas no sentido em que vão sendo obtidas. Assim, o exemplo anterior costuma ser escrito assim:

$$3x - 7 = 13 - 2x \Rightarrow 3x + 2x = 13 + 7 \Rightarrow 5x = 20 \Rightarrow x = 4.$$

É claro que nesta última maneira de escrever não estamos dando todas as informações, pois não estamos indicando que as implicações valem também na direção oposta. Mas nada há de errado no que está escrito.

Desigualdades

Para lidar com desigualdades, usam-se as mesmas regras das igualdades, porém, com a seguinte ressalva:

> *uma desigualdade muda de sentido quando se multiplicam ou se dividem seus dois membros por um mesmo número negativo.*

Nos exemplos seguintes, estamos multiplicando por -1, o que equivale a trocar os sinais dos dois membros da desigualdade:

$$5 > 3 \Rightarrow -5 < -3; \quad 2 > -3 \Rightarrow -2 < 3; \quad -3 > -10 \Rightarrow 3 < 10.$$

Nos próximos exemplos estamos multiplicando ou dividindo por um número negativo diferente de -1:

$$2 > -3 \Rightarrow (-4)2 < (-4)(-3), \quad \text{ou seja,} \quad -8 < 12;$$

$$-2 < 7 \Rightarrow (-5)(-2) > (-5)7, \quad \text{ou seja,} \quad 10 > -35;$$

$$15 > -12 \Rightarrow \frac{15}{-3} < \frac{-12}{-3}, \quad \text{ou seja,} \quad -5 < 4.$$

Observe que multiplicar ou dividir por um número negativo é o mesmo que multiplicar ou dividir por um número positivo (o que não altera o sentido da desigualdade) e trocar os sinais de ambos os membros (alterando o sentido da desigualdade). Podemos, pois, dizer que a única diferença de comportamento entre igualdades e desigualdades é que

> *uma desigualdade muda de sentido quando se trocam os sinais de seus membros.*

Logo adiante utilizaremos essas propriedades das desigualdades para resolver "inequações", cujo procedimento é muito parecido com o modo de resolver equações.

Valor absoluto

O *valor absoluto* ou *módulo* de um número r, indicado pelo símbolo $|r|$, é definido como sendo r se $r \geq 0$, e como $-r$ se $r < 0$. Assim,

$$|5| = 5, \quad |0| = 0, \quad |-3| = -(-3) = 3.$$

Com essa definição, é fácil provar que o valor absoluto de um número é o mesmo que o de seu oposto, isto é, $|r| = |-r|$.[1] Vejamos alguns exemplos da igualdade $|r| = |-r|$:

$$\text{com } r = 2: \ |2| = |-2| = 2;$$

---

[1] Veja o Exercício 45 adiante.

com $r = -3$: $|-3| = |-(-3)| = |3| = 3$.

Observe que não se pode escrever $|-x| = x$, aliás um erro freqüente. Isto só é verdade se $r \geq 0$. Do mesmo modo, não se pode escrever $|x| = x$. O fato é que $|x| = x$ ou $-x$, dependendo de x ser positivo ou negativo. Com $x = -7$, a igualdade $|-x| = x$ ficaria sendo

$$|-(-7)| = -7, \quad \text{ou} \quad |7| = -7,$$

o que é falso.

Equações e inequações envolvendo o valor absoluto

Os alunos, em geral, têm dificuldades ao fazer manipulações algébricas de expressões que envolvem desigualdades e valor absoluto; e, para superar essas dificuldades, precisam se exercitar bastante com essas expressões. Por isso, damos a seguir vários exemplos de resolução de equações e inequações que não se deve desprezar; é a oportunidade que tem o leitor de desenvolver competência no assunto. No caso das inequações, as soluções, quando existem, constituem conjuntos de valores numéricos — um intervalo ou a união de intervalos. O leitor deve, em cada caso, representar, na reta numérica, esses conjuntos.

Exemplo 1. Resolver a equação $|5x - 7| = 13$.

Resolução. De acordo com a definição de valor absoluto, $5x - 7$ deve ser 13 ou -13, isto é,

$$|5x - 7| = 13 \Leftrightarrow (5x - 7 = 13 \ \text{ou} \ 5x - 7 = -13),$$

donde se segue que

$$|5x - 7| = 13 \ \Leftrightarrow \ (5x = 7 + 13 \ \text{ou} \ 5x = 7 - 13) \Leftrightarrow \left(x = \frac{20}{5} \ \text{ou} \ x = -\frac{6}{5} \right).$$

Concluímos, pois, que a equação dada tem soluções $x = 4$ e $x = -6/5$.

Observação. Esta última afirmação "$\dots x = 4$ e $x = -6/5$" significa "um valor e também o outro", não se atribuindo à conjunção "e" que aí aparece o sentido que lhe dá a lógica formal de "isto e aquilo ao mesmo tempo". Esse modo informal de falar — preferido pelos matemáticos profissionais — não pode dar margem a ambigüidades, pois é claro que x não pode ser igual a 4 e a $-6/5$ ao mesmo tempo.

Se dissermos "a solução é o conjunto $\{-6/5, 4\}$" ou "o conjunto-solução é $\{-6/5, 4\}$", estaremos sendo precisos na linguagem, mas, em muitos casos, particularmente neste que estamos considerando, isso é desnecessário, artificial, e até mesmo pedante.

Exemplo 2. Resolver a inequação $3(1 - x) + 7x < 33 - 4(5 - 2x)$.

Resolução. Devemos transformar a inequação de modo parecido com o procedimento usado para resolver equações, levando em conta a propriedade adicional das desigualdades, destacada anteriormente. Assim,

$$3 - 3x + 7x < 33 - 20 + 8x \Leftrightarrow -3x + 7x - 8x < 33 - 20 - 3$$

$$\Leftrightarrow -4x < 10 \Leftrightarrow x > \frac{10}{-4} = -\frac{5}{2} = -2,5.$$

Portanto, as soluções da inequação dada são todos os números $x > -2,5$.

Exemplo 3. Resolver a equação $|2x - 1| = |3 - 4x|$.

1.2 Intervalos, valor absoluto e inequações

Resolução. Novamente, pela definição de valor absoluto, $|2x - 1| = |3 - 4x|$ se e somente se

$$2x - 1 = 3 - 4x \quad \text{ou} \quad 2x - 1 = -(3 - 4x).$$

Como as soluções destas duas últimas equações são $x = 2/3$ e $x = 1$, respectivamente, concluímos que estas são também as soluções da equação dada.

Exemplo 4. Resolver a equação $|x - 5| = 1 - 2x$.

Resolução. Como o valor absoluto nunca é negativo, devemos ter $1 - 2x \geq 0$, ou seja, $x \leq 1/2$. Com essa ressalva, a equação dada equivale a

$$x - 5 = 1 - 2x \quad \text{ou} \quad x - 5 = -(1 - 2x)$$

$$\Leftrightarrow (x = 2 \quad \text{ou} \quad x = -4).$$

Ora, $x = 2$ é incompatível com $x \leq 1/2$; logo, a única solução da equação proposta é $x = -4$.

Exemplo 5. Resolver a equação $|2x - 6| = 6 - 2x$.

Resolução. Notemos que a expressão entre barras só difere do segundo membro no sinal, de sorte que a equação pode ser escrita na forma

$$|2x - 6| = -(2x - 6).$$

Por outro lado, qualquer que seja o número y, $|y| = -y \Leftrightarrow y \leq 0$. Assim, com $y = 2x - 6$, teremos

$$|2x - 6| = -(2x - 6) \Leftrightarrow 2x - 6 \leq 0.$$

Mas $2x - 6 \leq 0 \Leftrightarrow x \leq 3$. Assim, as soluções da equação dada são todos os números $x \leq 3$.

Exemplo 6. A equação $|x| = x - 6$ não tem solução. De fato, se $x \geq 0$, ela se reduz a $x = x - 6$, ou $0 = -6$, que é um absurdo. Se $x < 0$, então $|x| = -x$, e a equação fica sendo $-x = x - 6$, ou $x = 3$. Como esse resultado é incompatível com $x < 0$, concluímos que a equação dada não tem solução.

Exemplo 7. Resolver a inequação $\dfrac{3 + x}{3 - x} \leq 4$.

Resolução. Para eliminar o denominador, temos de multiplicar ambos os membros por $3 - x$. Mas não sabemos, de antemão, se $3 - x$ é positivo ou negativo ($3 - x$ não pode ser zero!). Temos, então, de considerar duas hipóteses.

1ª hipótese: $3 - x > 0$, ou seja, $x < 3$. Neste caso, a inequação equivale a

$$3 + x \leq 4(3 - x) \Leftrightarrow 3 + x \leq 12 - 4x \Leftrightarrow 5x \leq 9 \Leftrightarrow x \leq 9/5.$$

Esta condição, juntamente com $x < 3$, nos dá como solução parcial o semi-eixo $x \leq 9/5$.

2ª hipótese: $3 - x < 0$, ou seja, $x > 3$. Multiplicando, então, ambos os membros da inequação original por $3 - x$, ela muda de sentido e resulta em $3 + x \geq 4(3 - x)$. Resolvendo, obtemos $x \geq 9/5$. As duas condições, $x > 3$ e $x \geq 9/5$, conduzem à solução parcial $x > 3$. Concluímos, pois, que a inequação dada tem como soluções $x \leq 9/5$ e $x > 3$.

Exemplo 8. Resolver a inequação $\dfrac{5x - 16}{x - 2} < 3$.

Resolução. Como no exemplo anterior, fazemos aqui duas hipóteses.
1ª hipótese: $x > 2$. Então,

$$\frac{5x - 16}{x - 2} < 3 \Leftrightarrow 5x - 16 < 3x - 6 \Leftrightarrow 2x < 10 \Leftrightarrow x < 5.$$

De $x > 2$ e $x < 5$, obtemos como solução parcial o intervalo $2 < x < 5$.

$2^{\underline{a}}$ *hipótese:* $x < 2$. Neste caso,

$$\frac{5x - 16}{x - 2} < 3 \Leftrightarrow 5x - 16 > 3x - 6 \Leftrightarrow x > 5.$$

Isto é incompatível com a hipótese $x < 2$; assim, não encontramos qualquer solução com $x < 2$. Em conseqüência, as soluções da inequação dada são os números do intervalo $2 < x < 5$.

Exemplo 9. Resolver a inequação $\dfrac{1}{x + 7} > -1$.

Resolução. Também aqui fazemos duas hipóteses.

$1^{\underline{a}}$ *hipótese:* $x + 7 > 0$ ou $x > -7$. Neste caso, a desigualdade estará sempre satisfeita, pois seu primeiro membro é positivo, enquanto o segundo é negativo.

$2^{\underline{a}}$ *hipótese:* $x + 7 < 0$ ou $x < -7$. Então,

$$\frac{1}{x + 7} > -10 \Leftrightarrow 1 < -10(x + 7) \Leftrightarrow x < -7,1.$$

De $x < -7$ e $x < -7,1$, segue-se que $x < -7,1$, pois $-7,1 < -7$. Concluímos, pois, que a inequação dada tem como soluções os números $x < -7,1$ e $x > -7$.

Exemplo 10. Resolver a inequação $3x^2 + 5x - 2 \leq 0$.

Resolução. Primeiro determinamos as raízes da equação $3x^2 + 5x - 2 = 0$: $x' = -2$ e $x'' = 1/3$. Como sabemos, todo trinômio do $2^{\underline{o}}$ grau com discriminante não-negativo pode ser fatorado assim:

$$ax^2 + bx + c = a(x - x')(x - x''),$$

onde x' e x'' são as raízes da equação $ax^2 + bx + c = 0$. No caso concreto que estamos tratando, temos (note que $x - x' = x - (-2) = x + 2$):

$$3x^2 + 5x - 2 = 3(x + 2)(x - 1/3).$$

Como se aprende no ensino básico, as soluções da inequação aqui proposta são os números do intervalo das raízes, incluídas essas raízes: $-2 \leq x \leq 1/3$. Podemos chegar a essa conclusão diretamente, começando por notar que a inequação proposta se reduz a

$$(x + 2)(x - 1/3) \leq 0.$$

Isso significa que os dois fatores, $x + 2$ e $x - 1/3$, devem ser de sinais contrários, isto é,

$$(x + 2 \geq 0 \text{ e } x - 1/3 \leq 0) \quad \text{ou} \quad (x + 2 \leq 0 \text{ e } x - 1/3 \geq 0);$$

vale dizer, a solução procurada é a solução de

$$x \geq -2 \text{ e } x \leq 1/3$$

juntamente com a solução de

$$x \leq -2 \text{ e } x \geq 1/3.$$

Como estas duas últimas desigualdades são incompatíveis (isto é, não existe número x que as satisfaça simultaneamente), concluímos que as soluções da inequação inicial são os números do intervalo $-2 \leq x \leq 1/3$.

Exemplo 11. Resolver a inequação $4x^2 - 12x + 7 \geq 0$.

1.2 Intervalos, valor absoluto e inequações

Resolução. Notamos que as raízes da equação $4x^2 - 12x + 7 = 0$ são

$$x' = \frac{3 + \sqrt{2}}{2} \quad \text{e} \quad x'' = \frac{3 - \sqrt{2}}{2}.$$

Então,

$$4x^2 - 12x + 7 = 4\left(x - \frac{3 - \sqrt{2}}{2}\right)\left(x - \frac{3 + \sqrt{2}}{2}\right),$$

de sorte que a inequação proposta tem por soluções os números externos ao intervalo (aberto) das raízes. Como no exercício anterior, podemos ver isso diretamente, notando que os dois fatores nos parênteses acima devem ser ambos positivos ou ambos negativos:

$$x - \frac{3 - \sqrt{2}}{2} \geq 0 \quad \text{e} \quad x - \frac{3 + \sqrt{2}}{2} \geq 0,$$

juntamente com a solução de

$$x - \frac{3 - \sqrt{2}}{2} \leq 0 \quad \text{e} \quad x - \frac{3 + \sqrt{2}}{2} \leq 0.$$

As duas primeiras dessas desigualdades equivalem a $x \geq (3 + \sqrt{2})/2$, e as duas últimas equivalem a $x \leq (3 - \sqrt{2})/2$, já que $(3 + \sqrt{2})/2 > (3 - \sqrt{2})/2$. Então a inequação tem soluções $x \leq (3 - \sqrt{2})/2$ e $x \geq (3 + \sqrt{2})/2$.

Exemplo 12. Resolver a inequação $\dfrac{2}{x + 1} < \dfrac{5}{2x - 1}$.

Resolução. Para eliminar os denominadores, temos de multiplicar os dois membros da inequação pelo produto $(x + 1)(2x - 1)$. Devemos, pois, considerar os vários casos, conforme esse produto seja positivo ou negativo.

1º caso: $x < -1$. O referido produto é positivo; logo, a inequação equivale a

$$2(2x - 1) < 5(x + 1) \Leftrightarrow 4x - 2 < 5x + 5 \Leftrightarrow x > -7.$$

Em conseqüência, obtemos o intervalo-solução $-7 < x < -1$.

2º caso: $-1 < x < 1/2$. Agora o produto $(x + 1)(2x - 1)$ é negativo, de forma que a inequação equivale a

$$2(2x - 1) > 5(x + 1) \Leftrightarrow x < -7.$$

Como as desigualdades $-1 < x < 1/2$ e $x < -7$ são incompatíveis, não encontramos soluções neste caso.

3º caso: $x > 1/2$. Novamente, $(x + 1)(2x - 1) > 0$, de modo que a inequação dada equivale a $x > -7$. Neste caso, obtemos como solução o intervalo $x > 1/2$, pois $1/2 > -7$.

Em conclusão, a inequação dada tem por soluções os intervalos $-7 < x < -1$ e $x > 1/2$.

Exemplo 13. Descrever o conjunto A dos números x tais que $|x - 3| < 2$.

Resolução. Observe que a afirmação $|y| < r$ equivale a $-r < y < r$.[2] (Analogamente, $|y| \leq r \Leftrightarrow -r \leq y \leq r$.) Isto posto e voltando ao conjunto A, devemos ter

$$|x - 3| < 2 \Leftrightarrow -2 < x - 3 < 2 \Leftrightarrow 1 < x < 5.$$

Concluímos, pois, que A é o intervalo aberto $(1, 5)$.

---

[2]Veja o Exercício 46 adiante, resolvido no final desta seção.

12   Capítulo 1   Números reais e coordenadas na reta

Exemplo 14. Descrever o conjunto $A = \{x \colon |x - 2| \geq 1\}$.

Resolução. Como lidar com $|x - 2| \geq 1$? Simplificando a questão, como lidar com $|y| \geq 1$? Analisando a situação no eixo real, vemos que[3]

$$|y| \geq 1 \Leftrightarrow (y \leq -1 \text{ ou } y \geq 1).$$

Temos, então (agora o $x - 2$ faz o papel do y),

$$|x - 2| \geq 1 \Leftrightarrow (x - 2 \leq -1 \text{ ou } x - 2 \geq 1) \Leftrightarrow (x \leq 1 \text{ ou } x \geq 3).$$

Portanto, A é a união das semi-retas $(-\infty, 1]$ e $[3, +\infty)$: $A = \{x \colon x \leq 1\} \cup \{x \colon x \geq 3\}$.

Exemplo 15. Descrever o conjunto $A = \{x \colon |3x + 7| > 2\}$.

Resolução. Temos
$$|3x + 7| > 2 \Leftrightarrow (3x + 7 < -2 \text{ ou } 3x + 7 > 2)$$

$$\Leftrightarrow (3x < -9 \text{ ou } 3x > -5) \Leftrightarrow \left(x < -3 \text{ ou } x > -\frac{5}{3}\right).$$

Vemos, então, que o conjunto A é a união das semi-retas $R_1 = (-\infty, -3)$ e $R_2 = (-5/3, +\infty)$.

Exemplo 16. Descrever o conjunto $A = \{x \colon x^2 - 4 > 0\}$.

Resolução. Observe que $x^2 - 4 > 0 \Leftrightarrow (x + 2)(x - 2) > 0$. Isto equivale a afirmar que $x + 2$ e $x - 2$ têm o mesmo sinal:
$$(x + 2 > 0 \text{ e } x - 2 > 0) \text{ ou } (x + 2 < 0 \text{ e } x - 2 < 0)$$

$$\Leftrightarrow (x > -2 \text{ e } x > 2) \text{ ou } (x < -2 \text{ e } x < 2)$$

$$\Leftrightarrow x > 2 \text{ ou } x < -2.$$

Portanto, $A = \{x \colon x < -2\} \cup \{x \colon x > 2\}$.

Outro modo de resolver o problema é o seguinte:
$$x^2 - 4 > 0 \Leftrightarrow x^2 > 4 \Leftrightarrow |x|^2 > 4$$

$$\Leftrightarrow |x| > 2 \Leftrightarrow (x > 2 \text{ ou } x < -2).$$

Observação. Ao passar de $x^2 > 4$ a $|x| > 2$, usamos a desigualdade intermediária $|x|^2 > 4$, para depois extrair a raiz quadrada. Seria errado escrever $x^2 > 4 \Leftrightarrow x > 2$, porque não temos informação prévia de que x seja positivo; e pode muito bem acontecer que x^2 seja maior do que 4 com x negativo. Por exemplo, $(-3)^2 > 4$, pois $(-3)^2 = 9$. O que usamos na referida passagem foi a seguinte propriedade dos números reais:
$$\text{se } a > 0 \text{ e } b > 0, \text{ então } a^2 > b^2 \Leftrightarrow a > b.$$

Ou ainda, se não sabemos se a e b são positivos, $a^2 > b^2 \Leftrightarrow |a| > |b|$.

Exemplo 17. Resolver a inequação $|x - 2| > |x + 3|$.

Resolução. Elevando ao quadrado e notando que, para todo número a, $|a|^2 = a^2$, obtemos

$$|x - 2| > |x + 3| \Leftrightarrow (x - 2)^2 > (x + 3)^2 \Leftrightarrow -4x + 4 > 6x + 9 \Leftrightarrow x < -1/2.$$

---

[3]Veja o Exercício 47 adiante.

1.2 Intervalos, valor absoluto e inequações

Portanto, a solução é o conjunto dos números $x < -1/2$.

Exemplo 18. Resolver a inequação $|x + 3| \geq 2|x + 1|$.

Resolução. Temos

$$|x + 3| \geq 2|x + 1| \Leftrightarrow (x + 3)^2 \geq 4(x + 1)^2 \Leftrightarrow 3(x + 5/3)(x - 1) \leq 0 \Leftrightarrow -5/3 \leq x \leq 1,$$

que é a solução da inequação dada.

Exercícios

Resolva as equações e inequações dadas nos Exercícios 1 a 44.

1. $|3x - 2| = 1$.

2. $|2x + 5| = 3$.

3. $|2 - 3x| = |2x - 1|$.

4. $|3x + 2| = x - 2$.

5. $|2x - 5| = x + 3$.

6. $|1 + 4x| = 1 - 2x$.

7. $|x - 5| < 2$.

8. $2 - (2x - 5) > x - 5(2x + 1)$.

9. $7x + 3(2x - 5) \leq 9 - 2(4 - x) - 5x$.

10. $\dfrac{1}{2} - \dfrac{2}{3}(6x - 9) > \dfrac{x - 2}{2}$.

11. $3 - 2x \leq 5x + 9 < 2(10 - x)$.

12. $3 - x \leq 1 - 2x < 13 + x$.

13. $10 > 5x - 7 > 1$.

14. $2 < 3x - 1 < 1$.

15. $1 > 2(x - 1/2) \geq -10$.

16. $-\dfrac{13}{2} < \dfrac{5x}{6} - \dfrac{7(1 - x)}{15} \leq \dfrac{7}{3}$.

17. $x - 10 < 2 - 7x \leq x + 10$.

18. $5x + 7 \leq 2 - x < 5x - 8$.

19. $1/x \geq 1$.

20. $1/x > -1$.

21. $1/x < -2/3$.

22. $(x - 3)(x - 7) \leq 0$.

23. $(x + 1)(x - 5) > 0$.

24. $(2x - 3)(3x - 2) < 0$.

25. $(5x + 3)(2x + 9) \geq 0$.

26. $x^2 - 6x + 5 \geq 0$.

27. $x^2 + 4x + 3 < 0$.

28. $2x^2 - 11x + 5 > 0$.

29. $6x^2 - x - 35 \geq 0$.

30. $x^2 - ax - a^2 < 0$, onde $a > 0$.

31. $|x + 3| \geq 4$.

32. $|2x - 1| \leq 2$.

33. $|5 - x/2| \geq 7$.

34. $x^2 - 25 > 0$

35. $3 - x^2 \geq -5$.

36. $9 < x^2 \leq 16$.

37. $4 - 2x^2 \geq -3$.

38. $2x^2 - 1 \leq 14 - x^2$.

39. $0 < x^2 - 1 < 1$.

40. $3 - x^2 < 2 < 6 - x^2$.

41. $4x^2 - 4 < 2x^2 - 9 < x^2$

42. $|x + 1| = |2 - x|$.

43. $|x + 3| - |1 - x| < 0$.

44. $|2x| \leq |5 - 2x|$.

45. Prove que, para todo número real r, $|r| = |-r|$.

46. Prove que $|x| < a \Leftrightarrow -a < x < a$, onde $a > 0$.

47. Prove que $|x| \geq a \Leftrightarrow x \leq -a$ ou $x \geq a$, onde $a > 0$.

Respostas, sugestões e soluções

3. Resolva separadamente $2 - 3x = 2x - 1$ e $2 - 3x = -(2x - 1)$. Podemos também proceder assim: $|2 - 3x| = |2x - 1| \Leftrightarrow |2 - 3x|^2 = |2x - 1|^2$, etc.

4. Impossível. Temos de resolver, separadamente, $3x + 2 = x - 2$ e $-(3x + 2) = x - 2$. Em ambos os casos, devemos ter $x - 2 \geq 0$, já que a equação proposta nos diz que $x - 2$ é um módulo.

7. $3 < x < 7$.

8. $x > -12/7$.

10. $x < 5/3$.

11. $-6/7 \leq x < 11/7$.

12. Resolva as desigualdades separadamente. Resp.: $-4 < x \leq -2$.

14. Impossível.

16. $-181/39 < x \leq 28/13$.

17. $-1 \leq x < 3/2$.

14 · Capítulo 1 Números reais e coordenadas na reta

18. Impossível.

19. $0 < x \le 1$.

20. $x < -1$ e $x > 0$.

21. $-3/2 < x < 0$.

24. $2/3 < x < 3/2$.

26. $x \le 1$ e $x \ge 5$.

28. $x < 1/2$ e $x > 5$.

30. $a(1 - \sqrt{5})/2 < x < a(1 + \sqrt{5})/2$.

33. $x \le -4$ e $x \ge 24$.

34. $x < -5$ e $x > 5$.

36. $-4 \le x < -3$ e $3 < x \le 4$.

39. $-\sqrt{2} < x < -1$ e $1 < x < \sqrt{2}$.

45. Basta verificar esta igualdade nos casos em que $r > 0$ e $r < 0$, já que ela é imediata quando $r = 0$. Se $r > 0$, $|r| = r$; e como $-r < 0$, então, pela definição de valor absoluto, $|-r| = -(-r) = r$, logo, $|r| = |-r|$, que é o resultado desejado. Se $r < 0$, $|r| = -r$; e como $-r > 0$, $|-r| = -r$ e novamente temos $|r| = |-r|$, o que completa a demonstração. (O caso $r < 0$ pode também ser reduzido ao caso $r > 0$, com a seguinte observação: $s = -r$ é positivo, donde, pelo primeiro caso já provado, $|-s| = |s|$, ou seja, $|r| = |-r|$, como queríamos demonstrar.)

46. A demonstração terá duas partes, pois temos de mostrar que a primeira condição implica a segunda e também que esta segunda condição implica a primeira.

1ª parte. Supondo que $|x| < a$, vamos provar que $-a < x < a$. Faremos isto, separadamente, nas duas hipóteses possíveis: $x \ge 0$ e $x < 0$. Se $x \ge 0$, então $|x| = x$, e como $|x| < a$, teremos também $x < a$. Por outro lado, $-a < 0$, logo $-a < x$. Assim, temos $-a < x < a$. Se $x < 0$, então $|x| = -x$, e como $|x| < a$, teremos também $-x < a$, donde, por simples troca de sinais, $x > -a$, que é o mesmo que $-a < x$. Por outro lado, como $x < 0$, certamente $x < a$ e, outra vez, chegamos ao resultado $-a < x < a$.

2ª parte. Agora devemos provar que $-a < x < a \Rightarrow |x| < a$. Aqui novamente vamos considerar as duas hipóteses, $x \ge 0$ e $x < 0$. Se $x \ge 0$, então $|x| = x$, e como $x < a$ teremos também $|x| < a$. Se $x < 0$, então $|x| = -x > 0$. De $-a < x$, obtemos, por simples troca de sinais, $a > -x$, ou $-x < a$. Daqui e de $|x| = -x$ segue-se o resultado desejado, $|x| < a$.

47. Os conjuntos $A = \{x \colon -a < x < a\}$ e $B = \{x \colon x \le -a\} \cup \{x \colon x \ge a\}$ são disjuntos, e sua união é todo o eixo real. O primeiro é solução de $|x| < a$, como vimos no exercício anterior; logo, o segundo, seu complementar, é solução da desigualdade $|x| \ge a$.

1.3 Notas históricas

Representação decimal

Os algarismos arábicos vieram da Índia para a Europa em diferentes momentos históricos, mas só se popularizaram mesmo graças aos árabes, a partir do início do século XIII. E um dos responsáveis por essa popularização foi o matemático italiano Leonardo de Pisa (1180–1250), mais conhecido como Fibonacci (filho de Bonaccio). Seu pai era um comerciante que negociava com os árabes do Norte da África e do Oriente Próximo, de modo que ele viajava por essa região. Acompanhando o pai nessas viagens, Fibonacci aprendeu com os árabes essas novidades numéricas, que depois trouxe para a Europa. Em 1202 publicou um livro intitulado "Liber Abaci", que teve grande influência na divulgação dos métodos de cálculo com os algarismos arábicos. Só para ter uma idéia de como seria complicado trabalhar com algarismos romanos, imagine somar dois números como DCCXXXVII e CDLXXII! Os calculistas daquela época tinham recursos para fazer isso, servindo-se de certos instrumentos chamados "ábacos".

Em seqüência à representação decimal arábica dos números inteiros, séculos mais tarde surgiu a representação decimal das frações, que também foi um recurso de inestimável valor prático, visto que, como sabemos muito bem, é muito mais fácil realizar cálculos com frações decimais do que com frações ordinárias. A introdução da notação decimal, com as regras de cálculo hoje conhecidas e usadas, devemo-la a Simon Stevin (1548–1620), eminente matemático holandês do século XVI. Não foi ele, propriamente, o inventor das frações decimais, pois estas já aparecem na China Antiga, na Arábia Medieval e mesmo em trabalhos matemáticos europeus do século XVI que precederam Stevin. Todavia, em seu livro *A Dízima*, publicado em 1585, foi Stevin o primeiro a fazer uma apresentação sistemática e completa das frações decimais e de seu cálculo. É fácil entender a oportunidade dessa descoberta, numa época em que a computação numérica era essencial para as atividades comerciais que se intensificavam e, mais ainda, para lidar com os laboriosos cálculos da Astronomia. Pouco mais tarde, no início do século seguinte, apareceriam os logaritmos, que foram o recurso mais extraordinário dos calculistas, até o aparecimento das calculadoras eletrônicas manuais, por volta de 1970.

Embora fosse homem de grande erudição, tendo-se ocupado com vários estudos teóricos, Stevin era dotado de notável senso prático. Foi engenheiro de obras públicas e introduziu novos métodos nas práticas contábeis da época. Ele tornou-se conhecido sobretudo por seus trabalhos em Estática e Hidrostática.

1.3 Notas históricas

Grandezas incomensuráveis

Os únicos números reconhecidos como tais pelos matemáticos gregos da antigüidade eram os números naturais 2, 3, 4, etc. O próprio 1 não era considerado número, mas a "unidade", a partir da qual se formavam os números. As frações só apareciam indiretamente, na forma de razão de duas grandezas, como, por exemplo, quando dizemos que o volume de uma esfera está para o volume do cilindro reto que a circunscreve como 2 está para 3.

Os números que hoje chamamos de "irracionais" também não existiam na Matemática grega. Assim como as frações, eles iriam aparecer indiretamente, também como razões de grandezas; e, ao que parece, foram descobertos no século V a.C. Não sabemos se essa descoberta foi feita por um argumento puramente numérico, como o da demonstração da p. 3; é provável que os gregos tenham utilizado alguma construção geométrica, o que seria bem ao estilo da época. Vamos descrever adiante uma tal construção no caso da diagonal e do lado de um quadrado.

A medição de segmentos. Para bem entender essa questão, comecemos lembrando o problema de comparar grandezas da mesma espécie, como dois segmentos de reta, duas áreas ou dois volumes. No caso de dois segmentos retilíneos AB e CD, dizer que a razão AB/CD é o número racional m/n significava para eles (e ainda significa para nós) que existia um terceiro segmento EF tal que AB fosse m vezes EF, e CD n vezes esse mesmo segmento EF. Na Fig. 1.7 ilustramos essa situação com $m = 8$ e $n = 5$.

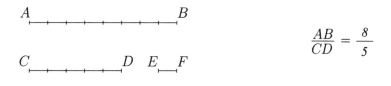

Figura 1.7

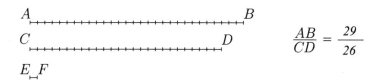

Figura 1.8

No tempo de Pitágoras (580–500 a.C. aproximadamente) — e mesmo durante boa parte do século V a.C. , pensava-se que dados dois segmentos quaisquer, AB e CD, seria sempre possível encontrar um terceiro segmento EF contido um número inteiro de vezes em AB e outro número inteiro de vezes em CD, situação esta que descrevemos dizendo que EF é um *submúltiplo comum* de AB e CD. Uma simples reflexão revela que essa é uma idéia muito razoável; afinal, se EF não serve, podemos imaginar um segmento menor, outro menor ainda, e assim por diante. Nossa intuição geométrica parece dizer-nos que há de existir um certo segmento EF — talvez muito pequeno — mas satisfazendo os propósitos desejados. Na Fig. 1.8 ilustramos uma situação com segmento EF bem menor que o da Fig. 1.7. O leitor deve ir muito além, imaginando segmentos tão pequenos que nem possa mais desenhar, para se convencer, pela sua intuição geométrica, da possibilidade de sempre encontrar um submúltiplo comum de AB e CD.

Dois segmentos nessas condições são ditos *comensuráveis*, justamente por ser possível medi-los ao mesmo tempo, com a mesma unidade EF. Entretanto, não é verdade que dois segmentos quaisquer sejam sempre comensuráveis. Em outras palavras, existem segmentos AB e CD sem unidade comum EF, os chamados segmentos *incomensuráveis*. Esse é um fato que contraria nossa intuição geométrica, e por isso mesmo a descoberta de grandezas incomensuráveis na antigüidade foi motivo de muita surpresa para os matemáticos da época.

Segmentos incomensuráveis. Foram os próprios pitagóricos que descobriram que o lado e a diagonal de um quadrado são grandezas incomensuráveis. Vamos descrever, a seguir, um argumento geométrico que demonstra esse fato.

Na Fig. 1.9 representamos um quadrado com diagonal $\delta = AB$ e lado $\lambda = AC$. Suponhamos que δ e λ sejam comensuráveis. Então existirá um terceiro segmento σ que seja submúltiplo comum de δ e λ. Fazemos agora a seguinte construção: traçamos o arco CD com centro em A e o segmento ED tangente a esse arco em D, de sorte que $AD = AC$.

Então, nos triângulos retângulos ACE e ADE, os catetos AC e AD são iguais, e como a hipotenusa AE é comum, concluímos que são também iguais os catetos CE e DE ($=BD$). Portanto,

$$\delta = AB = AD + BD = \lambda + BD,$$

$$\lambda = BC = BE + EC = BE + BD,$$

ou seja,

$$\delta = \lambda + BD \quad \text{e} \quad \lambda = BE + BD. \tag{1.2}$$

Como o segmento σ é submúltiplo comum de δ e λ, concluímos, pela primeira igualdade em (1.2), que σ também é submúltiplo de BD. Daqui e da segunda igualdade em (1.2) segue-se que σ também é submúltiplo de BE. Provamos assim que, se houver um segmento σ que seja submúltiplo comum de $\delta = AB$ e $\lambda = AC$, então o mesmo segmento σ será submúltiplo comum de BE e BD, segmentos esses que são a diagonal e o lado do quadrado $BDEF$. Ora, a mesma construção geométrica que nos permitiu passar do quadrado original ao quadrado $BDEF$ pode ser repetida com este último para chegarmos a um quadrado menor ainda; e assim por diante, indefinidamente; e esses quadrados vão-se tornando arbitrariamente pequenos, pois, como é fácil ver, as dimensões de cada quadrado diminuem em mais da metade quando passamos de um deles a seu sucessor. Dessa maneira, provamos que o segmento σ deverá ser submúltiplo comum do lado e da diagonal de um quadrado tão pequeno quanto desejemos. Evidentemente, isso é um absurdo, pois σ é um segmento fixo. Somos, pois, levados a rejeitar a suposição inicial de que o lado AC e a diagonal AB do quadrado original sejam comensuráveis. Concluímos que *o lado e a diagonal de qualquer quadrado são grandezas incomensuráveis*, como queríamos demonstrar.

A descoberta dos incomensuráveis no século V a.C. representou um momento de crise nos fundamentos da Matemática; pois, em face dessa descoberta, os números, tais como os Pitagóricos os concebiam, não seriam suficientes para lidar com todas as situações da Geometria, e em conseqüência, dos fenômenos à nossa volta. Voltaremos a esse assunto em nota no final do Capítulo 11.

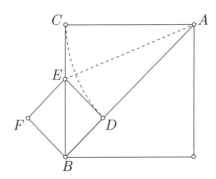

Figura 1.9

Capítulo 2

Equações e gráficos

Neste capítulo fazemos uma recordação da Geometria Analítica, apenas o necessário no estudo do Cálculo, como as equações da reta e da circunferência. Esses são tópicos dos programas do ensino médio, mas, infelizmente, quase não são tratados nesse nível do ensino. Na p. 31 apresentamos a técnica de "completar quadrados", muito útil e pouco familiar aos alunos, por isso mesmo deve ser bem enfatizada.

2.1 Coordenadas no plano

Do mesmo modo que os pontos de uma reta podem ser caracterizados por números, que são as suas coordenadas, também aos pontos de um plano podemos associar coordenadas. Para isso, tomamos dois eixos no plano, com a mesma origem e mutuamente perpendiculares. É costume desenhar um eixo na horizontal, orientado da esquerda para a direita, e o outro verticalmente, orientado de baixo para cima. Dado um ponto P do plano, traçamos, por P, paralelas aos dois eixos, obtendo os pontos P_1 e P_2, de coordenadas x e y, respectivamente (Fig. 2.1). Reciprocamente, sendo dado um par de coordenadas (x, y), determinamos P_1 e P_2; traçando, por estes pontos, paralelas aos eixos, encontramos o ponto P em sua interseção. Existe, assim, uma *correspondência biunívoca* entre pares de números e pontos do plano: a cada par (x, y) corresponde um ponto P e somente um; e a pares distintos correspondem pontos distintos. Essa correspondência permite identificar cada ponto com o seu par, de forma que muito freqüentemente nos referimos ao *ponto* (x, y), em vez de dizer o *ponto P de coordenadas* (x, y).

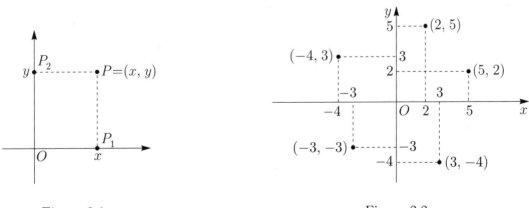

Figura 2.1   Figura 2.2

A Fig. 2.2 mostra vários pontos com suas coordenadas. Observe que o par (x, y) é distinto do par (x, y), a não ser que $x = y$. Por exemplo, $(2, 5) \neq (5, 2)$. Por isso, dizemos que (x, y) é um *par ordenado*. O número x, que ocorre em primeiro lugar, é chamado de *abscissa* de P, enquanto y, que aparece em segundo lugar, é a *ordenada* do ponto P. Um sistema de eixos nas condições descritas é chamado de *sistema cartesiano* de eixos (mais especificamente, *sistema cartesiano ortogonal*): x e y são as *coordenadas cartesianas* de P. Os pontos (x, y) com $x > 0$ e $y > 0$, como $(2, 5)$ e $(5, 2)$, constituem o 1º quadrante. De modo análogo, 2º quadrante é o conjunto dos pontos (x, y) com $x < 0$ e $y > 0$, como $(4, -3)$; 3º quadrante, o conjunto dos pontos (x, y) com ambas as coordenadas negativas, como $(-3, -3)$; e 4º quadrante é aquele cujos pontos têm $x > 0$ e $y < 0$, como $(3, -4)$.

Exercícios

1. Marque, num plano cartesiano, os pontos $(3, -2)$, $(-1, 2)$, $(0, 3)$, $(-5/2, -4)$, $(3/2, 0)$, $(2, 5/3)$.
2. Marque, num plano cartesiano, todos os pontos (x, y), com $x = 2$.
3. Idem, com $y = 3/2$.
4. Idem, com $x = -1$.
5. Idem, com $y = -1, 3$.
6. Idem, com $y = x$.
7. Idem, com $y = -x$.
8. Idem, com $y = 2x$.
9. Idem, com $y = x/2$.
10. Idem, com $y = 2x/3$.
11. Idem, com $3x - 2y = 0$.
12. Idem, com $x^2 + y^2 = 1$.
13. Idem, com $x^2 + y^2 = 9$.
14. Idem, com $9x^2 + y^2 = 9$.

Respostas, sugestões e soluções

2. Esses pontos formam a reta paralela ao eixo Oy, que corta Ox no ponto de abscissa $x = 2$.

3. Reta paralela ao eixo Ox, que corta Oy em $y = 3/2$.

6. Reta bissetriz do 1º e 3º quadrantes.

7. Reta bissetriz do 2º e 4º quadrantes.

8. Comece marcando o ponto de abscissa $x = 1$.

9. Comece marcando o ponto de abscissa $x = 2$.

10. Observe que $y/x = 2/3$. Faça um gráfico.

12. Veja o exercício seguinte.

13. Se $P = (x, y)$ é um ponto genérico satisfazendo a equação dada, então (Fig. 2.3) $OA^2 + AP^2 = 9$. Isto significa que o ponto P está na circunferência de centro O e raio 3.

14. Elipse alongada na horizontal. Faça $x = 0$, depois $y = 0$.

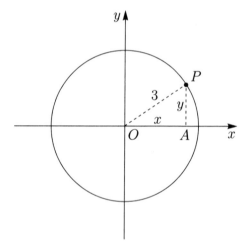

Figura 2.3

2.2 Equação da reta

Resolvendo os exercícios anteriores, vimos que os pontos que satisfazem equações do tipo $y = 2x$, $y = 3x$, etc. são retas que passam pela origem; e que pontos que satisfazem a equação

$$x^2 + y^2 = 9$$

formam uma circunferência de centro na origem e raio 3. De um modo geral, podemos associar curvas geométricas a equações, do mesmo modo como associamos pontos a pares ordenados. A curva associada a uma equação é conhecida como o *gráfico da equação*, e esta a *equação da curva*. A associação curva ↔ equação permite usar os recursos da Álgebra no tratamento de problemas geométricos, dando origem à chamada *Geometria Analítica*.

Declive ou coeficiente angular

As retas paralelas ao eixo Oy costumam ser chamadas de *retas verticais*, pois esse eixo é freqüentemente desenhado na vertical do papel. Seja r uma reta não-vertical arbitrária; e sejam $P_0 = (x_0, y_0)$ e $P_1 = (x_1, y_1)$

2.2 Equação da reta

dois pontos quaisquer de r, pontos distintos, é claro. Então $x_0 \neq x_1$, o que equivale a dizer que r não é paralela ao eixo Oy (Fig. 2.4). Os números $\Delta x = x_1 - x_0$ e $\Delta y = y_1 - y_0$ (que se lêem "delta x" e "delta y", respectivamente) são chamados *acréscimos* de x e de y, respectivamente. Como

$$x_1 = x_0 + \Delta x \quad \text{e} \quad y_1 = y_0 + \Delta y,$$

eles são, de fato, os acréscimos que devemos dar a x_0 e y_0 para chegarmos a x_1 e y_1, respectivamente. Em outras palavras, são os acréscimos que nos levam de P_0 a P_1, como nos mostra a Fig. 2.4. Por definição, o número

$$\boxed{m = \frac{y_1 - y_0}{x_1 - x_0} = \frac{\Delta y}{\Delta x}} \tag{2.1}$$

é chamado *declive*, *declividade*, ou *coeficiente angular* da reta r.

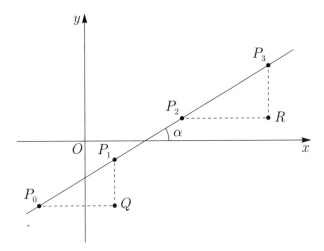

Figura 2.4

Observe que a ordem em que tomamos os pontos — seja de P_0 para P_1 seja de P_1 para P_0 — é irrelevante na definição de m, pois

$$\frac{y_1 - y_0}{x_1 - x_0} = \frac{y_0 - y_1}{x_0 - x_1}.$$

Observe também que o declive m independe dos pontos particulares P_0 e P_1 que se considerem sobre r. De fato, se tomarmos quaisquer dois outros pontos de r, $P_2 = (x_2, y_2)$ e $P_3 = (x_3, y_3)$, a semelhança dos triângulos $P_0 Q P_1$ e $P_2 R P_3$ permite escrever:

$$m = \frac{QP_1}{P_0 Q} = \frac{RP_3}{P_2 R},$$

que é o mesmo que

$$m = \frac{y_1 - y_0}{x_1 - x_0} = \frac{y_3 - y_2}{x_3 - x_2}.$$

A definição de declive e a Fig. 2.4 nos mostram claramente que *o declive de uma reta é a tangente trigonométrica do ângulo α que a reta faz com o eixo Ox*.

Observação. O declive só é definido para retas não-verticais. E note bem: à medida que o ângulo α que a reta faz com o eixo Ox vai crescendo, de zero a $90°$, o declive também cresce, começando em zero e ultrapassando todos os valores positivos finitos (Fig. 2.5a). Quando a reta assume posição vertical, o declive teria de ser $+\infty$, mas isto não é um número, por isso não há como definir o declive para tais retas. No entanto, é costume dizer que retas verticais têm declive infinito. Observe também que, enquanto o declive é positivo para retas inclinadas do 3º para o 1º quadrante, ele é negativo para retas inclinadas do 4º para o 2º quadrante (Fig. 2.5b).

Exemplo 1. O coeficiente angular da reta pelos pontos $P_0 = (-1, 2)$ e $P_1 = (3, 5)$ é dado por
$$m = \frac{5-2}{3-(-1)} = \frac{3}{4}.$$

Veja a Fig. 2.6, onde estão representados os pontos e a reta, permitindo inferir o seguinte significado do coeficiente angular: quando incrementamos a abscissa de P_0 de quatro unidades, temos de incrementar a ordenada desse mesmo ponto de três unidades para chegarmos ao ponto P_1.

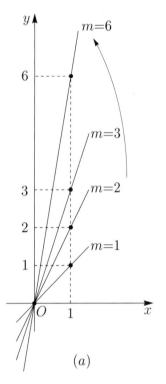
(a)

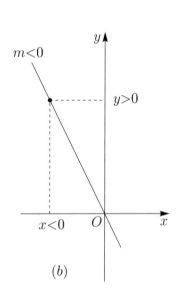
(b)

Figura 2.5

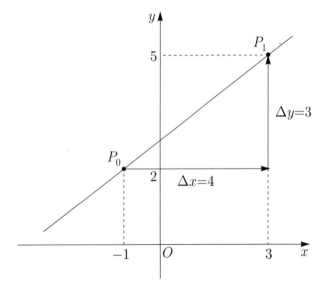

Figura 2.6

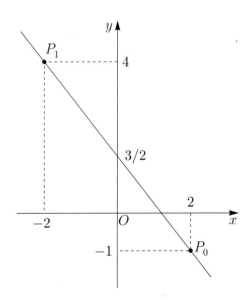

Figura 2.7

Equação da reta

Como acabamos de ver, dois pontos quaisquer de r permitem determinar o coeficiente angular m, dado em (2.1). Conhecido este coeficiente, sejam $P_0 = (x_0, y_0)$ um ponto particular e $P = (x, y)$ um ponto genérico da reta r, de forma que podemos escrever:

$$m = \frac{y - y_0}{x - x_0}.$$

Isto é o mesmo que

$$\boxed{y - y_0 = m(x - x_0).} \tag{2.2}$$

Esta é a equação da reta de coeficiente angular m, que passa pelo ponto P_0. De fato, ela relaciona as coordenadas x e y de um ponto genérico da reta. Pondo $n = y_0 - mx_0$, essa equação pode ainda ser escrita na forma seguinte:

$$\boxed{y = mx + n.} \tag{2.3}$$

O número n que aí aparece chama-se *coeficiente linear* da reta r. Se fizermos $x = x_0$ nessa equação (2.3), resulta $y = n$, de sorte que *o coeficiente linear n é a ordenada do ponto onde a reta corta o eixo Oy.*

Exemplo 2. Vamos determinar a equação da reta que passa pelos pontos $P_0 = (2, -1)$ e $P_1 = (-2, 4)$, como ilustra a Fig. 2.7. Em vista de (2.2),

$$y - (-1) = \frac{4 - (-1)}{-2 - 2}(x - 2),$$

donde

$$y = \frac{-5x}{4} + \frac{3}{2}.$$

A reta corta o eixo Oy no ponto de ordenada $3/2$. O coeficiente angular $-5/4$ significa que se partirmos de P_0 para P_1, teremos de diminuir a abscissa de quatro unidades e aumentar a ordenada de cinco (observe a figura); ou ainda, se partirmos de P_1 para P_0, teremos de aumentar a abscissa de quatro unidades e diminuir a ordenada de cinco.

O declive ajuda na construção do gráfico

Suponhamos que o declive seja uma fração $m = p/q$. (Se irracional, m pode ser assim aproximado.) Então, um modo conveniente de construir o gráfico de uma equação dada na forma (2.3) consiste em primeiro marcar o ponto de interseção com o eixo Oy; em seguida, dando a x um acréscimo $\Delta x = q$, resultará para y o acréscimo $\Delta y = m\Delta x = (p/q)q = p$. Veja isto nos dois exemplos seguintes.

Exemplo 3. Vamos construir o gráfico da equação $y = (2/3)x - 1$. Observamos, como representado na Fig. 2.8, que a reta passa pelos pontos $(0, -1)$ e

$$(0 + \Delta x, -1 + \Delta y) = (q, -1 + p) = (3, -1 + 2) = (3, 1).$$

Veja bem o que revela a figura: partindo de qualquer ponto da reta (e não apenas do ponto $(0, -1)$) e deslocando-o três unidades para a direita, é preciso subi-lo duas unidades para alcançar outro ponto da reta.

Exemplo 4. Construir o gráfico da equação $y = (-5/3)x - 4$.

Tanto podemos tomar $p = -5$ e $q = 3$ como $p = 5$ e $q = -3$. Vamos utilizar estes últimos valores (mas o leitor deve repetir a construção com os outros dois valores). A reta passa pelos pontos $(0, -4)$ e

$$(0 + \Delta x, -4 + \Delta y) = (q, -4 + p) = (-3, -4 + 5) = (-3, 1),$$

como ilustra a Fig. 2.9. Novamente aqui a figura mostra que, partindo de qualquer ponto da reta e deslocando de 3 unidades para a esquerda, é preciso subir 5 unidades para alcançar outro ponto da reta.

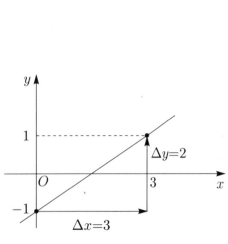

Figura 2.8

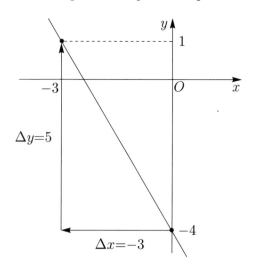

Figura 2.9

Equação geral da reta

Veremos agora que qualquer reta tem equação do tipo

$$ax + by + c = 0, \tag{2.4}$$

onde a, b e c são parâmetros que dependem da reta particular considerada; e, reciprocamente, toda equação desse tipo tem por gráfico uma reta. Com efeito, a Eq. (2.3) das retas não-verticais é desse tipo, com $a = -m$, $b = 1$ e $c = -n$. E se a reta for vertical, então todo seu ponto $P = (x, y)$ satisfaz a equação $x = x_0$, onde x_0 é a abscissa do ponto onde a reta corta o eixo Ox. Ora, $x = x_0$ é uma equação do tipo (2.4), com $a = 1$, $b = 0$ e $c = -x_0$.

Observe também que toda equação do tipo (2.4), com $b \neq 0$, pode ser escrita na forma (2.3), bastando pôr $m = -a/b$ e $n = -c/b$; e se b for zero, ela é do tipo $x = x_0$, com $x_0 = -c/a$. (b sendo zero, a tem de ser $\neq 0$, sob pena de c também ser zero e não haver equação alguma!)

É costume identificar a reta com sua equação, dizendo, então, "seja a reta $ax + by + c = 0$", em vez de "seja a reta de equação $ax + by + c = 0$".

Exemplo 5. Determinar o ponto de interseção das retas

$$x - 2y + 4 = 0 \quad \text{e} \quad x + y - 5 = 0.$$

Para isso, basta encontrar a solução do sistema formado pelas duas equações. Tal solução é $x = 2$ e $y = 3$ (Fig. 2.10).

Reta na forma segmentária

A equação da reta pelos pontos $(a, 0)$ e $(0, b)$, onde a e b são diferentes de zero (Fig. 2.11), pode ser escrita assim:

$$\frac{x}{a} + \frac{y}{b} = 1,$$

a qual é chamada *forma segmentária*. Este fato pode ser verificado diretamente, notando que a equação está efetivamente satisfeita com $x = a$, $y = 0$ e com $x = 0$, $y = b$. No entanto, a equação também pode ser obtida de (2.2) com $(x_0, y_0) = (a, 0)$ e $(x_1, y_1) = (0, b)$. Assim, temos:

$$y - 0 = \frac{b-0}{0-a}(x-a),$$

donde se segue que

$$y = \frac{b}{a}(a-x), \quad \text{ou ainda,} \quad \frac{bx}{a} + y = b.$$

Finalmente, obtemos a forma desejada por simples divisão por b.

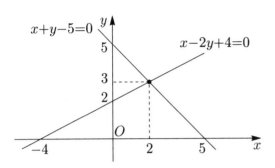

Figura 2.10

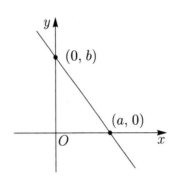

Figura 2.11

Retas paralelas

Retas paralelas são aquelas que têm o mesmo declive, ou que são verticais. Assim, dada uma reta pela equação $y = mx + n$, as retas a ela paralelas têm equações

$$y = mx + n',$$

onde cada valor de n' produz uma reta, e o conjunto destas diferentes retas é o *feixe de retas paralelas* à reta dada.

Quando as retas são dadas nas formas

$$ax + by + c = 0 \quad \text{e} \quad a'x + b'y + c' = 0, \tag{2.5}$$

com b e b' diferentes de zero, os respectivos declives são $m = -a/b$ e $m' = a'/b'$, de sorte que $m = m'$ equivale a

$$\frac{a}{b} = \frac{a'}{b'}, \quad \text{ou} \quad a' = ka, \quad b' = kb,$$

onde k é um fator conveniente. Em conseqüência, o feixe de retas paralelas à reta $ax + by + c = 0$ é

$$ax + by + r = 0,$$

onde diferentes valores de r correspondem a diferentes retas do feixe de paralelas.

Se $b = 0$ em (2.5), a reta correspondente será paralela ao eixo Oy. As retas a ela paralelas serão aquelas dadas pela segunda equação em (2.5) com $b' = 0$.

Exemplo 6. Vamos determinar a equação da reta que passa pelo ponto $(2, \sqrt{13})$, paralela à reta

$$12x + 7y - 21 = 0.$$

Começamos traçando o gráfico da reta dada a partir dos pontos onde ela corta os eixos. Para isso, primeiro levamos a equação à forma segmentária, assim:

$$\frac{12x}{21} + \frac{7y}{21} = 1, \quad \text{ou} \quad \frac{x}{7/4} + \frac{y}{3} = 1.$$

Nesta forma vemos que os pontos procurados são $(7/4, 0)$ e $(0, 3)$ (Fig. 2.12).

Para achar a reta paralela à reta dada, observamos que o declive da reta dada é $m = -12/7$; portanto, a equação da reta desejada (Fig. 2.12) é

$$y - \sqrt{13} = -\frac{12}{7}(x - 2),$$

ou ainda, $12x + 7y - (7\sqrt{13} + 24) = 0$.

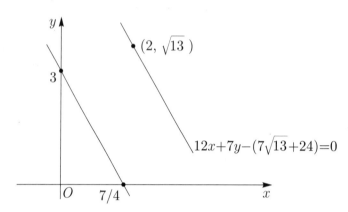

Figura 2.12

Exemplo 7. Vamos determinar o parâmetro m para que as retas

$$mx + 5y + 6 = 0 \quad \text{e} \quad 4x + (m+1)y - 5 = 0$$

sejam paralelas. A condição para que isto aconteça é que as retas tenham o mesmo declive, isto é,

$$\frac{m}{5} = \frac{4}{m+1}, \quad \text{donde} \quad m^2 + m - 20 = 0.$$

Temos aqui uma equação de segundo grau, com raízes $m' = 4$ e $m'' = -5$. Estes dois valores de m correspondem aos pares de retas

$$4x + 5y + 6 = 0 \quad \text{e} \quad 4x + 5y - 5 = 0$$

e

$$5x - 5y - 6 = 0 \quad \text{e} \quad 4x - 4y - 5 = 0,$$

que estão ilustradas nas Figs. 2.13a e 2.13b, respectivamente.

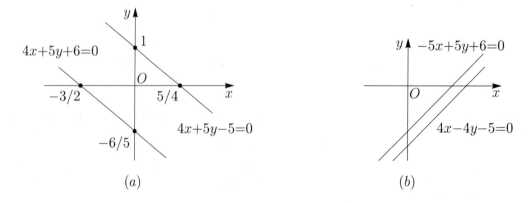

Figura 2.13

2.2 Equação da reta

Exercícios

Nos Exercícios 1 a 8, calcule os declives das retas pelos pares de pontos dados e faça os respectivos gráficos.

1. $(-2, 0)$ e $(0, 2)$.

2. $(3, 1)$ e $(1, 2)$.

3. $(-1, 1)$ e $(-3, 2)$.

4. $(-1, -3)$ e $(2, 5)$.

5. $(-5/2, 1)$ e $(2/3, -7/2)$.

6. $(-4, -7/2)$ e $(3/5, 3)$.

7. $(1/2, -2/3)$ e $(-2/3, 5/2)$.

8. $(3/5, -2/3)$ e $(-1/3, 3/2)$.

Nos Exercícios 9 a 17, construa os gráficos das retas de equações dadas, locando, em cada caso, as interseções dessas retas com o eixo Oy, e utilizando o declive para locar outro ponto.

9. $y = 2x - 1$.

10. $y = -x + 3$.

11. $y = 3x/2 - 2$.

12. $y = -7x/5 - 4$.

13. $y = 3x/5 + 1$.

14. $5x - 4y = 0$.

15. $3x - 4y + 6 = 0$.

16. $5x + 6y + 12 = 0$.

17. $6x + 4y - 8 = 0$.

Nos Exercícios 18 a 27, determine as equações das retas que passam pelos pontos dados e faça os respectivos gráficos.

18. $(0, 0)$ e $(1, 2)$.

19. $(1, 1)$ e $(2, 3)$.

20. $(-1, 2)$ e $(2, -1)$.

21. $(1/2, -3)$ e $(-4, 2)$.

22. $(3, 5/2)$ e $(3, 1)$.

23. $(-2, 1)$ e $(3, 1)$.

24. $(2, 1)$ e $(2, -2)$.

25. $(3/2, 1/3)$ e $(-7/8, 1/3)$.

26. $(-5/3, 2)$ e $(-5/3, 5)$.

27. $(5, -1)$ e $(-2, -3)$.

Em cada um dos Exercícios 28 a 31, determine o ponto de interseção das retas dadas.

28. $y = 3x - 2$ e $y = -x + 1$.

29. $x - 3y = 2$ e $2x - y = 1$.

30. $1 - x - y = 0'$ e $x = 2y - 3$.

31. $2x - 3y - 1 = 0$ e $3x + 2y - 2 = 0$.

Em cada um dos Exercícios 32 a 39, coloque a equação dada em forma segmentária e determine as interseções da reta correspondente com os eixos. Faça os respectivos gráficos.

32. $2x + 3y = 6$.

33. $3x - 5y - 15 = 0$.

34. $2y - 7x + 14 = 0$.

35. $y - x - 2 = 0$.

36. $2x - 3y + 4 = 0$.

37. $x + 2y - 5 = 0$.

38. $y = 3x - 2$.

39. $-3x + 2y - 5 = 0$.

40. Dados os pontos $A = (1, 2)$ e $B = (2, 1)$, determine a equação da reta que passa pelo ponto $C = (-1, -2)$, paralela ao segmento AB. Faça o gráfico.

41. Idêntico ao anterior, com $A = (-3/2, 5/2)$, $B = (2, -3)$ e $C = (-2, -1/2)$. Faça o gráfico.

42. Determine a equação da reta pelo ponto $(5, -4)$, paralela à reta $3x + 4y = 7$. Faça o gráfico.

43. Idêntico ao exercício anterior, para o ponto $(-3/2, -4/3)$ e a reta $2x - 3y + 10 = 0$.

44. Determine m de forma que as retas $(m + 1)x + my + 1 = 0$ e $mx + (m + 1)y + 1 = 0$ sejam paralelas. Faça os gráficos das retas resultantes.

45. Três vértices consecutivos de um paralelogramo são $A = (-2, -1)$, $B = (2, 3)$ e $C = (-1, 4)$. Determine o quarto vértice e faça o gráfico.

46. Demonstre que se três pontos distintos (x_1, y_1), (x_2, y_2) e (x_3, y_3) estão alinhados (isto é, sobre a mesma reta) e se $x_1 \neq x_2$, então $x_1 \neq x_3 \neq x_2$ e

$$\frac{y_1 - y_2}{x_1 - x_2} = \frac{y_1 - y_3}{x_1 - x_3} = \frac{y_2 - y_3}{x_2 - x_3}.$$

47. Demonstre que a reta que passa por um ponto (x_0, y_0), e que é paralela à reta $ax + by + c = 0$, tem equação $a(x - x_0) + b(y - y_0) = 0$. Escreva a equação da reta pelo ponto $(7, -3)$, paralela à reta $3x - 8y + 10 = 0$.

Respostas, sugestões e soluções

1. $m = 1$.

2. $m = -1/2$.

4. $m = 8/3$.

5. $m = \dfrac{-7/2 - 1}{2/3 - (-5/2)} =$ etc.

7. $m = -19/7$.

8. $m = -65/28$.

Nos Exercícios 11 a 17 damos apenas um dos pontos de cada reta.

11. $(2, 1)$.

12. $(-5, 3)$.

13. $(-5, -2)$.

14. $(4, 5)$.

15. $(4, 9/2)$.

16. $(-3, 1/2)$.

17. $(2, -1)$.

21. $10x + 9y + 22 = 0$.

22. $x = 3$.

23. $y = 1$.

26. $x = -5/3$.

27. $2x - 7y - 17 = 0$.

29. $(1/5, -3/5)$.

31. $(8/13, 1/13)$.

33. $\dfrac{x}{5} - \dfrac{y}{3} = 1$, $(5, 0)$, $(0, -3)$.

36. $-\dfrac{x}{2} + \dfrac{y}{4/3} = 1$.

39. $\dfrac{-x}{5/3} + \dfrac{y}{5/2} = 1$.

41. $\dfrac{y + 1/2}{x + 2} = \dfrac{-3 - 5/2}{2 - (-3/2)}$, etc.

42. $3x + 4y + 1 = 0$.

43. $2x - 3y - 1 = 0$.

45. Seja $D = (x, y)$ o 4º vértice. Igualando os declives de AB e CD, e de AD e BC, obtêm-se duas equações que, resolvidas, determinam x e y. Resp.: $(-5, 0)$.

46. Como $x_1 \neq x_2$, os três pontos jazem numa reta com declive $m = (y_1 - y_2)/(x_1 - x_2)$. Portanto, $y_1 = mx_1 + n$, $y_2 = mx_2 + n$, $y_3 = mx_3 + n$, onde n é um número conveniente. Daqui segue-se que $x_1 \neq x_3$, senão teríamos $y_1 = y_3$, e os pontos (x_1, y_1) e (x_3, y_3) não seriam distintos. Analogamente, $x_2 \neq x_3$. As igualdades propostas são conseqüência do alinhamento dos três pontos.

47. $ax + by + r = 0$ é a equação do feixe de retas paralelas à reta dada. Dessas retas, a que passa pelo ponto (x_0, y_0) deve satisfazer $ax_0 + by_0 + r = 0$. Elimine r nessas duas equações.

2.3 Distância e perpendicularismo

A *distância AB* entre dois pontos A e B de um eixo pode ser expressa em termos do valor absoluto. É o que ilustram os exemplos seguintes (Fig. 2.14):

$$AB = |6 - 2| = |4| = 4, \quad CD = |(-3) - (-6)| = |3| = 3, \quad DA = |2 - (-3)| = |5| = 5.$$

Em geral, a distância entre dois pontos de coordenadas a e b é $|b - a|$. Observe que não faz diferença escrever $|b - a|$ ou $|a - b|$, pois $|a - b| = |-(b - a)| = |b - a|$. Assim, com referência à Fig. 2.14,

$$CD = DC = 3 = |-3 - (-6)| = |-6 - (-3)|,$$

$$AB = BA = 4 = |6 - 2| = |2 - 6|, \quad DA = AD = 5 = |2 - (-3)| = |-3 - 2|.$$

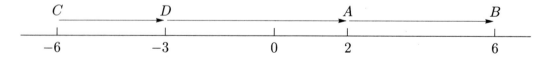

Figura 2.14

Quando os pontos estão no plano, calculamos a distância entre eles usando o teorema de Pitágoras. Sejam A e B dois pontos de coordenadas (x_1, y_1) e (x_2, y_2), respectivamente (Fig. 2.15). Então,

$$AB^2 = AC^2 + CB^2 = (x_1 - x_2)^2 + (y_1 - y_2)^2,$$

2.3 Distância e perpendicularismo

donde

$$AB = \sqrt{(x_1 - x_2)^2 + (y_1 - y_2)^2}.$$

Esta é a fórmula da distância entre A e B, em termos das coordenadas desses pontos.

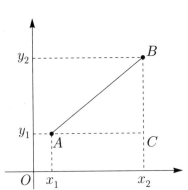

Figura 2.15

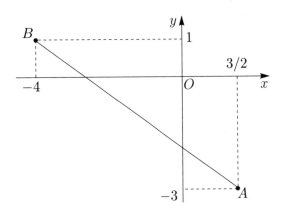

Figura 2.16

Exemplo 1. Vamos calcular a distância entre os pontos $A = (2, -4)$ e $B = (-5, -1)$, deixando ao leitor a tarefa de fazer o gráfico. Temos:

$$AB = \sqrt{[2-(-5)]^2 + [-4-(-1)]^2} = \sqrt{7^2 + (-3)^2} = \sqrt{49+9} = \sqrt{58} \approx 7,62.$$

Exemplo 2. Sejam $A = (3/2, -3)$ e $B = (-4, 1)$ (Fig. 2.16). Então,

$$AB = \sqrt{\left[\frac{3}{2} - (-4)\right]^2 + (-3-1)^2} = \sqrt{\frac{121}{4} + 16} = \sqrt{185}/2 \approx 6,8.$$

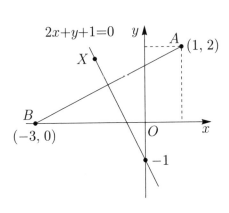

Figura 2.17

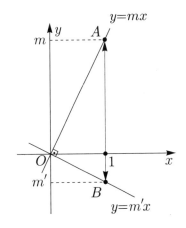

Figura 2.18

Exemplo 3. Vamos mostrar que o lugar geométrico dos pontos $X = (x, y)$, eqüidistantes dos pontos $A = (1, 2)$ e $B = (-3, 0)$, é a reta $2x + y + 1 = 0$, ilustrada na Fig. 2.17.

Como $XA = XB$, temos também $XA^2 = XB^2$, donde

$$(x-1)^2 + (y-2)^2 = (x+3)^2 + (y-0)^2.$$

Expandindo e simplificando, obtemos a equação desejada: $2x + y + 1 = 0$.

Retas perpendiculares

Vamos mostrar que a condição para que duas retas de equações

$$y = mx + n \quad \text{e} \quad y = m'x + n'$$

sejam perpendiculares é que seus declives estejam assim relacionados:

$$\boxed{mm' + 1 = 0, \quad \text{ou} \quad m' = -\frac{1}{m}.}$$

Evidentemente, as retas verticais estão excluídas, já que elas não têm declives finitos.

Vamos considerar, primeiro, duas retas pela origem, de equações $y = mx$ e $y = m'x$, que cortam a reta vertical $x = 1$ nos pontos $A = (1, m)$ e $B = (1, m')$, respectivamente. O fato de elas serem perpendiculares equivale ao triângulo OAB (Fig. 2.18) ser retângulo, isto é,

$$AB^2 = OA^2 + OB^2.$$

Daqui segue-se que

$$(m - m')^2 = (1^2 + m^2) + (1^2 + m'^2),$$

o que, por sua vez, equivale a $mm' = -1$. Fica assim provada a afirmação no caso de retas que passam pela origem. No caso geral, basta considerar retas pela origem, paralelas às retas dadas, para reduzir o problema ao caso anterior.

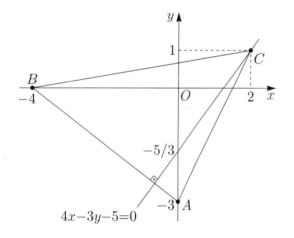

Figura 2.19

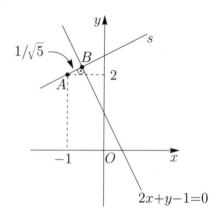

Figura 2.20

Exemplo 4. Encontrar a equação da altura de um triângulo ABC, relativa ao lado AB, onde $A = (0, -3)$, $B = (-4, 0)$ e $C = (2, 1)$ (Fig. 2.19).

Começamos calculando o declive m do lado AB:

$$m = \frac{0 - (-3)}{-4 - 0} = -\frac{3}{4}.$$

Como a altura é perpendicular a AB, seu declive m' é dado por $m' = -1/m = 4/3$. Logo, a equação dessa altura é $y = 4x/3 + n$. O coeficiente linear n é determinado pela condição de que a altura passe pelo vértice C. Isso significa que

$$1 = 4 \cdot 2/3 + n, \quad \text{donde} \quad n = 1 - 8/3 = -5/3.$$

Então, a equação da altura é

$$y = \frac{4x}{3} - \frac{5}{3}, \quad \text{ou ainda,} \quad 4x - 3y - 5 = 0.$$

2.3 Distância e perpendicularismo 29

Exemplo 5. Calcular a distância do ponto $A = (-1, 2)$ à reta r de equação $2x + y - 1 = 0$.

Por definição, a distância de um ponto A a uma reta r qualquer é o comprimento do segmento AB, onde B é a interseção, com r, da reta s que passa por A e é perpendicular à reta r (Fig. 2.20). Em conseqüência, para resolver o problema proposto, devemos primeiro encontrar a reta s, passando por A e perpendicular a r. Sendo -2 o declive de r, o de s é $1/2$. Como s passa por A e tem declive $1/2$, sua equação é $x - 2y + 5 = 0$. A interseção B de r e s é $B = (-3/5, 11/5)$. Finalmente,

$$AB = \sqrt{(-1 + 3/5)^2 + (2 - 11/5)^2} = 1/\sqrt{5}.$$

Exercícios

Nos Exercícios 1 a 3 determine os comprimentos dos lados dos triângulos de vértices dados e faça os gráficos.

1. $A = (1, -2)$, $B = (0, -1)$, $C = (2, 1)$.

2. $A = (4, 1)$, $B = (2, -1)$, $C = (-1, 5)$.

3. $A = (3, -4)$, $B = (2, 1)$, $C = (6, -2)$.

4. Mostre que o triângulo com vértices $A = (1, -2)$, $B = (-4, 2)$ e $C = (1, 6)$ é isósceles.

5. Verifique que o triângulo de vértices $A = (1, 3)$, $B = (2, 1)$ e $C = (8, 4)$ é retângulo, e calcule sua área.

6. Determine m de forma que o triângulo de vértices $O = (0, 0)$, $A = (2, 3)$ e $B = (3, m)$ seja retângulo em A.

7. Determine o ponto da reta $2x - 3y + 6 = 0$ eqüidistante dos pontos $(0, -2)$ e $(-4, 0)$.

8. Ache a equação da reta que passa pelo ponto $(0, 3)$, perpendicular à reta $3x + 2y - 2 = 0$.

9. Idem, com referência ao ponto $(-1, 3)$ e à reta $x - 2y + 1 = 0$.

10. Determine o parâmetro m de forma que as retas $(m + 1)x - 2y + 1 = 0$ e $2x + (5 - m)y - 1 = 0$ sejam perpendiculares. Escreva as equações dessas retas em forma segmentária e faça seus gráficos.

11. Faça o mesmo com as retas $(m + 1)x - 3y + 3 = 0$ e $(m - 1)x + y + 1 = 0$.

12. Determine a equação da reta pelo ponto $(2, 0)$, perpendicular à reta que passa pelos pontos $(2, 0)$ e $(-1, 1)$.

13. Dados $A = (x_1, y_1)$ e $B = (x_2, y_2)$, demonstre que o ponto

$$M = \left(\frac{x_1 + x_2}{2}, \frac{y_1 + y_2}{2} \right)$$

está alinhado com A e B, e $AM = MB$. Ele é chamado o *ponto médio* do segmento AB.

14. Escreva a equação da mediatriz do segmento AB, onde $A = (-1, 2)$ e $B = (3, 1)$. Faça o gráfico.

15. Ache a equação da altura do triângulo ABC relativa ao lado AB, onde $A = (0, -3)$, $B = (-4, 0)$ e $C = (2, 1)$. Faça o gráfico.

16. Calcule a distância do ponto $(4, 2)$ à reta $2x + y - 1 = 0$.

17. Faça o mesmo com o ponto $(2, -1)$ e a reta $3x - 2y - 4 = 0$.

18. Calcule a distância do ponto $(4, -2)$ à reta que passa pelos pontos $(-2, 3)$ e $(2, 1)$.

19. Ache a área de um quadrado sabendo-se que um de seus lados está sobre a reta $x - 2y + 7 = 0$ e que $A = (2, -5)$ é um de seus vértices.

20. Calcule a distância entre as retas paralelas $2x + 3y + 1 = 0$ e $2x + 3y - 1 = 0$, que é, por definição, a distância de um ponto qualquer de uma delas à outra reta.

21. Calcule a distância entre as retas $x - y - 1 = 0$ e $x - y - 2 = 0$.

22. Dados os vértices de um triângulo, $A = (2, 1)$, $B = (-1, 1)$ e $C = (3, 2)$, determine o comprimento da altura relativa ao lado AC. Calcule o comprimento de AC e a área do triângulo.

30 Capítulo 2 Equações e gráficos

23. Demonstre que o feixe de retas perpendiculares a uma dada reta $ax + by + c = 0$ têm equação $bx - ay + d = 0$, com d arbitrário.

24. Demonstre que a reta que passa pelo ponto (x_0, y_0), perpendicular à reta $ax + by + c = 0$, é $b(x - x_0) - a(y - y_0) = 0$.

25. Escreva a equação da reta que passa pelo ponto $(-2, 1)$ perpendicular a $3x - 5y + 7 = 0$.

26. Prove que a distância de um dado ponto $P_0 = (x_0, y_0)$ a uma reta $ax + by + c = 0$ é $D = |ax_0 + by_0 + c|/\sqrt{a^2 + b^2}$.

27. Calcule x_0 de forma que a distância do ponto $(x_0, 5)$ à reta $3x - 4y + 1 = 0$ seja 2.

28. Calcule y_0 de forma que a distância do ponto $(-1, y_0)$ à reta $x + 2y - 4 = 0$ seja 3.

Respostas, sugestões e soluções

1. $AB = \sqrt{2}$, $AC = \sqrt{10}$, $BC = 2\sqrt{2}$.

3. $AB = \sqrt{26}$, $AC = \sqrt{13}$, $BC = 5$.

5. Comece verificando que $m_{AB} \cdot m_{BC} = -1$.

7. A condição de que (x, y) seja eqüidistante dos pontos dados resulta na equação $4y + 4 = 8x + 16$, a qual deve ser resolvida juntamente com a equação da reta dada. Resp.: $(-3/4, 3/2)$.

9. Como $m = 1/2$, $m' = -2$. Então, $y - y_0 = m'(x - x_0)$ nos leva a $2x + y - 1 = 0$.

11. m satisfaz uma equação do 2° grau com duas raízes. Cada raiz produz duas retas perpendiculares.

13. Mostre que $m_{AM} = m_{AB} = m_{MB}$, e que $AM = AB/2 = MB$.

19. O lado do quadrado tem comprimento igual à distância do ponto A à reta dada.

23. Se a e b são diferentes de zero, o declive da reta dada é $m = -a/b$; e o das retas a ela perpendiculares deverá ser $m' = -1/m = b/a$, o que verifica a afirmação feita. Se a ou b for zero, estaremos lidando com uma reta paralela a um dos eixos, caso em que as retas $bx - ay + d = 0$ são paralelas ao outro eixo, o que comprova a afirmação.

26. A distância pedida é a distância de P_0 ao ponto $P = (x, y)$ de encontro da reta dada com a reta de equação $b(x - x_0) - a(y - y_0) = 0$. Portanto, P é solução do seguinte sistema de equações:

$$ax + by + c = 0, \qquad b(x - x_0) - a(y - y_0) = 0.$$

Mas, em vez de achar x e y, é mais conveniente achar $x - x_0$ e $y - y_0$. Como

$$a(x - x_0) + b(y - y_0) = ax + by + c - (ax_0 + by_0 + c) = -(ax_0 + by_0 + c),$$

temos então de resolver o seguinte sistema:

$$a(x - x_0) + b(y - y_0) = -(ax_0 + by_0 + c)$$

$$b(x - x_0) - a(y - y_0) = 0.$$

Obtemos: $x - x_0 = -a(ax_0 + by_0 + c)/(a^2 + b^2)$ e $y - y_0 = -b(ax_0 + by_0 + c)/(a^2 + b^2)$. A distância pedida D é a raiz quadrada de

$$D^2 = (x - x_0)^2 + (y - y_0)^2 = \frac{(ax_0 + by_0 + c)^2}{a^2 + b^2}.$$

27. Aplicando a fórmula da distância obtemos $|3x_0 - 19| = 10$, donde $3x_0 - 19 = \pm 10$. Duas soluções: $(29/3, 5)$ e $(3, 5)$, em lados opostos da reta dada. Faça o gráfico.

2.4 Equação da circunferência

Vamos agora usar a fórmula da distância para obter a equação da circunferência. Uma circunferência qualquer é caracterizada por seu raio e seu centro. A circunferência de raio r e centro no ponto (x_0, y_0) é o conjunto dos pontos (x, y), cuja distância a (x_0, y_0) é r, isto é,

$$(x - x_0)^2 + (y - y_0)^2 = r^2. \tag{2.6}$$

2.4 Equação da circunferência

Exemplo 1. Circunferência de centro $(2, -3)$ e raio 4 (Fig. 2.21):

$$(x-2)^2 + [y-(-3)]^2 = 4^2 \Leftrightarrow x^2 - 4x + 4 + (y+3)^2 = 16$$

$$\Leftrightarrow x^2 + y^2 - 4x + 6y - 3 = 0.$$

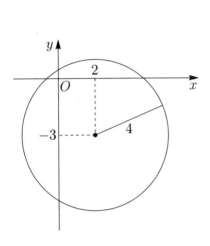
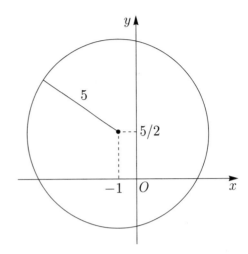

Figura 2.21   Figura 2.22

Exemplo 2. Circunferência de centro $(-1, 5/2)$ e raio 5 (Fig. 2.22):

$$(x+1)^2 + \left(y - \frac{5}{2}\right)^2 = 25 \Leftrightarrow x^2 + y^2 + 2x - 5y - \frac{71}{4} = 0.$$

Em geral, a equação da circunferência de centro (a, b) e raio r é dada por

$$(x-a)^2 + (y-b)^2 = r^2,$$

donde obtemos

$$x^2 + y^2 - 2ax - 2by + a^2 + b^2 - r^2 = 0.$$

Vemos, assim, que toda a circunferência é representada por uma equação do segundo grau em x e y, da forma

$$Ax^2 + Ay^2 + Bx + Cy + D = 0, \quad A \neq 0. \tag{2.7}$$

Cabe perguntar, então, se toda equação deste tipo representa uma circunferência. Vamos elucidar a questão através de alguns exemplos.

Exemplo 3. A equação $9x^2 + 9y^2 - 16 = 0$ representa a circunferência de centro na origem e raio $r = 4/3$, pois ela pode ser posta na forma $x^2 + y^2 = 16/9$, ou ainda,

$$(x-0)^2 + (y-0)^2 = (4/3)^2.$$

Faça o gráfico.

Completando quadrados

Para lidar com a equação da circunferência em sua generalidade necessitamos de uma técnica muito útil em várias situações, conhecida como *técnica de completar quadrados*. Vamos apresentá-la através de exemplos concretos.

Exemplo 4. Seja a equação $4x^2 + 4y^2 + 12x - 27 = 0$. Para levá-la à forma da Eq. (2.7), dividimo-la por 4, obtendo
$$x^2 + y^2 + 3x - 27/4 = 0.$$
Em seguida, transformamos $x^2 + 3x$ num quadrado perfeito, operação esta que costuma ser chamada "completar o quadrado":
$$x^2 + 3x = x^2 + 2 \cdot x \cdot \frac{3}{2} = x^2 + 2 \cdot x \cdot \frac{3}{2} + \left(\frac{3}{2}\right)^2 - \left(\frac{3}{2}\right)^2 = \left(x + \frac{3}{2}\right)^2 - \frac{9}{4}.$$
Substituindo esta expressão na equação anterior, obtemos
$$\left(x + \frac{3}{2}\right)^2 + y^2 - \frac{27}{4} - \frac{9}{4} = 0, \quad \text{ou seja,} \quad \left(x + \frac{3}{2}\right)^2 + y^2 - 9 = 0.$$
Esta é a equação da circunferência de centro $(-3/2, 0)$ e raio 3 (Fig. 2.23), pois ela equivale a (compare com a Eq. (2.6))
$$[x - (-3/2)]^2 + (y - 0)^2 = 3^2.$$

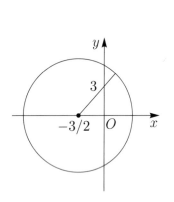
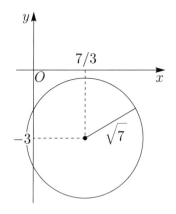

Figura 2.23   Figura 2.24

Exemplo 5. Seja agora a equação
$$x^2 + y^2 - \frac{14x}{3} + 6y + \frac{67}{9} = 0.$$
Temos de completar dois quadrados:
$$x^2 - \frac{14x}{3} = x^2 - 2 \cdot x \cdot \frac{7}{3} + \left(\frac{7}{3}\right)^2 - \left(\frac{7}{3}\right)^2 = \left(x - \frac{7}{3}\right)^2 - \frac{49}{9},$$
$$y^2 + 6y = y^2 + 2 \cdot y \cdot 3 + 3^2 - 3^2 = (y + 3)^2 - 9.$$
Substituindo estas expressões na equação dada, obtemos
$$\left(x - \frac{7}{3}\right)^2 + (y + 3)^2 = 7,$$
que é a equação da circunferência de centro $(7/3, -3)$ e raio $\sqrt{7}$ (Fig. 2.24).

Exemplo 6. A equação $x^2 + y^2 - 4x - 2y + 6 = 0$ não representa uma circunferência. De fato, completando os quadrados, obtemos
$$(x - 2)^2 + (y - 1)^2 + 6 - 4 - 1 = 0,$$

2.4 Equação da circunferência

ou seja, $(x-2)^2+(y-1)^2+1=0$. É claro que o primeiro membro desta equação é sempre positivo; portanto, a equação não tem solução.

Voltando à Eq. (2.7), para verificar se ela representa alguma circunferência, aplicamos a técnica de completar quadrados:

$$Ax^2 + Bx = A\left(x^2 + \frac{B}{A}x\right) = A\left[x^2 + 2x\frac{B}{2A} + \left(\frac{B}{2A}\right)^2\right] - \frac{B^2}{4A} = A\left(x + \frac{B}{2A}\right)^2 - \frac{B^2}{4A};$$

$$Ay^2 + Cy = A\left(y^2 + \frac{C}{A}y\right) = A\left[y^2 + 2y\frac{C}{2A} + \left(\frac{C}{2A}\right)^2\right] - \frac{C^2}{4A} = A\left(y + \frac{C}{2A}\right)^2 - \frac{C^2}{4A}.$$

Substituindo estas expressões na Eq. (2.7), e dividindo a equação resultante por A, obtemos

$$\left(x + \frac{B}{2A}\right)^2 + \left(y + \frac{C}{2A}\right)^2 + \frac{D}{A} - \frac{B^2}{4A^2} - \frac{C^2}{4A^2} = 0;$$

ou ainda,

$$\left(x + \frac{B}{2A}\right)^2 + \left(y + \frac{C}{2A}\right)^2 = \frac{B^2 + C^2 - 4AD}{4A^2}.$$

Daqui segue-se que a Eq. (2.7) representa uma circunferência se $B^2 + C^2 - 4AD > 0$. Neste caso, o centro da circunferência é o ponto $(-B/2A, -C/2A)$ e seu raio é $r = \sqrt{B^2 + C^2 - 4AD}/2|A|$.

Exercícios

Nos Exercícios 1 a 6, determine a equação da circunferência de centro e raio dados. Faça os gráficos.

1. Centro $(0, 0)$, raio 2.　　　　**2.** Centro $(2/3, 0)$, raio $\sqrt{5}$.　　　　**3.** Centro $(0, -9/2)$, raio $13/2$.

4. Centro $(3, 7/2)$, raio $10/3$.　　　　**5.** Centro $(-17/3, 13/6)$, raio $\sqrt{7}/2$.　　　　**6.** Centro $(-5, -2)$, raio $13/3$.

Nos Exercícios 7 a 12 determine o centro e o raio das circunferências de equações dadas.

7. $x^2 + (y-3)^2 - 16 = 0$.　　　　**8.** $(x+2)^2 + y^2 - 12 = 0$.　　　　**9.** $x^2 + y^2 + 6y - 1 = 0$.

10. $x^2 - 5x + y^2 - 11/4 = 0$.　　　　**11.** $x^2 + y^2 + x - 6y - 15/4 = 0$.　　　　**12.** $x^2 + y^2 + 4x + 6y + 2 = 0$.

Nos Exercícios 13 a 18, verifique se a equação dada representa uma circunferência. Em caso afirmativo, determine seus raio e centro.

13. $9x^2 + 9y^2 + 6x - 36y + 64 = 0$.　　　　**14.** $x^2 + y^2 + 7x - y + 1 = 0$.　　　　**15.** $4x^2 + 4y^2 + x - 6y + 5 = 0$.

16. $x^2 + 3y^2 - 4x + 3 = 0$.　　　　**17.** $4(x^2 + y^2) = 27 - 4x$.　　　　**18.** $x^2 + y^2 - 3y = 7/4$.

19. Determine as interseções da reta $x - \sqrt{3}y + 4 = 0$ com a circunferência $x^2 + y^2 = 16$ e faça o gráfico.

20. Determine as retas de declive $m = 2$ que são tangentes à circunferência $x^2 + y^2 = 5$ e faça o gráfico.

Respostas, sugestões e soluções

2. $9(x^2 + y^2) - 12x - 41 = 0$.　　　　**4.** $x^2 + y^2 - 6x - 7y + 365/36 = 0$.　　　　**6.** $x^2 + y^2 + 10x + 4y + 92/9 = 0$.

8. $C = (-2, 0)$, $r = 2\sqrt{3}$.　　　　**10.** $C = (5/2, 0)$, $r = 3$.　　　　**11.** $C = (-1/2, 3)$, $r = \sqrt{13}$.

13. Não.　　　　**14.** Sim. $C = (-7/2, 1/2)$, $r = \sqrt{23/2}$.　　**15.** Não.

16. Não.　　　　**17.** Sim. $C = (-1/2, 0)$, $r = \sqrt{7}$.　　　　**18.** Sim. $C = (0, 3/2)$, $r = 2$.

19. Substituindo $x = \sqrt{3}y - 4$ na equação da circunferência e simplificando, obtemos $y(y - 2\sqrt{3}) = 0$. Segue-se então que $y = 0$ e $y = 2\sqrt{3}$. Com $y = 0$, vem $x = -4$ e com $y = 2\sqrt{3}$, $x = 2$.

20. Substituindo $y = 2x + n$ na equação da circunferência e simplificando, obtemos $5x^2 + 4xn + n^2 - 5 = 0$. Para que a reta seja tangente, esta equação deve ter uma única raiz real x; logo, seu discriminante deve ser zero: $4n^2 - 5(n^2 - 5) = 0$, donde $n = \pm 5$. As duas retas tangentes são $y = 2x \pm 5$.

2.5 Nota histórica: Descartes e Fermat

Os tópicos que estudamos neste capítulo são uma introdução à *Geometria Analítica*. Nesta disciplina, retas, circunferências e as curvas em geral são representadas por equações, ligando as coordenadas x e y. Isso permite tratar problemas geométricos com recursos algébricos, como já pudemos ver, bem como utilizar técnicas do Cálculo, como veremos mais adiante.

A idéia de utilizar métodos algébricos na solução de problemas geométricos é devida, sobretudo, a dois grandes matemáticos do século XVII, René Descartes (1596–1650) e Pierre de Fermat (1601-1665). Descartes foi antes filósofo e, como tal, é considerado o primeiro grande filósofo dos tempos modernos. Divergindo da tradição escolástica, com raízes no pensamento grego clássico, Descartes enfatizou, em sua obra *Discurso sobre o Método* (para bem conduzir sua razão e procurar a verdade nas ciências), a importância da razão como instrumento da investigação científica e filosófica. É uma obra relativamente curta e que dá uma boa idéia do pensamento de Descartes sobre o papel da razão na construção do conhecimento.

O célebre livro matemático de Descartes, *La Géometrie*, apareceu em 1635, como apêndice do "Discurso sobre o Método", juntamente com dois outros apêndices, *La dioptrique* e *Les météores*. Com esses apêndices, Descartes quis ilustrar a aplicabilidade de seu método filosófico.

No livro de Descartes ainda não aparecem eixos de coordenadas, nem equações de retas ou circunferências, de forma que não se pode dizer que Descartes seja o inventor da Geometria Analítica. Sua obra teve, isto sim, enorme influência nas investigações matemáticas subseqüentes, e acabou levando, paulatinamente, ao desenvolvimento da Geometria Analítica como a conhecemos hoje. As expressões "coordenadas cartesianas", "sistema cartesiano", etc. foram introduzidas por Leibniz em homenagem a Descartes (Cartesius é o nome latinizado de Descartes).

Pierre de Fermat estudou Direito e, como profissional, foi advogado e conselheiro no parlamento de Toulouse. Como matemático, foi um autêntico amador. Mas, embora se dedicasse à Matemática apenas nas horas vagas, sua obra nesse campo é da mais alta importância. Seu gosto por Literatura Clássica, Ciência e Matemática levou-o a se dedicar ao estudo de obras antigas, como as de Apolônio de Perga (262-190 a.C., aproximadamente) e Diofanto de Alexandria (século III d.C.). Foi nessa atividade que Fermat descobriu o princípio fundamental da Geometria Analítica: "Toda vez que encontramos uma equação envolvendo duas incógnitas, temos um lugar geométrico, descrito pela extremidade de um segmento representado por uma das incógnitas". Embora Fermat estivesse de posse dessas idéias por volta de 1636, independentemente das descobertas de Descartes, seus resultados nesse campo só foram publicados postumamente, em 1679, em sua *Varia Opera Mathematica*. Por causa disso, o nome de Descartes ficou mais ligado à Geometria Analítica que o de Fermat. Além de suas investigações em Geometria, Óptica e Probabilidades, Fermat produziu uma extraordinária obra sobre Teoria dos Números, sendo considerado o fundador desta disciplina, que é um campo ativo de pesquisa ainda em nossos dias.

Como Fermat se dedicava à Matemática em suas horas vagas, era seu costume anotar, nas margens dos livros que lia, os teoremas e demonstrações que ia descobrindo. O chamado "último teorema de Fermat" diz o seguinte: a equação $x^n + y^n = z^n$ não tem solução com x, y, z e n números inteiros positivos, $n \geq 3$. Fermat enunciou esse teorema com a seguinte observação: "Tenho uma demonstração verdadeiramente notável, mas a margem aqui é demasiado pequena para contê-la". Por mais de 300 anos os matemáticos mais competentes envidaram esforços para provar a veracidade ou a falsidade dessa proposição, porém, sem sucesso, ou, às vezes, com sucesso apenas em casos particulares. Em 1993, o matemático alemão Andrew Wiles finalmente demonstrou o Teorema de Fermat no contexto de uma extensa e sofisticada teoria matemática. Mas mesmo a demonstração de Wiles continha falhas, que lhe custaram cerca de dois anos de trabalho para corrigir.

Capítulo 3

Funções

O estudo de funções costuma ser iniciado no ensino médio, de forma que o leitor decerto já possui algum conhecimento desse assunto. Sendo assim, este capítulo é antes uma recordação, no qual enfatizamos exemplos concretos, como as apresentações da parábola e da hipérbole. Nosso principal objetivo é estudar gráficos dessas curvas quando elas são dadas por certas funções particulares.

A translação e a técnica de completar quadrados aparecem naturalmente nesse contexto, o que permite clarificar esses conceitos em situações concretas; e é muito mais proveitoso introduzir conceitos novos quando eles são efetivamente solicitados do que fazê-lo abstratamente, sem objetivo imediato. As noções de reflexão, função par, função ímpar, função transladada e função inversa também surgem de maneira natural no estudo dessas curvas. Devem ser logo discutidas, embora um conceito como o de função inversa, por exemplo, só mais tarde seja tratado em sua generalidade.

3.1 Funções e gráficos

O conceito de função é fundamental no Cálculo. Ele surge naturalmente em conexão com equações como

$$y = x^2 + 1, \quad y = \frac{\sqrt{x}}{x - 2}, \quad y = \operatorname{sen} x, \text{ etc.} \tag{3.1}$$

Em cada um desses exemplos, x e y não são números fixos, mas variáveis. A x atribuímos diferentes valores, a cada um dos quais corresponde um valor determinado de y. Por causa disso, dizemos que x é uma *variável independente* e y uma *variável dependente*.

Em todo o nosso curso só nos interessam funções numéricas, isto é, aquelas em que as variáveis envolvidas são números reais, como nos exemplos (3.1).

Freqüentemente, a lei que a cada x faz corresponder um y é dada por uma expressão analítica, como em (3.1). Mas uma função pode muito bem ser dada por diferentes expressões analíticas em diferentes partes de seu domínio. Por exemplo,

$$y = \begin{cases} \sqrt{-x} & \text{se} \quad x \leq 0, \\ \sqrt{x} & \text{se} \quad x \geq 0. \end{cases}$$

Trata-se aqui de uma única função, que também pode ser descrita na forma seguinte:

$$y = \sqrt{|x|} \quad \text{para todo } x.$$

Outro exemplo:

$$y = \begin{cases} \sqrt{-x} & \text{se} \quad x \leq 0, \\ x + 1 & \text{se} \quad x > 0. \end{cases} \tag{3.2}$$

Desta vez não temos como reunir numa só as duas expressões que definem a função em $x \leq 0$ e em $x > 0$. Não obstante, trata-se de uma única função, não de duas como o aluno iniciante costuma pensar.

O que caracteriza uma função

É importante observar que, para caracterizar uma função, não basta dar a lei que a cada x faz corresponder um y; é preciso ficar claro qual é o domínio da variável x, o qual é chamado *domínio da função*. Mas é costume, ao se referir a uma função, dar apenas a lei de correspondência da variável independente para à dependente, em cujo caso entende-se que o domínio seja o maior conjunto para o qual a lei que define a função faz sentido. Por exemplo, quando se diz: "seja a função dada por $y = \sqrt{x-5}$", entende-se que seu domínio é o conjunto de todos os números $x \geq 5$, pois ela não tem significado para outros valores de x.

Terminologia e notação

Podemos considerar a função dada pela mesma expressão anterior, $y = \sqrt{x-5}$, porém com domínio menor, digamos $x > 10$. As duas funções, embora definidas pela mesma expressão analítica, são diferentes, já que seus domínios são diferentes. Dizemos que esta última função é uma *restrição* da primeira, ou que a primeira função é uma *extensão* da segunda. A função definida em (3.2), por exemplo, tem por domínio todo o eixo real, sendo uma extensão tanto da função

$$y = \sqrt{-x}, \quad x \leq 0,$$

como da função

$$y = x + 1, \quad x > 0.$$

É costume escrever $y = f(x)$ para indicar que y é função de x, e que se lê "y é igual a f de x". Quando lidamos com várias funções ao mesmo tempo, usamos diferentes letras para distingui-las: $f(x)$, $g(x)$, $h(x)$, etc. Dada uma função $y = f(x)$, vemos que os valores de y são obtidos dos valores atribuídos a x; daí chamarmos y de *variável dependente* e x de *variável independente*.

A rigor, $f(x)$ é o valor da função no ponto x, ou *imagem* de x, sendo mais correto dizer "seja a função f" em vez de "seja a função $f(x)$"; mas, freqüentemente, prefere-se esta última maneira de falar.

De acordo com essa notação, se $f(x) = 4x^2 - 2x + 7$, então

$$f(0) = 7, \quad f(a) = 4a^2 - 2a + 7, \quad f(s) = 4s^2 - 2s + 7, \quad f(t) = 4t^2 - 2t + 7.$$

Exemplos. Dada a função $f(x) = x^2 + 3x - 1$, calcule $f(2)$, $f(-1)$, $f(a+1)$, $f(3x)$, $f(1-x)$, $f(2+h)$, $f(2+h) - f(2)$, $f(x+h)$ e $f(x+h) - f(x)$.

Veja como fazer esses cálculos:

$$f(2) = 2^2 + 3 \cdot 2 - 1 = 9;$$

$$f(-1) = (-1)^2 + 3(-1) - 1 = -3;$$

$$f(a+1) = (a+1)^2 + 3(a+1) - 1 = a^2 + 2a + 1 + 3a + 3 - 1 = a^2 + 5a + 3;$$

$$f(3x) = (3x)^2 + 3(3x) - 1 = 9x^2 + 9x - 1;$$

$$f(1-x) = (1-x)^2 + 3(1-x) - 1 = 1 - 2x + x^2 + 3 - 3x - 1 = x^2 - 5x + 3;$$

$$f(2+h) = (2+h)^2 + 3(2+h) - 1 = 4 + 4h + h^2 + 6 + 3h - 1 = h^2 + 7h + 9;$$

$$f(2+h) - f(2) = h^2 + 7h + 9 - 9 = h(h+7);$$

$$f(x+h) = (x+h)^2 + 3(x+h) - 1 = x^2 + 2xh + h^2 + 3x + 3h - 1 = h(2x+h+3) + f(x).$$

Desta última equação obtemos

$$f(x+h) - f(x) = h(2x + 3 + h).$$

Uma notação precisa

O modo correto de indicar uma função consiste em escrever

$$x \mapsto f(x); \quad \text{ou ainda,} \quad f \colon x \mapsto f(x),$$

que se lê, respectivamente, "a função leva x em $f(x)$" e "f leva x em $f(x)$". Por exemplo,

$$x \mapsto 3x^2, \quad x \mapsto \frac{x+1}{x-1} \quad \text{e} \quad x \mapsto \text{sen}(x-7)$$

indicam três funções diferentes.

Observe que nada há de especial nas letras x e y que usamos para representar as variáveis de uma função. Assim, a função $f \colon x \mapsto 3x^2$ pode ser escrita com quaisquer letras denotando as variáveis. Por exemplo, a mesma função f pode ser indicada das várias maneiras seguintes:

$$f \colon r \mapsto 3r^2, \quad f \colon s \mapsto 3s^2, \quad \text{ou} \quad f \colon t \mapsto 3t^2.$$

Essas diferentes maneiras de escrever a função mostram muito bem como é clara e precisa a notação que acabamos de introduzir. Na notação introduzida anteriormente, para essa mesma função f escreveríamos, por exemplo,

$$y = f(x) = 3x^2, \quad u = f(r) = 3r^2, \quad v = f(s) = 3s^2, \quad \text{ou} \quad w = f(t) = 3t^2.$$

A notação $y = f(x)$ é muito usada por ser bem simples, o que compensa sua imprecisão, imprecisão essa que é tolerada, desde que não traga qualquer mal-entendido. Há muitas situações semelhantes a essa em toda a Matemática.

O contradomínio

Já observamos que a variável independente de uma função assume valores num conjunto que é o domínio D. De modo análogo, a variável dependente assume valores num outro conjunto Y, que é chamado *contradomínio* da função. Pode acontecer que esse conjunto Y seja o mesmo que o domínio D (como no caso da função $y = 3x + 1$, com D e Y ambos iguais ao conjunto de todos os números reais). Pode também acontecer que nem todos os valores de Y sejam alcançados pela função, como, por exemplo, no caso em que $y = x^2$: aqui o domínio é o conjunto de todos os números reais; e como contradomínio podemos tomar o conjunto de todos os números reais ou apenas o conjunto dos números não-negativos. Como se vê, há uma certa flexibilidade na escolha do contradomínio de uma função. O que acontece, freqüentemente, é que lidamos com várias funções, sendo conveniente ter um mesmo contradomínio para todas elas. Em todo o nosso estudo vamos considerar sempre funções de valores reais, sendo conveniente tomar como contradomínio de todas elas a totalidade dos números reais.

Mas fique claro que, enquanto a variável dependente pode não assumir todos os valores do contradomínio Y, a variável independente assume todos os valores de seu domínio D. Diz-se que uma função é *injetiva* quando ela leva diferentes valores de seu domínio em diferentes valores do contradomínio; e *sobrejetiva* quando a variável dependente assume todos os valores do contradomínio.

O argumento de uma função

A variável independente também costuma ser chamada *argumento* da função. Isto porque, às vezes, ela é substituída por toda uma expressão — que é o "argumento" —, não apenas uma única letra. Por exemplo, se $f(x) = \sqrt{x^2 + 1}$, então $f(x-1) = \sqrt{(x-1)^2 + 1}$, e agora o argumento da função é $x - 1$. Observe que a expressão $f(x-1)$ também pode ser vista como uma nova função g. Assim,

$$g(x) = f(x-1) = \sqrt{(x-1)^2 + 1} = \sqrt{x^2 - 2x + 2}.$$

Gráfico e imagem

Podemos visualizar uma função f como o conjunto dos pares ordenados $(x, f(x))$, onde x varia no domínio de f, de sorte que é correto escrever

$$f = \{(x, f(x)) \colon x \in D\},$$

onde D é o domínio da função f considerada. Esse conjunto f é também chamado *gráfico da função*; isto é natural, tendo em vista que a representação desse conjunto no plano cartesiano dá o gráfico da equação $y = f(x)$.

A *imagem* de uma função f é o conjunto de todos os valores $f(x)$ para todos os possíveis valores de x em seu domínio. Costuma-se escrever $f(D)$ para indicar essa imagem do domínio. Sendo A um subconjunto de D, define-se $f(A)$ como sendo o conjunto das imagens de todos os elementos de A. Em notação de conjunto, isto significa:

$$f(A) = \{f(a) \colon a \in A\}.$$

É claro que $f(A)$ é um subconjunto do contradomínio; e no caso em que $A = D$, pode acontecer que $f(D)$ coincida com todo esse contradomínio.

Vamos resumir tudo o que dissemos até aqui com as seguintes definições, de caráter bastante geral.

> *Um símbolo x que serve para designar os elementos de um conjunto D chama-se variável de domínio D.*
>
> *Quando duas variáveis x e y são tais que a cada valor de x corresponde um valor bem determinado de y, num conjunto Y (o contradomínio), segundo uma lei qualquer, dizemos que y é função de x.*

Podemos somar, subtrair, multiplicar e dividir funções de maneira óbvia. A representação de funções por gráficos no plano é um recurso visual muito valioso em seu estudo. Veremos, a seguir, vários exemplos importantes de funções, cujos gráficos são retas, círculos, etc.

Exemplos de funções

Exemplo 1. As funções mais simples são aquelas dadas por equações do tipo

$$y = mx + n, \tag{3.3}$$

onde m e n são constantes. Uma função desse tipo é chamada *função afim*. Como já sabemos, o gráfico da Eq. (3.3) é uma reta de declive m, que corta o eixo dos y no ponto da ordenada n; por esta razão, tais funções são freqüentemente chamadas *funções lineares*. Em particular, se $m = 0$, temos a função constante $y = n$, cujo gráfico é uma reta horizontal.

Exemplo 2. Um exemplo concreto de função linear é dado pela fórmula bem conhecida de conversão da temperatura, da escala Fahrenheit à escala Celsius:

$$\frac{C}{5} = \frac{F - 32}{9},$$

donde tiramos C como função de F:

$$C = \frac{5}{9}F - \frac{160}{9}.$$

O gráfico desta função, ilustrado na Fig. 3.1, revela, em um rápido exame, alguns fatos interessantes: a temperatura é zero na escala Celsius quando seu valor é de $32°F$, e zero na escala Fahrenheit quando assume o valor $-160/9 \approx -17,8$ na escala Celsius.

Observe que as duas escalas cruzam-se em -40, isto é, $-40°F$ é o mesmo que $-40°C$. Acima deste valor a medida da temperatura na escala Fahrenheit é sempre superior à medida na escala Celsius; e abaixo

3.1 Funções e gráficos

de $-40°C$ ocorre o contrário: a temperatura Fahrenheit é sempre menor que a temperatura Celsius. Por exemplo, $5°C = 41°F$ e $-50°C = -58°F$.

A transformação de temperaturas de uma escala à outra pode ser feita com cálculos simples, de memória, observando o seguinte: um incremento de $5°C$ corresponde a um incremento de $9°F$. Para provar isto, seja ΔC o incremento em C correspondente ao incremento ΔF em F, incrementos esses que podem ser positivos ou negativos. Então,

$$\frac{C+\Delta C}{5} = \frac{(F+\Delta F)-32}{9}, \quad \text{donde} \quad \frac{\Delta C}{5} = \frac{\Delta F}{9},$$

por onde se vê que $\Delta C = 5 \Leftrightarrow \Delta F = 9$.

Pelo que acabamos de provar, começando com $0°C = 32°F$, se acrescentarmos um múltiplo de 5 à escala Celsius, teremos de acrescentar o mesmo múltiplo de 9 à escala Fahrenheit para haver correspondência das temperaturas. Como exemplo, $20°C$ ($= 4 \times 5$) corresponde a $32 + 4 \times 9 = 68°F$; e $25°C$ ($= 5 \times 5$) corresponde a $32 + 5 \times 9 = 77°F$; e assim por diante.

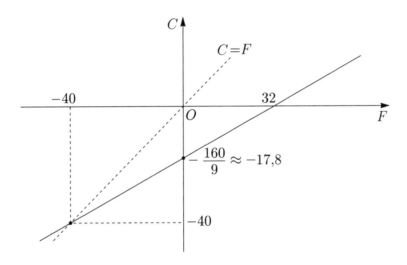

Figura 3.1

Exemplo 3. A função *valor absoluto* ou *função modular* é definida por $f(x) = |x|$ para todo x, isto é,

$$f(x) = \begin{cases} x & \text{se} \quad x \geq 0, \\ -x & \text{se} \quad x < 0. \end{cases}$$

Assim, $f(3) = 3$, $f(-4) = -(-4) = 4$, $f(0) = 0$, etc. O gráfico desta função tem o aspecto ilustrado na Fig. 3.2a.

Exemplo 4. Consideremos agora a função $y = |x - 2|$, que também se escreve assim:

$$y = \begin{cases} x - 2 & \text{se} \quad x \geq 2, \\ -x + 2 & \text{se} \quad x < 2. \end{cases}$$

Seu gráfico, mostrado na Fig. 3.2b, é o mesmo que o da função $x \to |x|$, porém, transladado de duas unidades para a direita ao longo do eixo dos x. Para ver isso, basta introduzir a translação $X = x - 2$ e notar que a função fica reduzida à forma $y = |X|$, que é a mesma do exemplo anterior. Também podemos fazer o raciocínio que damos a seguir, que é de caráter geral.

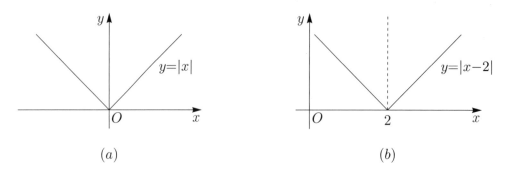

Figura 3.2

Translação de gráficos

Seja f uma função qualquer e seja $a > 0$. O gráfico da função $y = g(x) = f(x-a)$ é o mesmo que o da função $y = f(x)$, transladado de a unidades para a direita. De fato, basta notar que a ordenada $f(x)$, correspondente a um ponto x qualquer, coincide com a ordenada $g(x+a) = f((x+a)-a)$ no ponto $z = x+a$ (Fig. 3.3).

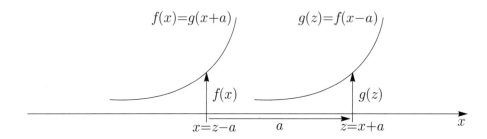

Figura 3.3

Situação análoga ocorre quando somamos um número positivo a ao argumento de uma função qualquer $y = g(x)$: o gráfico da nova função obtida,

$$y = f(x) = g(x + a),$$

é o mesmo que o da função original $y = g(x)$, porém transladado de a unidades para a esquerda, como ilustra a mesma Fig. 3.3.

De um modo geral, se a é um número qualquer, positivo ou negativo, o gráfico de $g(x) = f(x - a)$ é geometricamente idêntico ao de $y = f(x)$, transladado de a unidades ao longo do eixo Ox, para a direita se $a > 0$ e para a esquerda se $a < 0$.

Exemplo 5. A equação $x^2 + y^2 = 9$ representa um círculo[1] de centro na origem e raio 3. Resolvida em relação a y, ela é equivalente a

$$y = \pm \sqrt{9 - x^2},$$

o que nos permite definir duas funções:

$$f(x) = \sqrt{9 - x^2} \quad \text{e} \quad g(x) = -\sqrt{9 - x^2}.$$

O gráfico de f é o semicírculo superior ABC e o de g é o semicírculo inferior ADC (Fig. 3.4). Essas funções têm por domínio o intervalo $|x| \leq 3$, ou $-3 \leq x \leq 3$.

---

[1] No ensino médio é costume distinguir entre "círculo" e "circunferência". Mas, na universidade, "círculo" costuma ter o mesmo significado de "circunferência". Usa-se, então, a palavra "disco" para designar o interior do círculo. No entanto, nessa fase de transição, procuraremos nos conformar com o costume do ensino médio.

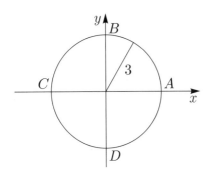 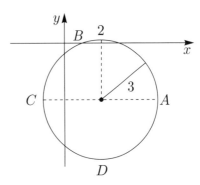

Figura 3.4   Figura 3.5

Exemplo 6. A equação $(x-2)^2 + (y+3)^2 = 10$ representa o círculo de centro $(2, -3)$ e raio igual a $\sqrt{10}$. Resolvida em relação a y, ela nos leva a duas funções:

$$f(x) = -3 + \sqrt{10 - (x-2)^2} \quad \text{e} \quad g(x) = -3 - \sqrt{10 - (x-2)^2},$$

cujos gráficos são os semicírculos ABC e ADC, respectivamente (Fig. 3.5). Elas estão definidas para x tal que

$$10 - (x-2)^2 \geq 0 \Leftrightarrow (x-2)^2 \leq 10 \Leftrightarrow |x-2| \leq \sqrt{10}$$

$$\Leftrightarrow -\sqrt{10} \leq x - 2 \leq \sqrt{10} \Leftrightarrow 2 - \sqrt{10} \leq x \leq 2 + \sqrt{10}.$$

Observação. As funções nem sempre são dadas por fórmulas. Muitas funções que ocorrem nas aplicações não têm fórmulas específicas, como a temperatura num determinado lugar a cada instante de tempo, a corrente cardíaca de uma certa pessoa, registrada num eletrocardiograma como função do tempo, etc. Nesses casos, as funções são conhecidas, ao menos parcialmente, por tabelas de valores, dados numéricos resultantes de registros de observações, os quais levam à construção de gráficos representativos dessas funções, como o leitor decerto já teve oportunidade de ver, não necessariamente em publicações especializadas, mas até mesmo em jornais e revistas.

Fórmulas aproximadas e modelos

Os economistas estudam muitas grandezas dependentes de outras, mas cuja relação de dependência não é dada por uma fórmula. No entanto, eles constroem empiricamente fórmulas que modelam os fenômenos, com boa aproximação, dentro de certos limites. Por exemplo, considere o caso de um industrial que produz geladeiras ao custo de R$500,00 cada uma. Se vendidas a x reais por unidade, o industrial venderá $f(x) = 800 - x$ geladeiras por ano, tendo assim um lucro mensal $L(x) = (800 - x)(x - 500)$ reais.

É claro que temos aqui um modelo matemático, válido para x dentro de certos limites; e mesmo assim, apenas aproximadamente. Porém, de posse dessa fórmula para o lucro, o industrial pode decidir sobre questões importantes, como, por exemplo, quantas geladeiras produzir para maximizar o lucro.

Modelos em ciências exatas

As aproximações costumam ser bem melhores no domínio das chamadas "ciências exatas", como a Física, a Mecânica Celeste, a Química (e todo corpo científico baseado na Matemática). Exemplo disso é a chamada "lei de Boyle", segundo a qual num gás mantido a uma temperatura fixa, a pressão p e o volume v têm produto constante: $pv = \text{const}$. Novamente aqui, essa lei só vale aproximadamente, dentro de certos limites da pressão e do volume do gás.

Muito mais exata é a fórmula que exprime a lei da queda dos corpos, descoberta empiricamente por Galileu. Sabemos que um corpo (ponto material) em queda livre no vácuo tem altura h dada como função

42   Capítulo 3 Funções

do tempo t mediante

$$h = h_0 - \frac{gt^2}{2},$$

onde h_0 é a altura da qual o corpo é abandonado em queda livre e g é a aceleração da gravidade.

Justamente por ser possível formular matematicamente com precisão as leis que regem os fenômenos em certos domínios científicos é que esses domínios são chamados de "ciências exatas".

Exercícios

1. Dada a função $f(x) = |x| - 2x$, calcule $f(-1)$, $f(1/2)$, $f(-2/3)$. Mostre que $f(|a|) = -|a|$.

2. Dada a função $f(x) = x^2 - a^2$, calcule $f(x + a)$ e $f(x - a)$.

3. Sabendo-se que $f(x + a) = x^2 - a^2$, encontre $f(x)$ e $f(x - a)$.

Nos Exercícios 4 a 21, encontre os domínios máximos de definição das funções dadas e suas respectivas imagens, e faça os gráficos dessas funções.

4. $y = \sqrt{x - 2}$.   **5.** $y = \sqrt{2 - x}$.   **6.** $y = \sqrt{x^2 - 9}$.

7. $y = \sqrt{-x}$.   **8.** $y = \sqrt[3]{x}$.   **9.** $y = \sqrt[3]{-x}$.

10. $y = \sqrt[3]{x - 2}$.   **11.** $y = 1/(x^2 - 4)$.   **12.** $y = \sqrt{x + 5}$.

13. $y = \sqrt{3 - 2x}$.   **14.** $y = \sqrt{9 - x^2}$.   **15.** $y = \sqrt{x^2 - 4x + 3}$.

16. $y = \sqrt{4x - 3 - x^2}$.   **17.** $y = \sqrt{x^2 + 3x - 10}$.   **18.** $y = \sqrt{2x + 3 - x^2}$.

19. $y = -4/(x^2 - 3)$.   **20.** $y = \dfrac{1}{(x - 1)(x - 3)}$.   **21.** $y = \dfrac{-9}{(x + 2)(x - 4)}$.

Construa os gráficos das funções dadas nos Exercícios 22 a 35.

22. $f(x) = |x| - x$.   **23.** $y = |x|/x$.   **24.** $y = |x - 3|/(x - 3)$.

25. $y = (x + 5)/|x + 5|$.   **26.** $y = 2|x + 1|/3$.   **27.** $y = \sqrt{5 - x^2}$.

28. $y = -\sqrt{7 - x^2}$.   **29.** $y = 1 + \sqrt{10 - x^2}$.   **30.** $y = 2 - \sqrt{16 - x^2}$.

31. $y = -1 + \sqrt{6 - (x - 1)^2}$.   **32.** $y = \sqrt{9 - (2 - x)^2}$.   **33.** $y = |x| + x$.

34. $y = \dfrac{7}{2} - \sqrt{13 - (2 + x)^2}$.   **35.** $y = \begin{cases} 1 - x & \text{se } x \leq 0, \\ \sqrt{1 - x^2} & \text{se } 0 \leq x \leq 1. \end{cases}$

36. Dada a função $f(x) = (1 + x)/(1 - x)$, mostre que

$$f\left(\frac{1}{1 + x}\right) = \frac{2 + x}{x}; \quad f\left(\frac{1}{1 - x}\right) = \frac{x - 2}{x}; \quad f(-x) = \frac{1}{f(x)}; \quad f\left(\frac{1}{x}\right) = -f(x); \quad f(f(x)) = -\frac{1}{x}.$$

37. Dada a função $f(x) = \sqrt{1 - x^2}$, mostre que $f(f(x)) = |x|$.

38. Dadas as funções $f(x) = x^2$ e $g(x) = \sqrt{x}$, mostre que $f(g(x)) = x$ para $x \geq 0$ e $g(f(x)) = |x|$ para x real.

39. Encontre a função f (inclusive o seu domínio) que satisfaça a propriedade $\dfrac{f(x) - 3}{f(x) + 3} = x$.

40. Generalize o exercício anterior para o caso $\dfrac{f(x) - a}{f(x) + b} = x$.

Respostas, sugestões e soluções

1. $f(-1) = 3$; $f(1/2) = -1/2$; $f(-2/3) = 2$; $f(|a|) = |a| - 2|a| = -|a|$.

2. $f(x + a) = x(x + 2a)$; $f(x - a) = x(x - 2a)$.

3.2 A parábola

3. $f(x) = x(x - 2a)$ e $f(x - a) = x(x - 4a) + 3a^2$.

5. $x \leq 2, \ y \geq 0$.   **6.** $x \leq -3$ e $x \geq 3, \ y \geq 0$.   **7.** $x \leq 0, \ y \geq 0$.

11. $x \neq \pm 2$, imagem $= (-\infty, \ -1/4) \cup (0, \ \infty)$.

15. $x \leq 1$ e $x \geq 3, \ y \geq 0$.   **16.** $1 \leq x \leq 3, \ 0 \leq y \leq 1$.   **17.** $x \leq -5$ e $x \geq 2, \ y \geq 0$.

18. $-1 \leq x \leq 3, \ 0 \leq y \leq 2$.   **19.** $x \neq \pm\sqrt{3}, \ y \in (-\infty, \ 0) \cup [4/3, \ \infty)$.

21. $x \neq -2, \ 4; \ y \in (-\infty, \ 0) \cup [1, \ \infty)$.   **24.** Translação do gráfico do Exercício 23.

28. Semicircunferência de centro $(0, \ 0)$ e raio $\sqrt{7}$, em $y \leq 0$.

30. Semicircunferência de centro $(0, \ 2)$ e raio 4, em $y \leq 2$.

31. Semicircunferência de centro $(1, \ -1)$ e raio $\sqrt{6}$, em $y \geq -1$.

36. Eis aqui três dos cálculos propostos:

$$f\left(\frac{1}{1+x}\right) = \frac{1 + 1/(1+x)}{1 - (1+x)} = \frac{2+x}{x};$$

$$f(-x) = \frac{1-x}{1+x} = \frac{1}{f(x)};$$

$$f(f(x)) = \frac{1+f(x)}{1-f(x)} = \frac{1 + (1+x)/(1-x)}{1 - (1+x)/(1-x)} = \frac{2}{-2x} = -\frac{1}{x}.$$

37. $f(f(x)) = \sqrt{1 - f(x)^2} = \sqrt{1 - (1 - x^2)} = \sqrt{x^2} = |x|$.

38. $f(g(x)) = g(x)^2 = (\sqrt{x})^2 = x$, se $x \geq 0$; $g(f(x)) = \sqrt{f(x)} = \sqrt{x^2} = |x|$.

39. Pondo $y = f(x)$, teremos: $\dfrac{y-3}{y+3} = x \Leftrightarrow y - 3 = xy + 3x \Leftrightarrow y = \dfrac{3(1+x)}{1-x}$. O domínio de $y = f(x)$ é $x \neq 1$.

40. $y = f(x) = \dfrac{a + bx}{1 - x}, \ x \neq 1$.

3.2   A parábola

Nesta seção vamos estudar funções dadas por um trinômio do 2º grau, $y = f(x) = ax^2 + bx + c$, começando com o caso mais simples $f(x) = x^2$. Os gráficos dessas funções são *parábolas*. O estudo detalhado dessas curvas costuma ser feito nos cursos de Geometria Analítica, e disso não vamos nos ocupar aqui, apenas do estudo de gráficos de funções que representam parábolas.

Comecemos, pois, com a função

$$y = f(x) = x^2,$$

que está definida para todo x real. É fácil calcular os valores dessa função para diferentes valores de x:

$$f(0) = 0^2 = 0; \quad f(1/2) = (1/2)^2 = 1/4; \quad f(1) = 1^2 = 1,$$

$$f(3/2) = (3/2)^2 = 9/4; \quad f(2) = 2^2 = 4; \quad f(5/2) = (5/2)^2 = 25/4.$$

Notemos também que $f(-x) = (-x)^2 = x^2 = f(x)$. Assim,

$$f(-1) = (-1)^2 = 1 = 1^2 = f(1), \qquad f(-2) = (-2)^2 = 4 = 2^2 = f(2), \text{ etc.}$$

Vemos, pois, que estão no gráfico da função os pontos

$$(0, \ 0), \quad (\pm 1/2, \ 1/4), \quad (\pm 1, \ 1), \quad (\pm 3/2, \ 9/4), \quad (\pm 2, \ 4), \quad (\pm 5/2, \ 25/4).$$

Esses pontos, marcados no plano, já são suficientes para dar uma boa idéia do gráfico da função,[2] ilustrado na Fig. 3.6. Trata-se de uma curva simétrica em relação ao eixo Oy, vale dizer, se o ponto (a, b) jaz sobre a curva, o mesmo ocorre com o ponto $(-a, b)$. Isso traduz o fato de que $f(x) = x^2$ é *função par*, assim chamada toda função que goza da seguinte propriedade:

$$f(-x) = f(x).$$

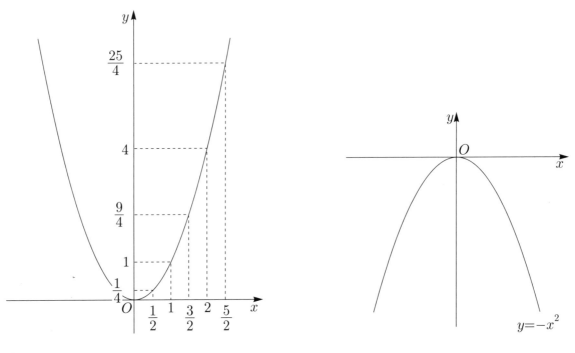

Figura 3.6   Figura 3.7

Enquanto o domínio da função é todo o eixo real, sua imagem é o conjunto dos números $y \geq 0$. Quando x varia de zero a $-\infty$, $f(x)$ varia de zero a $+\infty$; $f(x)$ cobre novamente os valores de zero a $+\infty$, quando x varia de zero a $+\infty$.

Veremos, a partir de agora, que a parábola $y = x^2$ é uma parábola básica, da qual se originam todas as demais parábolas, e também seus respectivos gráficos. E como se verá, logo a seguir, é bastante esclarecedor relacionar essas parábolas e gráficos com a referida parábola básica.

Consideremos, de início, a função $y = -x^2$, onde cada ordenada é a oposta da ordenada correspondente de $y = x^2$. Isso significa que seu gráfico é, geometricamente, idêntico ao de $y = x^2$, porém refletido no eixo Ox, vale dizer, se (a, b) é um ponto do gráfico de $y = x^2$, então $(a, -b)$ é um ponto do gráfico de $y = -x^2$, como ilustra a Fig. 3.7. Os dois gráficos estão simetricamente dispostos em relação ao eixo Ox.

Parábolas mais abertas e mais fechadas

As funções $y = 2x^2$ e $y = x^2/2$ têm gráficos que podem ser obtidos magnificando e contraindo, respectivamente, pelo fator 2, as ordenadas do gráfico de $y = x^2$. Observe a Fig. 3.8a, onde cada ordenada de $y = 2x^2$ é o dobro da ordenada de $y = x^2$ correspondente ao mesmo valor de x. De modo semelhante, a Fig. 3.8b mostra o gráfico de $y = x^2/2$, obtido do gráfico de $y = x^2$, dividindo por dois cada ordenada deste.

Os gráficos das funções $y = -2x^2$ e $y = -x^2/2$ são obtidos dos dois anteriores por simples reflexão no eixo Ox, como ilustram as Figs. 3.9a e 3.9b.

---

[2] Na verdade, nem sempre o conhecimento de alguns pontos é suficiente para se ter uma idéia do gráfico. Aqui, sim, por se tratar de uma função bastante simples; mas não é este o caso de funções mais complicadas, como sen$(1/x)$. Veja a Observação da p. 119.

3.2 A parábola

Em geral, o gráfico de $y = kx^2$ tem o mesmo aspecto que o de $y = x^2$ se $k > 0$ (Fig. 3.10a), ou de $y = -x^2$ se $k < 0$ (Fig. 3.10b), sendo mais aberto ou mais fechado, dependendo do valor de k.

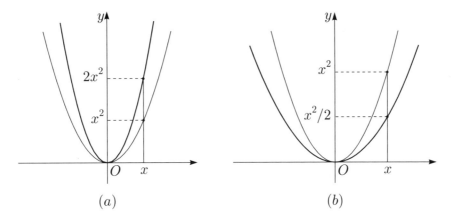

Figura 3.8

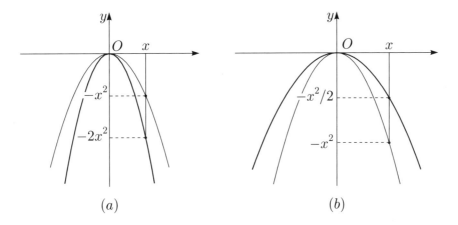

Figura 3.9

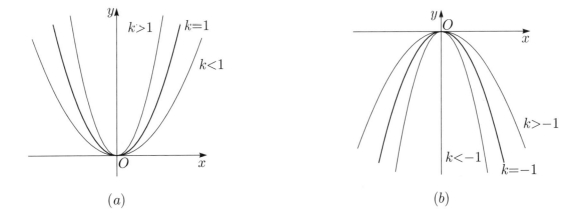

Figura 3.10

Parábolas transladadas

Veremos, agora, como obter o gráfico de qualquer trinômio $y = ax^2 + bx + c$ a partir dos gráficos anteriores, por simples operações de translação.

Vamos tratar progressivamente de vários exemplos, começando com os mais simples. Assim, os gráficos de funções como
$$y = x^2 + 2 \quad \text{e} \quad y = x^2 - 3$$
são obtidos do gráfico de $y = x^2$ por translação ao longo do eixo Oy; no primeiro caso a translação é de duas unidades para cima, e no segundo é de três unidades para baixo (Fig. 3.11).

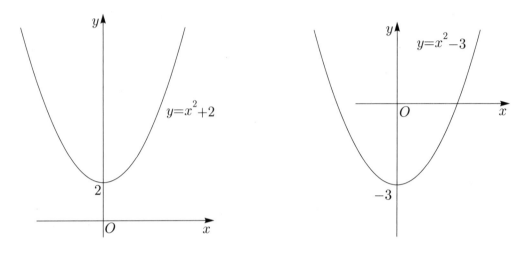

Figura 3.11

Analogamente, os gráficos de funções como $y = -x^2 + 2$ e $y = -x^2 - 3$ são obtidos do gráfico de $y = -x^2$ por translação de duas unidades para cima e três unidades para baixo, respectivamente. Faça esses gráficos.

Vamos considerar, em seguida, o trinômio
$$y = x^2 + 6x + 11.$$

Como
$$y = (x^2 + 2 \cdot x \cdot 3) + 11 = (x^2 + 2 \cdot x \cdot 3 + 9) + 2 = (x+3)^2 + 2,$$
podemos escrever
$$y - 2 = (x+3)^2.$$

Isto sugere a transformação de coordenadas de um ponto genérico P, mediante as equações
$$X = x + 3, \qquad Y = y - 2.$$

Então a função dada assume a forma simples $Y = X^2$. A transformação de coordenadas implica uma translação dos eixos, de sorte que a nova origem O' ocupa a posição $(-3, 2)$ no sistema Oxy. Neste novo sistema $O'XY$, a função $Y = X^2$ tem seu gráfico facilmente identificável (Fig. 3.12).

Outro exemplo é dado pela função
$$y = 2x^2 - 3x.$$

Neste caso,
$$y = 2\left(x^2 - 2 \cdot x \cdot \frac{3}{4}\right) = 2\left[x^2 - 2 \cdot x \cdot \frac{3}{4} + \left(\frac{3}{4}\right)^2\right] - \frac{9}{8},$$
ou ainda,
$$y + \frac{9}{8} = 2\left(x - \frac{3}{4}\right)^2.$$

Com a translação
$$X = x - \frac{3}{4}, \qquad Y = y + \frac{9}{8},$$

o novo sistema de eixos $O'XY$ terá origem no ponto $O' = (3/4, -9/8)$, e o gráfico da função $Y = 2X^2$ será prontamente identificável (Fig. 3.13).

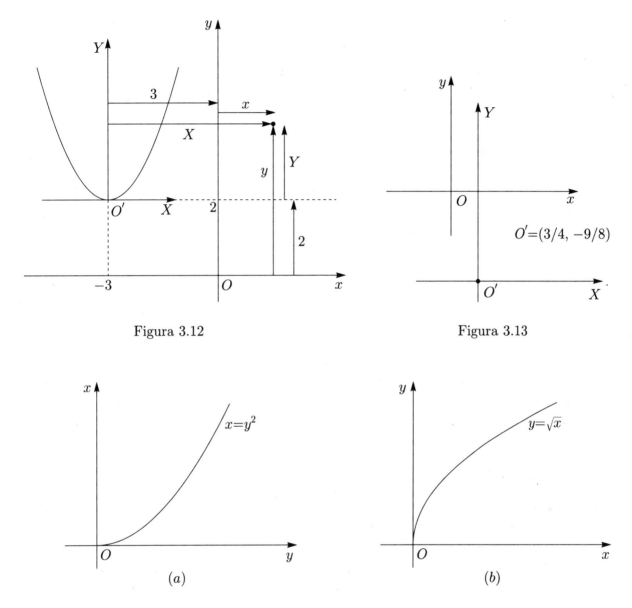

Figura 3.12

Figura 3.13

Figura 3.14

A parábola $y = \sqrt{x}$

Ainda como exemplo de parábola, vamos considerar a função $y = \sqrt{x}$, cujo domínio de definição é o conjunto dos pontos $x \geq 0$, pois os números negativos não têm raiz quadrada real. A imagem desta função é também o conjunto dos números $y \geq 0$. Elevando $y = \sqrt{x}$ ao quadrado, obtemos $x = y^2$. Portanto, considerando x como função de y mediante $x = y^2$, com $y \geq 0$, obtemos o gráfico da Fig. 3.14a (observe que o eixo horizontal é Oy e o vertical é Ox). Imaginemos que esse gráfico seja destacado do papel, virado do lado oposto e recolocado no papel, como ilustra a Fig. 3.14b. Este é o gráfico da função original $y = \sqrt{x}$.

A função $y = \sqrt{x}$ é a *inversa* da função $x = y^2$ ($y \geq 0$), de forma que o ponto (a, b) está no gráfico da primeira delas se e somente se (b, a) está no gráfico da segunda. Mas os pontos (a, b) e (b, a) são simétricos relativamente à reta $y = x$ (veja o Exercício 44 adiante), o que mostra que os gráficos das duas funções consideradas são obtidos um do outro por reflexão na reta $y = x$ (Fig. 3.15).

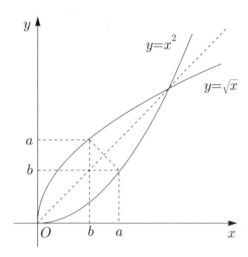

Figura 3.15

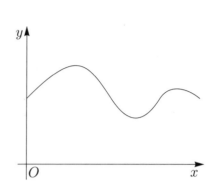

Figura 3.16

Exercícios

1. Dada a função $f(x) = x^2 - 3x + 1$, calcule $f(-2/3)$, $f(-a)$, $f(a+1)$, $f(a-1)$, $f(1-a)$, $f(2+h)$ e $f(a+h)$.
2. Dada a função $f(x) = x^2 + 1$, mostre que $f(1/a) = f(a)/a^2$.

Faça os gráficos das funções dadas nos Exercícios 3 a 26. Observe que os gráficos de funções do tipo $y = ax^2 + bx$ passam pela origem.

3. $y = (x - 2)^2$.
4. $y = (x + 3)^2$.
5. $y = -x^2 + 4/7$.
6. $y = 3x^2$.
7. $y = 2x^2/3$.
8. $y = -3x^2/2$.
9. $y = -5x^2/3 + 3$.
10. $y = -x^2/5 - 2$.
11. $y = x(x - 2)$.
12. $y = x(x + 4)$.
13. $y = x^2 - 3x + 2$.
14. $y = x^2 + 3x + 3$.
15. $y = x^2 + 8x + 14$.
16. $y = -x^2 + 4x - 1$.
17. $y = x(1 - 2x/3)$.
18. $y = -2x^2/3 + 4x - 6$.
19. $y = 1 - 3x - x^2/2$.
20. $y = ax^2 - bx$.
21. $y = x^3$.
22. $y = (x - 1)^3$.
23. $y = (x + 2)^3$.
24. $y = |x|^3$.
25. $y = |x - 3|^3$.
26. $y = |x + 2|^3$.

Nos Exercícios 27 a 41, determine os domínios das funções dadas, faça os gráficos dessas funções, e encontre as funções inversas correspondentes com seus respectivos domínios.

27. $y = -\sqrt{x}$.
28. $y = \sqrt{2x}$.
29. $y = -\sqrt{2x}/3$.
30. $y = \sqrt{x - 2}$.
31. $y = \sqrt{x + 1}$.
32. $y = 2 + \sqrt{x}$.
33. $y = -1 + \sqrt{x}$.
34. $y = -3 + \sqrt{x + 2}$.
35. $y = \sqrt{x + a}$.
36. $y = b - \sqrt{2(x - a)}$.
37. $y = x^3 - 1$.
38. $y = (x - 1)^3 + 1$.
39. $y = \sqrt{-x}$.
40. $y = \sqrt{2 - x}$.
41. $y = -\sqrt{-x}$.

42. Dada uma função f qualquer, definida em toda a reta ou num intervalo, mostre que a função $g(x) = f(x) + f(-x)$ é uma função par.
43. Seja f uma função par, cujo gráfico, para $x \geq 0$, tenha o aspecto indicado na Fig. 3.16. Complete esse gráfico no domínio $x < 0$.
44. Dizemos que dois pontos A e B são simétricos relativamente a uma reta r se eles jazem numa reta perpendicular a r, em semiplanos diferentes determinados por esta reta e a igual distância dela. Demonstre que os pontos (a, b) e (b, a) são simétricos em relação à reta $y = x$ (Fig. 3.15).

3.3 A hipérbole

45. Seja $f(x)$ uma função definida em $x \geq 0$, cujo gráfico tenha o aspecto ilustrado na Fig. 3.16. Faça o gráfico e indique o domínio de definição de cada uma das seguintes funções: $y = f(x-2)$; $y = f(x+2)$; $y = f(-x)$; $y = f(4-x)$.

Respostas, sugestões e soluções

1. $f(-2/3) = (-2/3)^2 - 3(-2/3) + 1 = 31/9;$ $\qquad f(-a) = a^2 + 3a + 1;$

$\quad f(a-1) = (a-1)^2 - 3(a-1) + 1 = a^2 - 5a + 5;$ $\qquad f(1-a) = a^2 + a - 1;$

$\quad f(2+h) = h^2 + h - 1;$ $\qquad f(a+h) = a^2 - 3a + 1 + (2a-3)h + h^2.$

2. $f(1/a) = (1/a)^2 + 1 = (1+a^2)/a^2 = f(a)/a^2.$

4. Gráfico de $y = x^2$, transladado de três unidades para a esquerda.

5. Gráfico de $y = -x^2$, transladado de $4/7$ para cima.

7. Gráfico de $y = x^2$, cada ordenada multiplicada por $2/3$.

8. $y = -x^2$, cada ordenada multiplicada por $3/2$.

9. Gráfico de $y = -5x^2/3$, transladado de três unidades para cima.

11. $y = (x-1)^2 - 1$. Gráfico de $y = x^2$, transladado de uma unidade para a direita e uma unidade para baixo.

13. $y = (x-3/2)^2 - 1/4$. Gráfico de $y = x^2$, transladado de $3/2$ para a direita e de $1/4$ para baixo.

16. $y = -(x-2)^2 + 3$. Gráfico de $y = -x^2$, transladado de duas unidades para a direita e três para cima.

17. $y = -\dfrac{2}{3}\left(x - \dfrac{3}{4}\right)^2 + \dfrac{3}{8}$. Gráfico de $y = -2x^2/3$, transladado de $3/4$ para a direita e $3/8$ para cima.

18. $y = -2(x-3)^2/3$. Gráfico de $y = -2x^2/3$, transladado de três unidades para a direita.

20. $y = a\left(x - \dfrac{b}{2a}\right)^2 - \dfrac{b^2}{4a}$. Gráfico de $y = ax^2$, transladado de $b/2a$ ao longo do eixo Ox e de $-b^2/4a$ ao longo do eixo Oy.

27. $x = y^2$, $y \leq 0$. $\qquad\qquad$ **28.** $x = y^2/2$, $y \geq 0$. $\qquad\qquad$ **30.** $x = 2 + y^2$, $y \geq 0$.

32. $x = (y-2)^2$, $y \geq 2$. $\qquad\quad$ **34.** $x = (y+3)^2 - 2$, $y \geq -3$. $\qquad$ **35.** $x = y^2 - a$, $y \geq 0$.

36. $x = (y-b)^2/2 + a$, $y \leq b$. $\qquad$ **37.** $x = \sqrt[3]{y+1}$, y real. $\qquad\qquad$ **39.** $x = -y^2$, $y \geq 0$.

41. $x = -y^2$, $y \leq 0$.

44. A reta pelo ponto $A = (a, b)$, perpendicular à reta $y = x$ é $x + y - a - b = 0$. Como se verifica facilmente, o ponto $B = (b, a)$ também jaz nesta reta. Só falta verificar que as distâncias de A e B à reta $y = x$ são iguais. Isto é claro, pois tais distâncias são ambas iguais a $|a - b|/\sqrt{2}$.

45. Domínios: $x \geq 2$, $x \geq -2$, $x \leq 0$ e $x \leq 4$, respectivamente. Os gráficos das duas primeiras são translações do gráfico de $y = f(x)$. O de $y = f(-x)$ é o refletido do gráfico de $y = f(x)$ no eixo Oy. De fato, pondo

$$g(x) = f(-x), \tag{3.4}$$

o domínio de g é $x \leq 0$. Ademais, a Eq. (3.4) nos diz que a ordenada de g em $x \leq 0$ é a mesma de f em $-x \geq 0$. Faça o gráfico. Quanto a $h(x) = f(4-x)$, note que $h(x) = f(-(x-4)) = g(x-4)$, onde g está definida em (3.4). Portanto, o domínio de h é $x \leq 4$; e seu gráfico é o de g transladado quatro unidades para a direita. Desenhe-o.

3.3 A hipérbole

Nesta seção trataremos da *hipérbole*, que é outra curva estudada em Geometria Analítica. Como no caso da parábola, vamos nos restringir apenas ao estudo dos gráficos de funções que são hipérboles.

Começamos com a situação mais simples, da função

$$y = f(x) = \frac{1}{x},$$

que está definida para todo $x \neq 0$. É fácil ver que

$$f(1/3) = 3, \quad f(1/2) = 2, \quad f(2/3) = 3/2, \quad f(1) = 1, \quad f(3/2) = 2/3, \quad f(2) = 1/2, \quad f(3) = 1/3, \text{ etc.}$$

Os pontos $(x, f(x))$ assim obtidos estão marcados na Fig. 3.17a, que ilustra um dos ramos do gráfico da função no 1º quadrante.

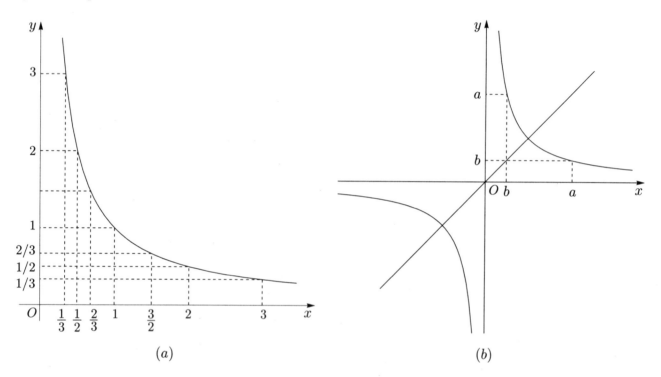

Figura 3.17

Observe que, à medida que x cresce, $y = f(x)$ decresce, podendo tornar-se tão pequeno quanto quisermos, bastando para isto fazer x suficientemente grande. Analogamente, $y = f(x)$ cresce à medida que x decresce por valores positivos, tornando-se tão grande quanto quisermos, desde que x, sempre positivo, seja feito suficientemente pequeno. Estes fatos estão ilustrados na Fig. 3.17b.

Para obtermos o gráfico em $x < 0$ basta notar que a função é *ímpar*, assim chamada toda função que satisfaz a condição

$$f(-x) = -f(x).$$

Em conseqüência, o gráfico de f está disposto *simetricamente em relação à origem*, vale dizer, sendo (a, b) um ponto do gráfico, também estará no gráfico o ponto $(-a, -b)$.

Devemos também notar que

$$y = \frac{1}{x} \Leftrightarrow x = \frac{1}{y},$$

isto é,

$$y = f(x) \Leftrightarrow x = f(y).$$

Isso significa que a função dada coincide com a sua inversa, ou seja, (a, b) estará no gráfico de f se e somente se (b, a) também estiver. Em outras palavras, o gráfico é simétrico em relação à reta $y = x$ (Fig. 3.17b).

3.3 A hipérbole

Observe ainda que o ponto $(x, f(x))$ torna-se tão próximo do eixo Ox quanto quisermos, com $|x|$ suficientemente grande, x positivo ou negativo. O mesmo é verdade do ponto $(f(y), y)$ com relação ao eixo Oy, $|y|$ suficientemente grande. Dizemos então que os eixos são *assíntotas* do gráfico, ou que o gráfico tende *assintoticamente* aos eixos Ox e Oy, com $|x|$ e $|y|$ tendendo a infinito, respectivamente.

Hipérboles do tipo $y = k/x$

Como no caso da parábola, em que gráficos de funções do tipo $y = kx^2$ são facilmente obtidos do gráfico da parábola básica $y = x^2$, aqui também os gráficos de funções do tipo $y = k/x$ são obtidos do gráfico da hipérbole básica $y = 1/x$, multiplicando cada ordenada pelo fator k. Se $k = -1$, essa multiplicação equivale a refletir o gráfico de $y = 1/x$ no eixo dos x, como ilustra a Fig. 3.18a.

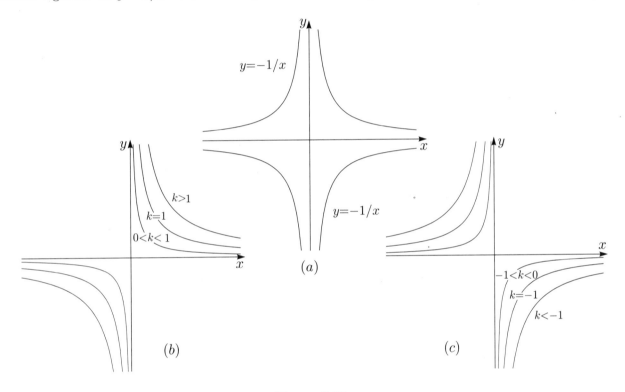

Figura 3.18

De um modo geral, se $k > 0$ o gráfico de $y = k/x$ será análogo ao de $y = 1/x$ (Fig. 3.18b); e se $k < 0$ a analogia é com o gráfico de $y = -1/x$ (Fig. 3.18c).

Todas essas curvas são hipérboles. A *hipérbole*, juntamente com a *parábola* e a *elipse*, forma uma família especial de curvas, que são estudadas em Geometria Analítica.

Deixamos ao leitor a tarefa de construir as hipérboles que são os gráficos de várias funções dadas nos exemplos apresentados logo adiante. Isso pode ser feito por analogia com os casos fundamentais $y = 1/x$ e $y = k/x$, por meio de transformações simples: translações, magnificações, contrações e reflexões, como vimos no caso da parábola. Por exemplo, os gráficos de $y = 1/(x + 2)$, $y = -1 + 1/x$ e $y = 1 + 1/(x - 3)$ são obtidos do gráfico de $y = 1/x$ por translações simples, como ilustram as Figs. 3.19a, 3.19b e 3.19c. Na primeira dessas funções, usamos a translação $X = x + 2$; na segunda, fazemos $Y = y + 1$; e na terceira, transladamos os dois eixos de acordo com as fórmulas $X = x - 3$ e $Y = y - 1$.

Algumas funções precisam ser convenientemente transformadas para que possam ser levadas à forma $y = k/x$. Os exemplos seguintes ilustram essas transformações. Deixamos ao leitor a tarefa de fazer os gráficos.

Exemplo 1. A função $y = 1/(2x - 3)$ deve ser transformada para remover o fator 2 que acompanha a

variável x. Podemos escrever
$$y = \frac{1/2}{x - 3/2},$$
que sugere a translação $X = x - 3/2$.

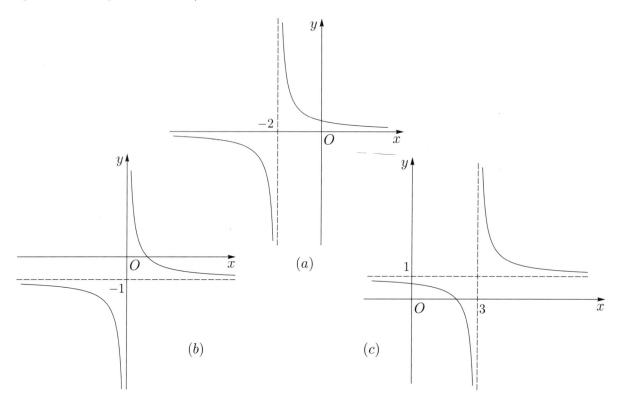

Figura 3.19

Exemplo 2. A função $y = x/(x-1)$ exige que primeiro efetuemos a divisão de x por $x-1$, o que conseguimos, "forçando" o aparecimento do termo $x - 1$ no numerador, assim:
$$y = \frac{(x-1)+1}{x-1} = 1 + \frac{1}{x-1}.$$
Isto sugere a translação $X = x - 1$, $Y = y - 1$.

Exemplo 3. No caso da função $y = 2x/(x+3)$, novamente "forçamos" o aparecimento do denominador $x + 3$, como fator, no numerador:
$$y = \frac{2(x+3) - 6}{x+3} = 2 - \frac{6}{x+3}.$$
Fazendo $X = x + 3$, $Y = y - 2$, obtemos $Y = -6/X$.

Exemplo 4. Vejamos um caso mais complicado:
$$y = \frac{3x}{2x-5} = \frac{3(2x-5)+15}{2(2x-5)} = \frac{3}{2} + \frac{15/2}{2x-5} = \frac{3}{2} + \frac{15/4}{x-5/2}.$$
Isto sugere a translação $X = x - 5/2$, $Y = y - 3/2$.

Exemplo 5. Finalmente, o caso mais geral é ilustrado pela função
$$y = \frac{3x-1}{2x+5}.$$

3.3 A hipérbole

Para fazer a divisão de $3x - 1$ por $2x + 5$, basta "forçar" o aparecimento de $2x + 5$ em lugar de $3x$:

$$y = \frac{3x - 1}{2x + 5} = \frac{3(2x + 5) - 17}{2(2x + 5)} = \frac{3}{2} - \frac{17/4}{x + 5/2}.$$

Isto mostra que devemos fazer a translação $X = x + 5/2$, $Y = y - 3/2$.

Todos os exemplos anteriores são casos particulares da função

$$y = \frac{ax + b}{cx + d}$$

com $c \neq 0$. Para vermos que o gráfico desta função é uma hipérbole do tipo $y = k/x$, efetuamos as seguintes transformações:

$$y = \frac{c(ax + b)}{c(cx + d)} = \frac{a(cx + d) + bc - ad}{c(cx + d)} = \frac{a}{c} + \frac{(bc - ad)/c^2}{x + d/c}.$$

Fazendo $X = x + d/c$, $Y = y - a/c$ e $k = (bc - ad)/c^2$, obtemos $Y = k/X$, que é o resultado desejado.

Uma aplicação em Biologia

A hipérbole intervém quando consideramos o equilíbrio entre a produção de calor no interior de um corpo e o calor que emana pela sua superfície. Imagine um corpo esférico de raio r, que produz calor à taxa de q calorias por unidade de volume e por unidade de tempo. Então o calor total produzido no corpo, na unidade de tempo, é $Q = (4\pi r^3/3)q$. Suponhamos que a temperatura de cada ponto do corpo não varie com o tempo (regime estacionário), de forma que todo o calor produzido saia pela superfície, digamos, à taxa de k calorias por unidade de superfície e por unidade de tempo, donde $Q = (4\pi r^2)k$. Igualando esta expressão à anterior, encontramos:

$$q = \frac{3k}{r}. \tag{3.5}$$

Vemos, assim, que a taxa q é inversamente proporcional ao raio r: quanto maior o corpo, tanto menor deve ser a sua produção de calor para a mesma taxa k. Considerando k constante, o gráfico de q como função de r é um ramo de hipérbole. Faça o gráfico, notando que $r > 0$.

Essas considerações se aplicam a corpos semelhantes, não necessariamente esféricos, já que o volume é proporcional ao cubo de um comprimento típico do corpo e a superfície é proporcional ao quadrado desse comprimento. (Isto significa que volumes de corpos semelhantes estão entre si como os cubos de comprimentos típicos correspondentes; e para as áreas vale proporcionalidade análoga, trocando cubos por quadrados.) No caso dos animais, por exemplo, a Eq. (3.5) mostra que quanto maior o animal, tanto menor a sua produção de calor por unidade de volume, para manter a mesma temperatura num certo ambiente (k depende, entre outros fatores, da diferença de temperatura entre o corpo e o meio ambiente). Isso explica por que as atividades metabólicas variam nos animais, conforme o seu tamanho: quanto maior o animal, menos intenso é o seu metabolismo; e quanto menor o animal, mais intenso o metabolismo. É por isso que um elefante é tão vagaroso quando comparado a um beija-flor e este quando comparado a uma formiga.

Produção de calor no interior do Sol

Ainda em continuação à aplicação anterior, considere o calor produzido no interior do Sol. Em regime estacionário, todo esse calor sai pela superfície, havendo, pois, igualdade entre o calor produzido e o calor que sai na unidade de tempo. Será que o Sol produz muito calor por unidade de volume? Não! Produz muito pouco. Isto é surpreendente para a maioria das pessoas. E por que muito pouco? Por causa do equilíbrio que deve existir entre o calor produzido no interior e o calor emanado pela superfície. Veja bem o que nos revela a Eq. (3.5): como r é muito grande, q tem de ser muito pequeno. A propósito, o corpo humano produz cerca de 5 000 vezes mais calor por unidade de volume que o Sol! (Veja o Exercício 27 adiante.)

54   Capítulo 3   Funções

Esse fenômeno, aparentemente paradoxal, também pode ser compreendido comparando o volume com a área da superfície de uma esfera. Como

$$\frac{V}{S} = \frac{r}{3},$$

vemos que o volume cresce mais depressa que a área da superfície. Assim, com $r = 3$ cm, $V = S$, ou seja, para cada cm^2 de área superficial existe 1 cm^3 de volume; com $r = 18$ cm, $V = 6S$, vale dizer, cada cm^2 de área corresponde a 6 cm^3 de volume; com $r = 300$ cm, $V = 100S$, isto é, cada cm^2 de área corresponde a 100 cm^3 de volume; e assim por diante. Então, com o crescer de r, o calor que sai por cada cm^2 de área será proveniente de mais e mais centímetros cúbicos de volume. Daí por que o calor produzido em cada cm^3 tem de ser diminuído mais e mais, de acordo com a Eq. (3.5).

Exercícios

1. Dada a função $f(x) = 1/x$, calcule $f(1 + h) - f(1)$ e $f(a + h) - f(a)$.

2. Calcule $g(a+h) - g(a)$, onde $g(x) = (x+1)/x$. O resultado coincide com o último resultado do exercício anterior; explique por quê. Mostre que o mesmo é verdade se $g(x) = (kx + 1)/x$, onde k é uma constante qualquer.

Construa os gráficos das funções dadas nos Exercícios 3 a 22.

3. $y = 1/(x - 2)$.

4. $y = 2/(x + 3)$.

5. $y = -3/(x + 5)$.

6. $y = 2 + \dfrac{3}{x - 1}$.

7. $y = \dfrac{5}{2} - \dfrac{1}{3x + 7}$.

8. $y = -2 - \dfrac{3}{2x - 5}$.

9. $y = 2x/(x + 3)$.

10. $y = -3x/(x - 4)$.

11. $y = (1 + 3x)/2x$.

12. $y = (2 - 5x)/3x$.

13. $y = (2x + 3)/(3x + 2)$.

14. $y = (x - 1)/(x + 1)$.

15. $y = (2x + 1)/(2 - x)$.

16. $y = (x + 3)/(2x - 1)$.

17. $y = (2 - x)/(x + 2)$.

18. $y = 1/|x|$.

19. $y = -4/|x|$.

20. $y = 2/|x - 1|$.

21. $y = -1 + 1/|x + 3|$.

22. $y = 1/|x - a|$,   onde $a > 0$.

23. Demonstre que, se a função $y = (ax + b)/(cx + d)$ é constante, então $ad = bc$.

24. Dada uma função f qualquer, definida em toda a reta, ou num intervalo $(-a, a)$, mostre que a função $h(x) = f(x) - f(-x)$ é ímpar.

25. Seja $f(x)$ uma função ímpar, cujo gráfico, para $x > 0$, tenha o aspecto indicado na Fig. 3.16. Complete esse gráfico no domínio $x < 0$.

26. Demonstre que uma função f, definida em toda a reta, ou num intervalo $(-a, a)$, se decompõe, univocamente, na forma $f = g + h$ onde g é função par e h é função ímpar.

27. Calcule a taxa média de calor produzido no interior do Sol, q cal/cm^3 por segundo, sabendo que o raio do Sol é $r = 695\,000$ km e que 1 cm^2 de sua superfície emite $1\,500$ calorias por segundo (veja adiante a nota complementar sobre o calor produzido no interior do Sol). Compare esse número q com a produção do corpo humano, que é da ordem de 3×10^{-4} cal/cm^3 por segundo.

Respostas, sugestões e soluções

1. $f(1 + h) - f(1) = \dfrac{1}{1 + h} - 1 = \dfrac{1 - (1 + h)}{1 + h} = \dfrac{-h}{1 + h}$;

$f(a + h) - f(a) = \dfrac{1}{a + h} - \dfrac{1}{a} = \dfrac{a - (a + h)}{a(a + h)} = \dfrac{-h}{a(a + h)}$.

2. $g(a + h) - g(a) = \dfrac{a + h + 1}{a + h} - \dfrac{a + 1}{a} = \dfrac{-h}{a(a + h)}$. Este resultado coincide com o último resultado do exercício anterior porque

$$g(x) = \frac{x + 1}{x} = 1 + \frac{1}{x} = 1 + f(x),$$

3.4 Notas históricas

onde $f(x) = 1/x$ é a função do exercício anterior. Em conseqüência,

$$g(a + h) - g(a) = f(a + h) - f(a),$$

pois o termo aditivo 1 é eliminado na diferença $g(a + h) - g(a)$. No caso em que $g(x) = (kx + 1)/x$, teremos ainda $g(x) = k + f(x)$ e, sendo k constante, o mesmo acontecerá.

3. Gráfico de $y = 1/x$, transladado duas unidades para a direita.

5. Gráfico de $y = -3/x$, transladado cinco unidades para a esquerda.

6. Gráfico de $y = 3/x$, transladado uma unidade para a direita e duas unidades para cima.

7. $y = \dfrac{5}{2} - \dfrac{1}{3(x + 7/3)}$. Gráfico de $y = -1/3x$, transladado $7/3$ para a esquerda e $5/2$ para cima.

9. $y = \dfrac{2(x + 3) - 6}{x + 3} = 2 - \dfrac{6}{x + 3}$. Gráfico de $y = -6/x$, transladado três unidades para a esquerda e duas para cima.

10. $y = \dfrac{-3(x - 4) - 12}{x - 4} = -3 - \dfrac{12}{x - 4}$. Gráfico de $y = -12/x$, transladado quatro unidades para a direita e três para baixo.

13. $y = \dfrac{2(3x + 2) + 5}{3(3x + 2)} = \dfrac{2}{3} + \dfrac{5}{3(3x + 2)} = \dfrac{2}{3} + \dfrac{5}{9(x + 2/3)}$.

15. $y = \dfrac{2(x - 2) + 5}{2 - x} = -2 - \dfrac{5}{x - 2}$.

16. $y = \dfrac{(x - 1/2) + 7/2}{2(x - 1/2)} = \dfrac{1}{2} + \dfrac{7}{4(x - 1/2)}$. Gráfico de $y = 7/4x$, transladado $1/2$ para a direita e para cima.

18. $f(x) = 1/x$ se $x > 0$ e $f(-x) = f(x)$. Gráfico de $y = 1/x$ se $x > 0$ e o refletido deste no eixo Oy.

20. Gráfico de $y = 2/|x|$, transladado uma unidade para a direita.

22. Gráfico de $y = 1/|x|$, transladado a unidades para a direita.

23. Seja m o valor constante da função. Então,

$$ax + b = m(cx + d) \Leftrightarrow (a - mc)x + (b - md) = 0 \Leftrightarrow a = mc \ \text{ e } \ b = md,$$

donde $ad = mcd$ e $bc = mcd$, donde, finalmente, $ad = bc$.

24. $h(-x) = f(-x) - f(-(-x)) = f(-x) - f(x) = -[f(x) - f(-x)] = -h(x)$.

25. Reflexão em relação à origem.

26. $f(x) - \dfrac{f(x) + f(-x)}{2} + \dfrac{f(x) - f(-x)}{2} = g(x) + h(x)$.

27. $q = \dfrac{(1,5 \times 10^3) \times 4\pi r^2}{4\pi r^3/3} = \dfrac{3 \times 1,5 \times 10^3}{695 \times 10^8} \approx 6,47 \times 10^{-8}$ cal/cm^3. Como a produção de calor no corpo humano é 3×10^{-4} cal/cm^3, a comparação nos dá:

$$\frac{3 \times 10^{-4}}{q} \approx \frac{3 \times 10^{-4}}{6,47 \times 10^{-8}} \approx \frac{10^4}{2} = 5\,000.$$

Portanto, o corpo humano produz calor a uma taxa $5\,000$ vezes a do Sol!

3.4 Notas históricas

O simbolismo algébrico

No ensino fundamental da Matemática, há um momento em que se introduzem símbolos representando números, geralmente no início do estudo da Álgebra. Embora a representação de uma incógnita pela letra "x" numa equação possa parecer razoável desde o início, o mesmo não é verdade quando da utilização generalizada de letras para representar números. Isso causa certa estranheza e resistência nos alunos; leva-se algum tempo para se acostumar a esses novos recursos. É esse o caso, por exemplo, quando escrevemos $ax^2 + bx + c = 0$ para representar a equação do $2^{\underline{o}}$ grau em sua generalidade.

O uso de símbolos — não apenas letras, mas sinais de "mais", de "menos", etc. — só apareceu na Matemática após um longo processo de maturação que levou muitos séculos. Arquimedes (287–212 a.C.), por exemplo, o maior matemático da antigüidade, não dispunha de símbolos para exprimir o fato de que a área do círculo é πr^2. Ele tinha de dizer: "a área de um círculo é igual à área de um triângulo cuja base é o comprimento da circunferência e cuja altura é igual ao raio". E em todos os livros de Arquimedes não há fórmulas como nós as conhecemos hoje, pois não havia símbolos, tudo tinha de ser dito por extenso, na linguagem comum.

Essa falta de símbolos foi um dos principais motivos por que a Matemática numérica (Aritmética e Álgebra) levou tanto tempo para se desenvolver. Embora tenha havido alguma tentativa na introdução de símbolos com o matemático Diofanto de Alexandria, por volta do século III d.C., foi só a partir do século XVI que esse processo se intensificou, graças aos trabalhos de vários matemáticos, dentre os quais se destaca o francês François Viéte (1540–1603). Depois, no século seguinte, surgiu a Geometria Analítica, que abriu caminho para a formulação do conceito de função.

O conceito de função

Por causa mesmo do atraso no desenvolvimento do simbolismo algébrico, o conceito de função também demorou a se desenvolver. Teve um início prematuro com Nicole Oresme (aproximadamente 1320–1382), um sábio notável, que estudou e ensinou na Universidade de Paris. Além de professor, foi bispo de Lisieux e conselheiro do rei, principalmente na área de finanças públicas. Numa época em que nem existiam ciências econômicas, Oresme desenvolveu uma política monetária que teve grande sucesso prático.

Foi em seus estudos sobre o movimento que Oresme teve a idéia de representar uma grandeza variável com o tempo por meio de um gráfico. Assim ele lança uma idéia que, todavia, só iria se desenvolver mesmo três séculos mais tarde.

O nome "função" foi introduzido por Leibniz (1646–1716) em 1673 e, de início, servia para designar qualquer grandeza relacionada com uma curva; por exemplo, nos problemas tratados, além da abscissa e da ordenada de um ponto T da curva (Fig. 3.20), consideravam-se os comprimentos da tangente OT, da subtangente OA, da normal TN e da subnormal AN. E as investigações giravam em torno de equações envolvendo essas várias grandezas, as quais eram encaradas como diferentes variáveis ligadas à curva, em vez de serem vistas como funções separadas de uma única variável independente. Só aos poucos é que o conceito de função foi-se tornando independente de curvas particulares e passando a significar a dependência de uma variável em termos de outras. Mesmo assim, durante todo o século XVIII esse conceito permaneceu quase só restrito à idéia de uma variável (dependente) expressa por alguma fórmula em termos de outra ou outras variáveis (independentes).

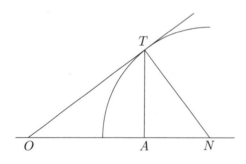

Figura 3.20

A noção mais geral de função, não necessariamente dada por uma fórmula, surge com Joseph Fourier (1768–1830), num livro publicado em 1822. Fourier, além de ter sido eminente matemático, foi também engenheiro e administrador público, tendo acompanhado Napoleão em sua campanha no Egito e encaminhado o jovem Champolion em seus estudos lingüísticos, que o acabariam levando à decifração dos hieróglifos.

Em Matemática, Fourier empenhou-se no estudo de vários problemas de condução do calor, como a propagação ao longo de um sólido ou através da crosta terrestre, uma classe de problemas que é ainda de muita importância em vários setores tecnológicos modernos. Em seus estudos Fourier foi levado a considerar funções dadas por séries infinitas, como

$$f(x) = \operatorname{sen} x - \frac{\operatorname{sen} 2x}{2} + \frac{\operatorname{sen} 3x}{3} - \frac{\operatorname{sen} 4x}{4} + \ldots = \sum_{1}^{\infty} \frac{(-1)^{n+1}}{n} \operatorname{sen} nx.$$

Por curioso que pareça, embora cada parcela dessa soma seja uma função contínua, a função resultante da soma

3.4 Notas históricas

infinita apresenta descontinuidades do tipo salto[3] em todos os pontos da forma $x = n\pi$, com n inteiro. Nem sempre é possível obter, em forma fechada, a soma de uma série infinita, mas no presente caso a soma anterior é uma função surpreendentemente simples (Fig. 3.21) que pode ser assim descrita:

$$f(x) = x/2 \text{ se } -\pi < x < \pi; \quad f(-\pi) = f(\pi) = 0,$$

e f é periódica de período 2π.

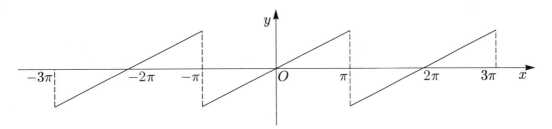

Figura 3.21

Este último exemplo de função é muito importante por duas razões: primeiro para mostrar ao leitor que o conceito geral de função, contido na definição da p. 38, não foi dado por "capricho", ou seja, apenas para ser bem geral. Não, essa definição só veio à luz depois que exemplos como esse que damos aqui apareceram no trato de problemas concretos de utilização da Matemática em domínios científicos aplicados. Em segundo lugar, esse exemplo é importante também para mostrar que os conceitos de continuidade e descontinuidade de uma função (tratados no próximo capítulo) só puderam ser devidamente formulados e compreendidos quando os matemáticos começaram a encontrar funções descontínuas em suas investigações.

Vejamos o que Fourier escreveu em seu livro sobre propagação do calor:

Uma função f representa uma sucessão de valores ou ordenadas arbitrárias. (...) Não supomos essas ordenadas sujeitas a uma lei comum; elas se sucedem umas às outras de qualquer maneira, e cada uma é dada como se fosse uma grandeza única.

Isso equivale praticamente à definição de função que adotamos hoje em dia, segundo a qual uma função f é uma correspondência que atribui, segundo uma lei qualquer, um valor y a cada valor x da variável independente. O conceito de função passou por outras etapas importantes de seu desenvolvimento no século XIX. Elas deixam de ser mencionadas aqui por não serem tão relevantes num primeiro curso de Cálculo.

As seções cônicas

A parábola e a hipérbole são duas das chamadas "seções cônicas", estudadas desde a antiguidade grega. Vamos primeiro explicar como elas surgiram.

Consideremos, de início, o problema da duplicação do quadrado, que consiste em construir um quadrado de área duas vezes a área de um quadrado conhecido. Digamos que o quadrado conhecido tenha lado a. O problema consiste então em achar o lado x de um quadrado tal que $x^2 = 2a^2$. Na maneira geométrica dos gregos, a, $2a$ e x são segmentos retilíneos, e a equação anterior teria de ser vista na forma de uma proporção, assim:

$$\frac{2a}{x} = \frac{x}{a}.$$

Isso mostra que o lado x do novo quadrado deve ser a "média proporcional" entre os segmentos $2a$ e a, média essa que tinha de ser construída geometricamente, utilizando apenas régua e compasso.

O problema anterior tem semelhança com um dos três célebres problemas gregos, que só foram definitivamente esclarecidos no século XIX, mais de 2 000 anos após terem sido formulados. Ele consiste no seguinte: construir um cubo com duas vezes o volume de um cubo dado. Se a denota a aresta do cubo dado, o problema para nós, hoje, consiste em achar x tal que $x^3 = 2a^3$. Mas não era assim para os gregos, que exigiam a construção, com régua e compasso, da aresta x de um cubo de volume igual ao volume do cubo de aresta dada a.

---

[3] Veja esse conceito de salto na p. 247

No século V a.C., Hipócrates de Quios formulou o problema em termos de proporções entre segmentos geométricos, assim: construir dois segmentos x e y tais que

$$\frac{2a}{x} = \frac{x}{y} = \frac{y}{a}. \tag{3.6}$$

De fato, por eliminação de x, obtemos: $y^3 = 2a^3$. Mas os gregos não dispunham desta facilidade algébrica que nos é tão familiar; para eles as duas proporções em (3.6) exigiam a construção (com régua e compasso) de duas "médias proporcionais" x e y entre os "segmentos" a e $2a$. E, nesses termos, não conseguiram resolver o problema, como, também, ninguém conseguiu, até que, no século XIX, ficou provada a impossibilidade da referida construção geométrica.

Mas, embora o problema geométrico proposto não tivesse solução, no século IV a.C., o matemático Menecmo (séc. IV a.C.) deu uma nova interpretação desse problema, que, para nós hoje, nada mais significa que encontrar x e y tais que, pelas Eqs. (3.6),

$$x^2 = 2ay \quad \text{e} \quad xy = 2a^2.$$

Ora, a primeira destas equações representa uma parábola e a segunda uma hipérbole (Fig. 3.22), e a solução do problema é obtida como a ordenada da interseção dessas duas curvas.

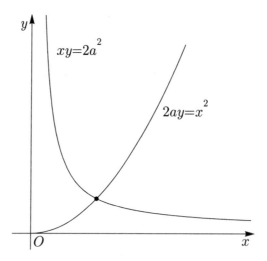

Figura 3.22

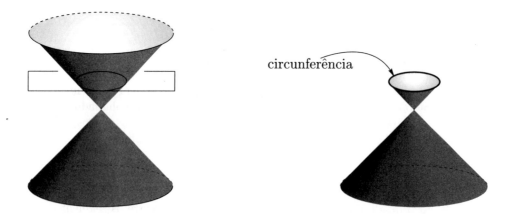

Figura 3.23

Ainda Menecmo e outros matemáticos da antigüidade reconheceram as cônicas como interseções de um plano com um cone circular reto. Quando o plano é perpendicular ao eixo do cone, a curva resultante é uma circunferência (Fig. 3.23). Se o plano for inclinado em relação ao referido eixo, porém cortando o cone numa curva fechada, essa curva será uma elipse (Fig. 3.24). Pode acontecer que o plano seja paralelo a uma geratriz do cone, sem cortar um dos ramos desse cone; neste caso a curva-interseção será uma parábola (Fig. 3.25). Finalmente, se o plano for paralelo ao eixo

3.4 Notas históricas

do cone, a curva-interseção será uma hipérbole (Fig. 3.26). Fique claro que esses fatos são teoremas, que precisam ser demonstrados.

 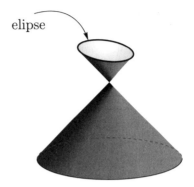

Figura 3.24

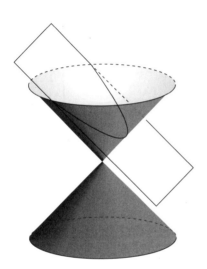 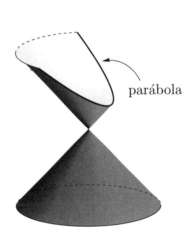

Figura 3.25

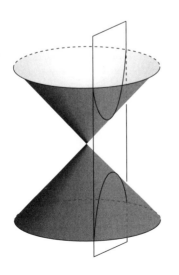 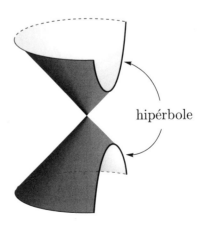

Figura 3.26

Cálculo do calor produzido no Sol

A quantidade de calor produzido no interior do Sol é calculada em termos da quantidade de calor que de lá nos chega aqui na Terra. Esta, por sua vez, é medida por instrumentos especiais colocados em satélites, de forma que tais medições se façam sem a interferência da atmosfera terrestre, que absorve e reflete parte da radiação solar. Antes do advento dos satélites artificiais, esses instrumentos eram levados às camadas superiores da atmosfera por foguetes ou balões; e antes ainda faziam-se estimativas da radiação solar que chega à superfície terrestre levando-se em conta as parcelas absorvidas e refletidas pela atmosfera. Graças a essas medições, sabemos que a quantidade de calor que chega à Terra por segundo e por cm^2, perpendicularmente aos raios solares, é $q_t = 0,032$ calorias.

Sejam R o raio do Sol e D a distância da Terra ao Sol. Consideremos duas esferas concêntricas, uma representando o Sol e a outra passando pela Terra. Sejam σ e Σ as áreas determinadas nessas esferas por um cone de vértice no centro das esferas (Fig. 3.27). Então, se q_a denota a quantidade de calorias que sai da superfície solar por cm^2 por segundo, devemos ter $q_t \Sigma = q_a \sigma$. Por outro lado, $\Sigma / \sigma = D^2 / R^2$; e sendo q a taxa média do calor produzido no interior do Sol (calor por cm^3 por segundo) e M e A, a massa e a área do Sol, respectivamente, temos também $Mq = Aq_a$. Essas três últimas relações nos dão: $q = AD^2 q_t / MR^2$. Substituindo os valores numéricos

$$q_t = 0,032 \text{ cal}, \quad R = 6\,953 \times 10^7 \text{ cm} \quad \text{e} \quad D = 1\,495 \times 10^{10} \text{ cm},$$

obtemos $q \approx 1\,500$ cal.

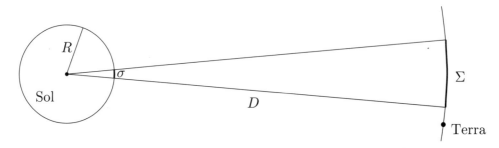

Figura 3.27

Capítulo 4

Derivadas e limites

Iniciamos neste capítulo o estudo do Cálculo propriamente, com a introdução do conceito de derivada. Isto é feito de duas maneiras: pela reta tangente a uma curva e pelo conceito de taxa de variação, particularmente "velocidade instantânea" de um ponto material. Nessa apresentação o conceito de limite aparece de maneira natural. A visualização geométrica deve ser enfatizada, pois é um recurso poderoso na compreensão do conceito de derivada.

As noções de limite e continuidade são apresentadas neste capítulo de modo intuitivo, sem formalismo ou preocupações com o rigor, que seriam prematuras, iriam atrapalhar em vez de ajudar no aprendizado. Primeiro é preciso que o aluno se familiarize com a derivada e com vários exemplos de limites, apresentados intuitivamente. Só assim ele vai adquirindo maturidade, até encontrar-se em condições de bem entender o porquê da definição de limite em termos de épsilons e deltas, um tratamento rigoroso que será feito no vol. 2 desta obra.

As aplicações à Cinemática são importantes, bastante naturais e ligadas à própria origem do conceito de derivada, por isso mesmo devem ser discutidas, pelo menos nos cursos de ciências exatas.

4.1 Reta tangente e reta normal

Vamos considerar o problema que consiste em traçar a reta tangente a uma curva dada num determinado ponto da curva. No caso de uma circunferência, o problema é resolvido, em geometria elementar, de duas maneiras simples e equivalentes, ilustradas na Fig. 4.1:

1) a tangente à circunferência num ponto P é a reta que passa por P, perpendicularmente ao raio por esse mesmo ponto;

2) a tangente à circunferência num ponto P é a reta que só toca a circunferência nesse ponto.

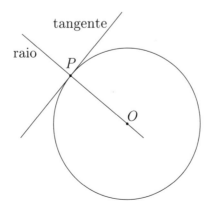

Figura 4.1

No caso de uma curva qualquer, a situação é mais complicada. A primeira solução só se aplicará se soubermos o que é *raio* de uma curva num ponto, mas isto é uma questão pelo menos tão delicada quanto a questão inicial de caracterizar a tangente (Fig. 4.2a). A segunda solução também não é adequada a uma curva qualquer, como podemos ver facilmente: uma reta que toca uma curva num só ponto nem sempre merece o nome de tangente (Fig. 4.2b), enquanto uma verdadeira tangente pode tocar a curva em mais de um ponto, como ilustra a Fig. 4.2c.

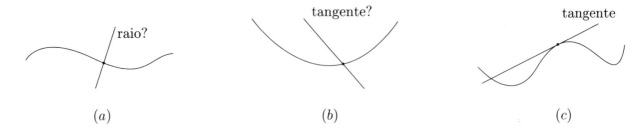

Figura 4.2

Razão incremental

Para resolver o problema, supomos que a curva seja o gráfico de uma certa função f. Sejam a e $f(a)$ as coordenadas do ponto P, onde desejamos traçar a tangente. Consideremos um outro ponto Q do gráfico de f, cuja abscissa representamos por $a + h$; então, a ordenada de Q é $f(a+h)$. O declive da reta secante PQ é dado pelo quociente

$$\frac{f(a+h) - f(a)}{h},$$

chamado *razão incremental*. Essa designação se justifica, já que h é realmente um incremento que damos à abscissa de P para obter a abscissa de Q; em conseqüência, a ordenada $f(a+h)$ é obtida de $f(a)$ mediante o incremento $f(a+h) - (a)$, isto é, $f(a+h) = f(a) + [f(a+h) - f(a)]$.

Reta tangente

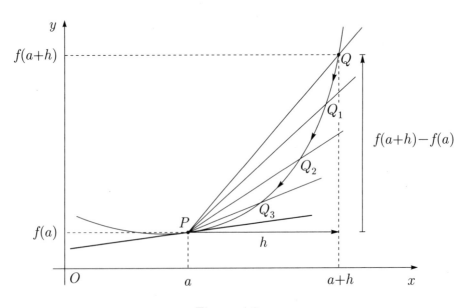

Figura 4.3

Vamos imaginar agora que, enquanto o ponto P permanece fixo, o ponto Q se aproxima de P, passando por sucessivas posições Q_1, Q_2, Q_3, etc. Logo, a secante PQ assumirá as posições PQ_1, PQ_2, PQ_3, etc. (Fig. 4.3). O que se espera é que a razão incremental já citada, que é o declive da secante, se aproxime de um determinado valor m, à medida que o ponto Q se aproxima de P. Isso acontecendo, definimos a *reta*

4.1 Reta tangente e reta normal

tangente à curva no ponto P como sendo aquela que passa por P e cujo declive ou coeficiente angular é m. Esse número m é também chamado de *declive da curva* no ponto P.

O modo de fazer Q se aproximar de P consiste em fazer o número h cada vez mais próximo de zero na razão incremental. Dizemos que h está *tendendo a zero* e escrevemos "$h \to 0$". Observe que h pode assumir valores positivos e negativos. É claro que, se imaginarmos h assumindo valores exclusivamente positivos, então o ponto Q estará se aproximando de P *pela direita*. Mas podemos também imaginar que h esteja assumindo valores exclusivamente negativos e, neste caso, o ponto Q estará se aproximando de P *pela esquerda*, como se vê na Fig. 4.4.

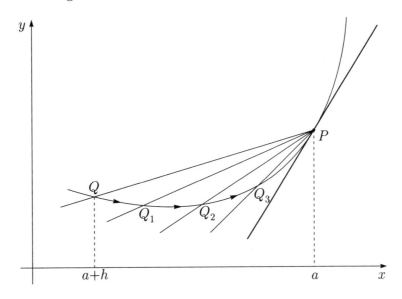

Figura 4.4

O declive como limite

Quando fazemos $h \to 0$ e a razão incremental se aproxima de um valor finito m, dizemos que m é o *limite da razão incremental com h tendendo a zero* e escrevemos:

$$m = \lim_{h \to 0} \frac{f(a+h) - f(a)}{h}.$$

O leitor deve notar que h é sempre diferente de zero na razão incremental, pois esta razão não tem sentido em $h = 0$, já que ficaria sendo $0/0$.

Exemplo 1. Seja traçar a reta tangente à parábola $f(x) = x^2$ no ponto $P = (a, a^2)$. Consideremos primeiro o caso em que $a = 1$, de sorte que $f(1) = 1^2 = 1$ e

$$f(1+h) = (1+h)^2 = 1 + 2h + h^2;$$

logo,

$$\frac{f(1+h) - f(1)}{h} = \frac{2h + h^2}{h} = 2 + h.$$

Esta expressão $2 + h$ aproxima o valor 2 quando $h \to 0$, de forma que podemos escrever:

$$m = \lim_{h \to 0} \frac{f(1+h) - f(1)}{h} = 2.$$

A reta que nos interessa passa pelo ponto $P = (1, 1)$ e tem por equação

$$y - 1 = m(x - 1).$$

Com o valor $m = 2$ já calculado,
$$y - 1 = 2(x - 1),$$
donde, finalmente, obtemos a equação da reta tangente procurada (Fig. 4.5):
$$y = 2x - 1.$$

Esta reta, com inclinação $m = 2$, corta o eixo Ox no ponto de abscissa $x = 1/2$, e o eixo Oy no ponto da ordenada $y = -1$.

A situação num ponto genérico $x = a$ é análoga à anterior:
$$f(a) = a^2, \quad f(a + h) = (a + h)^2 = a^2 + 2ah + h^2;$$
logo,
$$\frac{f(a + h) - f(a)}{h} = \frac{2ah + h^2}{h} = 2a + h. \tag{4.1}$$

O limite desta expressão com $h \to 0$ é $2a$; portanto, a reta tangente no ponto $P = (a, a^2)$ é dada por
$$y - a^2 = 2a(x - a),$$
ou seja,
$$y = 2ax - a^2.$$

A Fig. 4.6 ilustra uma situação em que $a < 0$.

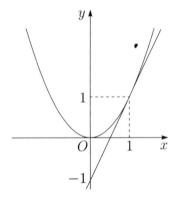
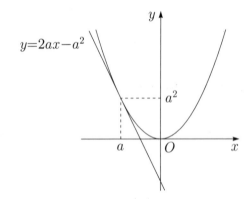

Figura 4.5   Figura 4.6

Pode acontecer que a razão incremental tenda para $+\infty$ ou $-\infty$ com $h \to 0$. Neste caso, definimos a *reta tangente* à curva $y = f(x)$ no ponto $P = (a, f(a))$ como sendo a reta $x = a$ (que passa pelo ponto P e é paralela ao eixo Oy). O exemplo seguinte ilustra essa situação.

Exemplo 2. A função
$$y = f(x) = 1 + \sqrt[3]{x - 2}$$
está definida para todo x real, sendo positiva para $x > 1$, negativa para $x < 1$ e zero em $x = 1$. Seu gráfico está representado na Fig. 4.7. Para calcular a razão incremental em $x = a = 2$, observamos que
$$f(2) = 1 \quad \text{e} \quad f(2 + h) = 1 + \sqrt[3]{2 + h - 2} = 1 + \sqrt[3]{h},$$
de sorte que
$$\frac{f(2 + h) - f(2)}{h} = \frac{(1 + \sqrt[3]{h}) - 1}{h} = \frac{\sqrt[3]{h}}{h} = \frac{1}{\sqrt[3]{h^2}}.$$

Isso mostra que a razão incremental tende a $+\infty$ com $h \to 0$. Em conseqüência, a reta tangente no ponto $P = (2, f(2)) = (2, 1)$ é a reta $x = 2$, também ilustrada na Fig. 4.7.

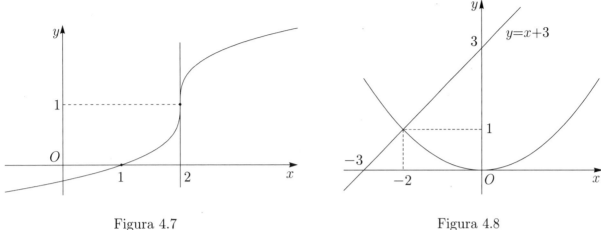

Figura 4.7   Figura 4.8

Reta normal

Definimos a *reta normal* a uma curva, num de seus pontos, como sendo a reta que passa por esse ponto e é perpendicular à reta tangente à curva no mesmo ponto. Observe que esta é uma definição genérica, válida para qualquer curva, desde que essa curva tenha reta tangente, como acontece na maioria dos casos com que lidamos na prática.[1]

Exemplo 3. Vamos encontrar a equação da reta normal à parábola $f(x) = x^2/4$ no ponto de abscissa $x_0 = -2$ (Fig. 4.8). A ordenada correspondente é $y_0 = f(x_0) = (-2)^2/4 = 1$, de sorte que a reta normal procurada deve passar pelo ponto $P_0 = (x_0, y_0) = (-2, 1)$. O declive da reta tangente neste ponto é dado por

$$\begin{aligned} m &= \lim_{h \to 0} \frac{f(-2+h) - f(-2)}{h} \\ &= \lim_{h \to 0} \frac{(-2+h)^2 - (-2)^2}{4h} \\ &= \lim_{h \to 0} \frac{4 - 4h + h^2 - 4}{4h} = \lim_{h \to 0} \left(\frac{h}{4} - 1\right) = -1, \end{aligned}$$

de sorte que o declive da reta normal associada é $m' = -1/m = 1$. A equação desta reta é obtida da equação genérica

$$y - y_0 = m'(x - x_0),$$

com as substituições: $m' = 1$, $x_0 = -2$ e $y_0 = 1$, donde resulta $y - 1 = x + 2$, ou seja, $y = x + 3$. Esta é a equação procurada da reta normal, também ilustrada na Fig. 4.8.

Exercícios

1. Mostre que a razão incremental para a função linear $f(x) = mx + n$ (cujo gráfico é uma reta) é m para todo ponto $x = a$. Em conseqüência, seu limite, com $h \to 0$, é também m. Interprete esse resultado geometricamente.

---

[1] Existem curvas (contínuas) sem tangentes, mas isso é um caso excepcional no Cálculo. Veja a nota complementar referente a isso na p. 89.

66 Capítulo 4 Derivadas e limites

Calcule os declives dos gráficos das funções dadas nos Exercícios 2 a 11 nos valores dados de x, e encontre as equações das retas tangentes correspondentes. Faça os gráficos.

2. $f(x) = x^2 - 2$ em $x = 3/2$, $x = -5/3$ e $x = a$ qualquer.

3. $f(x) = 2x^2/3 - 3x$ em $x = -1$, $x = 2/3$, $x = a$ qualquer.

4. $f(x) = x^2/2 - 3x + 1$ em $x = 0$, $x = 3$, $x = a$ qualquer.

5. $f(x) = x^2 - x - 2$ em $x = 1/2$, $x = -1$, $x = 2$, $x = a$ qualquer.

6. $f(x) = 1/x$, em $x = 1$, $x = 2$, $x = a \neq 0$.

7. $f(x) = x/(x + 2)$ em $x = 2$, $x = -3$, $x = a \neq -2$.

8. $f(x) = 1/(x - 1)$ em $x = a \neq 1$.

9. $f(x) = 3/(2x - 1)$ em $x = a \neq 1/2$.

10. $f(x) = x^3$ em $x = a$ qualquer.

11. $f(x) = \sqrt{x}$ em $x = 1$, $x = 4$ e $x = a > 0$.

Em cada um dos Exercícios 12 a 17, encontre a reta normal à curva dada, passando pelo ponto de abscissa dada. Faça os gráficos.

12. $f(x) = x^2 - 1$ em $x = 2$.   **13.** $f(x) = x^2 - 2x + 1$ em $x = 0$.   **14.** $f(x) = x^2 - x - 2$ em $x = -1$.

15. $f(x) = 1/(x + 1)$ em $x = 0$.   **16.** $f(x) = -1/x$ em $x = -1$.   **17.** $f(x) = x + 1/x$ em $x = 1/2$.

18. Encontre a reta tangente à curva $y = x^2$ com declive $m = -8$. Faça o gráfico.

19. Mesmo problema para a curva $y = x^3$ e $m = 12$.

20. Encontre a reta normal à curva $y = -\sqrt{x}$, com declive $m' = 2$. Faça o gráfico.

21. Mesmo problema para a curva $y = -x^3/6$ e $m' = 8/9$.

22. Encontre as retas tangente e normal à curva $y = \sqrt[5]{x + 1} - 2$ em $x = -1$. Faça o gráfico.

Respostas, sugestões e soluções

1. $f(a + h) = m(a + h) + n = (ma + n) + mh = f(a) + mh$, donde vemos, facilmente, que a razão incremental é m. Geometricamente, isto significa que a tangente em qualquer ponto da reta dada é a própria reta.

2. $f(-5/3 + h) = (-5/3 + h)^2 - 2 = (-5/3)^2 - 2 - 2(5/3)h + h^2 = f(-5/3) - 10h/3 + h^2$, de sorte que

$$\frac{f(-5/3 + h) - f(-5/3)}{h} = -\frac{10}{3} + h.$$

O limite desta expressão, com $h \to 0$, é $-10/3$. De modo análogo,

$$\frac{f(3/2 + h) - f(3/2)}{h} = 3 + h \to 3 \quad \text{com} \ h \to 0;$$

$$\frac{f(a + h) - f(a)}{h} = 2a + h \to 2a \quad \text{com} \ h \to 0.$$

3. $-13/3$, $-19/9$ e $4a/3 - 3$, respectivamente.

4. -3, zero e $a - 3$, respectivamente.

5. zero, -3, 3 e $2a - 1$, respectivamente.

6. Em $x = a$,

$$f(a + h) - f(a) = \frac{1}{a + h} - \frac{1}{a} = \frac{a - (a + h)}{a(a + h)} = \frac{-h}{a(a + h)};$$

portanto,

$$\lim_{h \to 0} \frac{f(a + h) - f(a)}{h} = \lim_{h \to 0} \frac{-1}{a(a + h)} = -\frac{1}{a^2}.$$

4.2 Limite e continuidade

7. Em $x = a \neq -2$,

$$\frac{f(a+h) - f(a)}{h} = \frac{1}{h}\left(\frac{a+h}{a+h+2} - \frac{a}{a+2}\right)$$

$$= \frac{1}{h} \cdot \frac{(a+2)(a+h) - a(a+h+2)}{(a+2)(a+h+2)} = \frac{2}{(a+2)(a+h+2)},$$

e esta expressão tende a $2/(a+2)^2$ com $h \to 0$.

8. $\dfrac{f(a+h) - f(a)}{h} = \dfrac{1}{h}\left(\dfrac{1}{a+h-1} - \dfrac{1}{a-1}\right) = \dfrac{-1}{(a-1)(a+h-1)}$ e isto tende a $-1/(a-1)^2$ com $h \to 0$.

9. $-6/(2a-1)^2$.

10. $f(a+h) = (a+h)^3 = a^3 + 3a^2h + 3ah^2 + h^3$. Resp.: $3a^2$.

11. Em $x = a > 0$,

$$\frac{f(a+h) - f(a)}{h} = \frac{\sqrt{a+h} - \sqrt{a}}{h} = \frac{(\sqrt{a+h} - \sqrt{a})(\sqrt{a+h} + \sqrt{a})}{h(\sqrt{a+h} + \sqrt{a})} = \frac{1}{\sqrt{a+h} + \sqrt{a}} \to \frac{1}{2\sqrt{a}} \quad \text{com } h \to 0.$$

12. $x + 4y - 14 = 0$.   **13.** $x - 2y + 2 = 0$.   **14.** $x - 3y + 1 = 0$.

15. $y = x + 1$.   **16.** $y = -x$.   **17.** $x - 3y + 19/2 = 0$.

18. O declive da curva num ponto de abscissa $x = x_0$ é $2x_0$. Como tal declive deve ser $m = -8$, devemos ter $x_0 = -4$, $y_0 = f(x_0) = x_0^2 = 16$. A tangente, com declive $m = -8$, deve passar por $P_0 = (-4, 16)$; sua equação é $y = -8x - 16$.

19. $3x_0^2 = m = 12$; portanto, $x_0 = \pm 2$, $y_0 = \pm 8$. Duas tangentes possíveis, de equações $y = 12x \mp 16$. Faça o gráfico e interprete o resultado geometricamente.

20. $m = -1/m' = -1/2\sqrt{x_0}$; portanto, $x_0 = 1$, $y_0 = -1$. A equação da normal é $y = 2x - 3$.

21. $y = \dfrac{8x}{9} \mp \dfrac{91}{48}$. Faça o gráfico e interprete o resultado geometricamente.

22. O gráfico de $y = f(x) = \sqrt[5]{x+1} - 2$ é o mesmo de $y = \sqrt[5]{x}$, transladado uma unidade para a esquerda e duas unidades para baixo. Como

$$\frac{f(-1+h) - f(-1)}{h} = \frac{\sqrt[5]{h}}{h} = \frac{1}{\sqrt[5]{h^4}} \to +\infty \quad \text{com } h \to 0,$$

a reta tangente no ponto $(-1, -2)$ é $x = -1$ e a normal é $y = -2$.

4.2 Limite e continuidade

Como vimos há pouco, o declive m da reta tangente a uma curva $y = f(x)$, num ponto genérico $(a, f(a))$, é o limite, com $h \to 0$, da razão incremental correspondente:

$$m = \lim_{h \to 0} \frac{f(a+h) - f(a)}{h}.$$

Já dissemos que h não pode assumir o valor zero na razão incremental. No caso da parábola $f(x) = x^2$, por exemplo, a razão incremental é dada por

$$\frac{2ah + h^2}{h} \quad \text{e por} \quad 2a + h,$$

como vimos há pouco em (4.1). Embora esta última expressão faça sentido para $h = 0$, ela foi obtida da penúltima, que nada significa quando $h = 0$. Em outras palavras, as duas expressões são iguais somente para $h \neq 0$, embora a última tenha significado próprio também para $h = 0$. Portanto, embora $2a$ seja o valor de $2a + h$ para $h = 0$, não podemos dizer que $2a$ seja o valor da razão incremental para $h = 0$. Podemos, isto sim, dizer que $2a$ é o *limite* da razão incremental com h tendendo a zero.

A situação que acabamos de descrever é típica: sempre que a razão incremental tiver limite finito com h tendendo a zero, seus numerador e denominador tendem a zero, separadamente, com $h \to 0$. Mas, para calcular o limite da razão, não podemos fazer $h = 0$, já que isto nos levará à forma $0/0$, que não tem significado. O que fazemos é transformar a razão incremental, de sorte a encontrar um fator h comum ao numerador e ao denominador; como h é sempre diferente de zero, ele pode ser cancelado, deixando-nos com uma expressão que faz sentido mesmo para $h = 0$ e cujo valor, assim calculado, é o limite da razão incremental com $h \to 0$. Mas convém enfatizar que nem é preciso fazer $h = 0$ nesta última expressão obtida. Assim, é fácil ver, em (4.1), que $2a + h$ tende a $2a$ com $h \to 0$, embora h seja sempre diferente de zero.

Observe que, com a substituição de h por $h = x - a$, fazer h tender a zero equivale a fazer x tender para a. Podemos, então, escrever:

$$\lim_{h \to 0} \frac{f(a + h) - f(a)}{h} = \lim_{x \to a} \frac{f(x) - f(a)}{x - a}.$$

Exemplo 1. Vamos calcular o declive da curva $f(x) = x^2$ no ponto $x = 4$, usando a nova notação que acabamos de introduzir. Temos:

$$m = \lim_{x \to 4} \frac{f(x) - f(4)}{x - 4} = \lim_{x \to 4} \frac{x^2 - 4^2}{x - 4} = \lim_{x \to 4} \frac{x^2 - 16}{x - 4}.$$

É claro que não podemos fazer $x = 4$ na função

$$g(x) = \frac{x^2 - 16}{x - 4}, \tag{4.2}$$

pois isto nos conduziria à forma $0/0$, que nada significa. No entanto, sendo $x \neq 4$, esta última função pode ser escrita assim:

$$g(x) = \frac{(x + 4)(x - 4)}{x - 4} = x + 4,$$

de sorte que

$$m = \lim_{x \to 4} g(x) = \lim_{x \to 4} (x + 4) = 8.$$

Novamente enfatizamos que não é preciso fazer $x = 4$ em $x + 4$ para achar o limite 8. As funções

$$g(x) = \frac{x^2 - 16}{x - 4} \quad \text{e} \quad h(x) = x + 4$$

são iguais para $x \neq 4$. A segunda delas está definida inclusive em $x = 4$, e seu limite com $x \to 4$ coincide com seu valor nesse ponto:

$$\lim_{x \to 4} h(x) = h(4).$$

Quando isto acontece, isto é, quando o limite de uma função coincide com o seu valor no ponto para onde tende a variável x, dizemos que a função é contínua nesse ponto. Este conceito é muito importante, sendo, pois, conveniente pô-lo em destaque através de uma definição explícita.

Definição. *Diz-se que uma função f é contínua num ponto x_0 quando as seguintes condições estão satisfeitas:*

a) f está definida em x_0;

b) $f(x)$ tem limite com $x \to x_0$ e esse limite é igual a $f(x_0)$, isto é, $\lim_{x \to x_0} f(x) = f(x_0)$.

Dizemos que f é contínua num domínio D se ela for contínua em cada ponto desse domínio.

Continuidade e valor intermediário

Essa definição de continuidade está intimamente ligada à idéia geométrica, segundo a qual concebemos como contínua uma função cujo gráfico não apresenta quebra ou ruptura. Aliás, a maneira mais conveniente de exprimir esse fato geométrico em linguagem analítica consiste em dizer que uma *função contínua num intervalo assume todo e qualquer valor compreendido entre dois outros valores assumidos pela função*. Mais especificamente, se f for contínua num intervalo, do qual a e b são pontos quaisquer, então $f(x)$ assume qualquer valor r compreendido entre $f(a)$ e $f(b)$ para algum c conveniente entre a e b. Observe que pode haver um ou mais valores c nessas condições, e a Fig. 4.9 ilustra uma situação com três valores c, c', c'', tais que

$$f(c) = f(c') = f(c'') = r.$$

A propriedade que acabamos de descrever segue como conseqüência da definição de continuidade que demos acima, e é conhecida como "Teorema do Valor Intermediário". Sua demonstração analítica exige propriedades dos números reais que não estão ao nosso alcance e pertence mais a um curso de Análise que de Cálculo, por isso mesmo não será tratada aqui. Mas vamos enunciar o teorema em destaque para referências futuras.

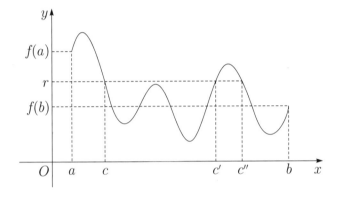

Figura 4.9

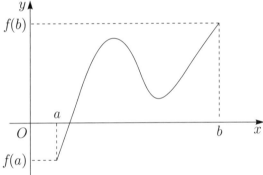

Figura 4.10

Teorema do Valor Intermediário. *Seja f uma função contínua num intervalo, do qual a e b são pontos quaisquer. Então, dado qualquer número r, entre $f(a)$ e $f(b)$, existe pelo menos um número c entre a e b, tal que $r = f(c)$.*

Uma conseqüência imediata desse teorema é o corolário seguinte, ilustrado na Fig. 4.10.

Corolário. *Seja f uma função contínua num intervalo, do qual a e b são pontos onde a função assume valores de sinais contrários. Então existe pelo menos um ponto entre a e b onde f se anula.*

Em geral, as funções com que lidamos no Cálculo são contínuas em seus domínios. Por exemplo, a função g, dada em (4.2), é contínua para todo $x \neq 4$. Ela só não é contínua em $x = 4$ porque não está definida nesse ponto. Mas, se é apenas por isso, por que não estender a função, definindo-a em $x = 4$ como sendo igual a 8? Isso é perfeitamente natural e é o que se costuma fazer; sempre que uma função f tiver limite L com $x \to x_0$, é natural definir f em x_0 como sendo L, isto é, $f(x_0) = L$. Assim a função f passa a ser contínua em x_0.

Vejamos alguns exemplos de funções contínuas, cujos limites podem ser facilmente reconhecidos como iguais aos valores das funções nos pontos onde estão calculados esses limites.

Exemplo 2. $f(x) = 3x - 7$; $\lim_{x \to 5} f(x) = \lim_{x \to 5}(3x - 7) = 8 = f(5)$.

Exemplo 3. $f(x) = x^2 - \sqrt{x} + 1$; $\lim_{x \to 4} f(x) = \lim_{x \to 4}(x^2 - \sqrt{x} + 1) = 15 = f(4)$.

Exemplo 4. $f(x) = \dfrac{\sqrt{x} + 10}{x - 1}$; $\lim_{x \to 9} f(x) = \lim_{x \to 9} \dfrac{\sqrt{x} + 10}{x - 1} = \dfrac{13}{8} = f(9)$.

Exemplo 5. $f(x) = \dfrac{x^2 - 3x + 7}{6x - 1}$; $\lim_{x \to 1} f(x) = \lim_{x \to 1} \dfrac{x^2 - 3x + 7}{6x - 1} = 1 = f(1)$.

Continuidade e descontinuidade

Em muitos casos, as funções têm limites, mas não estão definidas nos pontos para onde tende a variável x; logo, elas não são contínuas nesses pontos. Isso acontece sempre que procuramos calcular o declive da reta tangente. Foi o que vimos há pouco, no Exemplo 1, quando nos deparamos com o problema de calcular o limite da função dada em (4.2) com $x \to 4$. Havia ali o fator $x - 4$, no numerador e no denominador, impedindo que a função $g(x)$ fosse definida em $x = 4$. Mas esse é um exemplo muito simples, em que reconhecemos facilmente o fator que deve ser cancelado para podermos calcular o limite. No exemplo seguinte a presença desse fator já não é tão fácil de reconhecer.

Exemplo 6. Para calcular o declive da curva $f(x) = \sqrt{x}$ em $x = 2$, temos de calcular o limite, com $x \to 2$, da função

$$g(x) = \dfrac{f(x) - f(2)}{x - 2} = \dfrac{\sqrt{x} - \sqrt{2}}{x - 2}.$$

Vemos que ela não está definida em $x = 2$, onde assume a forma indeterminada $0/0$. Isso faz pensar que deve haver um fator $x - 2$ comum ao numerador e ao denominador. Para descobrir esse fator, multiplicamos numerador e denominador por $\sqrt{x} + \sqrt{2}$ e usamos a identidade

$$(a - b)(a + b) = a^2 - b^2,$$

com $a = \sqrt{x}$ e $b = \sqrt{2}$. Obtemos

$$\dfrac{\sqrt{x} - \sqrt{2}}{x - 2} = \dfrac{(\sqrt{x} - \sqrt{2})(\sqrt{x} + \sqrt{2})}{(x - 2)(\sqrt{x} + \sqrt{2})} = \dfrac{(\sqrt{x})^2 - (\sqrt{2})^2}{(x - 2)(\sqrt{x} + \sqrt{2})} = \dfrac{1}{\sqrt{x} + \sqrt{2}}.$$

Agora é fácil ver que o limite desta última expressão com $x \to 2$ é $1/2\sqrt{2}$:

$$m = \lim_{x \to 2} \dfrac{f(x) - f(2)}{x - 2} = \lim_{x \to 2} \dfrac{\sqrt{x} - \sqrt{2}}{x - 2} = \lim_{x \to 2} \dfrac{1}{\sqrt{x} + \sqrt{2}} = \dfrac{1}{2\sqrt{2}}.$$

É natural, pois, definir $g(x)$ em $x = 2$, como sendo $1/2\sqrt{2}$: $g(2) = 1/2\sqrt{2}$.

Limites laterais

Às vezes uma função possui limites diferentes, conforme x aproxime x_0 por valores estritamente maiores ou estritamente menores que x_0. Nesses casos, dizemos que x *aproxima x_0 pela direita* ou que x *aproxima x_0 pela esquerda*, o que se indica com os símbolos $x \to x_0+$ e $x \to x_0-$, respectivamente (Fig. 4.11). Esses limites são chamados *limites laterais*; mais especificamente *limite à direita* e *limite à esquerda*, conforme o caso. Pode acontecer que a função só tenha um ou nenhum limite lateral.

Figura 4.11

4.2 Limite e continuidade

Exemplo 7. Seja a função

$$f(x) = \frac{|x|}{x} = \begin{cases} 1 & \text{se } x > 0, \\ -1 & \text{se } x < 0, \end{cases}$$

que está definida para todo x, exceto $x = 0$. Como ela é sempre igual a 1 para $x > 0$, é claro que seu limite à direita, com $x \to 0$, tem esse mesmo valor:

$$\lim_{x \to 0+} f(x) = 1.$$

E, de modo análogo, $\lim_{x \to 0-} f(x) = -1$.

Este é um exemplo de função que nunca será contínua em $x = 0$, qualquer que seja o valor que se lhe atribua nesse ponto. No entanto, se pusermos $f(0) = 1$, ela será *contínua à direita* em $x = 0$ (Fig. 4.12a):

$$\lim_{x \to 0+} f(x) = 1 = f(0).$$

Analogamente, ela será *contínua à esquerda* no mesmo ponto se pusermos $f(0) = -1$ (Fig. 4.12b), visto termos, então,

$$\lim_{x \to 0-} f(x) = -1 = f(0).$$

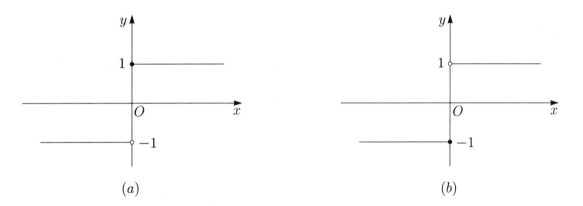

Figura 4.12

Exemplo 8. A função $f(x) = \sqrt{1 - x^2}$ só está definida para $|x| \leq 1$, ou seja, no intervalo $-1 \leq x \leq 1$. Ela é contínua à direita em $x = -1$ e contínua à esquerda em $x = 1$:

$$\lim_{x \to -1+} f(x) = f(-1) = 0 \quad \text{e} \quad \lim_{x \to 1-} f(x) = f(1) = 0.$$

Limites infinitos e limites no infinito

Vamos terminar esta seção com alguns exemplos de limites infinitos ou limites com $x \to \pm\infty$.

Exemplo 9. A função $f(x) = 1/x^3$ está definida para todo $x \neq 0$. Quando x se aproxima de zero pela direita, o denominador também se aproxima de zero, permanecendo sempre positivo; logo, a função cresce acima de qualquer número. Dizemos que ela tende a $+\infty$, ou simplesmente ∞:

$$\lim_{x \to 0+} \frac{1}{x^3} = \infty.$$

Ao contrário, se $x \to 0-$, x^3 tende a zero, porém sempre por valores negativos, de forma que $1/x^3$, em valor absoluto, tende a infinito, mas sendo sempre negativa. Dizemos então que a função tende a $-\infty$:

$$\lim_{x \to 0-} \frac{1}{x^3} = -\infty.$$

72   Capítulo 4   Derivadas e limites

Podemos reunir os dois casos analisados escrevendo, condensadamente,

$$\lim_{x\to 0\pm} \frac{1}{x^3} = \pm\infty,$$

entendendo haver correspondência de sinais.

Exemplo 10. A função

$$y = 3 + \frac{2}{x} - \frac{1}{x^2}$$

tem limite 3 com $x \to \infty$ ou $x \to -\infty$, pois, em ambos os casos, $2/x$ e $1/x^2$ tendem a zero:

$$\lim_{x\to\pm\infty} \left(3 + \frac{2}{x} - \frac{1}{x^2}\right) = 3.$$

E se $x \to 0$? Neste caso, $1/x^2 \to +\infty$ e $2/x \to \pm\infty$, conforme $x \to 0\pm$. Para ver como fica o limite da função, basta escrevê-la assim:

$$3 + \frac{2}{x} - \frac{1}{x^2} = 3 + \frac{1}{x^2}(-1 + 2x),$$

cujo limite, com $x \to 0$, é, visivelmente, $-\infty$.

Exemplo 11. A função

$$y = \frac{x^3 + 1}{\sqrt{x} - 1}$$

tende a $+\infty$ quando $x \to 1+$ e a $-\infty$ com $x \to 1-$. De fato, no primeiro caso, o denominador $\sqrt{x} - 1$ tende a zero pela direita, e o numerador $x^3 + 1$ tende a 2; no segundo caso, o numerador ainda tende a 2, mas o denominador $\sqrt{x} - 1$ tende a zero pela esquerda:

$$\lim_{x\to 1\pm} \frac{x^3 + 1}{\sqrt{x} - 1} = \pm\infty.$$

Exemplo 12. Como no exemplo anterior, a função

$$y = \frac{x}{3 - \sqrt{x}}$$

tende a $-\infty$ com $x \to 9+$ e a $+\infty$ com $x \to 9-$:

$$\lim_{x\to 9\pm} \frac{x}{3 - \sqrt{x}} = \mp\infty.$$

Exercícios

Calcule os limites indicados nos Exercícios 1 a 27.

1. $\lim\limits_{x\to 2}(x^2 - 3x + 1)$.

2. $\lim\limits_{x\to -9}(\sqrt{-x} - x - 10)$.

3. $\lim\limits_{x\to -1}\sqrt{2 - x^2}$.

4. $\lim\limits_{x\to -2}\sqrt{x(x - 1)}$.

5. $\lim\limits_{x\to 9}\dfrac{x\sqrt{x}}{x^2 - 1}$.

6. $\lim\limits_{x\to 3}\dfrac{1 - \sqrt{1 + x}}{\sqrt{x - 1} - x}$.

7. $\lim\limits_{x\to 1/2}\dfrac{1 - 2\sqrt{x}}{\sqrt{x} - 1}$.

8. $\lim\limits_{x\to -3/5}\dfrac{x^2 + 1}{1 - x^2}$.

9. $\lim\limits_{x\to 4}\dfrac{x^2 - 16}{x^2 - 5x + 4}$.

10. $\lim\limits_{x\to -1}\dfrac{x^2 + 3x + 2}{x^2 - 1}$.

11. $\lim\limits_{x\to 3}\dfrac{x - 3}{\sqrt{x} - \sqrt{3}}$.

12. $\lim\limits_{x\to 5}\dfrac{\sqrt{5} - \sqrt{x}}{x - 5}$.

4.3 A derivada

13. $\displaystyle\lim_{x\to 1+}\frac{x^2-1}{|x-1|}$.

14. $\displaystyle\lim_{x\to 1-}\frac{x^2-1}{|x-1|}$.

15. $\displaystyle\lim_{x\to -2\pm}\frac{|x+2|}{x^2-4}$.

16. $\displaystyle\lim_{x\to -3\pm}\frac{|x+3|}{9-x^2}$.

17. $\displaystyle\lim_{x\to -3\pm}\frac{x+3}{|x^2-9|}$.

18. $\displaystyle\lim_{x\to 2+}\frac{4}{x-2}$.

19. $\displaystyle\lim_{x\to -2+}\frac{x+3}{x+2}$.

20. $\displaystyle\lim_{x\to 1-}\frac{x}{1-x}$.

21. $\displaystyle\lim_{x\to 2}\frac{x}{(x-2)^2}$.

22. $\displaystyle\lim_{x\to 0}\frac{x-1}{|x|}$.

23. $\displaystyle\lim_{x\to 1+}\frac{2-x}{(1-x)^3}$.

24. $\displaystyle\lim_{x\to 5-}\frac{1-x}{\sqrt{x-1}-2}$.

25. $\displaystyle\lim_{x\to a\pm}\frac{x^2-a^2}{|x-a|}$.

26. $\displaystyle\lim_{x\to -2}\frac{x+2}{\sqrt{x+3}-1}$.

27. $\displaystyle\lim_{x\to a}\frac{(\sqrt{x}-\sqrt{a})^2}{x-a}$.

Respostas, sugestões e soluções

2. 2.

4. $\sqrt{6}$.

6. $1/(3-\sqrt{2})$.

7. $\dfrac{2-\sqrt{2}}{\sqrt{2}-1}=(2-\sqrt{2})(\sqrt{2}+1)=\sqrt{2}$.

9. $\dfrac{x^2-16}{x^2-5x+4}=\dfrac{x+4}{x-1}$.

10. $-1/2$.

11. $x-3=(\sqrt{x}-\sqrt{3})(\sqrt{x}+\sqrt{3})$.

13. $x>1\Rightarrow |x-1|=x-1$.

14. $x<1\Rightarrow |x-1|=-(x-1)$; portanto, $\displaystyle\lim_{x\to 1-}\frac{x^2-1}{|x-1|}=\lim_{x\to 1-}(-x-1)=-2$.

17. Se $x\to -3$ pela direita, $|x^2-9|=-(x^2-9)$; e se $x\to -3$ pela esquerda, $|x^2-9|=x^2-9$. Então,

$$\lim_{x\to -3\pm}\frac{x+3}{|x^2-9|}=\lim_{x\to -3\pm}\frac{1}{\mp(x-3)}=\pm\frac{1}{6}.$$

18. $x-2$ tende a zero por valores positivos; logo, $\displaystyle\lim_{x\to 2+}\frac{4}{x-2}=+\infty$.

19. $+\infty$.

20. $+\infty$.

23. $-\infty$.

24. $1-x\to -4$, $\sqrt{x-1}\to 2$ pela esquerda, de sorte que o denominador também tende a zero pela esquerda.

26. Interprete $x+2=(x+3)-1$ como diferença de dois quadrados.

4.3   A derivada

Na seção anterior, definimos o declive de uma curva $y=f(x)$, num ponto $x=a$, como o limite da razão incremental com $h\to 0$:

$$m=\lim_{h\to 0}\frac{f(a+h)-f(a)}{h}.$$

Como já tivemos oportunidade de ver, através de exemplos e exercícios, essa quantidade m depende do valor $x=a$ considerado, isto é, m é função de a. Ela é chamada *derivada* da função f e é indicada com o símbolo f'. Escrevemos, então, a expressão anterior na forma

$$f'(a)=\lim_{h\to 0}\frac{f(a+h)-f(a)}{h}.$$

O leitor deve notar que nada há de especial no símbolo $x=a$ que vimos usando. Trata-se de um valor genérico de x, por isto mesmo pode muito bem ser substituído por qualquer outro símbolo, em particular pelo próprio x:

$$f'(x)=\lim_{h\to 0}\frac{f(x+h)-f(x)}{h}.$$

Podemos também escrever x' em lugar de $x+h$:

$$x' = x + h, \quad h = x' - x.$$

Então, fazer h tender a zero é equivalente a fazer x' tender a x:

$$f'(x) = \lim_{x' \to x} \frac{f(x') - f(x)}{x' - x}.$$

Exemplo 1. Vamos calcular a derivada da função $f(x) = \sqrt{x}$ num ponto qualquer $x > 0$:

$$f'(x) = \lim_{x' \to x} \frac{f(x') - f(x)}{x' - x} = \lim_{x' \to x} \frac{\sqrt{x'} - \sqrt{x}}{x' - x}.$$

Já lidamos com limites desse tipo várias vezes, multiplicando numerador e denominador por um fator conveniente. No presente caso,

$$f'(x) = \lim_{x' \to x} \frac{\sqrt{x'} - \sqrt{x}}{(\sqrt{x'})^2 - (\sqrt{x})^2} = \lim_{x' \to x} \frac{(\sqrt{x'} - \sqrt{x})}{(\sqrt{x'} - \sqrt{x})(\sqrt{x'} + \sqrt{x})} = \lim_{x' \to x} \frac{1}{\sqrt{x'} + \sqrt{x}} = \frac{1}{2\sqrt{x}}.$$

Observe que essa derivada é sempre positiva e torna-se tanto maior quanto menor for x. Isto está de acordo com o fato de que as retas tangentes à curva vão ficando cada vez mais próximas da vertical à medida que x tende a zero (Fig. 4.13). A derivada não está definida em $x = 0$; seu valor torna-se arbitrariamente grande com $x \to 0$, o que é coerente com o fato de que, na origem, a reta tangente à curva é o eixo dos y:

$$\lim_{x \to 0+} f'(x) = +\infty.$$

Na definição de derivada,

$$f'(x) = \lim_{h \to 0} \frac{f(x+h) - f(x)}{h} = \lim_{x' \to x} \frac{f(x') - f(x)}{x' - x},$$

estamos admitindo, tacitamente, que a razão incremental aproxima um determinado valor $f'(x)$, com h tendendo a zero, h podendo assumir valores positivos e negativos; vale dizer, com x' tendendo a x, x' assumindo valores maiores ou menores que x. Mas é claro que nada nos garante, *a priori*, que uma dada função tenha derivada em certo ponto x ou, como se diz, seja *derivável* nesse ponto.

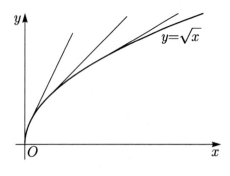

Figura 4.13

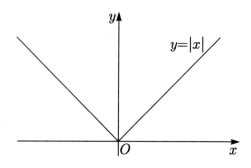

Figura 4.14

Exemplo 2. Consideremos a função

$$f(x) = |x| = \begin{cases} x & \text{se} \quad x \geq 0, \\ -x & \text{se} \quad x < 0, \end{cases}$$

4.3 A derivada

ilustrada na Fig. 4.14. Sua razão incremental no ponto $x = 0$ é dada por

$$\frac{f(x') - f(0)}{x' - 0} = \frac{|x'|}{x'} = \begin{cases} 1 & \text{se} \quad x' > 0, \\ -1 & \text{se} \quad x' < 0. \end{cases}$$

Vemos, assim, que o limite desta razão incremental é 1 se $x' \to 0$ por valores estritamente positivos e -1 se $x' \to 0$ por valores estritamente negativos. O limite não existe para $x' \to 0$ por valores positivos e negativos ao mesmo tempo. Assim, a função não é derivável no ponto $x = 0$. Todavia, ela é derivável para todo $x \neq 0$:

$$\frac{d|x|}{dx} = \begin{cases} 1 & \text{se} \quad x > 0, \\ -1 & \text{se} \quad x < 0. \end{cases}$$

Quando a razão incremental

$$\frac{f(x + h) - f(x)}{h}$$

tem limite com $h \to 0$ por valores estritamente positivos, esse limite é chamado *derivada à direita* no ponto x. Escrevemos

$$f'(x+) = \lim_{h \to 0+} \frac{f(x + h) - f(x)}{h} = \lim_{x' \to x+} \frac{f(x') - f(x)}{x' - x}.$$

Analogamente, a *derivada à esquerda* é definida pela expressão

$$f'(x-) = \lim_{h \to 0-} \frac{f(x + h) - f(x)}{h} = \lim_{x' \to x-} \frac{f(x') - f(x)}{x' - x}.$$

As derivadas à direita e à esquerda são chamadas de *derivadas laterais* da função no ponto considerado. É fácil ver que a função é derivável quando as derivadas laterais existem e são iguais.

Como acabamos de ver, a função $f(x) = |x|$ não é derivável em $x = 0$, embora nesse ponto ela tenha derivadas, à direita e à esquerda, iguais a $+1$ e -1, respectivamente.

Exemplo 3. Seja a função

$$f(x) = (x - 1)|x + 2|,$$

definida em toda a reta. Como

$$|x + 2| = \begin{cases} x + 2 & \text{se} \quad x + 2 \geq 0, \quad \text{isto é, se} \quad x \geq -2, \\ -x - 2 & \text{se} \quad x + 2 \leq 0, \quad \text{isto é, se} \quad x \leq -2, \end{cases}$$

vemos que a função dada pode ser escrita na forma seguinte:

$$f(x) = \begin{cases} (x - 1)(x + 2) = x^2 + x - 2 & \text{se} \quad x \geq -2, \\ (x - 1)(-x - 2) = -x^2 - x + 2 & \text{se} \quad x \leq -2. \end{cases}$$

Esta função não é derivável no ponto de abscissa $x = -2$, como vemos pelo cálculo de suas derivadas laterais nesse ponto (Fig. 4.15). De fato,

$$\begin{aligned} f'(-2+) &= \lim_{h \to 0+} \frac{f(-2 + h) - f(-2)}{h} = \lim_{h \to 0+} \frac{[(-2 + h)^2 + (-2 + h) - 2] - 0}{h} \\ &= \lim_{h \to 0+} \frac{h^2 - 3h}{h} = \lim_{h \to 0+} (h - 3) = -3; \\ f'(-2-) &= \lim_{h \to 0-} \frac{f(-2 + h) - f(-2)}{h} = \lim_{h \to 0-} \frac{[-(-2 + h)^2 - (-2 + h) + 2] - 0}{h} \\ &= \lim_{h \to 0-} \frac{-h^2 + 3h}{h} = \lim_{h \to 0-} (-h + 3) = 3. \end{aligned}$$

Quando as derivadas laterais (direita e esquerda) existem e são distintas em determinado ponto, dizemos que este é um *ponto anguloso* do gráfico da função. Então a curva possui, nesse ponto, duas tangentes: à direita e à esquerda, respectivamente. No exemplo que acabamos de considerar, essas tangentes são as retas ilustradas na Fig. 4.15 e dadas pelas equações:

$$y = -3(x+2) \quad \text{e} \quad y = 3(x+2).$$

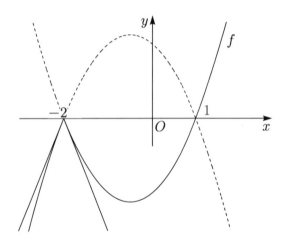

Figura 4.15

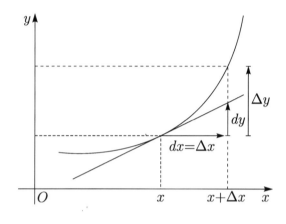

Figura 4.16

Notação

Costumamos indicar a derivada de uma função $y = f(x)$ por $f'(x)$ e por vários outros símbolos, como y' e Df ou $Df(x)$. Em Mecânica, é comum o uso do símbolo $\dot{y}$ para indicar a derivada de uma função y da variável tempo t, notação esta que é devida a Newton. Outra notação freqüente, devida a Leibniz, é dy/dx ou df/dx; sua origem se explica em face das seguintes considerações: o número $h = x' - x$ é o incremento dado a x para obter $x' = x + h$. É costume indicar esse incremento pelo símbolo Δx (acréscimo, incremento ou *variação* de x):

$$\Delta x = x' - x, \quad x' = x + \Delta x.$$

Se variarmos x de uma quantidade Δx, a variável dependente y também sofrerá uma variação (Fig. 4.16)

$$\Delta y = \Delta f(x) = f(x + \Delta x) - f(x),$$

de sorte que a razão incremental será dada por

$$\frac{f(x + \Delta x) - f(x)}{\Delta x} = \frac{\Delta f(x)}{\Delta x} = \frac{\Delta y}{\Delta x}.$$

Quando fazemos $\Delta x \to 0$, a variação $\Delta f(x) = \Delta y$ também tende a zero, de maneira que a razão incremental se aproxima da derivada. No entender de Leibniz, a derivada devia ser vista como o quociente de quantidades *infinitesimais* ou *infinitamente pequenas* dy e dx.

Para melhor esclarecer essa questão, vamos definir a *diferencial* dy de uma função $y = f(x)$, no ponto x, pela expressão

$$dy = f'(x)\Delta x.$$

Então, quando a função é $f(x) = x$, sua diferencial dx é simplesmente Δx, pois a derivada é 1:

$$dx = 1 \cdot \Delta x = \Delta x.$$

Portanto,

$$dy = f'(x)dx \quad \text{ou} \quad f'(x) = \frac{dy}{dx}.$$

4.3 A derivada

Observe que o dx $(= \Delta x)$ que aparece na definição de diferencial, $dy = f'(x)dx$ é uma nova variável independente, que pode assumir qualquer valor diferente de zero. Costuma-se dizer, ou mesmo pensar, que ela seja infinitamente pequena. Em geral isso é conveniente em certas aplicações físicas, mas não devemos perder de vista que essa variável dx não é necessariamente pequena.

Como é fácil ver, a derivada $f'(x)$ de $y = f(x)$ é também uma função de x. Podemos, então, considerar sua derivada, que é chamada *derivada segunda* de f. Ela é indicada pelos símbolos

$$f'', \quad D^{(2)}f, \quad \frac{d^2 f}{dx^2}, \quad y'', \quad \ddot{y}.$$

Do mesmo modo, consideram-se derivadas terceira, quarta, etc. De um modo geral, a *derivada n-ésima* é indicada com os símbolos

$$f^{(n)}, \quad D^{(n)}f, \quad \frac{d^n f}{dx^n}, \quad y^{(n)}.$$

Continuidade das funções deriváveis

Já vimos o que significa dizer que uma função f é contínua num certo ponto x_0: f está definida nesse ponto, tem limite com $x \to x_0$ e esse limite é $f(x_0)$, isto é,

$$\lim_{x \to x_0} f(x) = f(x_0).$$

Por muito tempo os matemáticos pensavam que as funções contínuas fossem sempre deriváveis, à exceção, possivelmente, de alguns pontos, como os pontos angulosos. Em 1806, o grande sábio francês André Marie Ampère (1775–1836) procurou mesmo demonstrar esse fato. Mas isto não é verdade, como depois ficou provado com a construção de funções contínuas sem derivada em ponto algum. Acontece, entretanto, que a recíproca é verdadeira, e a demonstração não é difícil, como veremos a seguir.

Teorema. *Toda função derivável num ponto x_0 é contínua nesse ponto.*

Demonstração. Seja f uma função derivável no ponto x_0, de sorte que a diferença η entre a razão incremental e a derivada,

$$\eta = \frac{f(x) - f(x_0)}{x - x_0} - f'(x_0),$$

tende a zero com $x \to x_0$. Daqui segue-se que

$$f(x) = f(x_0) + (x - x_0)f'(x_0) + (x - x_0)\eta.$$

Quando $x \to x_0$, os dois últimos termos deste segundo membro tendem a zero; logo,

$$\lim_{x \to x_0} f(x) = f(x_0),$$

o que completa a demonstração.

Observação. O leitor deve notar, nessa demonstração, que primeiro mostramos que $\eta \to 0$ com $x \to x_0$. Se nada soubéssemos sobre η, não poderíamos concluir que o tempo $(x - x_0)\eta$ tende a zero com $x \to x_0$. Por exemplo, se η fosse, digamos, $4/(x - x_0)^3$, então $(x - x_0)\eta$ seria igual a $4/(x - x_0)^2$ e tenderia a infinito com $x \to x_0$.

Exercícios

Calcule a derivada $f'(x)$ de cada uma das funções dadas nos Exercícios 1 a 18, pelo cálculo direto do limite da razão incremental.

1. $f(x) = x^2$.

2. $f(x) = 3x^2 - 5x$.

3. $f(x) = x^2/2$.

4. $f(x) = -3x^2$.

5. $f(x) = 1 - 2x - 4x^2$.

6. $f(x) = ax^2 + bx + c$.

7. $f(x) = x^3$.

8. $f(x) = (x+3)^2$.

9. $f(x) = 1/x$.

10. $f(x) = x + 1/x$.

11. $f(x) = 1/x^2$.

12. $f(x) = \sqrt{x}$, $x > 0$.

13. $f(x) = \sqrt{x+1}$, $x > -1$.

14. $f(x) = \sqrt{3x}$, $x > 0$.

15. $f(x) = \sqrt{-x}$, $x < 0$.

16. $f(x) = \sqrt{5-x}$, $x < 5$.

17. $f(x) = \sqrt{2x-1}$, $x > 1/2$.

18. $f(x) = 1/\sqrt{3x}$, $x > 0$.

Nos Exercícios 19 a 22, faça os gráficos das funções dadas e calcule as derivadas laterais nos pontos onde a função dada não é derivável.

19. $y = 2|x+2|$.

20. $y = \begin{cases} -2x & \text{se} \quad x \leq 1. \\ 3x - 5 & \text{se} \quad x \geq 1. \end{cases}$

21. $y = \begin{cases} (x+1)^2 & \text{se} \quad x \geq 0. \\ (x-2)^2/4 & \text{se} \quad x \leq 0. \end{cases}$

22. $y = |x-1|(x-3)$.

Nos Exercícios 23 a 26, encontre o ponto (x, y) onde: a) a tangente à curva dada seja horizontal; b) o ângulo da tangente com o eixo dos x seja $60°$; c) esse ângulo seja $-30°$. Escreva as equações dessas tangentes e faça os respectivos gráficos.

23. $y = -x^2$.

24. $y = |x|^3$.

25. $y = |x+2|^3$

26. $y = x^2 + 2x - 3$.

Repita o item b) nos Exercícios 27 a 29; observe que agora a) e c) não fazem sentido.

27. $y = -1/x$.

28. $y = x/(x+1)$.

29. $y = -2/(x-1)$.

30. Calcule a derivada segunda de $f(x) = 1/x$.

31. Calcule a derivada segunda de $f(x) = \sqrt{x}$.

32. Sendo $f(x) = \sqrt{x}$, mostre que $f'(0+)$ não existe.

Respostas, sugestões e soluções

1. $f'(x) = 2x$.

2. $f'(x) = 6x - 5$.

3. $f'(x) = x$.

4. $f'(x) = -6x$.

5. $f'(x) = -2 - 8x$.

6. $f'(x) = 2ax + b$.

7. $f'(x) = 3x^2$.

8. $f'(x) = 2(x+3)$.

9. $f'(x) = -1/x^2$.

10. $f'(x) = 1 - 1/x^2$.

11. $f'(x) = -2/x^3$.

12. $f'(x) = 1/2\sqrt{x}$.

13. $f'(x) = 1/2\sqrt{x+1}$.

14. $f'(x) = 3/2\sqrt{3x}$.

15. $f'(x) = -1/2\sqrt{-x}$.

16. $f'(x) = -1/2\sqrt{5-x}$.

17. $f'(x) = 1/\sqrt{2x-1}$.

18. $f'(x) = -1/2x\sqrt{3x}$.

19. $y = f(x) = \pm2(x+2)$ conforme seja $x \geq -2$ ou $x \leq -2$. $f'(-2\pm) = \pm2$.

20. $f'(1-) = -2$, $f'(1+) = 3$.

21. $f'(0-) = -1$, $f'(0+) = 2$.

22. $f(x) = -x^2 + 4x - 3$ se $x \leq 1$, $f(x) = x^2 - 4x + 3$ se $x \geq 1$; $f'(1-) = 2$, $f'(1+) = -2$.

23. $y' = -2x$. a) $x = y = 0$. b) Como $\tan 60° = \sqrt{3}$, $x = -\sqrt{3}/2$ e $y = -3/4$.

24. $y' = 3x^2$ se $x \geq 0$ e $y' = -3x^2$ se $x \leq 0$. b) $x = (1/3)^{1/4}$ e $y = (1/3)^{3/4}$.

25. $y' = 3(x+2)^2$ se $x \geq -2$, $y' = -3(x+2)^2$ se $x \leq -2$. c) Lembre-se de que $\tan(-30°) = -\sqrt{3}/3$.

26. $y' = 2x + 2$. c) $x = -(1 + \sqrt{3}/3)/2$, etc.

27. $y' = 1/x^2$, $x = \pm(1/3)^{1/4}$ e $y = \mp 3^{1/4}$.

30. $f''(x) = 2/x^3$.

31. $f''(x) = -1/4x\sqrt{x}$.

32. $\dfrac{f(0+h)-f(0)}{h} = \dfrac{\sqrt{h}}{h} = \dfrac{1}{\sqrt{h}} \to +\infty$ com $h \to 0$.

4.4 Aplicações à Cinemática

As idéias que levaram à introdução do conceito de derivada aparecem nos trabalhos de vários autores, num longo período de tempo. Mas foi com Newton e Leibniz, trabalhando independentemente um do outro, que esse conceito se consolidou. Na obra de Leibniz, a derivada está associada ao problema da tangente a uma curva, como vimos nas seções anteriores. Já, Newton, preocupado com seus estudos de Mecânica, foi levado a introduzir a derivada para caracterizar a velocidade instantânea de um móvel.

Para explicar isso, consideremos uma partícula que se move numa trajetória qualquer. Seja $s = s(t)$ o espaço percorrido pelo móvel até o instante t. Então (Fig. 4.17)

$$\Delta s = s(t + \Delta t) - s(t)$$

é o espaço percorrido desde o instante t até o instante $t + \Delta t$. A *velocidade média* v_m, nesse intérvalo de tempo que vai de t a $t + \Delta t$, é definida como sendo igual ao quociente do espaço percorrido pelo tempo gasto em percorrê-lo, isto é,

$$v_m = \frac{s(t+\Delta t) - s(t)}{\Delta t}.$$

Dizemos que o movimento é *uniforme* quando a velocidade média tem o mesmo valor v, qualquer que seja o intervalo de tempo considerado. Neste caso,

$$\frac{s(t) - s_0}{t} = v, \quad \text{donde} \quad s(t) = s_0 + vt,$$

onde s_0 é o "espaço inicial", que é o valor de $s(t)$ para $t = 0$. Esta última equação é chamada *equação horária* do movimento. Seu gráfico é uma reta com declive v, cortando o eixo dos espaços no ponto de ordenada s_0. A Fig. 4.18 ilustra uma situação em que s_0 e v são números positivos.

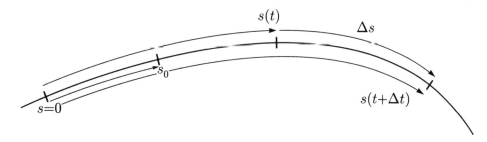

Figura 4.17

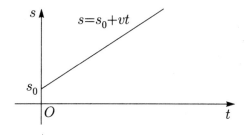

Figura 4.18

Velocidade instantânea

Se o movimento não for uniforme, a velocidade média nada nos dirá sobre o estado do movimento no instante t (ou em qualquer outro instante entre t e $t + \Delta t$). De fato, podemos imaginar um sem-número de movimentos diferentes, entre os instantes t e $t + \Delta t$, todos com a mesma velocidade média: o móvel pode mover-se muito rapidamente em certos trechos, mais devagar em outros e até parar uma ou várias vezes antes de completar o percurso; e isto, como dissemos, de muitas maneiras distintas. Como então caracterizar o "estado do movimento" num dado instante t? Nossa experiência com a realidade física nos faz sentir que é preciso deixar *fluir* o tempo para podermos avaliar a rapidez ou vagarosidade do movimento. O que podemos fazer é imaginar intervalos de tempo Δt cada vez menores, para que as velocidades médias correspondentes possam dar-nos informações cada vez mais precisas do que se passa no instante t. Somos, assim, levados ao conceito de *velocidade instantânea*, $v = v(t)$, no instante t, como sendo o limite, com $\Delta t \to 0$, da razão incremental que dá a velocidade média, isto é,

$$v(t) = \lim_{\Delta t \to 0} \frac{s(t + \Delta t) - s(t)}{\Delta t} = \lim_{\Delta t \to 0} \frac{\Delta s}{\Delta t}.$$

A velocidade instantânea é, então, a derivada do espaço em relação ao tempo. Newton deu-lhe o nome de *fluxão*, indicando-a com o símbolo $\dot{s}$. A posição e a velocidade do móvel a cada instante constituem o que chamamos de *estado do movimento*.

Movimento uniformemente variado

O conceito de *aceleração* é introduzido de maneira análoga ao de velocidade: ela mede a variação da velocidade em relação ao tempo. Podemos definir aceleração média e aceleração instantânea, sendo esta dada por

$$a(t) = \lim_{\Delta t \to 0} \frac{v(t + \Delta t) - v(t)}{\Delta t} = \frac{dv}{dt} = \frac{d^2 s}{dt^2}.$$

Dizemos que um movimento é *uniformemente variado* quando sua aceleração for constante e diferente de zero. O caso mais notável desse tipo de movimento é o de um corpo em queda livre, que foi estudado por Galileu com mais cuidado e atenção que por qualquer de seus predecessores.

Vamos considerar um movimento uniformemente variado com aceleração a. Sejam $v = v(t)$, sua velocidade num instante t e $v_0 = v(0)$ a velocidade inicial. Como a é constante, podemos escrever

$$\frac{v - v_0}{t} = a,$$

donde se obtém

$$\boxed{v = v_0 + at,} \tag{4.3}$$

que é *equação da velocidade*. Seu gráfico é uma reta, ilustrada na Fig. 4.19 quando v_0 e a são positivos.

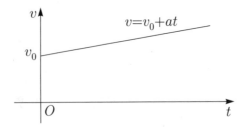

Figura 4.19

4.4 Aplicações à Cinemática

Equação horária

Para obtermos a equação horária do movimento, vamos primeiro observar o seguinte: funções que têm a mesma derivada diferem por uma constante. Isto será considerado mais tarde (Corolário 2 da p. 193), mas é uma propriedade de fácil verificação geométrica. Com efeito, se duas funções $f(t)$ e $g(t)$ têm a mesma derivada, a diferença $h(t) = f(t) - g(t)$ tem derivada zero, significando que o gráfico de $h(t)$ tem tangente horizontal em todos os pontos. Por aí se vê que $h(t)$ é constante, vale dizer, f e g diferem por uma constante.

Posto isso, sejam $s = s(t)$ o espaço percorrido pelo móvel até o instante t e $s_0 = s(0)$ o *espaço inicial*, ou espaço no instante $t = 0$. A derivada de $s(t)$ é a velocidade dada em (4.3). Ora, a função

$$v_0 t + \frac{at^2}{2}$$

também tem a mesma derivada $v_0 + at$. Então, pelo que acabamos de ver, as funções $s(t)$ e $v_0 t + at^2/2$ diferem por uma constante C, isto é,

$$s(t) - \left(v_0 t + \frac{at^2}{2}\right) = C,$$

donde

$$s(t) = C + v_0 t + \frac{at^2}{2}.$$

O significado de C torna-se claro quando fazemos $t = 0$:

$$C = s(0) = s_0.$$

Em conseqüência,

$$\boxed{s = s_0 + v_0 t + \frac{at^2}{2}.}$$

Esta é a *equação horária* do movimento. Como s é um trinômio do segundo grau em t, seu gráfico é uma parábola, como ilustra a Fig. 4.20 na hipótese de serem s_0, v_0 e a todos positivos.

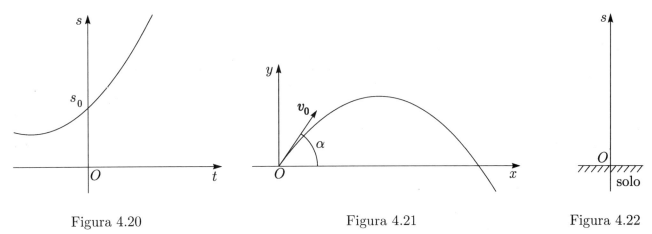

Figura 4.20   Figura 4.21   Figura 4.22

Exemplo 1. Vamos mostrar que, se um corpo for abandonado à ação da gravidade, com certa velocidade inicial diferente de zero, sua trajetória será uma parábola (Fig. 4.21).

Suponhamos que a direção inicial do movimento faça um ângulo α com a horizontal. Escolhendo os eixos coordenados como mostra a Fig. 4.21, o movimento efetivo é a resultante de dois movimentos, sobre estes eixos, de equações horárias dadas por

$$x = (v_0 \cos \alpha)t \quad \text{e} \quad y = (v_0 \operatorname{sen} \alpha)t - \frac{gt^2}{2},$$

respectivamente.

De fato, o movimento horizontal é uniforme com velocidade $v_0 \cos\alpha$, enquanto o movimento vertical é desacelerado com velocidade inicial $v_0 \sen\alpha$ e aceleração negativa $-g$. Da primeira equação tiramos $t = x/v_0 \cos\alpha$. Substituindo este valor na segunda equação, obtemos a equação de uma parábola que passa pela origem:

$$y = (\tan\alpha)x - \frac{g}{2v_0^2 \cos^2\alpha}x^2.$$

Exemplo 2. Um objeto é lançado do solo, verticalmente para cima, com velocidade de v_0. Desprezando a resistência do ar, vamos calcular sua altura máxima e o tempo gasto para atingi-la.

Com o eixo orientado para cima (Fig. 4.22), as equações do movimento são

$$s = v_0 t - \frac{gt^2}{2} \quad \text{e} \quad v = \dot{s} = v_0 - gt.$$

A altura máxima h ocorre quando $v = 0$, isto é, para $t = v_0/g$, que é o tempo gasto para atingir a referida altura. Substituindo esse valor de t na primeira das equações, obtemos $h = v_0/2g$. Os cálculos, com $g = 9,8$ m/s² e $v_0 = 100$ m/s, nos dão $t \approx 10,204$ s e $h \approx 510,2$ m.

Exemplo 3. Vamos estudar o movimento de uma partícula ao longo de um eixo horizontal, com equação horária

$$s = t^3 - 3t^2 - 9t + 1.$$

Como de costume, supomos que o eixo esteja orientado da esquerda para a direita.

Para analisar o movimento, calculamos sua velocidade:

$$v = \frac{ds}{dt} = 3t^2 - 6t - 9.$$

Trata-se de um trinômio de segundo grau, com raízes $t = -1$ e $t = 3$; logo,

$$v = 3(t+1)(t-3).$$

Isso mostra que a velocidade é positiva em $t < -1$ e $t > 3$, e negativa em $-1 < t < 3$. Em conseqüência, o móvel desloca-se para a direita durante o tempo em que $t < -1$; ele pára no instante $t = -1$, quando o espaço s assume o valor $s(-1) = 6$ (Fig. 4.23); a partir desse instante $t = -1$, o móvel desloca-se para a esquerda, até parar novamente em $t = 3$, para, em seguida, deslocar-se para a direita.

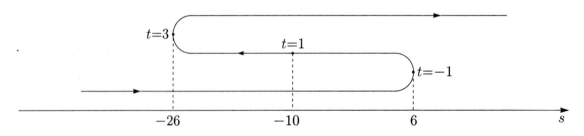

Figura 4.23

A aceleração é dada por

$$a = \frac{dv}{dt} = 6t - 6 = 6(t-1).$$

Como é negativa em $t < 1$ e positiva em $t > 1$, vemos que a velocidade, que é infinita em $t = -\infty$, decresce até $t = 1$, e a partir daí volta a crescer, tendendo a infinito com $t \to +\infty$.

4.4 Aplicações à Cinemática

Exercícios

Nos problemas seguintes, considere a aceleração da gravidade g como sendo, aproximadamente, $9,8$ m/s^2.

1. Um automóvel percorre 40 km a uma velocidade constante de 60 km/h e outros 100 km à velocidade constante de 80 km/h. Calcule sua velocidade média em todo o trajeto.

2. Calcule o tempo que um foguete gasta para atingir a velocidade de 500 m/s, sabendo que ele é lançado com aceleração cinco vezes a da gravidade. Calcule a altura que terá atingido nessa velocidade.

3. Um carro à velocidade de 80 km/h aplica os freios, adquirindo uma desaceleração constante, parando em 15 s. Calcule sua aceleração negativa.

4. Um corpo é lançado para cima com certa velocidade inicial v_0. Demonstre que o tempo de subida é igual ao tempo de descida. Calcule esse tempo e a altura máxima atingida pelo corpo em termos de v_0 e g.

5. Demonstre que a média das velocidades v_0 e $v(t)$ de um corpo em movimento uniformemente acelerado é igual à velocidade no instante $t/2$. Interprete esse resultado graficamente.

6. Mostre que num movimento uniformemente acelerado vale a relação: $v^2 - v_0^2 = 2a(s - s_0)$.

7. Um projétil lançado para cima, na vertical, atinge a altura máxima de 2 km. Calcule sua velocidade inicial.

8. Um objeto é lançado verticalmente para baixo com velocidade $v_0 = 10$ m/s, de uma altura de 300 m. Calcule o tempo que gastará para tocar o solo e a velocidade quando isso acontecer.

9. Um projétil é lançado para cima com velocidade inicial de 100 m/s. Encontre o valor de sua velocidade cinco segundos após o lançamento; encontre a altura máxima atingida e o tempo gasto para atingi-la.

10. Um foguete sobe na vertical segundo a lei horária $s = 12t^2$ m, onde t é expresso em segundos. Calcule a altura do foguete quando atingir a velocidade do som (330 m/s) e o tempo necessário para que isso ocorra.

11. Um avião, com aceleração constante de a m/s^2, precisa atingir uma velocidade crítica V para levantar vôo. Mostre que a pista necessária para isto deve ter comprimento $l = V^2/2a$ (proporcional ao quadrado da velocidade e inversamente proporcional à aceleração).

12. Um avião, em vôo horizontal, encontra-se a uma altura h e velocidade v_0 quando lança uma bomba. Calcule, em termos de h, v_0 e g, o tempo de queda e o desvio d indicado na Fig. 4.24. Faça os cálculos com $v_0 = 640$ km/h e $h = 3\,500$ m.

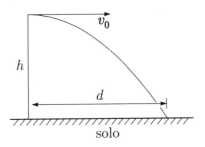

Figura 4.24

13. No exercício anterior, suponha que o avião esteja descendo numa trajetória que faz um ângulo α com a horizontal. Repita os cálculos com os dados anteriores e $\alpha = 30°$.

14. Um projétil é lançado com velocidade inicial v, numa direção que faz com a horizontal um ângulo θ. Mostre que o alcance horizontal do projétil é dado por $x(\theta) = v^2 \operatorname{sen}(2\theta)/g$. Qual o ângulo de alcance máximo? Ache a relação entre α e β para que $x(\alpha) = x(\beta)$, $0 < \alpha, \beta < \pi/2$. Interprete esses resultados graficamente.

15. Um foguete é lançado verticalmente para cima com aceleração constante. Depois de um tempo t, sua velocidade é de $1\,980$ km/h a uma altura de 3 km. Calcule sua aceleração e o tempo t.

16. Um foguete é lançado com aceleração $12g$ para interceptar um objeto que se aproxima com velocidade $V = 3\,600$ km/h. Calcule a que distância d do ponto de lançamento ocorre o encontro do foguete com o objeto, sabendo-se que

84   Capítulo 4   Derivadas e limites

este se encontrava a uma distância $D = 300$ km no momento do lançamento do foguete.

Nos Exercícios 17 a 25, uma partícula se move ao longo de um eixo com equação horária dada. Como no Exemplo 3, encontre as expressões para a velocidade e a aceleração, descrevendo o movimento da partícula, fazendo, inclusive, uma representação esquemática do que ocorre.

17. $s = t^2 - 8t + 12$.

18. $s = -t^2 + 9t - 14$.

19. $s = t^2 + 2t - 8$.

20. $s = 2t^2 - t - 15$.

21. $s = -3t^2 + 10t - 7$.

22. $s = t^3 - 9t^2 + 24t + 1$.

23. $s = t^3/3 - t^2 - 3t$.

24. $s = -t^3 + 8t^2 + 20t - 7$.

25. $s = 3t^5 - 5t^3$.

Respostas, sugestões e soluções

1. Não confunda velocidade média com média de velocidades. t = tempo de percurso = 1 h 55 min; $v_m \approx 73$ km/h.

2. $t \approx 10, 2$ s, $h \approx 5\,102$ m.   **3.** $\dfrac{80\,000}{3\,600 \cdot 15} \approx 1,48$ m/s^2.

4. $v = v_0 - gt = 0$ no fim da subida; então, $t = t_s = v_0/g$. Altura máxima:

$$h = v_0 t - \frac{gt^2}{2} = \frac{v_0^2}{g} - \frac{g v_0^2}{2g^2} = \frac{v_0^2}{2g}.$$

Na descida, $h = gt^2/2 = v_0^2/2g$, donde $t = t_d = v_0/g = t_s$.

5. $[v_0 + (v_0 + at)]/2 = v_0 + at/2 = v(t/2)$.

6. Tire t da equação da velocidade e substitua na equação horária.

7. $v = \sqrt{2gh} \approx 197, 99$ m/s.

8. $s = v_0 t + gt^2/2$ é o espaço percorrido pelo móvel, contado a partir do ponto em que ele é lançado da altura h. Essa equação descreve o movimento para $0 \leq t \leq t'$, onde t' é a raiz positiva da equação $s(t') = h$:

$$gt'^2 + 2v_0 t' - 2h = 0, \quad \text{donde} \quad t' = (-v_0 + \sqrt{v_0^2 + 2gh})/g.$$

A velocidade do objeto é dada por $v = s'(t) = v_0 + gt$; portanto, ao tocar o solo,

$$v(t') = v_0 + gt' = \sqrt{v_0^2 + 2gh}.$$

Com os dados do problema, $t' \approx 6, 87$ s e $v(t') \approx 77, 33$ m/s.

    Observe que descartamos a raiz negativa $t'' = (-v_0 - \sqrt{v_0^2 + gh})/g$ de $s(t'') = h$, que implicaria considerar o movimento como existente antes de $t = 0$. O objeto seria, então, encontrado a uma velocidade nula antes de $t = 0$, a uma altura $H > h$. Antes ainda, no instante t'', ele seria encontrado ao nível do solo, subindo com velocidade $v(t'') = v_0 + gt'' = -\sqrt{v_0^2 + gh}$. O fato de ser negativa esta velocidade significa precisamente que o objeto estaria nesse instante se deslocando em sentido contrário ao de s crescente.

9. $v = v_0 - gt = 51\,\text{m/s}$; $h = v_0^2/2g \approx 510, 2\,\text{m}$, $t \approx 10, 2\,\text{s}$.

10. $t = v/24 = 13, 75\,\text{s}$; $h = 2\,268, 75\,\text{m}$.

11. $l = V^2/2a$.

12. As equações horárias dos movimentos horizontal e vertical da bomba são $x = v_0 t$ e $y = gt^2/2$, respectivamente. Para um mesmo valor de t, $x = d$ e $y = h$. Então, da 2ª equação, $t = \sqrt{2h/g}$. Levando à 1ª, $d = v_0\sqrt{2h/g}$. Com os dados fornecidos, $t \approx 26, 7$ s; $d \approx 4\,751$ m.

13. As equações horárias dos movimentos horizontal e vertical (Fig. 4.25) são dadas por

$$x = (v_0 \cos \alpha)t \quad \text{e} \quad y = (v_0 \,\text{sen}\, \alpha)t + gt^2/2,$$

respectivamente. Observe que $x = d \Leftrightarrow y = h$. Com $\alpha = 30°$,

$$d = \sqrt{3}v_0 t/2 \quad \text{e} \quad h = v_0 t/2 + gt^2/2.$$

4.4 Aplicações à Cinemática

O tempo procurado é a raiz quadrada positiva desta última equação:

$$t = \frac{\sqrt{v_0^2 + 8gh} - v_0}{2g} \approx 19,15\,\text{s} \quad \text{e} \quad d \approx 2\,948\,\text{m}.$$

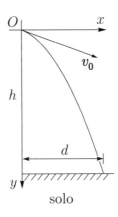

Figura 4.25

14. De acordo com a Fig. 4.26, $x = (v\cos\theta)t$ e $y = (v\sen\theta)t - gt^2/2$, θ variando de zero a $\pi/2$. O projétil toca o solo quando $y = 0$, isto é, quando $gt^2/2 = (v\sen\theta)t \Leftrightarrow t = 2v\sen\theta/g$; logo,

$$x = (v\cos\theta)\frac{2v\sen\theta}{g} = \frac{v^2\sen 2\theta}{g}.$$

$x(\theta)$ será máximo quando $\sen 2\theta = 1$, donde $\theta = \pi/4$. Outrossim,

$$x(\alpha) = x(\beta) \Leftrightarrow \sen 2\alpha = \sen 2\beta \Leftrightarrow 2\alpha + 2\beta = \pi \Leftrightarrow \alpha + \beta = \pi/2.$$

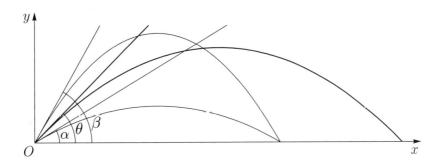

Figura 4.26

15. $t = 2h/v$ e $a = v^2/2h$.

16. As equações horárias do objeto e do foguete são $s = 6gt^2$ e $s = Vt$, respectivamente. Devemos ter:

$$6gt^2 + Vt - D = 0,$$

donde

$$t = \frac{\sqrt{V^2 + 24gD} - V}{12g} \approx 63,4\,\text{s} \quad \text{e} \quad d = 6gt^2 \approx 636\,\text{km}.$$

17. $v = 2t - 8$.   **18.** $v = -2t + 9$.   **19.** $v = 2t + 2$.

20. $v = 4t - 1$.   **21.** $v = -6t + 10$.   **22.** $v = 3t^2 - 18t + 24$.

23. $v = t^2 - 2t - 3$.   **24.** $v = -3t^2 + 16t + 20$.   **25.** $v = 15t^2(t^2 - 1)$.

4.5 Notas históricas

As origens da ciência moderna

O Cálculo diferencial e integral é uma disciplina moderna, que começou a se desenvolver no século XVII, fundamentada nos conceitos de derivada e integral. Enquanto o primeiro desses conceitos surgiu no próprio século XVII, a idéia de integral, muito ligada à noção de área, tem raízes nos trabalhos de Arquimedes (287–212 a.C.), na antigüidade, como veremos no Capítulo 10. O Cálculo teve grande desenvolvimento nos séculos XVII e XVIII, juntamente com as ciências exatas, a começar com a Astronomia, estendendo-se à Mecânica, às demais ciências físicas e à Engenharia. Por causa disso, é interessante fazer um retrospecto dos principais desenvolvimentos científicos do século XVII, no que se refere às ciências exatas.

O ano de 1543 costuma ser tomado como o do início da ciência moderna, por ter sido o ano em que veio a lume a obra de Nicolau Copérnico (1473–1543) sobre o movimento dos corpos celestes. Conta-se que Copérnico recebeu o livro impresso já em seu leito de morte.

Mas a proposta heliocêntrica de Copérnico[2] não foi aceita de imediato, e só começou a ser levada a sério depois das descobertas astronômicas de Galileu, já no século seguinte. As coisas assim se passaram porque naquela época não havia dados de observação suficientes para confirmar ou rejeitar a teoria heliocêntrica.

Se refletirmos cuidadosamente, veremos que o antigo sistema geocêntrico é o que parece mais natural para explicar as observações que fazemos diariamente. Afinal, todos os dias observamos o nascer do Sol, percebemos que ele percorre lentamente a abóbada celeste para, finalmente, se pôr no fim do dia; e nada nos faz perceber qualquer movimento da Terra. Assim, a idéia de que a Terra gira em torno de si mesma não é nada natural. As pessoas, em sua maioria, sabem disso, e sabem que a Terra gira em torno do Sol, não por evidências de observações, mas porque isso lhes foi "ensinado" na escola.

A Física de Aristóteles, que vigorou até que Galileu mostrasse sua ineficácia na explicação dos fenômenos, foi uma Física bem construída e razoável para explicar as observações correntes. Mas nessa Física não havia como explicar uma série de fenômenos numa Terra em movimento, como, por exemplo, que um corpo lançado verticalmente para cima pudesse voltar ao ponto de partida, pois a Terra deveria deixá-lo para trás em seu movimento no espaço. Esta e outras questões semelhantes eram objeções comuns às idéias de Copérnico, e serviram para estimular as investigações sobre os fenômenos do movimento. Se hoje tais objeções nos parecem absurdas é porque nos acostumamos desde cedo às novas idéias da nova Física, e não porque a Física antiga fosse tão desarrazoada. O "princípio da inércia", por exemplo, que hoje nos parece tão natural, não é um fato que possa ser percebido facilmente; antes, exige uma boa dose de abstração, já que escapa a verificações experimentais diretas. Tanto assim que sua formulação clara e definitiva só seria feita por Newton, décadas após a morte de Galileu.

Tycho Brahe e Johannes Kepler

O astrônomo mais eminente depois de Copérnico foi o dinamarquês Tycho Brahe (1546–1601), uma personalidade excêntrica, mas um extraordinário observador dos astros. Ele compreendeu logo que o grande problema da Astronomia em sua época era a falta de dados precisos de observação. E de fato se notabilizou pela extraordinária massa de observações que fez, durante toda a sua vida, com um admirável grau de precisão, jamais conseguido antes. Anotou cuidadosamente uma impressionante coleção de dados de observação do movimento dos planetas, principalmente Marte, com os quais tentava provar sua teoria, que era uma combinação do sistema de Copérnico com o de Ptolomeu. Morreu antes de alcançar seu objetivo. Mas encarregou seu assistente, Johannes Kepler (1571–1630), de prosseguir sua obra.

Kepler não era bom observador; nem tinha boa visão para isso. Mas era excelente matemático, tinha habilidade e paciência com os laboriosos cálculos que a Astronomia da época exigia. E Tycho Brahe percebeu esse talento do jovem astrônomo ao ler a obra que ele, Kepler, publicara em Tübingen em 1596, intitulada *Mysterium Cosmographicum*, na qual ele propunha um sistema parecido com o de Copérnico. Kepler aceitou o convite de Tycho Brahe para trabalhar como seu assistente em Praga a partir de fevereiro de 1600.

Tycho Brahe morreu em outubro de 1601, sem que o sistema planetário de seus sonhos pudesse ser concluído. Seus últimos dias foram de muito sofrimento, entremeados de delírios agonizantes. Nos momentos de lucidez, ele repetia sempre que esperava não ter vivido em vão; e pedia a Kepler que não deixasse de concluir o trabalho matemático que estabelecesse o sistema planetário tychoniano.

Mas Kepler não acreditava no sistema de Tycho Brahe, antes queria provar seu próprio sistema, que era também uma modificação do sistema de Copérnico. Acabou não conseguindo nem uma coisa nem outra. Mas, de posse dos

---

[2]Cabe lembrar aqui que essa teoria fora proposta no século III a.C. por Aristarco, um ilustre astrônomo da escola de Alexandria. Nada restou de sua obra sobre esse assunto; dela só sabemos por uma breve referência num dos trabalhos de Arquimedes. Por causa disso, Aristarco costuma ser chamado "Copérnico da antigüidade".

4.5 Notas históricas

dados de observação herdados de Tycho Brahe, estudou cuidadosamente a órbita de Marte e, em 1609, anunciava a lei segundo a qual os planetas descrevem órbitas elípticas com o Sol ocupando um dos focos. Até 1619 Kepler já tinha descoberto as três leis que levam o seu nome, e que são a sua maior contribuição científica. Mas ele não viu as coisas dessa maneira, e o que considerava ser sua melhor obra, na verdade não passa de uma teoria ingênua e nada científica das distâncias dos planetas ao Sol. Somente décadas mais tarde é que Newton iria descobrir, nos emaranhados escritos de Kepler, aquelas três leis que seriam o ponto inicial de sua grande descoberta — a Teoria da Gravitação.

Galileu e o telescópio

No mesmo ano de 1609, em que Kepler anunciou sua primeira importante descoberta planetária, pela primeira vez na história da ciência o telescópio era usado para observações astronômicas. Galileu Galilei (1564–1642) foi o autor dessa façanha. Ele observou, entre outras coisas, irregularidades na superfície da Lua, as fases de Vênus e os satélites de Júpiter. Essas descobertas tornaram Galileu famoso em toda a Europa; e granjearam-lhe grande admiração, inclusive em Roma, onde, em 1610, foi recebido festivamente, inclusive pelo Papa e vários cardeais, e também eleito para a seleta Accadémia dei Lincei.[3] Algum tempo depois, Galileu começou a enfrentar uma crescente oposição dos setores universitários mais retrógrados, foi vítima de muitas intrigas, que acabaram levando-o às barras de um tribunal da Inquisição; mas esta é outra história, longa e complexa, que não cabe contar aqui.

O Cálculo no século XVII

As descobertas de Galileu tiveram enorme conseqüência para o desenvolvimento científico. Os satélites de Júpiter provavam que a Lua em volta de Terra não era uma situação excepcional. Sua observação das fases de Vênus era evidência de que o planeta girava em torno do Sol e não da Terra. Estas e outras descobertas iriam consagrar, em definitivo, o sistema heliocêntrico. Ao mesmo tempo, elas suscitavam novas questões para a investigação científica.

Havia necessidade de explicar fenômenos como a trajetória de um projetil e a razão pela qual os objetos são arrastados pela Terra em seu movimento. A Física antiga foi abalada, e uma nova ciência do movimento fazia-se necessária. Esta nova ciência foi desenvolvida e apresentada por Galileu no seu livro científico mais importante, o *Discurso sobre duas novas Ciências*. Escrito já na velhice do autor, nele encontram-se expostas pela primeira vez a relatividade do movimento e a invariância das leis da Mecânica quando os referenciais usados estão em movimento uniforme uns em relação aos outros. Este é o chamado *Princípio da Relatividade da Mecânica Clássica*. Nesse mesmo livro aparece também, ainda que em forma muito incipiente, o conceito de função. Em vários lugares do livro, Galileu expressa a idéia de função em termos de proporções. Até a noção de velocidade instantânea — e portanto de derivada — também aparece em forma embrionária nas discussões de Galileu.

As leis de Kepler, de caráter descritivo, enfocavam com mais urgência a questão de saber que tipo de força produzia os movimentos dos planetas com a regularidade que eles exibiam. O próprio Kepler sugeriu a idéia de força gravitacional, mas ainda pensava que essa força agisse tangencialmente à trajetória do movimento, quando, na verdade, Newton mostraria que se tratava de uma força central. O importante a notar aqui é que, já por essa época, essas investigações acerca do movimento motivavam o interesse nos problemas geométricos do traçado de tangentes e normais a uma curva. Ao mesmo tempo, surgiam as noções de velocidade e aceleração instantâneas, todas essas idéias levando naturalmente ao conceito de derivada de uma função.

Foi nesse contexto de desenvolvimento científico que nasceu o Cálculo. As idéias foram surgindo e se desenvolvendo, gradualmente, nas obras de vários cientistas, como Kepler, Galileu, Pierre de Fermat (1601–1665), René Descartes (1596–1650), Bonaventura Cavalieri (1598–1647), e muitos outros, merecendo especial destaque os nomes de Isaac Newton (1642–1727) e Gottfried Wilhelm Leibniz (1646–1716). De fato, Newton e Leibniz vieram mais tarde e realizaram, independentemente um do outro, o trabalho de sistematização das idéias e métodos, interligando os conceitos de derivada e integral através do chamado Teorema Fundamental, que estudaremos no Capítulo 10.

A reta tangente segundo Fermat

Dissemos, há pouco, que os estudos do movimento no século XVII motivavam a consideração de tangentes e normais a uma dada curva. Veremos agora duas amostras de como esses problemas foram tratados, ainda na primeira metade do século, por Fermat e Descartes, respectivamente. Nessa época o conceito de derivada ainda não havia amadurecido, estava apenas surgindo de maneira embrionária no próprio contexto dos problemas concretos que eram tratados. Também muito incipiente era o conceito de função, que levaria mais um século para atingir um estágio de evolução próximo do modo como hoje entendemos esse conceito. Para facilitar a compreensão do que vamos expor, usaremos

---

[3] "Academia dos Linces". Lince é um felino de visão muito penetrante, tanto que se formou a lenda de que ele consegue enxergar através de obstáculos sólidos, como um tronco de árvore ou uma pedra.

a notação que nos é tão familiar hoje em dia.

Comecemos com o traçado da tangente, devido a Fermat. Supomos que a curva seja o gráfico de uma função $y = f(x)$. Fermat considera dois pontos da curva, infinitamente próximos um do outro, digamos, $(x, f(x))$ e $(x+e, f(x+e))$, como ilustra a Fig. 4.27. Essa idéia de "infinitamente" próximos significa que a grandeza e é um número muito próximo de zero, de forma que às vezes pode ser desprezado; mas, ao mesmo tempo, diferente de zero, de forma que podemos dividir por ele quando isso for conveniente. É claro que essas afirmações são contraditórias, mas tinha de ser assim por cerca de século e meio, até que os matemáticos encontrassem o caminho do rigor que poderia dar o embasamento lógico para idéias que se revelavam tão férteis e produtivas. Isto veio com a definição rigorosa de limite, conceito este que será estudado no volume 2 desta obra.

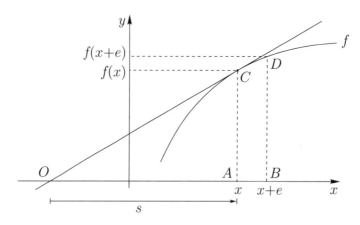

Figura 4.27

Imaginando a grandeza e infinitamente próxima de zero, podemos dizer que os triângulos OAC e OBD são praticamente semelhantes, de forma que podemos escrever:

$$\frac{f(x+e)}{s+e} = \frac{f(x)}{s}.$$

Resolvendo em relação a s, encontramos:

$$s = \frac{f(x)}{[f(x+e) - f(x)]/e}.$$

Para nós, hoje, bastaria fazer $e \to 0$ para obtermos $s = f(x)/f'(x)$. Mas não Fermat ou seus contemporâneos, que ainda não possuíam a noção de limite. Eles procediam concretamente, caso a caso. Assim, por exemplo, no caso $f(x) = x^2$, eles obtinham

$$s = \frac{x^2}{[(x+e)^2 - x^2]/e} = \frac{x^2}{2x+e}$$

(exatamente como fizemos na p. 64 para calcular a razão incremental que nos levaria á derivada dessa função). Numa expressão como essa, Fermat simplesmente fazia $e = 0$. Hoje, com o conceito de limite, fazemos $e \to 0$. O resultado é o mesmo: $s = x/2$. E de posse deste s podiam determinar o ponto O e, conseqüentemente, a tangente OC.

Para ver que o método de Fermat tinha caráter geral, observe que a fórmula que obtivemos, $s = f(x)/f'(x)$, significa que $f'(x)$, que é a tangente trigonométrica do ângulo que OA faz com OC, é o quociente do cateto oposto $f(x)$ pelo cateto adjacente s.

A reta normal segundo Descartes

Vamos explicar agora o traçado da reta normal a uma curva feito por Descartes. O procedimento que ele segue, como aparece em seu livro "La Géométrie", é feito de modo bastante geométrico. Mas aqui usaremos a notação moderna do Cálculo.

Consideremos a curva dada como gráfico de uma função $y = f(x)$, e seja (x_0, y_0) o ponto onde se deseja traçar a reta normal (Fig. 4.28). Se o problema já estivesse resolvido, a normal procurada seria uma reta contendo o segmento $CP = s$, e o círculo de raio s, centrado em P, seria tangente à curva no ponto C, como ilustra a figura. Consideremos um outro círculo, de centro $Q = (v, 0)$, passando pelo ponto C. Sua equação, $(x - v)^2 + y^2 = s^2$, pode também ser escrita assim:

$$(x - v)^2 + [f(x)]^2 - s^2 = 0.$$

4.5 Notas históricas

Esse círculo cortará a curva não somente no ponto C, mas também num outro ponto E, de sorte que a equação anterior terá duas raízes, cada uma correspondendo a cada um desses dois pontos. Descartes imagina o ponto E se deslocando até coincidir com C; quando isso acontece, o ponto E coincide com C e x_0 será raiz dupla da equação anterior. Para nós, hoje, isso significa que, além da equação anterior, sua derivada deve ser zero (Descartes considerou apenas o caso em que f é um polinômio, em cujo caso ele podia tratar a condição de raiz dupla sem necessitar de derivada), isto é,

$$x_0 - v + f(x_0)f'(x_0) = 0, \quad \text{ou ainda} \quad v = x_0 + f(x_0)f'(x_0).$$

Isto permitia determinar a posição do ponto C, portanto, a normal CP.

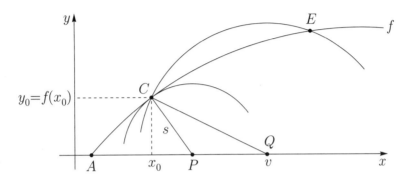

Figura 4.28

Para verificar que o raciocínio de Descartes conduz ao mesmo resultado que obtemos com os métodos da Geometria Analítica como a conhecemos hoje, lembremos que a equação da normal é dada por $y - y_0 = m'(x - x_0)$, onde $m' = -1/m$ e $m = f'(x_0)$. Assim, como essa equação da normal tem de se satisfazer com $x = v$ e $y = 0$, com estes valores ela nos dá: $v = x_0 + f(x_0)f'(x_0)$, que é o mesmo valor obtido pelo método de Descartes.

Note bem o leitor que Descartes logra obter a reta normal (e, portanto, também a reta tangente, construindo a perpendicular à normal), sem utilização explícita da derivada, conceito este que só aparece indiretamente, na idéia de fazer o ponto E coincidir com C, apenas uma remota noção de "limite".

Curvas sem tangentes e movimento browniano

Já mencionamos que existem funções contínuas sem derivadas, ou seja, funções contínuas cujos gráficos não têm tangente em ponto algum. Vários matemáticos, a começar com Bolzano (1781–1849), em 1834, construíram funções desse tipo, mas o exemplo que atraiu maior atenção foi o que Weierstrass (1815–1897) apresentou à Academia de Ciências de Berlim em 1872. A construção de uma função contínua sem derivada, com todas as implicações possíveis, é ainda um processo delicado, que não cabe apresentar num curso introdutório de Cálculo.

A idéia de curva contínua sem tangente — por exemplo, uma curva só constituída de pontos angulosos — não condiz bem com a nossa intuição geométrica. Seria de se esperar que um tal objeto não passasse de um ente puramente matemático, sem correspondente no mundo físico. O curioso é que o contrário é que é verdade. Existe, na natureza, um tipo importante de movimento, chamado movimento browniano, cuja trajetória é uma curva contínua sem tangente em ponto algum. Vale a pena fazer uma digressão explicativa desse fenômeno.

Em 1827, o botânico escocês Robert Brown (1773–1858) investigava o processo de fertilização numa certa espécie de flor. Ele notou, ao microscópio, que os grãos de pólen em suspensão na água apresentavam um rápido movimento desordenado. Embora Brown supusesse, inicialmente, que esse movimento fosse característico das células sexuais masculinas, esta idéia teve de ser abandonada, já que subseqüentes observações mostraram que partículas de outros materiais em suspensão num líquido apresentavam o mesmo comportamento. Os físicos só começaram a estudar esse fenômeno muito mais tarde, porém sem resultados significativos, até que, em 1905, Albert Einstein (1879–1955) escreveu um trabalho decisivo sobre o movimento browniano. Isso ocorreu no mesmo ano em que Einstein publicou seu primeiro trabalho sobre a Teoria da Relatividade e um outro estudo memorável sobre o efeito fotoelétrico.

Nessa época, as idéias de átomos e moléculas ainda eram usadas pelos físicos menos como entidades reais do que hipóteses explicativas de certos fenômenos. Partindo dessas hipóteses, Einstein procurou deduzir conseqüências que pudessem ser verificadas experimentalmente: isto seria uma confirmação da existência daquelas entidades. Procedendo desse modo e considerando que partículas em suspensão no fluido devem sofrer o impacto de inúmeras moléculas à sua volta, Einstein foi levado a prever um movimento errático das partículas, precisamente o chamado movimento browniano. É curioso notar que Einstein descobriu esse fenômeno num estudo puramente teórico; só depois de terminar suas investigações é que ele veio a saber dos estudos anteriores sobre o movimento browniano.

Finalmente, na década de 1920, o matemático americano Norbert Wiener (1894–1964) iniciou uma teoria matemática do movimento browniano. Wiener deu uma interpretação precisa à idéia de "movimento ao acaso" de uma partícula. No contexto dessa teoria, ele demonstrou que a trajetória efetiva da partícula é uma curva contínua, porém sem tangente em ponto algum. Fisicamente, o que se passa é que a partícula está, a cada instante, recebendo o impacto desordenado das moléculas do fluido, de sorte que, em seu movimento, ela muda continuamente de direção, não possuindo, portanto, velocidade instantânea definida em ponto algum.

Velocidade instantânea

O conceito de velocidade instantânea é uma das idéias fundamentais da Mecânica Clássica. Seu sucesso na descrição dos fenômenos do movimento tem sido tão extraordinário, que ela nunca foi cuidadosamente examinada até o surgimento da Mecânica Quântica no primeiro quarto do século XX.

Na verdade, o conceito de velocidade instantânea é uma idealização da situação física, por isso mesmo não corresponde rigorosamente ao que se passa no mundo real. Esta é a conclusão natural a que chegamos após uma reflexão crítica sobre o movimento. Lembramos que o estado de movimento de uma partícula é caracterizado por sua posição e velocidade. Ora, estas são idéias contraditórias: quando consideramos a posição de uma partícula, temos de imaginá-la num determinado instante, portanto sem se mover. Por outro lado, a idéia de velocidade está necessariamente ligada à consideração do que se passa com a partícula durante um certo intervalo de tempo, por pequeno que seja; é preciso deixar fluir o tempo para revelar a velocidade da partícula. Então, se determinamos a posição, perdemos controle sobre a velocidade; esta, por sua vez, só pode ser conhecida como velocidade média $\Delta s/\Delta t$ num intervalo de tempo Δt, quando a partícula se encontra no intervalo Δs, não sabemos em que posição exata.

Podemos argumentar que estas objeções não são válidas, já que o movimento é dado por uma equação horária $s = s(t)$; e mesmo que não conheçamos explicitamente essa equação, velocidade é uma grandeza bem determinada; é a derivada $\dot{s}(t)$. Acontece que nada nos garante que $s(t)$ seja derivável, e já vimos, no caso do movimento browniano, que isso pode acontecer! E por que não em todos os movimentos possíveis? Quando descrevemos o movimento por meio de funções deriváveis, estamos criando idealizações de situações físicas, não sendo possível identificar as duas coisas.

Uma outra observação que cabe fazer aqui é que o próprio conceito de partícula, ou seja, um ponto dotado de massa, é uma idealização, pois não existe na Natureza! No estado de movimento, os corpos são freqüentemente considerados como partículas, levando em conta as dimensões envolvidas. Assim, no movimento dos planetas, todos eles e o Sol são considerados partículas e tudo funciona muito bem, em face de suas dimensões comparadas as distâncias relativas. Mas é um fato inescapável que qualquer corpo tem dimensões não-desprezíveis. Que significa, então, a abscissa $s = s(t)$ de sua trajetória? Poderíamos dizer que ela descreve a trajetória do centro de massa e, sendo este realmente um ponto, no sentido matemático, estaríamos livres das dificuldades apontadas. Ledo engano! Pois não temos certeza da derivabilidade de $s(t)$; e nem da continuidade. Então, como não existe corpo rígido na Natureza, senão aproximadamente, não há como nos certificarmos da regularidade do movimento do centro de massa. Além disso, a determinação do centro de massa é feita em termos de partículas materiais espalhadas por todo o volume do corpo, de forma que continuamos envolvidos com as partículas...

Essas considerações servem para mostrar que a idéia de movimento contínuo não é tão simples como pode parecer numa análise superficial. Aliás, os gregos do século V a.C. já haviam sentido dificuldades em conhecer o movimento contínuo, como evidencia aquele famoso paradoxo com o qual Zenão teria provado a impossibilidade do movimento. De fato, dizia ele, para ir de uma posição A a outra posição B, o móvel tem de passar pela posição intermediária C; e antes desta, pela posição intermediária entre A e C, e assim por diante. Ora, argumentava Zenão, como o móvel tem de passar por uma infinidade de posições intermediárias num tempo finito, ele nunca chegará ao ponto B, nem sequer começará a se mover!

Se as idéias de ponto material, velocidade instantânea e movimento contínuo tiveram grande sucesso na Mecânica Clássica, os físicos descobriram, no século XX, que as mesmas noções eram insuficientes para a descrição dos movimentos no domínio atômico e subatômico. Toda uma nova ciência do movimento teve de ser desenvolvida — a Mecânica Quântica — para descrever esses fenômenos. Werner Heisenberg (1901–1976), um dos fundadores da nova ciência, formulou, em 1926, um dos princípios básicos da Mecânica Quântica, o chamado *princípio da incerteza*, segundo o qual não é possível determinar simultaneamente a posição e a velocidade de uma partícula; quanto maior a precisão com que se especificar a posição da partícula, tanto maior será o grau de incerteza de seu momento p ($p = mv$, massa vezes velocidade) e vice-versa. Convém ressaltar que essa indeterminação é uma exigência intrínseca da Natureza, que nada tem a ver com precisão de observações dos fenômenos.

Capítulo 5

O cálculo formal de derivadas

No presente capítulo apresentamos as regras de derivação, continuando nos dois capítulos seguintes com o tratamento das funções trigonométricas, do logaritmo e da exponencial, e das derivadas dessas funções.

O estudante precisa adquirir plena compreensão de que as regras aqui apresentadas são muito importantes, pois elas facilitam enormemente o cálculo das derivadas das funções que aparecem freqüentemente nas aplicações, podendo-se mesmo dizer que sem elas esse cálculo seria impossível. É igualmente importante que o estudante adquira facilidade na aplicação dessas regras, que são utilizadas a cada instante, tanto no Cálculo como em outras disciplinas matemáticas e em áreas aplicadas.

O tratamento da função inversa se inicia na p. 104, e é feito com base na intuição geométrica, que muito ajuda no aprendizado. Isto é verdade, em particular, quando da justificação da regra de derivação da função inversa, que fazemos na p. 106.

5.1 Regras de derivação

Agora que já sabemos o que é derivada de uma função e seu significado, vamos considerar o problema de calcular derivadas. Os exemplos tratados até aqui foram muito simples, de sorte que não foi difícil obter as derivadas diretamente da definição, calculando o limite da razão incremental em cada caso. Mas esse método só é prático para funções muito particulares, como $y = x^2$, $y = 1/x$, $y = \sqrt{x}$, etc. Seria penoso, por exemplo, aplicá-lo a uma função ainda relativamente simples, como

$$y = \frac{(x^2 - 1)^2 \sqrt{x}}{2x - 3}.$$

As regras de derivação que vamos estabelecer facilitam enormemente o cálculo das derivadas. Começamos por observar que, no caso de uma função constante $f(x) = C$, a derivada é zero, pois $f(x + h) = C$, donde

$$f'(x) = \lim_{h \to 0} \frac{f(x + h) - f(x)}{h} = \lim_{h \to 0} \frac{C - C}{h} = 0.$$

Derivada de x^n

Para calcular a derivada de x^n, onde n é um inteiro positivo, usamos o método já empregado no cálculo da derivada de x^2. Basicamente, temos de lidar com o binômio de Newton:

$$
\begin{aligned}
(x + h)^2 &= x^2 + 2xh + h^2; \\
(x + h)^3 &= (x + h)(x^2 + 2xh + h^2) \\
&= x^3 + 3x^2h + 3xh^2 + h^3; \\
(x + h)^4 &= (x + h)(x^3 + 3x^2h + 3xh^2 + h^3) \\
&= x^4 + 4x^3h + 6x^2h^2 + 4xh^3 + h^4;
\end{aligned}
$$

e assim por diante. O importante a notar nessas fórmulas é que o segundo membro é um polinômio homogêneo em x e h, que está ordenado segundo as potências decrescentes de x e crescentes de h. Em geral,

$$(x + h)^n = x^n + nx^{n-1}h + C_{n2}x^{n-2}h^2 + C_{n3}x^{n-3}h^3 + \ldots + h^n,$$

onde C_{n2}, C_{n3}, etc. são os chamados coeficientes binomiais. No cálculo da derivada de

$$f(x) = x^n,$$

não precisamos nos preocupar com os valores desses coeficientes, como veremos a seguir. De fato, da expansão binomial acima segue-se que

$$\begin{aligned}
\frac{f(x+h) - f(x)}{h} &= \frac{(x+h)^n - x^n}{h} \\
&= nx^{n-1} + C_{n2}x^{n-2}h + C_{n3}x^{n-3}h^2 + \ldots + h^{n-1}.
\end{aligned}$$

Observe que, à exceção do primeiro termo, os demais termos dessa expressão contêm o fator h. Em vista disso, todos eles tendem a zero com $h \to 0$, de sorte que, ao passar ao limite, obtemos a derivada

$$\boxed{(x^n)' = nx^{n-1}.} \tag{5.1}$$

Como vemos, essa análise só se aplica quando n é inteiro positivo. Não obstante, essa regra (5.1) é verdadeira, qualquer que seja o número n: positivo, negativo, fracionário ou irracional, como provaremos na p. 161. Assim,

$$\left(\frac{1}{x}\right)' = (x^{-1})' = (-1)x^{-2} = -\frac{1}{x^2};$$

$$(\sqrt{x})' = (x^{1/2})' = \frac{1}{2}x^{(1/2)-1} = \frac{1}{2}x^{-1/2} = \frac{1}{2\sqrt{x}};$$

$$(x^{\sqrt{2}})' = \sqrt{2}\,x^{\sqrt{2}-1}.$$

Daqui por diante usaremos a regra (5.1) em todos os casos, com n real qualquer.

Derivada de uma soma

Quando lidamos com funções que podem ser interpretadas como soma de outras funções, a derivada é obtida como a soma das derivadas. Por exemplo,

$$(x^3 + x^2)' = (x^3)' + (x^2)' = 3x^2 + 2x;$$

$$(x^2 + \sqrt{x})' = (x^2)' + (\sqrt{x})' = 2x + \frac{1}{2\sqrt{x}};$$

$$\left(x^3 + x^2 + \frac{1}{x}\right)' = (x^3)' + (x^2)' + \left(\frac{1}{x}\right)' = 3x^2 + 2x - \frac{1}{x^2}.$$

Para demonstrarmos essa regra, vamos considerar primeiro o caso de duas funções deriváveis f e g. Temos, então, para a razão incremental da soma $f + g$:

$$\frac{[f(x+h) + g(x+h)] - [f(x) + g(x)]}{h} = \frac{f(x+h) - f(x)}{h} + \frac{g(x+h) - g(x)}{h}.$$

Quando $h \to 0$, o segundo membro tende a $f'(x) + g'(x)$; logo,

$$\boxed{[f(x) + g(x)]' = f'(x) + g'(x).}$$

5.1 Regras de derivação

Essa regra se generaliza para um número qualquer de funções $f_1, f_2, \ldots, f_n$:

$$(f_1 + f_2, \ldots, f_n)' = f_1' + f_2' + \ldots + f_n'.$$

De fato, se $n = 3$,

$$(f_1 + f_2 + f_3) = (f_1 + f_2)' + f_3' = f_1' + f_2' + f_3'.$$

Do mesmo modo, o caso $n = 4$ reduz-se ao caso $n = 3$, e assim procedendo, sucessivamente, estabelecemos a regra para um número n qualquer de funções.

Derivada de um produto

O leitor menos avisado pode pensar que a derivada de um produto seja o produto das derivadas, mas isso não é verdade, como podemos verificar através de exemplos simples. Assim, a derivada de

$$x^5 = x^2 \cdot x^3$$

é $5x^4$, enquanto o produto das derivadas de x^2 e x^3 é $2x \cdot 3x^2 = 6x^3$.

Para obtermos a derivada do produto de duas funções deriváveis, f e g, começamos por observar que o incremento da função produto pode ser escrito da seguinte maneira:

$$f(x+h)g(x+h) - f(x)g(x) = [f(x+h) - f(x)]g(x+h) + f(x)[g(x+h) - g(x)];$$

portanto,

$$\frac{f(x+h)g(x+h) - f(x)g(x)}{h} = \frac{f(x+h) - f(x)}{h}g(x+h) + f(x)\frac{g(x+h) - g(x)}{h}.$$

Quando fazemos h tender a zero, as razões incrementais de f e g que aí aparecem tendem para as derivadas $f'(x)$ e $g'(x)$, respectivamente. A função g é contínua no ponto x pelo teorema da p. 77, já que ela é derivável nesse ponto; portanto, $g(x+h) \to g(x)$ com $h \to 0$. Então, fazendo $h \to 0$ na expressão anterior, obtemos:

$$\boxed{[f(x)g(x)]' = f'(x)g(x) + f(x)g'(x).}$$

Quando uma das funções é uma constante C, como a derivada de uma constante é zero, a regra do produto nos dá:

$$\boxed{[Cf(x)]' = Cf'(x).}$$

Daqui e da regra de derivação da soma obtemos a derivada de um polinômio qualquer:

$$D\left(x^4 - \frac{7}{6}x^3 + 3x^2 - 3x + 10\right) = 4x^3 - \frac{7}{2}x^2 + 6x - 3;$$

$$D(ax^2 + bx + c) = 2ax + b;$$

$$D(2t^3 - t^2 + 5t - 7) = 6t^2 - 2t + 5;$$

$$\frac{d(x^2 - 3x)}{dx} = 2x - 3; \quad \frac{d(4 + 3t)}{dt} = 3; \quad \frac{d(v_0 + at)}{dt} = a;$$

$$\frac{d(10 - 2t + 5t^2)}{dt} = -2 + 10t; \quad \frac{d}{dt}\left(s_0 + v_0 t + \frac{at^2}{2}\right) = v_0 + at.$$

Derivada de um quociente

Seja $h = f/g$ o quociente de duas funções deriváveis num ponto x, tal que $g(x) \neq 0$. Com resultados da Teoria do Limite pode-se demonstrar que o quociente h é derivável. A derivada de h pode ser calculada facilmente pela regra do produto: $f = gh$; logo,

$$f' = g'h + gh', \quad \text{donde} \quad h' = \frac{f' - g'h}{g} = \frac{f' - (fg'/g)}{g},$$

isto é,

$$\left(\frac{f}{g}\right)' = \frac{gf' - fg'}{g^2}.$$

Como as regras de derivação obtidas são fundamentais e devem ser memorizadas, convém repeti-las aqui:

$$\text{Potência}: \quad (x^n)' = nx^{n-1};$$

$$\text{Soma}: \quad (f + g)' = f' + g';$$

$$\text{Produto por constante}: \quad (Cf)' = Cf';$$

$$\text{Produto}: \quad (fg)' = f'g + fg';$$

$$\text{Quociente}: \quad \left(\frac{f}{g}\right)' = \frac{gf' - fg'}{g^2}.$$

Terminamos esta seção com exemplos ilustrativos do uso das regras anteriores:

$$
\begin{aligned}
[(x^3 - 2x)(x^2 - 1)]' &= (x^3 - 2x)'(x^2 - 1) + (x^3 - 2x)(x^2 - 1)' \\
&= (3x^2 - 2)(x^2 - 1) + (x^3 - 2x)2x \\
&= 5x^4 - 9x^2 + 2.
\end{aligned}
$$

$$
\begin{aligned}
[(x^2 - 3x + 1)(3x^2 + 5x - 5)]' &= (2x - 3)(3x^2 + 5x - 5) + (x^2 - 3x + 1)(6x + 5) \\
&= 12x^3 - 12x^2 - 34x + 20;
\end{aligned}
$$

$$D(1/x\sqrt{x}) = D(x^{-3/2}) = -\frac{3}{2}x^{-5/2} = \frac{-3}{2x^2\sqrt{x}};$$

$$D\left(\frac{x^2 - 1}{x^2 + 1}\right) = \frac{(x^2 + 1)2x - (x^2 - 1)2x}{(x^2 + 1)^2} = \frac{4x}{(x^2 + 1)^2};$$

$$D\left(\frac{\sqrt{x}}{1 + \sqrt{x}}\right) = \frac{(1 + \sqrt{x})\dfrac{1}{2\sqrt{x}} - \sqrt{x}\dfrac{1}{2\sqrt{x}}}{(1 + \sqrt{x})^2} = \frac{1}{2\sqrt{x}(1 + \sqrt{x})^2}.$$

Exercícios

Calcule as derivadas das funções dadas nos Exercícios 1 a 28.

1. $2x^5$.

2. $3x^7$.

3. x^π.

4. $5x^{\pi+2}$.

5. $9x^4/4$.

6. $(3/5)x^{15}$.

7. $x^{3/2}$.

8. $(3/5)x^{5/3}$.

9. $2x^{1/2}$.

10. $2x^2\sqrt{x}$.

11. $x^{-2/3}$.

12. $1/x\sqrt{x}$.

5.1 Regras de derivação

13. $x^2/\sqrt[3]{x^2}$.

14. $x^{-7/8}/\sqrt{x}$.

15. $x^7 - \dfrac{5x^6}{3} + \dfrac{3x^5}{5} - x^4 + 2x - 3$.

16. $\sqrt{x}(x-1)$.

17. $(3x^2-1)(x^2+2)$.

18. $(ax+b)(\alpha x + \beta)$.

19. $(\sqrt{x}+2)(\sqrt{x}-3)$.

20. $(x^2-2)(x^2-3x+5)$.

21. $(3x^2+2x-5)(2x^2+3)$.

22. $(x+a)/(x-a)$.

23. $(x-a)/(x+a)$.

24. $(\sqrt{x}+a)/(\sqrt{x}-a)$.

25. $(\sqrt{x}-a)/(\sqrt{x}+a)$.

26. $(x^2-3x+1)/(x^2-1)$.

27. $(x^2-3x+1)/(x^2+2x+5)$.

28. $(ax^2+bx+c)/(Ax^2+Bx+C)$.

29. A identidade algébrica

$$x^n - a^n = (x-a)(x^{n-1} + x^{n-2}a + x^{n-3}a^2 + \ldots + a^{n-1})$$

pode ser demonstrada fazendo-se a divisão de $x^n - a^n$ por $x - a$; ou por verificação direta, efetuando a multiplicação indicada no segundo membro. Troque x por x' e a por x nessa identidade e utilize a nova identidade assim obtida para demonstrar a fórmula $(x^n)' = nx^{n-1}$.

30. Dada a função $f(x) = 1/x$, calcule $f'(x)$, $f''(x)$, $f'''(x)$, etc. Demonstre que a derivada n-ésima é dada por

$$f^{(n)}(x) = \frac{(-1)^n n!}{x^{n+1}}$$

31. Faça o gráfico de $y = -\sqrt{x+2}$, $x \geq -2$. Encontre as retas tangente e normal a essa curva num ponto genérico de abscissa $x = a$. Faça o gráfico da derivada (ou declive da tangente) $y' = y'(x)$ e interprete-o, geometricamente, em face do gráfico da função original.

Repita o mesmo procedimento do Exercício 31 nos Exercícios 32 a 35.

32. $y = \dfrac{1}{x}$.

33. $y = \dfrac{x^2}{2} - 2$.

34. $y = 2\sqrt{x-1}$.

35. $y = \dfrac{x^3}{3}$.

36. Encontre as retas tangente e normal à circunferência de centro $(1, 0)$ e raio 2, pelos pontos de abscissa $x = 0$. Faça o gráfico.

37. Ache a reta tangente à curva $y = x^3 - x^2 + 2x$ no ponto de abscissa 1. Encontre o outro ponto onde essa tangente corta a curva.

38. Demonstre que $(fg)'' = f'' + 2f'g' + fy''$ e $(fg)''' = f'''g + 3f''g' + 3f'g'' + fg'''$.

39. Demonstre que $(fgh)' = f'gh + fg'h + fgh'$.

Respostas, sugestões e soluções

1. $10x^4$.

3. $\pi x^{\pi-1}$.

4. $5(\pi+2)x^{\pi+1}$.

6. $9x^{14}$.

8. $x^{2/3} = \sqrt[3]{x^2}$.

10. $y = 2x^{5/2}$, $y' = 5x\sqrt{x}$.

12. $y = x^{-3/2}$, $y' = -3/2x^2\sqrt{x}$.

14. $y = x^{-11/8}$, $y' = -11/8x^2\sqrt[8]{x^3}$.

15. $7x^6 - 10x^5 + 3x^4 - 4x^3 + 2$.

16. $y' = \dfrac{x-1}{2\sqrt{x}} + \sqrt{x} = \dfrac{3x-1}{2\sqrt{x}}$.

17. $6x(x^2+2) + (3x^2-1)2x = 12x^3 + 10x = 2x(6x^2+5)$.

18. $a(\alpha x + \beta) + (ax+b)\alpha = 2a\alpha x + a\beta + \alpha b$.

19. $1 - 1/2\sqrt{x}$.

22. $-2a/(x-a)^2$.

24. $-a/\sqrt{x}(\sqrt{x}-a)^2$.

26. $\dfrac{3x^2 - 4x + 3}{(x^2-1)^2}$.

28. $\dfrac{(aB-Ab)x^2 + 2(aC-Ac)x + bC - Bc}{(Ax^2+Bx+C)^2}$.

29. $f(x) = x^n$, $\dfrac{f(x') - f(x)}{x' - x} = x'^{n-1} + x'^{n-2}x + \ldots + x^{n-1}$. Cada um dos termos desta expressão tende a x^{n-1} com $x' \to x$. Como são n termos ao todo, o resultado é nx^{n-1}.

30. $f'(x) = \dfrac{-1}{x^2}$, $f''(x) = \dfrac{2}{x^3}$, $f'''(x) = \dfrac{-3 \cdot 2}{x^4}$, $f^{(4)}(x) = \dfrac{4 \cdot 3 \cdot 2}{x^5}$. Em geral, $f^{(n)}(x) = \dfrac{(-1)^n n!}{x^{n+1}}$.

31. O gráfico é semelhante ao da Fig. 4.13 (p. 74), transladado duas unidades para a esquerda e refletido no eixo Ox. Num ponto genérico $x = a$,

$$y' = \frac{-1}{2\sqrt{a+2}} = m$$

é o declive da tangente. O declive da normal é

$$m' = -\frac{1}{m} = 2\sqrt{a+2}.$$

As equações da tangente e da normal são

$$y + \sqrt{a+2} = \frac{-(x-a)}{2\sqrt{a+2}} \quad \text{e} \quad y + \sqrt{a+2} = 2\sqrt{a+2}(x-a),$$

respectivamente; ou seja,

$$y = \frac{-x}{2\sqrt{a+2}} - \frac{4+a}{2\sqrt{a+2}} \quad \text{e} \quad y = \sqrt{a+2}(2x - 2a - 1).$$

32. Reta tangente: $x + a^2 y - 2a = 0$; reta normal: $a^3 x - ay - a^4 = 0$.

33. Reta tangente: $y = ax - a^2/2 - 2$; reta normal: $y = -x/a + a^2/2 - 1$.

34. Reta tangente: $x - \sqrt{a-1}\,y + a - 2 = 0$; reta normal: $\sqrt{a-1}\,x + y - (a+2)\sqrt{a-1} = 0$.

35. Reta tangente: $y = a^2 x - 2a^3/3$; reta normal: $y = -x/a^2 + (3 + a^4)/3a$.

36. Há que se considerar as duas semicircunferências

$$y = \sqrt{4 - (x-1)^2} \quad \text{e} \quad y = -\sqrt{4 - (x-1)^2}.$$

No ponto $(0, \sqrt{3})$ a tangente e a normal são

$$x - \sqrt{3}y + 3 = 0 \quad \text{e} \quad \sqrt{3}x + y - \sqrt{3} = 0,$$

respectivamente. No ponto $(0, -\sqrt{3})$ elas são

$$x + \sqrt{3}y + 3 = 0 \quad \text{e} \quad \sqrt{3}x - y - \sqrt{3} = 0.$$

37. O ponto de tangência é $(1, 2)$, o declive da tangente é $m = 3$ e a equação da tangente é $y = 3x - 1$. Para achar o outro ponto de encontro da tangente com a curva, temos de resolver a equação $3x - 1 = x^3 - x^2 + 2x$, ou seja, $x^3 - x^2 - x + 1 = 0$. Embora do 3º grau, esta equação pode ser facilmente resolvida, graças a uma simples fatoração, que a reduz a $x^2(x-1) - x + 1$, donde $(x+1)^2(x-1) = 0$.

38. $(fg)' = f'g + fg'$; $\quad (fg)'' = (f'g)' + (fg')' = (f''g + f'g') + (f'g' + fg'') = f''g + 2f'g' + fg''$.

39. $(fgh)' = f'(gh) + f(gh)' = f'gh + f(g'h + gh') = f'gh + fg'h + fgh'$.

5.2   Função composta e regra da cadeia

As regras de derivação discutidas na seção anterior não são suficientes para o cálculo das derivadas de todas as funções que surgem na prática. O leitor poderá certificar-se desse fato tentando calcular a derivada de uma função relativamente simples, como $y = \sqrt{x^2 + 1}$; ou então, imagine que para derivar a função $y = (x^{10} + 2)^{20}$ tivesse primeiro que expandir esta potência binomial para obter um polinômio de grau 200! Casos como esses são resolvidos com o uso da regra da cadeia, que vamos estudar agora.

5.2 Função composta e regra da cadeia

Para discutir a regra da cadeia, precisamos primeiro introduzir o conceito de função composta. Comecemos com um exemplo. Sejam as funções

$$h\colon x \mapsto \sqrt{x^2+1}; \qquad g\colon x \mapsto x^2+1; \qquad f\colon x \mapsto \sqrt{x}.$$

Observe que f leva x em $\sqrt{x}$; portanto, $f(x^2+1) = \sqrt{x^2+1} = h(x)$, isto é, $h(x) = f(x^2+1)$. Mas $x^2+1 = g(x)$; portanto, $h(x) = f(g(x))$. Em outras palavras, isto significa que a ação de h sobre x resulta no mesmo que a ação de f sobre $g(x)$,

$$g(x) \stackrel{f}{\mapsto} f(g(x))$$

ou, mais detalhadamente,

$$\underbrace{x \stackrel{g}{\mapsto} \overbrace{x^2+1}^{g(x)} \stackrel{f}{\mapsto} \sqrt{x^2+1}}_{h(x) = f(g(x))}.$$

Por causa disso, dizemos que h é *função composta* de f e g: primeiro aplicamos g, depois f. É costume indicar a função composta h com o símbolo $f \circ g$; assim, $h = f \circ g$.

Observe que para compor duas funções f e g é necessário que o domínio de f contenha a imagem de g. Um modo conveniente de interpretar uma função h como composta de duas ou mais funções consiste em introduzir novos símbolos para certas variáveis intermediárias. No exemplo anterior, $y = \sqrt{x^2+1}$; pondo $u = x^2+1$, obtemos

$$y = \sqrt{u}, \quad u = x^2+1,$$

isto é, y é função de u e u é função de x, de sorte que y é função de x através da variável intermediária u.

Vamos supor que uma função h seja composta de duas outras funções f e g, que g seja derivável no ponto x e f derivável no ponto $g(x)$. Como conseqüência, vamos mostrar que

$$y = h(x) = f(g(x))$$

é derivável no ponto x. Para isso, seja $u = g(x)$. Então,

$$\Delta u = g(x + \Delta x) - g(x), \qquad g(x + \Delta x) = u + \Delta u,$$

$$\Delta h = h(x + \Delta x) - h(x) = f(g(x + \Delta x)) - f(g(x)) = f(u + \Delta u) - f(u),$$

de forma que

$$
\begin{aligned}
\frac{\Delta h}{\Delta x} &= \frac{h(x + \Delta x) - h(x)}{\Delta x} = \frac{f(u + \Delta u) - f(u)}{\Delta x} \\
&= \frac{f(u + \Delta u) - f(u)}{\Delta u} \cdot \frac{g(x + \Delta x) - g(x)}{\Delta x}.
\end{aligned}
\tag{5.2}
$$

Nesta última passagem, apenas incluímos $\Delta u = g(x + \Delta x) - g(x)$ no numerador e no denominador. Para isso, temos de supor que Δu seja sempre diferente de zero. Quando $\Delta x \to 0$, o mesmo ocorre com Δu, pois estamos admitindo que g é derivável, isto é, que existe o limite

$$\lim_{\Delta x \to 0} \frac{g(x + \Delta x) - g(x)}{\Delta x} = g'(x) = \lim_{\Delta x \to 0} \frac{\Delta u}{\Delta x} = \frac{du}{dx}.$$

Fazendo, então, Δx tender a zero em (5.2), obtemos:

$$\lim_{\Delta x \to 0} \frac{\Delta h}{\Delta x} = \lim_{\Delta x \to 0} \left(\frac{\Delta f}{\Delta u} \cdot \frac{\Delta g}{\Delta x} \right) = \left(\lim_{\Delta u \to 0} \frac{\Delta f}{\Delta u} \right) \left(\lim_{\Delta x \to 0} \frac{\Delta g}{\Delta x} \right),$$

98   Capítulo 5 O cálculo formal de derivadas

ou seja, $h'(x) = f'(u)g'(x)$. Como $u = g(x)$, obtemos, finalmente, a chamada *regra da cadeia*:

$$h(x) = f(g(x)); \quad h'(x) = f'(u)g'(x),$$

ou ainda, com a notação de Leibniz,

$$\frac{dy}{dx} = \frac{dy}{du} \cdot \frac{du}{dx}.$$

Nessa demonstração, tivemos de supor Δu sempre diferente de zero. Não vamos cuidar da demonstração quando isto não acontece, porque ela depende de um tratamento mais delicado com limites. O importante a observar agora é que a regra da cadeia é válida ainda neste caso.

Exemplo 1. Seja calcular a derivada da função

$$y = \sqrt{x^2 + 1}.$$

Com a introdução de uma variável intermediária u, temos:

$$y = \sqrt{u}, \quad u = x^2 + 1.$$

Então,

$$\frac{dy}{dx} = \frac{dy}{du} \cdot \frac{du}{dx} = \frac{1}{2\sqrt{u}} \cdot 2x,$$

ou seja,

$$\frac{dy}{dx} = \frac{x}{\sqrt{x^2 + 1}}.$$

Exemplo 2. A derivada da função $y = |x|$, $x \neq 0$ pode ser calculada pela regra da cadeia. Para isso notamos que $|x| = \sqrt{x^2}$ e introduzimos $u = x^2$ como variável intermediária. Em conseqüência, obtemos

$$\begin{aligned}
D|x| &= \frac{dy}{dx} = \frac{d\sqrt{u}}{du} \cdot \frac{dx^2}{dx} = \frac{1}{2\sqrt{u}} \cdot 2x \\
&= \frac{x}{\sqrt{x^2}} = \frac{x}{|x|} = \begin{cases} 1 & \text{se } x > 0, \\ -1 & \text{se } x < 0. \end{cases}
\end{aligned}$$

Exemplo 3. Seja calcular a derivada da função

$$y = (x^{10} + 2)^{20},$$

que também pode ser escrita assim:

$$y = u^{20}, \quad u = x^{10} + 2.$$

Temos:

$$\frac{dy}{du} = 20u^{19} \quad \text{e} \quad \frac{du}{dx} = 10x^9;$$

portanto,

$$\frac{dy}{dx} = \frac{dy}{du} \cdot \frac{du}{dx} = 20u^{19} \cdot 10x^9,$$

ou ainda,

$$\frac{d}{dx}(x^{10} + 2)^{20} = 200x^9(x^{10} + 2)^{19}.$$

Exemplo 4. O exemplo anterior é um caso particular de funções do tipo

$$y = f(x)^n,$$

5.2 Função composta e regra da cadeia

ou

$$y = u^n \quad e \quad u = f(x).$$

Aplicando a regra da cadeia, obtemos

$$\frac{dy}{dx} = \frac{dy}{du} \cdot \frac{du}{dx} = nu^{n-1} \cdot f'(x),$$

isto é,

$$\boxed{Df(x)^n = nf(x)^{n-1} f'(x).}$$

Para considerar uma situação concreta, seja

$$y = \sqrt{\frac{x+3}{x-1}} = \left(\frac{x+3}{x-1}\right)^{1/2} = f(x)^{1/2},$$

onde $f(x) = (x+3)/(x-1)$. Neste caso,

$$f'(x) = \frac{-4}{(x-1)^2};$$

portanto,

$$D\sqrt{\frac{x+3}{x-1}} = \frac{1}{2}\left(\frac{x+3}{x-1}\right)^{-1/2} \cdot \frac{-4}{(x-1)^2} = \frac{-2}{(x-1)^2}\sqrt{\frac{x-1}{x+3}}$$

$$= \frac{-2}{(x-1)\sqrt{(x-1)(x+3)}}.$$

Exercícios

Calcule as derivadas das funções dadas nos Exercícios 1 a 18.

1. $f(x) = (x^4 - 1)^5$.

2. $f(x) = (x^3 - 4x^2 + 2x - 3)^8$.

3. $f(x) = (3x^2 - 1)^{9/2}$.

4. $f(x) = 1/\sqrt{x^2 + 1}$.

5. $f(x) = \sqrt[3]{x^5 - 4x^3 + 1}$.

6. $f(x) = x^2\sqrt{x^2 + 1}$.

7. $f(x) = 1/(x + 1)$.

8. $f(t) = 1/(1 - t)$.

9. $f(t) = 1/(1 - t^2)$.

10. $f(t) = 1/\sqrt{t^2 - 1}$.

11. $f(u) = (u^2 + 1)^{-10}$.

12. $f(t) = (1 - 1/t)^5$.

13. $f(x) = \left(x^2 + \dfrac{1}{x^2}\right)^4$.

14. $f(t) = \left(\dfrac{t+1}{t-1}\right)^4$.

15. $f(t) = \left(\dfrac{t^2 - 1}{t^2 + 1}\right)^{3/2}$.

16. $f(u) = \left(\dfrac{u^3}{3} + \dfrac{u^2}{2} + u\right)^{-1}$.

17. $f(u) = \left(\dfrac{u^2 - 1}{u^2 + 1}\right)^3$.

18. $f(u) = (u^2 - 1)^4(u^2 + 2)^5$.

Calcule a derivada dy/dx das funções dadas nos Exercícios 19 a 24.

19. $y = \dfrac{u}{u-1}, \quad u = (x^2 + 1)^3$.

20. $y = \dfrac{u^2 - 3}{u^2 + 2}, \quad u = \dfrac{1}{1 - x^2}$.

21. $y = \dfrac{t}{t^2 + 1}, \quad t = \left(x^2 - \dfrac{1}{x^2}\right)^3$.

22. $y = \left(\dfrac{1}{u} + x\right)^2, \quad u = x^4 - 2x^2$.

23. $y = \dfrac{x-1}{u+1}, \quad u = (x - 1)^5$.

24. $y = \left(x^2 - \dfrac{1}{u^2}\right)^2, \quad u = (x^2 - 1)^3 - (x^2 + 1)^3$.

100   Capítulo 5   O cálculo formal de derivadas

25. Ache as equações das retas tangente e normal à curva $y = (x^2 - 1)^{-2}$ em $x = 2$.

26. Mesmo problema para $y = \sqrt[3]{u^2}$, $u = (x-1)/(x+1)$ em $x = 0$.

27. Mesmo problema, em $x = 0$, para a curva $y = x^2 - \sqrt{1+u^2}$, onde $u = (x+1)/(x-1)$.

28. Encontre as retas tangente e normal à curva $h(x) = f(g(x))$, em $x = 1$, sabendo que $f(1) = -2$, $f'(1) = 2$, $g(1) = 1$ e $g'(1) = -1$.

29. Faça o mesmo, em $x = -1$, para a curva $h(x) = g(f(x))$, sendo $f(-1) = 2$, $f'(-1) = -1/3$, $g(2) = -3$ e $g'(2) = 6$.

30. Demonstre que a derivada de uma função par é uma função ímpar.

31. Demonstre que a derivada de uma função ímpar é uma função par.

Respostas, sugestões e soluções

1. $20x^3(x^4 - 1)^4$.   **2.** $8(x^3 - 4x^2 + 2x - 3)^7(3x^2 - 8x + 2)$.   **3.** $27x(3x^2 - 1)^{7/2}$.

4. $-x/\sqrt{(x^2+1)^3}$.   **5.** $\dfrac{x^2(5x^2 - 12)}{3(x^5 - 4x^3 + 1)^{2/3}}$.   **6.** $\dfrac{3x^3 + 2x}{\sqrt{x^2 + 1}}$.

9. $2t/(1 - t^2)^2$.   **10.** $\dfrac{-t}{(t^2 - 1)^{3/2}}$.   **11.** $\dfrac{-20u}{(u^2 + 1)^{11}}$.

12. $\dfrac{5(t-1)^4}{t^6}$.   **13.** $8\left(x^2 + \dfrac{1}{x^2}\right)^3\left(x - \dfrac{1}{x^3}\right)$.   **14.** $\dfrac{-8(t+1)^3}{(t-1)^5}$.

15. $\dfrac{6t}{(t^2 + 1)^2}\left(\dfrac{t^2 - 1}{t^2 + 1}\right)^{1/2}$.   **19.** $\dfrac{-6x(x^2 + 1)^2}{[(x^2 + 1)^3 - 1]^2}$.

21. $\dfrac{6(1 - t^2)}{(1 + t^2)^2}\left(x^2 - \dfrac{1}{x^2}\right)^2\left(x + \dfrac{1}{x^3}\right)$.   **23.** $\dfrac{u + 1 - 5(x-1)^5}{(1 + u)^2} = \dfrac{1 - 4u}{(1 + u)^2}$.

25. $8x + 27y - 19 = 0$ e $y = \dfrac{27x}{8} - \dfrac{239}{36}$.   **27.** $\sqrt{2}x + y + \sqrt{2} = 0$ e $x - \sqrt{2}y - 2 = 0$.

28. $y = -2x$ e $x - 2y - 5 = 0$.   **29.** $2x + y + 5 = 0$ e $x - 2y - 5 = 0$.

30. Derivando $f(x) = f(u)$, onde $u = -x$, obtemos

$$f'(x) = f'(u)\frac{du}{dx};$$

ou seja, visto que $du/dx = -1$,

$$f'(x) = -f'(-x).$$

Isto prova que f' é função ímpar. Faça um gráfico de f e interprete o resultado geometricamente.

31. Como no exercício anterior, $f(x) = -f(u)$, e $u = -x$ nos dá:

$$f'(x) = -f'(u)\frac{du}{dx},$$

donde

$$f'(x) = f'(-x),$$

provando que f' é função par. Faça um gráfico e interprete o resultado geometricamente.

5.3   Funções implícitas

As funções $y = f(x)$ que temos considerado até agora são todas dadas por fórmulas que exprimem y em termos de x, explicitamente, como

$$y = x^2 + 1, \quad y = \operatorname{sen} x, \text{ etc.}$$

5.3 Funções implícitas

Muitas vezes encontramos equações envolvendo x e y, como $x^2 + y^2 = 1$. Neste caso, é fácil ver que a cada x correspondem dois valores de y, dados explicitamente por

$$y = \sqrt{1 - x^2} \quad \text{e} \quad y = -\sqrt{1 - x^2},$$

de forma que a equação original define duas funções de x. Mas nem sempre é possível resolver explicitamente a equação em relação a y. Por exemplo,

$$y^6 - 3xy^4 + 2x^2y^3 + 1 = 0.$$

Entretanto, sabemos que a cada x correspondem, por essa equação, até seis valores distintos de y, de forma que ela define uma ou várias funções $y = f(x)$. Outros exemplos são dados pelas equações

$$x^2y + 1 - \sqrt{x} - \sqrt{y} = 0, \quad x^3y^3 - x^2 - y^2 + 1 = 0 \quad \text{e} \quad \sqrt{1 - (x^2 + y^2)^2} - xy - 1 = 0.$$

Em todas essas equações y pode ser considerada função de x, dada *implicitamente* pela equação. A regra de derivação em cadeia permite derivar funções implícitas sem necessidade de explicitar y.

Exemplo 1. Vamos começar com um exemplo bem simples, em que seja possível resolver a equação explicitamente para obter y como função de x. É este o caso da equação

$$x^2y - 2y - 3x - 1 = 0, \tag{5.3}$$

que, resolvida em relação a y, nos dá:

$$y = \frac{1 + 3x}{x^2 - 2}. \tag{5.4}$$

Podemos agora derivar:

$$y' = \frac{3(x^2 - 2) - 2x(1 + 3x)}{(x^2 - 2)^2} = \frac{-3x^2 - 2x - 6}{(x^2 - 2)^2}. \tag{5.5}$$

O mesmo resultado pode ser obtido por derivação direta de (5.3):

$$2xy + x^2y' - 2y' - 3 = 0.$$

Resolvendo para y', encontramos

$$y' = \frac{3 - 2xy}{x^2 - 2}. \tag{5.6}$$

Esta expressão pode parecer diferente da que obtivemos em (5.5), mas isto é porque agora a variável y aparece no segundo membro. Usando (5.4) para eliminá-la, veremos que (5.6) coincide com (5.5). De fato,

$$y' = \frac{3 - 2x \cdot \dfrac{1 + 3x}{x^2 - 2}}{x^2 - 2} = \frac{3(x^2 - 2) - 2x(1 + 3x)}{(x^2 - 2)^2} = \frac{-3x^2 - 2x - 6}{(x^2 - 2)^2}.$$

que é o mesmo resultado encontrado em (5.5).

É claro que, no exemplo que acabamos de dar, não há vantagem em derivar a equação original, sendo preferível, primeiro, explicitar y para depois derivar.

No entanto, muitas vezes é inconveniente, ou mesmo impossível, resolver a equação para achar y explicitamente, e em tais casos o método de derivar diretamente é mais vantajoso ou mesmo o único possível.

Exemplo 2. A equação

$$y^3 - 3xy - 14 = 0 \tag{5.7}$$

102   Capítulo 5   O cálculo formal de derivadas

define y como função de x : $y = f(x)$. O ponto $P_0 = (-1, 2)$ está no gráfico dessa função, pois $x = -1$ e $y = 2$ satisfazem a Eq. (5.7). Mesmo sem conhecer o gráfico de f, podemos encontrar as retas tangente e normal a esse gráfico em P_0. Para isto, precisamos calcular $y' = f'(x)$ em $x = -1$. Derivando (5.7) diretamente, obtemos

$$y^2 y' - y - xy' = 0.$$

Fazendo $x = -1$ e $y = 2$ nessa equação, encontramos o declive da reta tangente, $m = f'(-1) = 2/5$. Conseqüentemente, o declive da normal é $m' = -5/2$. Com esses valores podemos escrever as desejadas equações das retas tangente e normal ao gráfico de f no ponto P_0, que são

$$y - 2 = -\frac{2}{5}(x + 1) \quad \text{e} \quad y - 2 = \frac{-5}{2}(x + 1),$$

respectivamente; ou seja,

$$2x + 5y + 12 = 0 \quad \text{e} \quad 5x + 2y + 1 = 0.$$

Exercícios

Nos Exercícios 1 a 12, calcule a derivada y' de duas maneiras: a) resolvendo explicitamente a equação dada para depois derivar; b) derivando diretamente e substituindo $y = f(x)$ da equação dada. Evidentemente, os resultados obtidos devem ser os mesmos em cada caso.

1. $5x\sqrt{y} - 3 = 0$.   **2.** $y^3 - 2x + x^2 = 0$.   **3.** $x^2 + y^2 = 4$.

4. $3x^2 - 4y^2 - 1 = 0$.   **5.** $y^2 = 3x - 1$.   **6.** $3x^2 + 2x + y^2 = 10$.

7. $(x^2 + 1)y^2 + 1 - x^2 = 0$.   **8.** $y^3 - x^2 + 1 = 0$.   **9.** $y^2 - 5xy + 4x^2 = 0$.

10. $x^{5/3} + y^{5/3} = 1$.   **11.** $x^2 + y^{4/3} = 9$.   **12.** $x^r + y^r = 1$, $r \neq 0$.

Nos Exercícios 13 a 26, ache y', sem preocupação de eliminar y.

13. $x^3 + y^3 = 3$.   **14.** $(x + y)^2 = x^4 + y^4$.   **15.** $x^3 + y^3 = xy + y^2$.

16. $\dfrac{1}{x} - \dfrac{1}{y} = 1$.   **17.** $x^2 + y^2 = 3xy$.   **18.** $x^4 y^3 = 3x^2 y + 1$.

19. $y^3 = x + y$.   **20.** $\sqrt{x}(x - y) - y^2 = 0$.   **21.** $\sqrt{x + y} = \sqrt{y} + 1$.

22. $x\sqrt{y} + y\sqrt{x} - x - y = 0$.   **23.** $(y + x)(y + \sqrt{x}) = x$.   **24.** $\sqrt{y} + y = 1 + x^2$.

25. $1 + x = \sqrt{xy} + \sqrt{x}$.   **26.** $x + y = \sqrt{xy}$.

Em cada um dos Exercícios 27 a 32, ache as equações das retas tangente e normal ao gráfico da função $y = f(x)$, definida implicitamente pela equação dada, e passando pelo ponto dado.

27. $3x + 4y + 2 = 0$ em $(-2, 1)$.   **28.** $x^2 + y^2 = 9$ em $(2, -\sqrt{5})$.   **29.** $3x^2 = y^2 + 1$ em $(-1, \sqrt{2})$.

30. $x^2 + y^2 = 2y$ em $\left(\dfrac{1}{2}, \dfrac{2 + \sqrt{3}}{2}\right)$.   **31.** $x^2 - xy + y^2 = 7$ em $(2, -1)$.   **32.** $x^3 + y^3 = xy^2 + 5$ em $(1, 2)$.

33. Demonstre que a reta tangente à elipse $\dfrac{x^2}{a^2} + \dfrac{y^2}{b^2} = 1$ no ponto (x_0, y_0) tem equação $\dfrac{x_0 x}{a^2} + \dfrac{y_0 y}{b^2} = 1$.

34. Ache a equação da reta tangente à curva $\dfrac{x^2}{a^2} - \dfrac{y^2}{b^2} = 1$, de forma semelhante à anterior.

Respostas, sugestões e soluções

1. $y' = -\dfrac{1}{8} 25x^3$.   **2.** $y' = \dfrac{2(1 - x)}{3(2x - x^2)^{2/3}}$.

5.3 Funções implícitas

3. Observe que é possível definir duas funções. $y' = \dfrac{\mp x}{\sqrt{4 - x^2}}$, conforme seja $y = \pm\sqrt{4 - x^2}$.

4. $y' = \dfrac{\pm 3x}{2\sqrt{3x^2 - 1}}$, conforme seja $y = \pm\sqrt{3x^2 - 1}/2$.

5. $y' = \dfrac{\pm 3}{2\sqrt{3x - 1}}$, conforme seja $y = \pm\sqrt{3x - 1}$.

6. $y' = \dfrac{\mp(1 + 3x)}{\sqrt{10 - 2x - 3x^2}}$, conforme seja $y = \pm\sqrt{10 - 2x - 3x^2}$.

7. $y' = \dfrac{\pm 2x}{(x^2 + 1)\sqrt{x^4 - 1}}$, conforme seja $y = \pm\sqrt{\dfrac{x^2 - 1}{x^2 + 1}}$.   **8.** $y' = \dfrac{2x}{3(x^2 - 1)^{2/3}}$.

9. $y' = 1$ ou $y' = 4$, conforme $y = x$ ou $y = 4x$.   **10.** $y' = \dfrac{-x^{2/3}}{(1 - x^{5/3})^{2/5}}$.

11. Duas funções podem ser definidas, com domínio $|x| < 9$: $y = \mp 3x(9 - x^2)^{-1/4}$, conforme seja $y = \pm(9 - x^2)^{3/4}$.

12. $y' = -\left[\dfrac{x}{(1 - x^r)^{1/r}}\right]^{r-1}$. Se r for inteiro ou, mais geralmente, se $r = 2p/q$, sendo q ímpar e p e q primos entre si, a equação dada define outra função, $y = -(1 - x^r)^{1/r}$, a qual tem derivada

$$y' = -\left[\frac{x}{-(1 - x^r)^{1/r}}\right]^{r-1}.$$

13. $y' = -x^2/y^2$.   **14.** $y' = \dfrac{x + y - 2x^3}{2y^3 - x - y}$.   **15.** $y' = \dfrac{y - 3x^2}{3y^2 - x - 2y}$.

16. $y' = y^2/x^2$.   **17.** $y' = \dfrac{3y - 2x}{2y - 3x}$.   **18.** $y' = \dfrac{2y(3 - 2x^2y^2)}{3x(x^2y^2 - 1)}$.

19. $y' = \dfrac{1}{3y^2 - 1}$.   **20.** $y' = \dfrac{x - y}{2(x + 2y\sqrt{x})}$.   **21.** $y' = \sqrt{y}$.

22. $y' = \dfrac{2\sqrt{y}(1 - \sqrt{y})}{x + 2\sqrt{xy} - 2\sqrt{y}}$.   **23.** $y' = \dfrac{2\sqrt{x}(1 - y) - y - 3x}{x + \sqrt{x} + 2y}$.   **24.** $y' = \dfrac{2\sqrt{y}(1 + 2x)}{1 + 2\sqrt{y}}$.

25. $y' = \sqrt{y}(2\sqrt{x} - \sqrt{y} - 1)/x$.   **26.** $y' = \dfrac{-2x - y}{x + 2y}$.

27. $3x + 4y + 2 = 0$ e $4x - 3y + 11 = 0$.

28. $2x - \sqrt{5}y - 9 = 0$ e $\sqrt{5}x + 2y = 0$.

29. $3x + \sqrt{2}y + 1 = 0$ e $\sqrt{2}x - 3y + 4\sqrt{2} = 0$.

30. $x + \sqrt{3}y - 2 - \sqrt{3} = 0$ e $\sqrt{3}x - y + 1 = 0$.

31. $5x - 4y - 14 = 0$ e $4x + 5y - 3 = 0$.

32. $x - 8y + 15 = 0$ e $8x + y - 10 = 0$.

33. Da equação da elipse segue-se que

$$\frac{x}{a^2} + \frac{y}{b^2}y' = 0.$$

Em (x_0, y_0), $m = y' = -b^2x_0/a^2y_0$ é o declive da reta tangente. A equação dessa tangente é

$$y - y_0 = -\frac{b^2 x_0}{a^2 y_0}(x - x_0);$$

ou seja,

$$bx_0 x + a^2 y_0 y = b^2 x_0^2 + a^2 y_0^2.$$

Mas $b^2x_0^2 + a^2y_0^2 = a^2b^2$, pois (x_0, y_0) está na elipse. Dividindo então a equação anterior por a^2b^2, obtemos o resultado desejado.

34. O procedimento é análogo ao do exercício anterior e o resultado é $\dfrac{x_0 x}{a^2} - \dfrac{y_0 y}{b^2} = 1$.

5.4 Função inversa

O problema que vamos estudar agora é o de inverter uma dada função $y = f(x)$, de forma a obter x como função de y: $x = g(y)$. Já vimos um exemplo dessa situação quando consideramos a função $y = \sqrt{x}$ na p. 47. (Veja a Fig. 5.1.)

Vamos retomar aquele exemplo, porém com função original $y = x^2$. Esta função está definida tanto para $x > 0$ quanto para $x < 0$, de sorte que a equação $y = x^2$ nos dá $x = \pm\sqrt{y}$. Isto mostra que, excetuando $x = 0$, existem sempre dois valores de x que são levados no mesmo y pela função $x \mapsto y = x^2$. Como então definir a função inversa $y \mapsto x$? Tanto podemos escolher $y \mapsto +\sqrt{y}$ como $y \mapsto -\sqrt{y}$. Para evitar essa ambigüidade, é preciso restringir o domínio da função original, de forma que não haja mais que um valor de x com a mesma imagem y. É fácil ver que isto pode ser feito com a restrição $x \geq 0$ ou com $x \leq 0$. Dessa maneira, a função original se desdobra em duas funções, cada uma das quais possuindo inversa (Figs. 5.2 e 5.3):

$$x \mapsto y = x^2, \ x \geq 0 \quad \text{com inversa} \quad y \mapsto x = \sqrt{y};$$
$$x \mapsto y = x^2, \ x \leq 0 \quad \text{com inversa} \quad y \mapsto x = -\sqrt{y}.$$

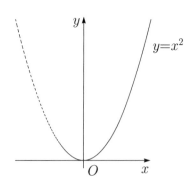
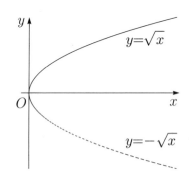

Figura 5.1

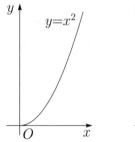
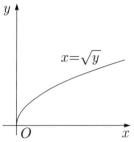

Figura 5.2

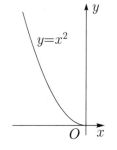
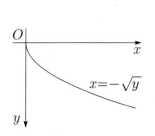

Figura 5.3

Definição de função inversa

A situação exibida no exemplo anterior é de caráter geral: para definirmos a inversa de uma função f, é preciso que f goze da seguinte propriedade: *cada y de sua imagem é imagem de um único x de seu domínio*: $y = f(x)$. Dizemos, então, que f é *injetiva, biunívoca ou invertível*. Nessas condições, a *inversa* de f é

5.4 Função inversa

definida como sendo a função g, que leva cada y da imagem de f no elemento x tal que $f(x) = y$. Assim, o domínio de g é a imagem de f e a imagem de g é o domínio de f. Temos:

$$g(f(x)) = x \quad \text{para todo} \quad x \quad \text{no domínio de} \quad f;$$
$$f(g(y)) = y \quad \text{para todo} \quad y \quad \text{no domínio de} \quad g;$$

Um modo de obter o gráfico da função inversa é o procedimento sugerido anteriormente: imagine o gráfico de f (Fig. 5.4a) destacado do papel, virado do lado oposto e recolocado no papel (Fig. 5.4b).

Para representar os gráficos de f e g no mesmo sistema Oxy, observamos que

$$b = f(a) \Leftrightarrow a = g(b),$$

isto é, o ponto (a, b) está no gráfico de f se e somente se (b, a) está no gráfico de g. Vemos, assim, que os dois gráficos estão dispostos simetricamente em relação à reta $y = x$ (veja o Exercício 23 adiante). Convém notar que agora estamos usando as mesmas letras x e y para representar as variáveis independente e dependente, respectivamente, nas duas funções f e g (Fig. 5.5).

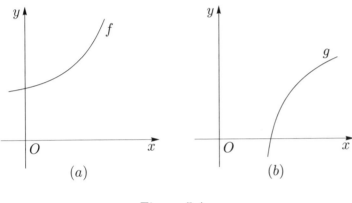

Figura 5.4   Figura 5.5

Funções crescente e decrescente

As funções invertíveis que nos interessam considerar são as funções crescentes e as decrescentes, que vamos definir agora. Sejam x_1 e x_2 valores arbitrários do domínio de uma função f. Dizemos que f é *crescente* se

$$x_1 < x_2 \Rightarrow f(x_1) < f(x_2)$$

e *decrescente* se

$$x_1 < x_2 \Rightarrow f(x_1) > f(x_2).$$

É fácil verificar que *se uma função for crescente ou decrescente, então ela será invertível e sua inversa será também crescente ou decrescente, respectivamente.* (Veja o Exercício 18 adiante.)

O gráfico de uma função crescente num intervalo $[a, b]$ pode ter o aspecto exibido na Fig. 5.6a. Na Fig. 5.6b mostramos uma possível função decrescente no mesmo intervalo $[a, b]$. A Fig. 5.6c ilustra o gráfico da função $y = 3 - x^2$, que é crescente no trecho $-\infty < x \leq 0$ e decrescente em todo o semi-eixo $x \geq 0$.

Derivada da função inversa

Nosso objetivo, agora, é encontrar uma fórmula que nos permita exprimir a derivada de uma função em termos da derivada de sua inversa. Seja f uma função invertível, cuja inversa g seja derivável num ponto y com $g'(y) \neq 0$. Então, f também é derivável no ponto $x = g(y)$. A demonstração desse teorema depende da Teoria dos Limites e não será tratada aqui. Para calcular a derivada f', observamos que

$$y = f(x) \quad \text{e} \quad x = g(y); \quad \text{logo,} \quad y = f(g(y)).$$

Vamos derivar esta última identidade em relação a y, considerando y como variável independente. Usando a regra da cadeia no segundo membro, obtemos

$$1 = f'(g(y)) \cdot g'(y) = f'(x) \cdot g'(y);$$

portanto,

$$\boxed{f'(x) = \frac{1}{g'(y)}.} \qquad (5.8)$$

Vemos, assim, que a *derivada de f é o inverso da derivada de sua inversa g*.

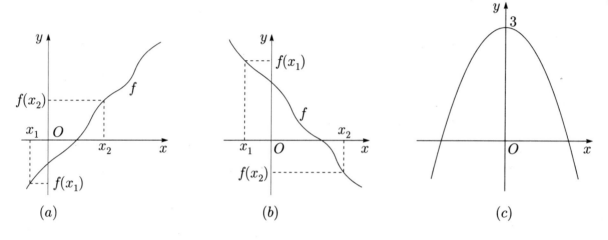

Figura 5.6

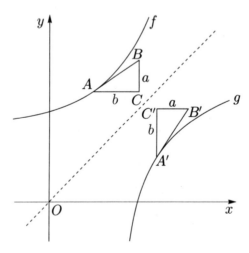

Figura 5.7

A Eq. (5.8) tem uma interpretação geométrica simples. Consideremos, num mesmo sistema de coordenadas Oxy, os gráficos de f e g. Eles são simétricos em relação à reta $y = x$. Seja ABC o triângulo retângulo, construído sobre a reta tangente ao gráfico de f no ponto A (Fig. 5.7). Seu simétrico, com relação à reta $y = x$, é o triângulo retângulo $A'B'C'$, onde $A'B'$ é tangente ao gráfico de g no ponto A', imagem simétrica de A. Os declives das tangentes aos gráficos de f e g nos pontos A e A' são dados por a/b e b/a, respectivamente: um é o inverso do outro; mas é precisamente isso que nos diz a Eq. (5.8), já que a derivada de uma função é o declive da reta tangente ao seu gráfico no ponto considerado.

5.4 Função inversa

Exercícios

Em cada um dos Exercícios 1 a 12, ache a fórmula explícita da função inversa $x = g(y)$. Faça os gráficos da função dada e de sua inversa.

1. $y = 3x + 4$.

2. $y = \dfrac{1}{x - a}$.

3. $y = \dfrac{3x}{x + 2}$.

4. $y = \dfrac{x + k}{x - k}$.

5. $y = \dfrac{1}{x}$, $x > 0$.

6. $y = \sqrt{x - 1}$, $x \geq 1$.

7. $y = -\sqrt{1 - x}$, $x \leq 1$.

8. $y = -\sqrt{a - x}$, $x \leq a$.

9. $y = \dfrac{x^2}{x^2 + 1}$, $x \geq 0$.

10. $y = \dfrac{x^2}{x^2 + 1}$, $x \leq 0$.

11. $y = x^2 - 4$, $x \leq 0$.

12. $y = x^2 - 4$, $x \geq 0$.

Como nos Exercícios 11 e 12, restrinja cada uma das funções dadas nos Exercícios 13 a 16, de forma a obter as funções invertíveis f_1 e f_2. Ache as inversas e calcule suas derivadas. Faça gráficos em cada caso.

13. $y = x^2 - 2x - 3$.

14. $y = -x^2 + x + 2$.

15. $y = \sqrt{1 - x^2}$.

16. $y = -\sqrt{4 - x^2}$.

17. Demonstre a equivalência das seguintes proposições:
   a) $x_1 \neq x_2 \Rightarrow f(x_1) \neq f(x_2)$;
   b) $f(x_1) = f(x_2) \Rightarrow x_1 = x_2$;
   c) $y = f(x) \Rightarrow x$ é único.

18. Demonstre que a inversa de uma função crescente é crescente e a inversa de uma função decrescente é decrescente.

19. Mostre que a função

$$y = f(x) = \frac{x + 2}{2x - 1}$$

coincide com a sua inversa, isto é, $x = f(y)$, ou ainda, $f(f(x)) = x$.

20. Mostre que as funções mais gerais do tipo

$$f(x) = \frac{ax + b}{cx + d},$$

que coincidem com as suas inversas, são aquelas em que $a = -d$, b e c quaisquer, juntamente com aquelas em que $a = d$, $b = c = 0$.

21. Dada a função

$$y = f(x) = \frac{x}{\sqrt{1 + x^2}},$$

definida para todo x real, demonstre que sua inversa é a função

$$x = g(y) = \frac{y}{\sqrt{1 - y^2}},$$

definida para $|y| < 1$.

22. Ache a inversa da função

$$y = f(x) = \frac{-x}{\sqrt{1 + x^2}},$$

definida para todo x real.

23. Prove que os pontos (a, b) e (b, a) são simétricos em relação à reta $y = x$.

Respostas, sugestões e soluções

Deixamos ao leitor a tarefa de construir os gráficos.

1. $x = \dfrac{y-4}{3}$.

2. $x = a + \dfrac{1}{y}$.

3. $x = \dfrac{2y}{3-y}$.

4. $x = \dfrac{k(y+1)}{y-1}$.

5. $x = \dfrac{1}{y}$, $y > 0$.

6. $x = 1 + y^2$, $y \geq 0$.

7. $x = 1 - y^2$, $y \leq 0$.

8. $x = a - y^2$, $y \leq 0$.

9. $x = \sqrt{\dfrac{y}{1-y}}$, $0 \leq y < 1$.

10. $x = -\sqrt{\dfrac{y}{1-y}}$, $0 \leq y < 1$.

11. $x = -\sqrt{y+4}$, $y \geq -4$.

12. $x = \sqrt{y+4}$, $y \geq -4$.

13. Resolvendo a equação

$$x^2 - 2x - (3+y) = 0,$$

em relação a x, encontramos:

$$x = 1 \pm \sqrt{4+y}.$$

Observe que $y = x^2 - 2x - 3$ se anula para $x = -1$ e $x = 3$ e assume o valor mínimo $y = -4$ em $x = 1$, este valor de x sendo a média das raízes $x = -1$ e $x = 3$, $y = y(x)$ é crescente em $x \geq 1$ e decrescente em $x \leq 1$. (Faça o gráfico.) Em conseqüência, a função dada é invertível em $x \geq 1$, com inversa $x = 1 + \sqrt{4+y}$; e, em $x \leq 1$, com inversa $x = 1 - \sqrt{4+y}$. Ambas as inversas são definidas em $y \geq -3$.

14. Procede-se como no exercício anterior. As raízes de $-x^2 + x + 2 = 0$ são -1 e 2, cujo ponto médio é $1/2$, onde a função dada assume o valor máximo $y = 9/4$ (faça o gráfico). $y = y(x)$ é crescente em $x \leq 1/2$ com inversa

$$x = \frac{1 - \sqrt{9-4y}}{2}, \quad y \leq 9/4.$$

Por outro lado, com domínio $x \geq 1/2$ para a função dada, a inversa é

$$x = \frac{1 + \sqrt{9-4y}}{2}, \quad y \leq 9/4.$$

15. A função dada tem domínio $-1 \leq x \leq 1$ e imagem $0 \leq y \leq 1$ (faça o gráfico). Restringindo-se o domínio a $0 \leq x \leq 1$, obtemos a inversa

$$x = \sqrt{1-y^2}, \quad 0 \leq y \leq 1.$$

Com a restrição $-1 \leq x \leq 0$, a inversa é

$$x = -\sqrt{1-y^2}, \quad 0 \leq y \leq 1.$$

16. O domínio da função é $-2 \leq x \leq 2$ e a imagem é $-2 \leq y \leq 0$ (gráfico?). Restringindo a função ao domínio $0 \leq x \leq 2$, sua inversa será

$$x = \sqrt{4-y^2}, \quad -2 \leq y \leq 0;$$

ao passo que, com domínio $-2 \leq x \leq 0$, a inversa é

$$x = -\sqrt{4-y^2}, \quad -2 \leq y \leq 0.$$

17. Provemos que a) $\Rightarrow$ b). Para isto, supondo $f(x_1) = f(x_2)$, queremos verificar que $x_1 = x_2$. Isto é verdade, senão, por a), $f(x_1)$ teria de ser diferente de $f(x_2)$.

Provemos agora que b) $\Rightarrow$ c). Para isto supomos $y = f(x)$. Se x não fosse único, haveria $x' \neq x$ com $f(x) = f(x')$. Mas, por b), $f(x) = f(x') \Rightarrow x = x'$.

Finalmente, que c) $\Rightarrow$ a). Se $x_1 \neq x_2$, forçosamente $f(x_1) \neq f(x_2)$, pois fosse $f(x_1) = f(x_1)$, a unicidade de x por c) exigiria $x_1 = x_2$.

Havendo provado que a) $\Rightarrow$ b) $\Rightarrow$ c), é claro que ficou estabelecida a equivalência das três proposições, a), b) e c), isto é, a) $\Leftrightarrow$ b) $\Leftrightarrow$ c).

18. Seja $x = g(y)$ a inversa de $y = f(x)$. Supondo f crescente, teremos:

$$x_1 < x_2 \Rightarrow f(x_1) < f(x_2).$$

5.4 Função inversa

Supondo $y_1 < y_2$, queremos provar que $g(y_1) < g(y_2)$. Sejam

$$x_1 = g(y_1) \quad \text{e} \quad x_2 = g(y_2),$$

de sorte que

$$y_1 = f(x_1) \quad \text{e} \quad y_2 = f(x_2).$$

Ora, se $g(y_1) \geq g(y_2)$, então, como isto é o mesmo que $x_1 \geq x_2$, teríamos $f(x_1) \geq f(x_2)$, ou seja, $y_1 \geq y_2$, contrariando $y_1 < y_2$.

A prova de que f decrescente implica g decrescente é análoga e fica a cargo do leitor.

19. De fato, $y = \dfrac{x+2}{2x-1}$ nos dá $x = \dfrac{y+2}{2y-1}$. Mas, então, f coincide com sua inversa g, pois ambas atuam do mesmo modo na variável independente, não importa designemos esta variável por x, y ou qualquer outro símbolo s:

$$f : s \longrightarrow \frac{s+2}{2s-1}.$$

Outro modo de resolver o problema é verificar que $f(f(x)) = x$:

$$f(f(x)) = \frac{f(x)+2}{2f(x)-1} = \frac{\dfrac{x+2}{2x-1}+2}{2\cdot\dfrac{x+2}{2x-1}-1} = \frac{x+2+2(2x-1)}{2(x+2)-(2x-1)} = x.$$

20. Observe que

$$y = \frac{ax+b}{cx+d} \Leftrightarrow x = \frac{b-dy}{cy-a} = g(y),$$

onde g é a inversa de f. Assim,

$$g(x) = \frac{b-dx}{cx-a}.$$

$f(x) = g(x)$ nos dá

$$c(a+d)x^2 + (d^2-a^2)x - b(a+d) = 0.$$

Para que isto se verifique para todo x no domínio de f é preciso que

$$c(a+d) = d^2 - a^2 = b(a+d) = 0,$$

ou seja, $a = -d$, b e c quaisquer; ou $a = d$, $b = c = 0$.

21. Se resolvermos $y = \dfrac{x}{\sqrt{1+x^2}}$ em relação a x, obtemos $x = \dfrac{\pm y}{\sqrt{1+y^2}}$. Devemos tomar o sinal positivo ou negativo? Para decidir temos de estudar a função dada. Faça seu gráfico, observando que ela é ímpar e que sua imagem é o intervalo aberto $-1 < y < 1$, pois, sendo $x \neq 0$,

$$|y| = \frac{|x|}{\sqrt{1+x^2}} = \frac{1}{\sqrt{1+1/x^2}} < 1;$$

e $|y|$ pode ser feito tão próximo de 1 quanto quisermos, desde que façamos $|x|$ suficientemente grande. A função dada é crescente, percorrendo todo o intervalo $-1 < y < 1$ à medida que x percorre a reta $-\infty < x < +\infty$. Sua inversa também será crescente; logo, deve ser

$$x = g(y) = \frac{y}{\sqrt{1-y^2}}, \quad -1 < y < 1.$$

22. Análogo ao exercício anterior. Agora a inversa é

$$x = g(y) = \frac{-y}{\sqrt{1-y^2}}, \quad -1 < y < 1.$$

23. Escreva a equação da reta pelos pontos $A = (a, b)$ e $B = (b, a)$, obtendo $y = -x + a + b$. Observe que esta reta é perpendicular à reta $y = x$ e que as duas se intersecionam no ponto

$$C = \left(\frac{a+b}{2}, \frac{a+b}{2} \right).$$

Finalmente verifique que $AC = BC$.

5.5 Notas históricas

O formalismo na Matemática

Em nota histórica na p. 55, falamos da importância do simbolismo no desenvolvimento da Matemática nos tempos modernos. Sem esse simbolismo, pode-se dizer que o desenvolvimento do Cálculo no século XVIII não teria ocorrido, como não ocorreu nos tempos de Arquimedes e Diofanto.

Um outro desenvolvimento que tem sido muito importante para o progresso da Matemática é o formalismo. Ele diz respeito às "formas" que assumem certas regras, leis ou propriedades operacionais. É esse o caso das regras de derivação que tratamos no presente capítulo, como as da derivada da soma, do produto e do quociente de funções; das propriedades de comutatividade e associatividade da soma e do produto de números reais; da propriedade distributiva do produto em relação à soma; da lei do cancelamento de fatores comuns ao numerador e ao denominador de uma fração, etc.

Há uma relação estreita entre o formalismo e a notação simbólica, pois o formalismo se revela através da notação. Por exemplo, as referidas propriedades de comutatividade, associatividade da soma e do produto, e a distributividade do produto em relação à soma assim se expressam:

$$a + b = b + a, \quad ab = ba, \quad (a + b) + c = a + (b + c), \quad (ab)c = a(bc), \quad a(b + c) = a(bc).$$

Um exemplo muito importante de "lei formal" é a regra da cadeia com a notação de Leibniz para a derivada:

$$\frac{dy}{dx} = \frac{dy}{dz} \cdot \frac{dz}{dx}.$$

Essa regra é *formalmente* a mesma — isto é, tem a mesma *forma* — que a lei do cancelamento de fatores comuns ao numerador e ao denominador de uma fração. Leibniz certamente se apercebeu dessa analogia — e muitas outras que se revelaram através da notação que inventou para o Cálculo, tanto diferencial como integral.

Leibniz

Gottfried Wilhelm Leibniz (1646–1716) nasceu em Leipzig, em cuja universidade realizou seus estudos. Criou-se num ambiente acadêmico, pois tanto seu pai como seu avô materno eram professores universitários. Desde cedo manifestou interesse pelo estudo e passava longas horas na biblioteca do pai. Aos 12 anos de idade já lia correntemente o latim e impressionava por sua vasta erudição.

Leibniz foi realmente um sábio notável pela abrangência e profundidade de seu conhecimento, pela sua capacidade de aprender coisas novas com muita rapidez e, sobretudo, pela criatividade de seu gênio. Embora Leibniz seja conhecido como matemático e filósofo, ele iniciou sua vida profissional como jurista e diplomata. E é como diplomata que ele chega a Paris em 1672, onde permaneceu por quatro anos, um curto espaço de tempo para as muitas criações científicas que realizou nesse período. Em 1673 fez sua primeira viagem à Inglaterra, sendo eleito membro da Sociedade Real (Academia de Ciências), principalmente pela invenção de uma máquina de calcular, que tinha a vantagem de efetuar multiplicações e divisões, enquanto que outra máquina inventada anteriormente por Pascal (1623–1662) só fazia somas e subtrações. Em Paris, Leibniz conheceu Christiaan Huygens (1629–1695), físico e matemático holandês, que nessa época já era o cientista mais renomado de toda a Europa. Leibniz foi bem orientado por Huygens sobre a matemática que estava na ordem do dia, a qual ele aprendeu com rapidez, logo prosseguindo em suas descobertas sobre o cálculo diferencial e integral.

O sonho de Leibniz

Leibniz, ao lado de Newton, foi um dos inventores do Cálculo. Sua influência no desenvolvimento da nova disciplina durante todo o século XVIII foi bem maior que a de Newton, devido principalmente ao simbolismo que inventou, particularmente para a derivada, as diferenciais, e para a integral. E isso não aconteceu por acaso: ele tinha a intuição correta da notação mais adequada ao novo formalismo e simbolismo que estava criando. Essa notação, que prevalece até os dias de hoje, facilita enormemente a realização de cálculos complicados, fazendo com que esses cálculos dispensem muito do raciocínio e se desenvolvam quase automaticamente.

Leibniz concebeu a idéia de que algo parecido pudesse ser feito que abarcasse a totalidade do conhecimento humano. Ele imaginava que fosse possível inventar uma linguagem ligada a uma simbologia própria e que servisse para viabilizar esse "cálculo do raciocínio". Quando ainda jovem Leibniz conheceu os escritos de Aristóteles (384–322 a.C.) sobre as regras da Lógica; e se impressionou com a identificação que Aristóteles fazia dos elementos básicos do raciocínio, como o silogismo (mostrado neste exemplo clássico: "todo homem é mortal e Pedro é homem; logo, Pedro é mortal").

5.5 Notas históricas

Seria possível reduzir toda a Lógica a raciocínios elementares como esse? Mais do que isso, seria possível inventar um "cálculo do raciocínio" que permitisse reduzir, com uma simbologia e linguagem próprias, toda a Lógica a algo parecido com o cálculo algébrico? Leibniz foi levado a conceber esse cálculo pelo êxito de sua máquina de calcular e pela inspiração que teve nos escritos de Aristóteles. Um tal cálculo, dizia ele, livraria o ser humano de tarefas que poderiam ser "automatizadas" e realizadas por máquinas, deixando o filósofo e cientista livre para ocupações mais nobres e criativas.

Falamos, há pouco, que a influência de Leibniz no desenvolvimento do Cálculo durante todo o século XVIII foi maior que a de Newton, por causa do simbolismo que inventou. Mas também porque Leibniz teve grandes seguidores no continente europeu, como Euler e os vários matemáticos da família Bernoulli (de quem falaremos mais tarde), o que não aconteceu com Newton. Assim, o Cálculo se desenvolveu bastante no continente, ficando para trás na Inglaterra. Os ingleses se apegaram à idéia de que Leibniz plagiara Newton na invenção do Cálculo — o que nunca foi verdade; e com isso recusavam-se até mesmo a usar a notação de Leibniz, que era muito superior à de Newton. Isso acabou atrasando o desenvolvimento da Matemática na Inglaterra por mais de 100 anos.

George Boole

Leibniz fez pouco progresso no sentido de concretizar as idéias com que sonhava, mas teve o mérito de antever algo que estimularia outros estudiosos que floresceram nos séculos XIX e XX, e que iriam fazer significativos avanços na concretização de seu sonho.

O matemático que criou algo de novo que seria relevante no avanço das idéias de Leibniz foi o inglês George Boole (1815–1864). De família humilde, Boole teve dificuldades para freqüentar escola, tendo sido instruído pelo próprio pai, que cedo reconheceu o talento do filho. Por um bom tempo Boole foi um simples mestre-escola e arrimo dos próprios pais; e como modesto professor escreveu e publicou vários trabalhos importantes, que lhe valeram prêmios da "Royal Society". Já com certa idade tornou-se professor na recém-fundada Universidade de Cork, na Irlanda. Boole foi um cristão sincero, de sólidos valores morais e profundas convicções religiosas, embora nunca se filiasse a qualquer igreja.

O próprio Boole conta que certa vez, numa caminhada, veio-lhe à mente a idéia de que talvez fosse possível expressar relações lógicas em forma algébrica; e a partir de então empenhou seus esforços no desenvolvimento dessa idéia, obtendo notáveis resultados. Utilizando métodos algébricos no tratamento dos raciocínios lógicos, ele desenvolveu uma nova disciplina de estudo, que representou um grande avanço naquilo que para Leibniz fora apenas um sonho.

George Boole foi o primeiro sábio a reconhecer outras formas de raciocínio que o simples silogismo. E ele expressa admiração de que por tanto tempo isso não tenha sido percebido, quando está presente na linguagem comum. Na verdade, pode-se dizer que a Lógica ficara praticamente estagnada desde Aristóteles, e George Boole foi o primeiro, depois do sábio grego, a fazer avanços nesse domínio do conhecimento. Boole colocou a Lógica num contexto algébrico, criando o que hoje é conhecido como "Álgebra de Boole".

Gottlob Frege

Vários matemáticos tiveram um papel importante no desenvolvimento subseqüente aos avanços feitos por Boole, dentre os quais há que se destacar o alemão Gottlob Frege (1848–1925), sem dúvida o maior nome da Lógica no século XIX. Em 1879 Frege publicou um pequeno livro, no qual ele desenvolve o primeiro sistema do assim chamado "cálculo sentencial". Com simbologia e sintaxe apropriadas, esse cálculo permitiria realizar, dentro de muitas limitações, o velho sonho de Leibniz.

É quase certo que o leitor já tenha alguma familiaridade com a simbologia de que estamos falando. Para dar um exemplo, vamos escrever, nessa simbologia, o silogismo "se x é um homem e todo homem é mortal, então x é mortal". Para isso, denotemos com H o conjunto de todos os homens, com M o conjunto de todos os mortais. Utilizaremos o conectivo "$\wedge$" significando "e", a inclusão $H \subset M$ significando "H é um subconjunto de M" e $x \in H$ para significar "x é um elemento de H". Então, o silogismo há pouco mencionado assim se escreve

$$x \in H \wedge H \subset M \Rightarrow x \in M,$$

o qual pode ser lido assim: se x é um elemento de H (isto é, se x é homem), e se H é um subconjunto de M (isto é, todo homem é mortal), então x é mortal.

O importante a observar nessa formalização simbólica do silogismo é que ela é universalmente válida, isto é, trata-se de uma verdade lógica, que prescinde do fato de H ser ou não o conjunto dos homens, ou de M ser o conjunto dos mortais; ela é válida sempre, independentemente dos significados particulares dos conjuntos H e M. Essa observação é o ponto-chave para bem compreender o alcance da Lógica Formal.

Embora não possamos detalhar aqui, a simbologia e a sintaxe já referidas permitem uma análise precisa do raciocínio matemático com vistas ao estudo crítico dos fundamentos. E era precisamente esse o objetivo de Frege; ele desenvolveu sua Lógica para construir uma sólida fundamentação de toda a Matemática. Por razões que não podemos explicar agora, ele atingiria esse objetivo se conseguisse realizá-lo apenas para a Aritmética dos números naturais. Prosseguindo nesse caminho, Frege produziu uma obra monumental sobre os fundamentos da Aritmética. Em 1902 o segundo volume dessa obra já se encontrava com o editor para ser impresso, quando Frege recebeu uma carta do matemático inglês Bertrand Russell (1872–1970), mostrando, com um exemplo, que o uso indiscriminado da palavra "conjunto" contém sérias contradições lógicas. Frege apressou-se a acrescentar um apêndice ao livro que estava para vir a lume, começando assim: "não há nada mais desagradável que possa acontecer a um cientista do que ver ruírem os alicerces de sua obra justamente quando essa obra acaba de ser completada. Foi nessa situação que fui colocado por uma carta de Mr. Bertrand Russell".

Não obstante as dificuldades apontadas por Russell, o trabalho de Frege foi da maior importância para o desenvolvimento subseqüente da Lógica, valendo-lhe o epíteto de maior lógico do século XIX.

Devemos mencionar também que Gottlob Frege foi um homem de fidelidade incondicional à verdade e sólida integridade moral. O próprio Bertrand Russell tece elogiosos comentários à obra de Frege em uma carta a ele dirigida. E 40 anos após a morte de Frege, Russell volta a falar dele, ressaltando sua admirável "integridade e decência", sua disposição de "abandonar grande parte do trabalho de uma vida inteira, beneficiando pessoas muito menos capazes", apenas com "sentimento de prazer intelectual". Russell descreve Frege como "prova do que é capaz o ser humano quando dedicado ao trabalho criativo e ao conhecimento, deixando de lado qualquer empenho de ser dominante e conhecido".

Os Fundamentos da Matemática

A Lógica e os Fundamentos da Matemática tiveram grande desenvolvimento ao longo de todo o século XX, bastante intenso nas primeiras quatro décadas, e que contou com a contribuição de gênios os mais criativos, dos quais Bertrand Russell é apenas um deles. E teve lances heróicos e notáveis, como o que foi protagonizado por David Hilbert (1862–1943), um dos dois maiores matemáticos do século.[1] Por mais de uma década de sua vida Hilbert empenhou-se na tarefa de provar a eficácia de sua tese formalista na estruturação de toda a Matemática. Mas, por volta de 1930 teve a desventura de ver seu sonho demolido pelas descobertas de Kurt Gödel (1906–1978), um jovem brilhante que integrava justamente aquele grupo de cientistas que investigavam as questões postas no programa de Hilbert. Gödel nasceu na cidade de Brno, no que hoje é a República Checa, estudou em Viena, quando aí florescia o famoso "Círculo de Viena", que congregava filósofos e cientistas os mais eminentes para discutir e investigar os variados problemas da Filosofia e da Epistemologia da época. Viena, sempre famosa pelas artes musicais, vivia agora numa atmosfera de grande estímulo intelectual.

O trabalho que Kurt Gödel completou em 1930 e que foi publicado no ano seguinte realmente surpreendeu o mundo matemático pelo que significava para o chamado "método axiomático". Esse método, que, desde Euclides, havia mais de 22 séculos, acalentava o sonho dos matemáticos de organizar sua disciplina logicamente, num encadeamento rigoroso de definições e teoremas, estava agora exposto a sérias limitações, pois Gödel acabava de demonstrar que mesmo no domínio da própria Teoria dos Números era impossível testar todas as proposições com vistas a saber se eram falsas ou verdadeiras. O método axiomático tinha assim uma limitação intrínseca que o tornava incapaz de satisfazer a mais importante das qualidades lógicas que dele se esperava.

A história da Lógica e dos Fundamentos nos últimos cem anos é longa e complexa, e discorrer sobre ela exigiria demasiado espaço, além de requerer um desenvolvimento preliminar de vários tópicos especializados, uma tarefa que está fora dos nossos objetivos.

---

[1]O outro foi Henri Poincaré (1854–1912).

Capítulo 6

Derivadas das funções trigonométricas

Estudaremos neste capítulo as funções trigonométricas e algumas de suas inversas. Para os alunos recém-saídos do ensino médio Trigonometria costuma ser coisa muito complicada. Isso é uma impressão falsa, resultante de um primeiro e breve contato com a disciplina, um sentimento que precisa ser desfeito. Damos um resumo da Trigonometria, mostrando que os fatos básicos são poucos, apenas os contidos nas identidades (6.2) a (6.7); tudo o mais segue daí, como se vê em todo o desenvolvimento seguinte e nos exercícios. De particular importância para o cálculo das derivadas de arco tangente e de arco co-tangente são as identidades dos Exercícios 5 e 6 da p. 122.

Nas pp. 118 e 119 estudamos detalhadamente o gráfico da função $\text{sen}(1/x)$. Esse é um exemplo importante de gráfico, pois exibe um fenômeno curioso na origem, que permite construir outras funções importantes, como as dos Exemplos 4 e 5, ilustradas nas Figs. 6.19 e 6.20. (Veja as pp. 126 e 127, respectivamente.) Este último exemplo, em particular, serve para mostrar que o conceito de "continuidade" só adquire importância com o surgimento da "descontinuidade". Uma das dificuldades do ensino da continuidade logo no início de um curso de Cálculo está justamente na impossibilidade de exibir uma função descontínua, que não tenha sido construída artificialmente. Só depois que o aluno se familiariza com as funções $\text{sen}\,x$ e $\text{sen}(1/x)$ é que podemos chegar, pelo processo natural da "derivação", a uma função (no caso a função g do referido Exemplo 5) definida em toda a reta e descontínua na origem.

Para calcular a derivada da função seno temos de estudar o limite fundamental $(\text{sen}\,x)/x$ com x tendendo a zero. Este é o primeiro exemplo significativo de limite que se pode mostrar ao aluno, exemplo no qual o valor do limite não coincide com o valor da função no ponto, a qual é também uma forma indeterminada do tipo $0/0$. Isso motiva o tratamento de formas indeterminadas, que é feito a partir da p. 129, assunto este que tem continuidade no estudo da Regra de L'Hôpital (p. 212 e seguintes). A seguir tratamos as funções trigonométricas inversas, dentre as quais as mais importantes são as funções arco-seno e arco-tangente.

6.1 As funções trigonométricas

As funções trigonométricas, sobretudo o seno e o co-seno, são muito importantes, tanto em matemática como em aplicações numa variedade de domínios científicos. Elas são instrumento natural no estudo dos fenômenos periódicos, como as oscilações de um pêndulo e as vibrações de uma corda ou membrana, no tratamento da propagação de ondas sonoras, elásticas, eletromagnéticas, etc.

As funções seno e co-seno

Como preliminar à discussão das funções trigonométricas, vamos considerar o problema da medição de ângulos. Seja α um ângulo qualquer, cujo vértice tomamos como centro comum a vários círculos. Então, os lados do ângulo interceptam, nesses círculos, os arcos $\overset{\frown}{A_1B_1}$, $\overset{\frown}{A_2B_2}$, $\overset{\frown}{A_3B_3}$, etc. Em Geometria Elementar, aprendemos que a razão do arco pelo raio do círculo correspondente é constante (Fig. 6.1):

$$\frac{\widehat{A_1B_1}}{OA_1} = \frac{\widehat{A_2B_2}}{OA_2} = \frac{\widehat{A_3B_3}}{OA_3} = \text{const.}$$

Esta razão dá a medida do ângulo em *radianos*; o ângulo de um radiano (1 rd) é aquele para o qual o raio OA é igual ao arco $\widehat{AB}$ (Fig. 6.2). Uma circunferência de raio r tem comprimento $2\pi r$, de forma que o ângulo de uma volta mede 2π rd. Para relacionar o radiano com o grau, basta notar que o ângulo de uma volta mede $360°$ e 2π rd:

$$2\pi \text{ rd} = 360°.$$

Portanto,

$$1 \text{ rd} = \left(\frac{180}{\pi}\right)° \approx 57°17'44,8''; \qquad 1° = \frac{\pi}{180} \text{ rd} \approx 0,01745 \text{ rd}.$$

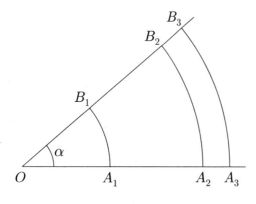
Figura 6.1

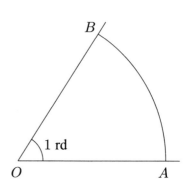
Figura 6.2

Lembramos, agora, a maneira como as funções seno e co-seno são introduzidas em Trigonometria. No plano Oxy tomamos uma circunferência de centro na origem e raio igual à unidade de comprimento. Dado um número real θ, marcamos, sobre a circunferência, a partir do ponto $A = (1, 0)$, o arco $AP = \theta$. Se θ é um número positivo, o arco é marcado sobre a circunferência no sentido anti-horário; se negativo, no sentido horário (Fig. 6.3).

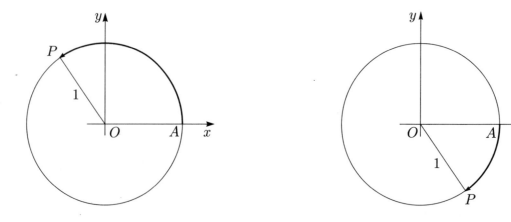
Figura 6.3

O *seno* de θ, indicado por sen θ, é definido como sendo a ordenada do ponto P; o *co-seno* de θ, cuja notação é $\cos\theta$, é a abscissa de P (Fig. 6.4). Como P está sobre a circunferência unitária, o teorema de

6.1 As funções trigonométricas

Pitágoras nos dá uma das identidades trigonométricas fundamentais:

$$(\operatorname{sen}\theta)^2 + (\cos\theta)^2 = 1.$$

É costume consagrado escrever $\operatorname{sen}^2\theta$ em lugar de $(\operatorname{sen}\theta)^2$ (não confundir $(\operatorname{sen}\theta)^2$ com $\operatorname{sen}\theta^2$) e $\cos^2\theta$ em lugar de $(\cos\theta)^2$, de sorte que a relação anterior fica sendo

$$\operatorname{sen}^2\theta + \cos^2\theta = 1.$$

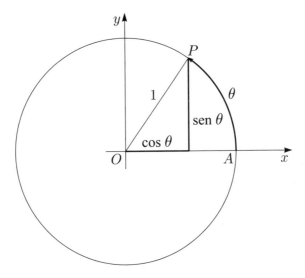

Figura 6.4

Gráficos de seno e co-seno

À medida que o ponto P se move sobre a circunferência, tanto sua abscissa como sua ordenada variam, mantendo-se, em valor absoluto, nunca superior ao raio da circunferência, que é igual a 1. Isso significa que, para todo θ, temos sempre

$$-1 \leq \operatorname{sen}\theta \leq 1, \quad -1 \leq \cos\theta \leq 1.$$

O seno cresce de 0 a 1, à medida que θ varia de 0 a $\pi/2$ e o co-seno decresce de 1 a 0; quando θ varia de $\pi/2$ a π, o seno decresce de 1 a 0 e o co-seno decresce de 0 a -1 (Fig. 6.5).

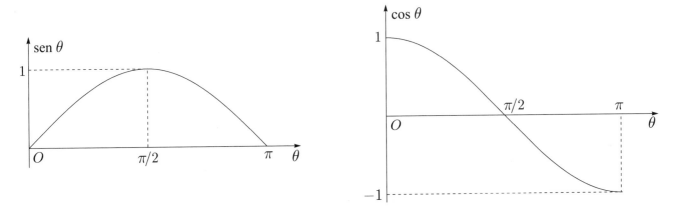

Figura 6.5

Vemos, diretamente das definições, que o seno é uma função ímpar e o co-seno é par, isto é:

$$\operatorname{sen}(-\theta) = -\operatorname{sen}\theta, \quad \cos(-\theta) = \cos\theta;$$

portanto, os gráficos anteriores se estendem ao intervalo $-\pi \leq \theta \leq 0$, como indica a Fig. 6.6. Ainda da definição podemos verificar que essas funções são periódicas, de período 2π, vale dizer,

$$\operatorname{sen}(\theta + 2\pi) = \operatorname{sen}\theta, \quad \cos(\theta + 2\pi) = \cos\theta.$$

Isso nos permite obter os gráficos das funções em toda a reta por repetidas translações de magnitudes $\pm 2\pi$ (Fig. 6.7).

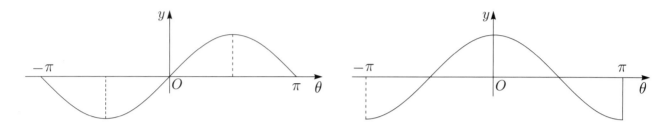

Figura 6.6

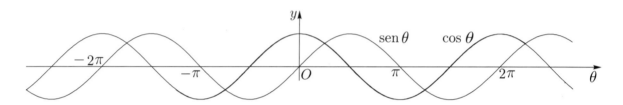

Figura 6.7

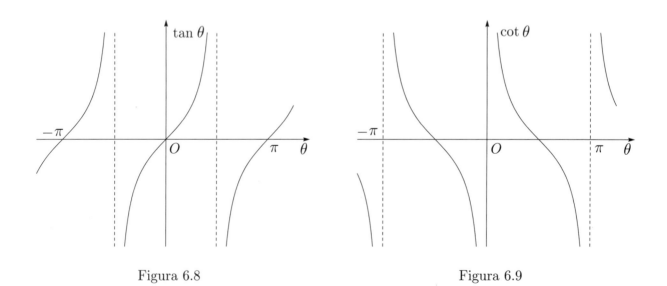

Figura 6.8   Figura 6.9

Observe que a função $\operatorname{sen}\theta$ está definida para todo número real θ. O fato de θ ser interpretado como a medida de um ângulo, em radianos, é apenas um recurso para definir o seno. Aliás, em Análise há outras maneiras de definir essa função, sem qualquer referência a ângulos. O importante é ter sempre em mente que o argumento das funções trigonométricas é sempre um número puro, que pode ser interpretado como ângulo medido em radianos. Por exemplo, no estudo de movimentos vibratórios aparecem freqüentemente as funções $\operatorname{sen}\omega t$ e $\cos\omega t$, onde ω é velocidade angular, medida em ângulo por tempo, e t representa o tempo; portanto, ωt é um número puro.

As funções tangente, co-tangente, secante e co-secante

As funções *tangente* (tan), *co-tangente* (cot), *secante* (sec) e *co-secante* (csc) são definidas em termos de seno e co-seno, da seguinte maneira:

$$\tan\theta = \frac{\text{sen}\,\theta}{\cos\theta}, \quad \cot\theta = \frac{\cos\theta}{\text{sen}\,\theta} = \frac{1}{\tan\theta}, \quad \sec\theta = \frac{1}{\cos\theta}, \quad \csc\theta = \frac{1}{\text{sen}\,\theta}.$$

É claro que essas funções não estão definidas onde os denominadores dos segundos membros se anulam. No caso da co-tangente, por exemplo, isso ocorre para $\theta = k\pi$, k inteiro. Os gráficos dessas funções são obtidos, facilmente, pelo exame das variações do seno e do co-seno (Figs. 6.8 a 6.11).

Exemplo 1. É fácil calcular os valores de $\text{sen}\,\theta$ e $\cos\theta$ para certos valores de θ. Por exemplo, seja $\theta = \pi/6$. Marcando o ponto P na circunferência unitária e sua imagem P', por reflexão no eixo dos x, obtemos um triângulo equilátero OPP' (Fig. 6.12), já que todos os seus ângulos têm $\pi/3$ rd. Então, $PP' = OP = 1$. Mas $PP' = 2y = 2\,\text{sen}(\pi/6)$; logo, $\text{sen}(\pi/6) = 1/2$. O co-seno segue-se de

$$\cos^2\frac{\pi}{6} = 1 - \text{sen}^2\frac{\pi}{6} = 1 - \frac{1}{4} = \frac{3}{4},$$

donde $\cos(\pi/6) = \sqrt{3}/2$.

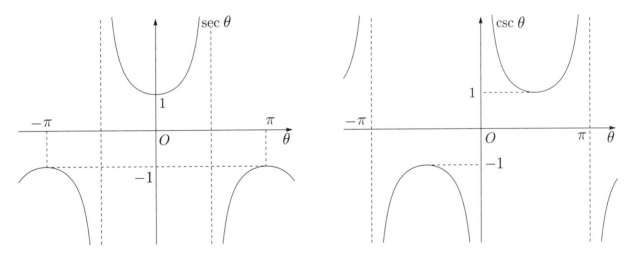

Figura 6.10   Figura 6.11

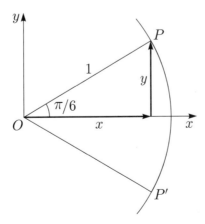

Figura 6.12

Uma função importante: sen(1/x)

A função $f(x) = \text{sen}(1/x)$ tem um comportamento interessante na origem, isto é, quando x se aproxima de zero. Para construir o seu gráfico notamos que ela é uma função ímpar, pois

$$f(-x) = \text{sen}\,\frac{1}{-x} = -\text{sen}\,\frac{1}{x} = -f(x).$$

Portanto, basta construir o seu gráfico no domínio $x > 0$ e refleti-lo, simetricamente, com relação à origem.

Consideremos a seguinte seqüência de valores de x:

$$x = \frac{2}{\pi},\ \frac{1}{\pi},\ \frac{1}{2\pi},\ \frac{1}{4\pi},\ \frac{1}{8\pi},\ \frac{1}{16\pi},\ \text{etc.}$$

Os valores correspondentes de $1/x$ são

$$\frac{1}{x} = \frac{\pi}{2},\ \pi,\ 2\pi,\ 4\pi,\ 8\pi,\ 16\pi,\ \text{etc.}$$

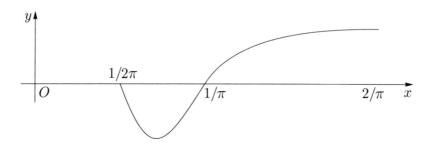

Figura 6.13

Quando x varia de $2/\pi$ a $1/\pi$, $1/x$ vai de $\pi/2$ a π e o gráfico de $\text{sen}(1/x)$ tem o aspecto indicado na Fig. 6.13. Quando x varia de $1/\pi$ a $1/2\pi$, $1/x$ vai de π a 2π; o gráfico de $\text{sen}(1/x)$ nesse trecho está indicado na mesma figura. A seguir, x passa de $1/2\pi$ a $1/4\pi$; em conseqüência, $1/x$ vai de 2π a 4π e $\text{sen}(1/x)$ percorre um ciclo completo de valores, começando em zero e terminando em zero, como vemos na Fig. 6.14a. Prosseguindo com x de $1/4\pi$ a $1/8\pi$, $1/x$ passa de 4π a 8π e $\text{sen}(1/x)$ cobre dois ciclos de valores, como ilustra a Fig. 6.14b.

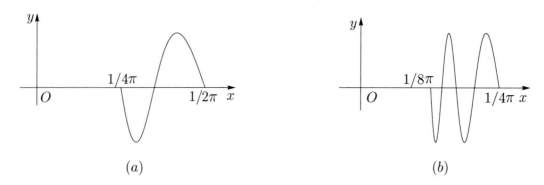

Figura 6.14

É fácil ver o que acontece, em seguida, com x variando de $1/8\pi$ a $1/16\pi$, de $1/16\pi$ a $1/32\pi$, etc.: $\text{sen}(1/x)$ cobrirá 4 ciclos, 8 ciclos, etc. Em suma, o gráfico da função tem o aspecto ilustrado na Fig. 6.15. Vemos que, à medida que x se aproxima de zero, $\text{sen}(1/x)$ oscila cada vez mais rapidamente entre os valores -1 e

+1 e não tem limite com $x \to 0$! Observemos, também, que $\text{sen}(1/x)$ tende a zero à medida que x cresce, ultrapassando qualquer número dado, isto é, à medida que x tende a infinito; o mesmo é verdade para x tendendo a $-\infty$, de forma que podemos escrever

$$\lim_{x \to +\infty} \text{sen}\,\frac{1}{x} = 0, \qquad \lim_{x \to -\infty} \text{sen}\,\frac{1}{x} = 0.$$

A Fig. 6.16 exibe o gráfico da função em toda a reta, inclusive seu comportamento na origem e no infinito.

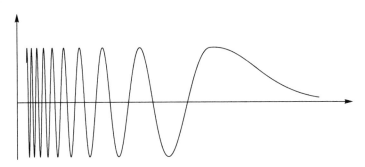

Figura 6.15

Observação. Quando lidamos com funções dadas por fórmulas relativamente simples, costumamos construir o gráfico a partir de alguns de seus pontos. Foi o que fizemos, por exemplo, no caso da parábola e da hipérbole, no Capítulo 3. Esse procedimento nem sempre ajuda, como vemos no exemplo que acabamos de apresentar: de nada adianta, por exemplo, conhecer apenas os (infinitos) pontos do gráfico em que a ordenada é 1, todos alinhados numa reta horizontal; no entanto, o gráfico é muito diferente de uma reta.

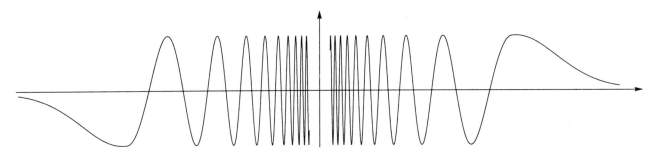

Figura 6.16 Nesta figura, os ramos infinitos foram comprimidos na horizontal, por questão de espaço.

Exercícios

Nos Exercícios 1 a 8 calcule os valores das funções trigonométricas para os valores dados de θ:

1. $\theta = \pi/3$.   **2.** $\theta = \pi/4$.   **3.** $\theta = -\pi/3$.   **4.** $\theta = 3\pi/2$.

5. $\theta = 4\pi/3$.   **6.** $\theta = -\pi/6$.   **7.** $\theta = 2\pi/3$.   **8.** $\theta = 7\pi/6$.

Faça um esboço dos gráficos das funções dadas nos Exercícios 9 a 14.

9. $y = \text{sen}\,2x$.   **10.** $y = 2\cos x$.   **11.** $y = \text{sen}\left(x - \dfrac{\pi}{2}\right)$.   **12.** $y = \cos\left(x + \dfrac{\pi}{2}\right)$.

13. $y = \tan\left(x - \dfrac{3\pi}{2}\right)$.   **14.** $y = \cot\left(x + \dfrac{\pi}{4}\right)$.

15. Dizemos que uma função f é periódica com período p se

$$f(x + p) = f(x) \tag{6.1}$$

120 Capítulo 6 Derivadas das funções trigonométricas

para todo x. Mostre que, se uma função é periódica com período p, então ela é periódica com períodos $-p$, $2p$, $3p$, etc. Em geral, entende-se por *período* o menor número positivo p satisfazendo a Eq. (6.1).

Mostre que as funções dadas nos Exercícios 16 a 20 são periódicas e determine seus períodos.

16. $f(x) = \operatorname{sen} 3x$. **17.** $f(x) = \cos\left(\dfrac{x}{2} - 4\right)$. **18.** $f(x) = 3 \operatorname{sen}(2 - 5x)$. **19.** $f(t) = A\cos\omega t$.

20. $f(t) = A\cos(\omega t - \varphi)$.

21. Esboce o gráfico da função $y = \cos(1/x)$.

22. Esboce o gráfico da função $y = \operatorname{sen}(1/x^2)$.

Respostas, sugestões e soluções

1. $\operatorname{sen}(\pi/3) = \sqrt{3}/2$, $\cos(\pi/3) = 1/2$.   **2.** $\operatorname{sen}(\pi/4) = \cos(\pi/4) = \sqrt{2}/2$.

3. $\operatorname{sen}(-\pi/3) = -\sqrt{3}/2$, $\cos(-\pi/3) = 1/2$.   **4.** $\operatorname{sen}(3\pi/2) = -1$, $\cos(3\pi/2) = 0$.

5. $\operatorname{sen}(4\pi/3) = -\sqrt{3}/2$, $\cos(4\pi/3) = -1/2$.   **6.** $\operatorname{sen}(-\pi/6) = -1/2$, $\cos(-\pi/6) = \sqrt{3}/2$.

7. $\operatorname{sen}(2\pi/3) = \sqrt{3}/2$, $\cos(2\pi/3) = -1/2$.   **8.** $\operatorname{sen}(7\pi/6) = -1/2$, $\cos(7\pi/6) = -\sqrt{3}/2$.

15. $f(x - p) = f((x - p) + p) = f(x)$. Isso prova que f tem período $-p$. Temos também

$$f(x + 2p) = f((x + p) + p) = f(x + p) = f(x);$$

logo, f tem período $2p$. Prove, de um modo geral, que np é período.

16. Sendo p o período, devemos ter:

$$\operatorname{sen}[3(x + p)] = \operatorname{sen} 3x; \quad \text{ou seja,} \quad \operatorname{sen}(3x + 3p) = \operatorname{sen} 3x.$$

Como 2π é o período da função seno, devemos ter $3p = 2\pi$, donde $p = 2\pi/3$.

17. $p = 4\pi$.   **18.** $p = 2\pi/5$.   **19.** $p = 2\pi/\omega$.   **20.** $p = 2\pi/\omega$.

6.2   Identidades trigonométricas

As identidades trigonométricas fundamentais são as seguintes:

$$\operatorname{sen}^2 a + \cos^2 a = 1; \tag{6.2}$$

$$\operatorname{sen}(-a) = -\operatorname{sen} a; \quad \cos(-a) = \cos a; \tag{6.3}$$

$$\operatorname{sen}(a + b) = \operatorname{sen} a \cos b + \cos a \operatorname{sen} b; \tag{6.4}$$

$$\operatorname{sen}(a - b) = \operatorname{sen} a \cos b - \cos a \operatorname{sen} b; \tag{6.5}$$

$$\cos(a + b) = \cos a \cos b - \operatorname{sen} a \operatorname{sen} b; \tag{6.6}$$

$$\cos(a - b) = \cos a \cos b + \operatorname{sen} a \operatorname{sen} b. \tag{6.7}$$

As identidades (6.2) e (6.3) já foram consideradas anteriormente. Para demonstrar a penúltima, observamos que os pontos ilustrados na Fig. 6.17, quais sejam,

$$A = (1, 0), \quad B = [\cos(a + b), \operatorname{sen}(a + b)],$$

$$A' = (\cos a, -\operatorname{sen} a) \quad \text{e} \quad B' = (\cos b, \operatorname{sen} b),$$

6.2 Identidades trigonométricas

são tais que $AB = A'B'$; ou seja, tendo em conta a fórmula da distância de dois pontos,
$$[\cos(a+b) - 1]^2 + \text{sen}^2(a+b) = (\cos b - \cos a)^2 + (\text{sen}\, b + \text{sen}\, a)^2.$$
Expandindo os quadrados, obtemos:
$$[\cos^2(a+b) + 1 - 2\cos(a+b)] + \text{sen}^2(a+b)$$
$$= \cos^2 b + \cos^2 a - 2\cos a \cos b + \text{sen}^2 b + \text{sen}^2 a + 2\,\text{sen}\, a\, \text{sen}\, b;$$
ou ainda, com simplificações óbvias,
$$2 - 2\cos(a+b) = 2 - 2(\cos a \cos b - \text{sen}\, a\, \text{sen}\, b),$$
donde segue imediatamente o resultado (6.6).

Substituindo b por $-b$ em (6.6) e levando em conta as identidades (6.3), obtemos a identidade (6.7). Fazendo $a = \pi/2$ em (6.7), obtemos
$$\cos\left(\frac{\pi}{2} - b\right) = \text{sen}\, b,$$
vale dizer, o seno de b é igual ao co-seno de seu complemento $\pi/2 - b$. Do mesmo modo, fazendo $a = \pi/2 - c$ e $b = \pi/2$ na mesma identidade (6.7), resulta
$$\cos(-c) = \text{sen}\left(\frac{\pi}{2} - c\right), \quad \text{isto é,} \quad \cos c = \text{sen}\left(\frac{\pi}{2} - c\right),$$
ou seja, o co-seno de c é igual ao seno de seu complemento $\pi/2 - c$.

Para demonstrar a identidade (6.4), basta utilizar os resultados já estabelecidos:
$$\begin{aligned}
\text{sen}(a+b) &= \cos\left[\frac{\pi}{2} - (a+b)\right] = \cos\left[\left(\frac{\pi}{2} - a\right) - b\right] \\
&= \cos\left(\frac{\pi}{2} - a\right)\cos b + \text{sen}\left(\frac{\pi}{2} - a\right)\text{sen}\, b \\
&= \text{sen}\, a \cos b + \cos a\, \text{sen}\, b.
\end{aligned}$$
Finalmente, a identidade (6.5) é obtida de (6.4) pela substituição de b por $-b$.

Como dissemos, as identidades (6.2) a (6.7) são fundamentais, por isso mesmo devem ser memorizadas. Delas seguem todas as demais identidades trigonométricas. Por exemplo, de (6.4) e (6.6) obtemos, respectivamente,
$$\text{sen}(x + \pi) = -\text{sen}\, x \quad \text{e} \quad \cos(x + \pi) = -\cos x.$$
Dividindo essas expressões membro a membro, vemos que $\tan(x + \pi) = \tan x$; isto prova que a tangente é uma função periódica de período π.

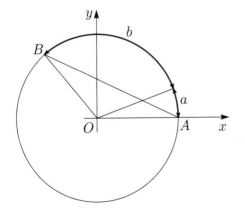 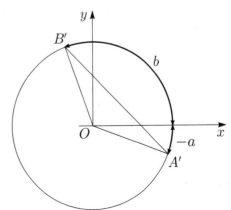

Figura 6.17

Exercícios

Estabeleça as identidades dos Exercícios 1 a 21.

1. $\text{sen}(a + \pi/2) = \cos a$.

2. $\cos(a + \pi/2) = -\text{sen}\, a$.

3. $\tan(a + b) = \dfrac{\tan a + \tan b}{1 - \tan a \cdot \tan b}$.

4. $\cot(a + b) = \dfrac{\cot a \cot b - 1}{\cot a + \cot b}$.

5. $1 + \tan^2 a = \dfrac{1}{\cos^2 a} = \sec^2 a$.

6. $1 + \cot^2 a = \dfrac{1}{\text{sen}^2 a} = \csc^2 a$.

7. $\text{sen}\, 2a = 2\,\text{sen}\, a \cos a$.

8. $\cos 2a = \cos^2 a - \text{sen}^2 a = 1 - 2\,\text{sen}^2 a = 2\cos^2 a - 1$.

9. $\tan 2a = \dfrac{2\tan a}{1 - \tan^2 a}$.

10. $\cot 2a = \dfrac{\cot^2 a - 1}{2\cot}$.

11. $\cos^2 \dfrac{a}{2} = \dfrac{1 + \cos a}{2}$.

12. $\text{sen}^2 \dfrac{a}{2} = \dfrac{1 - \cos a}{2}$.

13. $\tan \dfrac{a}{2} = \dfrac{\text{sen}\, a}{1 + \cos a} = \dfrac{1 - \cos a}{\text{sen}\, a}$.

14. $2\cos a \cos b = \cos(a + b) + \cos(a - b)$.

15. $2\,\text{sen}\, a\,\text{sen}\, b = \cos(a - b) - \cos(a + b)$.

16. $2\,\text{sen}\, a \cos b = \text{sen}(a + b) + \text{sen}(a - b)$.

17. $2\cos a\,\text{sen}\, b = \text{sen}(a + b) - \text{sen}(a - b)$.

18. $\cos p + \cos q = 2\cos \dfrac{p + q}{2} \cos \dfrac{p - q}{2}$.

19. $\cos p - \cos q = -2\,\text{sen} \dfrac{p + q}{2}\,\text{sen} \dfrac{p - q}{2}$.

20. $\text{sen}\, p + \text{sen}\, q = 2\,\text{sen} \dfrac{p + q}{2} \cos \dfrac{p - q}{2}$.

21. $\text{sen}\, p - \text{sen}\, q = 2\cos \dfrac{p + q}{2}\,\text{sen} \dfrac{p - q}{2}$.

22. Mostre que $\cot x$ é função periódica com período π.

23. Mostre que $\sec x$ é função par, enquanto as funções $\tan x$, $\cot x$ e $\csc x$ são ímpares.

24. Calcule $\cos \theta$ em termos de $\tan \theta$, tomando θ no intervalo $(0, \pi/2)$.

Respostas, sugestões e soluções

1. Utilize (6.4).

2. Utilize (6.6).

3. Utilize (6.4) e (6.6) em $\tan(a + b) = \dfrac{\text{sen}(a + b)}{\cos(a + b)}$, e divida numerador e denominador por $\cos a \cos b$.

4. Análogo ao anterior.

5. $1 + \tan^2 a = 1 + \dfrac{\text{sen}^2 a}{\cos^2 a} = \dfrac{\cos^2 a + \text{sen}^2 a}{\cos^2 a} = \dfrac{1}{\cos^2 a}$.

6. Análogo ao anterior.

7. Utilize (6.4) com $a = b$.

8. Utilize (6.6) com $a = b$.

10. Análogo ao anterior.

11. Aplique o Exercício 8 com $a/2$ em lugar de a.

12. Análogo ao anterior.

13. $\tan \dfrac{a}{2} = \dfrac{\text{sen}(a/2)}{\cos(a/2)} = \dfrac{2\,\text{sen}(a/2)\cos(a/2)}{2\cos^2(a/2)} = \dfrac{\text{sen}\, a}{1 + \cos a}$; $\tan \dfrac{a}{2} = \dfrac{2\,\text{sen}^2(a/2)}{2\,\text{sen}(a/2)\cos(a/2)} = \dfrac{1 - \cos a}{\text{sen}\, a}$.

14. Utilize (6.6) e (6.7).

16. Utilize (6.4) e (6.5).

18. Faça $a + b = p$ e $a - b = q$ no Exercício 14.

24. $\cos \theta = 1/\sqrt{1 + \tan^2 \theta}$.

6.3 Derivadas das funções trigonométricas

Derivada do seno

No estudo da derivada de $\text{sen}\, x$, teremos que considerar o limite da função

$$f(x) = \frac{\text{sen}\, x}{x} \quad \text{com} \quad x \to 0.$$

6.3 Derivadas das funções trigonométricas

Vamos então começar com o estudo desse limite. Quando x tende a zero, sen x também tende a zero, de forma que não sabemos, de imediato, o valor do limite. Como $f(x)$ é uma função par, basta estudar o seu limite com $x \to 0+$; o limite pela esquerda terá o mesmo valor.

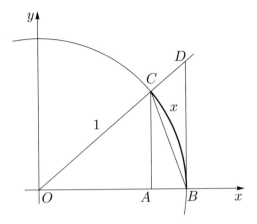

Figura 6.18

Consideremos x entre 0 e $\pi/2$, como ilustra a Fig. 6.18. A área do triângulo OBC é menor que a área do setor circular OBC, a qual é menor que a área do triângulo OBD, isto é,

$$\frac{OB \cdot AC}{2} < \frac{x \cdot OB}{2} < \frac{OB \cdot BD}{2}.$$

Tomando o raio $OB = 1$, teremos:

$$OA = \cos x, \quad AC = \operatorname{sen} x, \quad BD = \frac{BD}{OB} = \frac{AC}{OA} = \frac{\operatorname{sen} x}{\cos x};$$

portanto, as desigualdades anteriores nos dão:

$$\operatorname{sen} x < x < \frac{\operatorname{sen} x}{\cos x}.$$

Dividindo por sen x, teremos:

$$1 < \frac{x}{\operatorname{sen} x} < \frac{1}{\cos x}.$$

Invertendo os três membros dessas desigualdades, elas mudarão de sentido:

$$1 > \frac{\operatorname{sen} x}{x} > \cos x.$$

Como $\cos x \to 1$, o membro do meio também deve tender para o valor 1, isto é,

$$\boxed{\lim_{x \to 0} \frac{\operatorname{sen} x}{x} = 1,} \tag{6.8}$$

que é o resultado desejado.

Vamos mostrar, em seguida, que

$$\lim_{x \to 0} \frac{\cos x - 1}{x} = 0. \tag{6.9}$$

Para isso, basta notar que

$$\frac{\cos x - 1}{x} = \frac{(\cos x - 1)(\cos x + 1)}{x(\cos x + 1)} = \frac{\cos^2 x - 1}{x(\cos x + 1)}$$

$$= \frac{-\operatorname{sen}^2 x}{x(\cos x + 1)} = \frac{-1}{\cos x + 1} \cdot \frac{\operatorname{sen} x}{x} \cdot \operatorname{sen} x.$$

Nesta expressão de três fatores, quando $x \to 0$, o primeiro fator tende a $-1/2$, o segundo tende a 1 e o terceiro a zero; logo, o produto tende a zero. Isso prova a propriedade (6.9).

Estamos agora em condições de calcular a derivada da função $\operatorname{sen} x$. Temos:

$$\frac{\operatorname{sen}(x+h) - \operatorname{sen} x}{h} = \frac{\operatorname{sen} x \cdot \cos h + \cos x \cdot \operatorname{sen} h - \operatorname{sen} x}{h}$$

$$= \operatorname{sen} x \cdot \frac{\cos h - 1}{h} + \cos x \cdot \frac{\operatorname{sen} h}{h};$$

portanto,

$$\lim_{h \to 0} \frac{\operatorname{sen}(x+h) - \operatorname{sen} x}{h} = \operatorname{sen} x \cdot \lim_{h \to 0} \frac{\cos h - 1}{h} + \cos x \cdot \lim_{h \to 0} \frac{\operatorname{sen} h}{h}.$$

Mas, de acordo com (6.9) e (6.8),

$$\lim_{h \to 0} \frac{\cos h - 1}{h} = 0 \quad \text{e} \quad \lim_{h \to 0} \frac{\operatorname{sen} h}{h} = 1;$$

de sorte que a expressão anterior fica sendo

$$\lim_{h \to 0} \frac{\operatorname{sen}(x+h) - \operatorname{sen} x}{h} = \cos x, \quad \text{donde} \quad \frac{d(\operatorname{sen} x)}{dx} = \cos x.$$

Derivada do co-seno

A derivada do co-seno pode ser calculada exprimindo essa função em termos do seno e usando a regra da cadeia, assim:

$$\cos x = \operatorname{sen}\left(\frac{\pi}{2} - x\right) = \operatorname{sen} u, \quad \text{onde} \quad u = \frac{\pi}{2} - x,$$

$$\frac{d(\cos x)}{dx} = \frac{d(\operatorname{sen} u)}{du} \cdot \frac{du}{dx} = \cos u \cdot (-1) = -\cos\left(\frac{\pi}{2} - x\right) = -\operatorname{sen} x,$$

isto é,

$$\frac{d(\cos x)}{dx} = -\operatorname{sen} x.$$

Derivada das outras quatro funções trigonométricas

Com os resultados anteriores e a regra de derivação de um quociente, podemos derivar as demais funções trigonométricas. Obtemos as seguintes fórmulas:

$$D \tan x = D \frac{\operatorname{sen} x}{\cos x} = \frac{\cos x \cdot D \operatorname{sen} x - \operatorname{sen} x \cdot D \cos x}{\cos^2 x}$$

$$= \frac{\cos^2 x + \operatorname{sen}^2 x}{\cos^2 x} = \frac{1}{\cos^2 x} = \sec^2 x;$$

$$D \cot x = D \frac{\cos x}{\operatorname{sen} x} = \frac{\operatorname{sen} x \cdot D \cos x - \cos x \cdot D \operatorname{sen} x}{\operatorname{sen}^2 x}$$

$$= \frac{-\operatorname{sen}^2 x - \cos^2 x}{\operatorname{sen}^2 x} = \frac{-1}{\operatorname{sen}^2 x} = -\csc^2 x;$$

$$D \sec x = D \frac{1}{\cos x} = \frac{-D \cos x}{\cos^2 x} = \frac{\operatorname{sen} x}{\cos^2 x} = \frac{\tan x}{\cos x};$$

$$D \csc x = D \frac{1}{\operatorname{sen} x} = \frac{-D \operatorname{sen} x}{\operatorname{sen}^2 x} = \frac{-\cos x}{\operatorname{sen}^2 x} = \frac{-\cot x}{\operatorname{sen} x}.$$

6.3 Derivadas das funções trigonométricas 125

Vamos resumir os resultados obtidos num quadro:

$$D \operatorname{sen} x = \cos x; \quad D \cos x = -\operatorname{sen} x; \quad D \tan x = \sec^2 x;$$

$$D \cot x = -\csc^2 x; \quad D \sec x = \frac{\tan x}{\cos x}; \quad D \csc x = \frac{-\cot x}{\operatorname{sen} x}.$$

Com essas regras e as regras de derivação obtidas anteriormente, podemos calcular as derivadas de várias funções novas, como exemplificaremos a seguir.

Exemplo 1. Seja derivar a função

$$y = \operatorname{sen} \sqrt{x^2 + 1}.$$

Para aplicar a regra da cadeia, introduzimos uma variável intermediária u:

$$y = \operatorname{sen} u, \quad u = \sqrt{x^2 + 1},$$

$$\frac{dy}{dx} = \frac{dy}{du} \cdot \frac{du}{dx} = \cos u \cdot \frac{du}{dx} = \cos \sqrt{x^2 + 1} \cdot \frac{d\sqrt{x^2 + 1}}{dx}.$$

Para calcular esta última derivada, usamos a regra da cadeia com variável intermediária z:

$$\sqrt{x^2 + 1} = \sqrt{z}, \quad z = x^2 + 1,$$

$$\frac{d\sqrt{x^2 + 1}}{dx} = \frac{d\sqrt{z}}{dz} \cdot \frac{dz}{dx} = \frac{1}{2\sqrt{z}} \cdot 2x = \frac{x}{\sqrt{x^2 + 1}}.$$

Substituindo este resultado na equação acima, obtemos o resultado final:

$$D \operatorname{sen} \sqrt{x^2 + 1} = \frac{x \cos \sqrt{x^2 + 1}}{\sqrt{x^2 + 1}}.$$

Podemos abreviar o procedimento anterior, introduzindo logo as duas variáveis intermediárias u e z:

$$y = \operatorname{sen} u, \quad u = \sqrt{z}, \quad z = x^2 + 1,$$

$$\begin{aligned}
\frac{dy}{dx} &= \frac{dy}{du} \cdot \frac{du}{dz} \cdot \frac{dz}{dx} = \cos u \cdot \frac{1}{2\sqrt{z}} \cdot 2x \\
&= \cos \sqrt{x^2 + 1} \cdot \frac{x}{\sqrt{x^2 + 1}} = \frac{x \cos \sqrt{x^2 + 1}}{\sqrt{x^2 + 1}}.
\end{aligned}$$

Exemplo 2. Vamos derivar a função

$$y = \tan^{10}(x^2 + 3x - 5) = [\tan(x^2 + 3x - 5)]^{10},$$

introduzindo duas variáveis intermediárias:

$$y = u^{10}, \quad u = \tan z, \quad z = x^2 + 3x - 5.$$

Teremos:

$$\begin{aligned}
\frac{dy}{dx} &= \frac{dy}{du} \cdot \frac{du}{dz} \cdot \frac{dz}{dx} = 10u^9 \cdot \sec^2 z \cdot (2x + 3) \\
&= 10 \tan^9(x^2 + 3x - 5) \cdot \frac{2x + 3}{\cos^2(x^2 + 3x - 5)} \\
&= \frac{10(2x + 3) \tan^9(x^2 + 3x - 5)}{\cos^2(x^2 + 3x - 5)}.
\end{aligned}$$

Exemplo 3. Com a prática, a introdução de variáveis intermediárias é suprimida, passando a ser uma operação feita apenas mentalmente. Assim, para derivar a função

$$y = \operatorname{sen}(x^3 - 5x),$$

imaginamos o seu argumento $x^3 - 5x$ como variável intermediária, cuja derivada é $3x^2 - 5$. Portanto,

$$y' = (3x^2 - 5)\cos(x^3 - 5x).$$

Dois exemplos importantes

Apresentamos nesta seção dois exemplos de funções definidas de maneira bem natural, o primeiro deles ilustrando uma função contínua sem derivada num ponto, o segundo o de uma função cuja descontinuidade surge naturalmente, sem qualquer artifício.

Exemplo 4. Vamos mostrar que a função

$$f(x) = x\operatorname{sen}\frac{1}{x} \quad \text{para} \quad x \neq 0 \quad \text{e} \quad f(0) = 0$$

é contínua em $x = 0$, mas não é derivável nesse ponto. Com efeito, como o seno está multiplicado pelo fator x, é claro que $f(x) \to 0$ com $x \to 0$, e isto prova que f é contínua em $x = 0$. Para derivar f em $x = 0$, devemos considerar a razão incremental

$$\frac{f(x) - f(0)}{x - 0} = \frac{f(x)}{x} = \operatorname{sen}\frac{1}{x}.$$

Ora, esta expressão não tem limite com $x \to 0$; logo, f não é derivável na origem. Geometricamente, o que se passa, quando $x \to 0$, é que a reta secante OA fica oscilando indefinidamente entre OA_+ e OA_-, como ilustra a Fig. 6.19, não existindo reta tangente ao gráfico na origem.

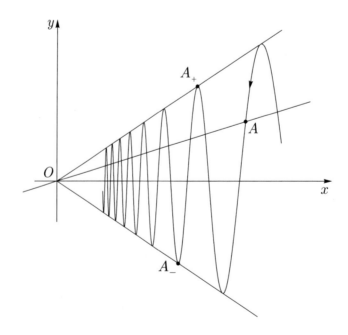

Figura 6.19

6.3 Derivadas das funções trigonométricas

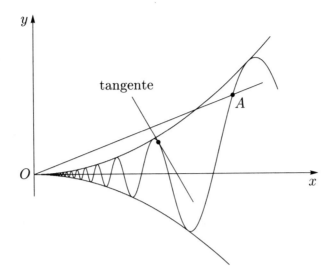

Figura 6.20

Exemplo 5. Consideremos agora a função

$$f(x) = x^2 \operatorname{sen} \frac{1}{x} \quad \text{para} \quad x \neq 0 \quad \text{e} \quad f(0) = 0,$$

que, como a anterior, é contínua, inclusive na origem; e que também é derivável nesse ponto, pois

$$f'(0) = \lim_{x \to 0} \frac{f(x) - f(0)}{x - 0} = \lim_{x \to 0} \left(x \operatorname{sen} \frac{1}{x} \right) = 0.$$

Então, $f'(0) = 0$, provando, como queríamos, que a derivada existe na origem. Geometricamente, vemos que, à medida que x tende a zero, a reta secante OA oscila infinitas vezes para cima e para baixo (Fig. 6.20), aproximando-se cada vez mais do eixo Ox, eixo este que é a reta tangente à curva na origem. Observe que essa tangente corta a curva numa infinidade de pontos em qualquer intervalo contendo a origem.

Observe também que, para $x \neq 0$,

$$f'(x) = 2x \operatorname{sen} \frac{1}{x} - \cos \frac{1}{x}.$$

Como esta última expressão não tem limite com $x \to 0$, f' é descontínua na origem (embora esteja definida para todo x, inclusive a origem!). Geometricamente, a reta tangente ao gráfico de $f(x)$ oscila infinitamente, sem ter limite com $x \to 0$, como ilustra a Fig. 6.20.

Esse último exemplo exibe uma função f, definida, contínua e derivável para todo x real. No entanto, sua derivada $g = f'$ é descontínua em $x = 0$. É importante notar que essa descontinuidade surge de maneira natural, sem qualquer artificialismo, apenas porque derivamos a função f.

Exercícios

Calcule as derivadas das funções dadas nos Exercícios 1 a 26.

1. $y = \operatorname{sen} 5x$.
2. $y = \cos 3x$.
3. $y = \operatorname{sen} x - \cos x$.
4. $y = \operatorname{sen} x \cos x$.
5. $y = \tan 4x$.
6. $y = x \operatorname{sen} x$.
7. $y = x \cos x$.
8. $y = \operatorname{sen} x^2$.
9. $y = \operatorname{sen}^2 x$.
10. $y = \cos x^3$.
11. $y = \operatorname{sen} \frac{1}{x}$.
12. $y = x^2 \cos \frac{1}{x}$.

128   Capítulo 6   Derivadas das funções trigonométricas

13. $y = \tan \dfrac{\sqrt{x}}{x+1}$.

14. $y = \sqrt{\operatorname{sen} x}$.

15. $y = \cot x^2$.

16. $y = x \sec(x^2 + 1)$.

17. $y = x \csc x$.

18. $y = \sec \dfrac{1}{x^2 - 1}$.

19. $y = \operatorname{sen} \dfrac{x}{1 - x}$.

20. $y = \operatorname{sen} \cos x$.

21. $y = \cos \operatorname{sen} \sqrt{x^2 + 1}$.

22. $y = \tan \operatorname{sen}(1 - 3x^2)$.

23. $y = \csc \sqrt{x^2 - 1}$.

24. $y = (x + 1)^2 \operatorname{sen} \dfrac{1}{x + 1}$.

25. $y = \operatorname{sen}(\sqrt{x} - \sqrt[3]{x})$.

26. $y = x \operatorname{sen} \dfrac{1}{x}$.

Calcule as derivadas primeira, segunda, terceira e quarta de cada uma das funções dadas nos Exercícios 27 a 34.

27. $y = \operatorname{sen} x$.

28. $y = \cos x$.

29. $y = \operatorname{sen} 3x$.

30. $y = \cos(3t - 1)$.

31. $y = \operatorname{sen}(5t + 2)$.

32. $y = \operatorname{sen} \omega t$.

33. $y = \operatorname{sen}(\omega t + \phi)$.

34. $y = \cos(\omega t + \phi)$.

Tratando y como função implícita de x, encontre y' em cada um dos Exercícios 35 a 40.

35. $y = \operatorname{sen}(x - y)$.

36. $\cos y = x + y$.

37. $\operatorname{sen} y - xy = 0$.

38. $y^3 + (\cos x)y + 7 = 0$.

39. $\cos y = \operatorname{sen} x + y$.

40. $\cos(x + y) + \operatorname{sen} xy = 1$.

41. Sendo n um inteiro positivo, prove que

$$D^{(2n)} \operatorname{sen} t = (-1)^n \operatorname{sen} t, \quad D^{(2n)} \cos t = (-1)^n \cos t,$$

$$D^{(2n)} \operatorname{sen} \omega t = (-\omega)^n \operatorname{sen} \omega t, \quad D^{(2n)} \cos \omega t = (-\omega^2)^n \cos \omega t.$$

42. Prove que as funções $x = A \operatorname{sen}(\omega t + \phi)$ e $x = A \cos(\omega t + \phi)$ satisfazem a equação $\ddot{x} + \omega^2 x = 0$.

43. Construa os gráficos das funções

$$f(x) = \frac{\operatorname{sen} x}{x} \quad \text{e} \quad g(x) = \frac{\operatorname{sen} x}{|x|}, \quad x \neq 0.$$

Mostre que f pode ser estendida a $x = 0$ de forma a ser contínua nesse ponto, o mesmo não ocorrendo com g.

44. Mostre que $\displaystyle \lim_{x \to 0} \frac{\operatorname{sen} x - x}{x} = 0$.

Respostas, sugestões e soluções

1. $y' = 5 \cos 5x$.

2. $y' = -3 \operatorname{sen} 3x$.

3. $y' = \cos x + \operatorname{sen} x$.

4. $y' = \cos 2x$.

5. $y' = 4 \sec^2 4x$.

6. $y' = \operatorname{sen} x + x \cos x$.

7. $y' = \cos x - x \operatorname{sen} x$.

8. $y' = 2x \cos x^2$.

9. $y' = \operatorname{sen} 2x$.

10. $y' = -3x^2 \operatorname{sen} x^3$.

11. $y' = -\dfrac{1}{x^2} \cos \dfrac{1}{x}$.

12. $y' = 2x \cos \dfrac{1}{x} + \operatorname{sen} \dfrac{1}{x}$.

13. $y' = \dfrac{1 - x}{2\sqrt{x}(x+1)^2} \sec^2 \dfrac{\sqrt{x}}{x+1}$.

14. $y' = \dfrac{\cos x}{2\sqrt{\operatorname{sen} x}}$.

15. $y' = -2x \csc^2 x^2$.

16. $y' = \dfrac{1 + 2x^2 \tan(x^2 + 1)}{\cos(x^2 + 1)}$.

17. $y' = \dfrac{1 - x \cot x}{\operatorname{sen} x}$.

18. $y' = \dfrac{-2x \tan[1/(x^2 - 1)]}{(x^2 - 1)^2 \cos[1/(x^2 - 1)]}$.

19. $y' = \dfrac{1}{(1 - x)^2} \cos \dfrac{x}{1 - x}$.

20. $y' = -\operatorname{sen} x \cos(\cos x)$.

21. $y' = \dfrac{-x}{\sqrt{x^2 + 1}} \cos \sqrt{x^2 + 1} \cdot \operatorname{sen} \operatorname{sen} \sqrt{x^2 + 1}$.

22. $y' = -6x \cos(1 - 3x^2) \sec^2 \operatorname{sen}(1 - 3x^2)$.

6.4 Formas indeterminadas

23. $y' = \dfrac{-x \cot\sqrt{x^2-1}}{\sqrt{x^2-1}\,\operatorname{sen}\sqrt{x^2-1}}.$

24. $y' = 2(x+1)\operatorname{sen}\dfrac{1}{x+1} - \cos\dfrac{1}{(x+1)}.$

25. $y' = \left(\dfrac{1}{2\sqrt{x}} - \dfrac{1}{3x^{2/3}}\right)\cos(\sqrt{x} - \sqrt[3]{x}).$

26. $y' = \operatorname{sen}\dfrac{1}{x} - \dfrac{1}{x}\cos\dfrac{1}{x}.$

27. $y' = \cos x,\quad y'' = -y,\quad y''' = -y',\quad y^{(4)} = y.$

28. $y' = -\operatorname{sen} x,\quad y'' = -y,\quad y''' = -y',\quad y^{(4)} = y.$

29. $y' = 3\cos 3x,\quad y'' = -3^2 y,\quad y''' = -3^2 y',\quad y^{(4)} = 3^4 y.$

30. $y' = -3\operatorname{sen}(3t-1),\quad y'' = -3^2 y,\quad y''' = -3^2 y',\quad y^{(4)} = 3^4 y.$

31. $y' = 5\cos(5t+2),\quad y'' = -5^2 y,\quad y''' = -5^2 y',\quad y^{(4)} = 5^4 y.$

32. $y' = \omega\cos\omega t,\quad y'' = -\omega^2 y,\quad y''' = -\omega^2 y',\quad y^{(4)} = \omega^4 y.$

33. $y' = \omega\cos(\omega t + \phi),\quad y'' = -\omega^2 y,\quad y''' = -\omega^2 y',\quad y^{(4)} = \omega^4 y.$

34. $y' = -\omega\operatorname{sen}(\omega t + \phi),\quad y'' = -\omega^2 y,\quad y''' = -\omega^2 y',\quad y^{(4)} = \omega^4 y.$

35. $y' = \dfrac{\cos(x-y)}{1+\cos(x-y)}.$

36. $y' = \dfrac{-1}{1+\operatorname{sen} y}.$

37. $y' = \dfrac{y}{\cos y - x}.$

38. $y' = \dfrac{y\operatorname{sen} x}{\cos x + 3y^2}.$

39. $y' = \dfrac{-\cos x}{1+\operatorname{sen} y}.$

40. $y' = \dfrac{y\cos xy - \operatorname{sen}(x+y)}{\operatorname{sen}(x+y) - x\cos xy}.$

41. Observe que derivar duas vezes a função $\operatorname{sen}\omega t$ equivale a multiplicá-la por $-\omega^2$, isto é,

$$D^2 \operatorname{sen}\omega t = -\omega^2 \operatorname{sen}\omega t.$$

Portanto, aplicar D^2 n vezes equivale a multiplicar a função por $(-\omega^2)^n$, isto é,

$$D^{2n} \operatorname{sen}\omega t = (-\omega^2)^n \operatorname{sen}\omega t.$$

Os demais casos propostos no exercício são análogos.

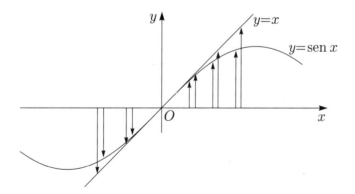

Figura 6.21

6.4 Formas indeterminadas

Formas do tipo 0/0

Vimos anteriormente que

$$\lim_{x\to 0}\frac{\operatorname{sen} x}{x} = 1.$$

É interessante interpretar esse resultado, geometricamente, analisando os gráficos das funções $f(x) = \operatorname{sen} x$ e $g(x) = x$ (Fig. 6.21). A reta $y = x$ é tangente ao gráfico de $y = \operatorname{sen} x$ na origem, de forma que, à medida que $x \to 0$, as ordenadas dos dois gráficos tendem a se confundir, embora ambas tendam a zero. Isto explica por que o quociente tem limite 1.

Consideremos, por outro lado, o caso em que $f(x) = x^2$ e $g(x) = x$. Ainda aqui, ambas as funções tendem a zero com $x \to 0$, mas de maneira diferente: à medida que x se aproxima de zero, $g(x)$ vai-se tornando infinitamente grande em comparação com $f(x)$, ou, o que é o mesmo, $f(x)$ torna-se infinitamente pequena em comparação com $g(x)$ (Fig. 6.22). O que visualizamos nessa figura se exprime analiticamente pelos seguintes limites:

$$\frac{f(x)}{g(x)} = x \to 0 \text{ com } x \to 0 \quad \text{e} \quad \frac{g(x)}{f(x)} = \frac{1}{x} \to \pm\infty \text{ com } x \to 0\pm.$$

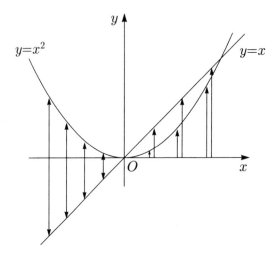

Figura 6.22

Infinitésimos. *Uma função que tende a zero num certo ponto $x = a$ é, por definição, um infinitésimo nesse ponto.*

Se f e g são infinitésimos para $x \to a$ e $\lim_{x \to a} f(x)/g(x) = 0$, então dizemos que f é infinitésimo de *ordem superior* em relação a g. Em linguagem sugestiva, vale dizer que f tende a zero mais depressa do que g, ou que é infinitésimo mais forte do que g. Se o limite for finito e diferente de zero, dizemos que os dois infinitésimos têm a *mesma ordem* de grandeza.

Exemplo 1. As funções $f(x) = x^2$ e $g(x) = 1 - \cos x$ são infinitésimos com $x \to 0$. Não é visível, à primeira vista, qual seja o limite de seu quociente,

$$\frac{x^2}{1 - \cos x},$$

com $x \to 0$. Para descobrir esse limite, multiplicamos o numerador e o denominador por $1 + \cos x$, obtendo

$$\frac{x^2}{1 - \cos x} = \frac{x^2(1 + \cos x)}{(1 - \cos x)(1 + \cos x)} = \frac{x^2(1 + \cos x)}{1 - \cos^2 x} = \left(\frac{x}{\operatorname{sen} x}\right)^2 (1 + \cos x);$$

portanto,

$$\lim_{x \to 0} \frac{x^2}{1 - \cos x} = \left(\lim_{x \to 0} \frac{x}{\operatorname{sen} x}\right)^2 \cdot \lim_{x \to 0}(1 + \cos x) = 2.$$

Em face deste resultado, vemos que x^2 e $1 - \cos x$ são infinitésimos de mesma ordem.

Observe o leitor que a função

$$F(x) = \frac{x^2}{1 - \cos x}$$

6.4 Formas indeterminadas 131

não está definida em $x = 0$. Em princípio, podemos atribuir-lhe aí qualquer valor; mas o mais natural é o valor 2, que é o limite de $F(x)$ com $x \to 0$: $F(0) = 2$. Assim procedendo, estamos estendendo a função a um ponto onde ela não estava definida, de maneira a fazê-la contínua nesse ponto.

Exemplo 2. As funções

$$f(x) = x - a \quad \text{e} \quad g(x) = \sqrt{x} - \sqrt{a} \quad (a > 0)$$

são infinitésimos de mesma ordem de grandeza com $x \to a$. De fato, sendo $x \neq a$,

$$\begin{aligned}
F(x) &= \frac{f(x)}{g(x)} = \frac{x - a}{\sqrt{x} - \sqrt{a}} = \frac{(x-a)(\sqrt{x}+\sqrt{a})}{(\sqrt{x}-\sqrt{a})(\sqrt{x}+\sqrt{a})} \\
&= \frac{(x-a)(\sqrt{x}+\sqrt{a})}{x - a} = \sqrt{x} + \sqrt{a};
\end{aligned}$$

portanto,

$$\lim_{x \to a} \frac{x - a}{\sqrt{x} - \sqrt{a}} = 2\sqrt{a} > 0.$$

Este exemplo mostra que quando $f(x)$ e $g(x)$ tendem a zero, o quociente $F(x)$ pode tender para valores os mais variados. De fato, se $a = 1$, esse limite é 2; se $a = 9$, o limite é 6; se $a = 81$, o limite é 18; enfim, $2\sqrt{a}$ pode assumir qualquer valor positivo L. Basta tomar $a = L^2/4$.

Exemplo 3. Um exemplo muito simples de infinitésimos, com $x \to 0$, cujo quociente tende a qualquer número real r, é dado pelas funções

$$f(x) = x^2 + rx \quad \text{e} \quad g(x) = x.$$

De fato, nesse caso,

$$F(x) = \frac{f(x)}{g(x)} = \frac{x^2 + rx}{x} = x + r,$$

que tende a r com $x \to 0$.

Exemplo 4. Outro exemplo análogo ao anterior é obtido com as funções $\operatorname{sen} rx$ e x, com $r \neq 0$.

$$t = rx \to 0 \Leftrightarrow x \to 0,$$

podemos escrever:

$$\lim_{x \to 0} \frac{\operatorname{sen} rx}{x} = \lim_{x \to 0} \left(r \cdot \frac{\operatorname{sen} rx}{rx} \right) = r \cdot \lim_{\to 0} \frac{\operatorname{sen} t}{t} = r.$$

Exemplo 5. Neste exemplo, pomos $t = x - \pi$ e notamos que $x \to \pi \Leftrightarrow t \to 0$; logo,

$$\lim_{x \to \pi} \frac{\operatorname{sen} x}{x - \pi} = \lim_{t \to 0} \frac{\operatorname{sen}(\pi + t)}{t} = \lim_{t \to 0} \frac{-\operatorname{sen} t}{t} = -1.$$

Forma indeterminada. Em todos esses exemplos estamos lidando com funções do tipo

$$F(x) = \frac{f(x)}{g(x)},$$

onde $f(x)$ e $g(x)$ tendem a zero, separadamente, com x tendendo a um certo valor $x = a$. No entanto, os limites das diferentes funções $F(x)$ assumem valores os mais variados. Daí a razão de darmos a $F(x)$ o nome de *forma indeterminada* em $x = a$. O processo de calcular o limite de $F(x)$ com $x \to a$ é conhecido como "levantar a indeterminação", e o limite encontrado nesse processo é chamado de "verdadeiro valor" de

Capítulo 6 Derivadas das funções trigonométricas

$F(x)$ em $x = a$, pois é realmente o valor mais adequado a se atribuir à função $F(x)$ em $x = a$, visto que assim ela será contínua nesse ponto.

O leitor não pense que o quociente de dois infinitésimos tem sempre um limite definido. O exemplo seguinte ilustra uma situação em que o quociente simplesmente não tem limite.

Exemplo 6. As funções

$$f(x) = x \cdot \operatorname{sen} \frac{1}{x} \quad \text{e} \quad g(x) = \operatorname{sen} x$$

tendem a zero com $x \to 0$. No entanto, seu quociente,

$$\frac{f(x)}{g(x)} = \frac{x \operatorname{sen}(1/x)}{\operatorname{sen} x} = \frac{x}{\operatorname{sen} x} \cdot \operatorname{sen} \frac{1}{x},$$

não tem limite com $x \to 0$. De fato, enquanto o fator $x/\operatorname{sen} x$ tende a 1, o segundo fator, $\operatorname{sen}(1/x)$, oscila entre $+1$ e -1 com $x \to 0$, impedindo, pois, que o produto desses dois fatores convirja para algum limite definido.

Formas do tipo ∞/∞

Outra situação de indeterminação ocorre quando lidamos com o quociente de dois polinômios com $x \to \pm\infty$. Quando esses polinômios têm o mesmo grau n, basta dividi-los por x^n para levantar a indeterminação. Por exemplo, no caso da função

$$\frac{8x^2 - 3}{2x^2 + 5x - 7},$$

dividimos o numerador e o denominador por x^2 e notamos que $3/x^2$, $5/x$ e $7/x^2$ tendem a zero com $x \to \pm\infty$. Então,

$$\lim_{x \to \pm\infty} \frac{8x^2 - 3}{2x^2 + 5x - 7} = \lim_{x \to \pm\infty} \frac{8 - 3/x^2}{2 + 5/x - 7/x^2} = \frac{8}{2} = 4.$$

Quando os graus são diferentes, dividimos numerador e denominador pela mesma potência de x, aquela cujo expoente é o grau mais baixo entre os graus do numerador e do denominador e, em seguida, fatoramos alguma potência positiva de x que eventualmente ainda esteja presente no numerador ou no denominador. Vejamos alguns exemplos:

$$\lim_{x \to \pm\infty} \frac{3x^2 + 1}{2x^5 - 7} = \lim_{x \to \pm\infty} \frac{3 + 1/x^2}{2x^3 - 7/x^2} = \lim_{x \to \pm\infty} \left(\frac{1}{x^3} \cdot \frac{3 + 1/x^2}{2 - 7/x^5} \right) = \lim_{x \to \pm\infty} \frac{1}{x^3} \cdot \lim_{x \to \pm\infty} \frac{3 + 1/x^2}{2 - 7/x^5} = 0;$$

$$\lim_{x \to +\infty} \frac{5x^2 - x}{x + 2} = \lim_{x \to +\infty} \left(x \cdot \frac{5 - 1/x}{1 + 2/x} \right) = +\infty;$$

$$\lim_{x \to +\infty} \frac{2 - x^4}{x^3 - 3x + 9} = \lim_{x \to +\infty} \left(x \cdot \frac{2/x^4 - 1}{1 - 3/x^2 + 9/x^3} \right) = -\infty;$$

$$\lim_{x \to \pm\infty} \frac{x^3 - 4x + 1}{x + 5} = \lim_{x \to \pm\infty} \left(x^2 \cdot \frac{1 - 4/x^2 + 1/x^3}{1 + 5/x} \right) = +\infty;$$

$$\lim_{x \to -\infty} \frac{2x^3 - x + 2}{-5x^2 + 1} = \lim_{x \to -\infty} \left(x \cdot \frac{2 - 1/x^2 + 2/x^3}{-5 + 1/x^2} \right) = +\infty.$$

6.4 Formas indeterminadas

Observe que o comportamento de um polinômio no infinito é ditado pelo termo de mais alto grau, chamado *termo dominante*. Por exemplo, no polinômio

$$5x^4 + 2x^3 - 4x^2 + 3,$$

$5x^4$ domina todos os outros termos quando $x \to +\infty$. Basta notar que ele tende a infinito mais rapidamente que $2x^3$, visto que

$$\frac{5x^4}{2x^3} = \frac{5x}{2} \to +\infty.$$

Do mesmo modo, $2x^3$ domina $-4x^2$, que domina o termo constante 3. Em vista disso, o valor do limite do quociente de dois polinômios é determinado pelos termos dominantes. Isto fica mais evidente quando fatoramos o termo dominante. Por exemplo,

$$5x^4 + 2x^3 - 4x^2 + 3 = 5x^4 \left(1 + \frac{2}{5x} - \frac{4}{5x^2} + \frac{3}{5x^4}\right)$$

e o fator em parênteses que aí aparece tende a 1.

A situação é análoga em certos casos mais gerais. Por exemplo,

$$\lim_{x \to \pm\infty} \frac{3x^2 - x\cos x}{5x^2 + x\,\mathrm{sen}\,x} = \lim_{x \to \pm\infty} \frac{3 - \cos x/x}{5 + \mathrm{sen}\,x/x} = \frac{3}{5}.$$

No próximo exemplo, ao dividirmos o numerador por x^2, dividimos $5x$ por x e $\sqrt{x^2 - 1}$ por x. Como

$$\frac{\sqrt{x^2 - 1}}{x} = \sqrt{\frac{x^2 - 1}{x^2}} = \sqrt{1 - \frac{1}{x^2}},$$

teremos:

$$\lim_{x \to +\infty} \frac{5x\sqrt{x^2 - 1} - 10}{4x^2 - 5} = \lim_{x \to +\infty} \frac{5\sqrt{1 - 1/x^2} - 10/x^2}{4 - 5/x^2} = \frac{5}{4}.$$

Quando consideramos o comportamento de um polinômio, para $x \to 0$, a importância de seus termos se manifesta na ordem inversa daquela que possuem quando $x \to \infty$. Assim, no polinômio

$$3x^4 - 2x^3 + 7x + 10,$$

o termo constante 10 domina $7x$ quando $x \to 0$, pois

$$\lim_{x \to 0\pm} \frac{10}{7x} = \pm\infty;$$

$7x$ domina $2x^3$, que domina $3x^4$. Então, o termo dominante do polinômio quando $x \to 0$ é 10.

Formas do tipo $\infty - \infty$

Outro tipo de forma indeterminada ocorre no cálculo do limite de uma diferença $f - g$, quando as funções f e g tendem ambas para infinito. Para dar um exemplo bem simples dessa situação, sejam $f(x) = k + 1/x^2$ e $g(x) = 1/x^2$, onde k é uma constante arbitrátria. Evidentemente,

$$\lim_{x \to 0} f(x) = \lim_{x \to 0} g(x) = +\infty \quad \text{e} \quad \lim_{x \to 0}[f(x) - g(x)] = k.$$

Esse exemplo, por si, basta para mostrar que é possível obter, como limite de formas do tipo $\infty - \infty$, qualquer número k. Mas o limite pode também ser infinito. Vejamos alguns exemplos:

$$\lim_{x \to \pm\infty} (7x^4 - 5x^2) = \lim_{x \to \pm\infty} x^2(7x^2 - 5) = +\infty;$$

$$\lim_{x\to-\infty} (x^2 - 3x) = \lim_{x\to-\infty} x(x-3) = +\infty;$$

$$\lim_{x\to\pm\infty} (4x - x^3) = \lim_{x\to\pm\infty} x(4 - x^2) = \mp\infty;$$

$$\lim_{x\to\pm\infty} [(5x^3 - 2x^2 + 7) - (4x^4 + 7x^2 - 1)] = \lim_{x\to\pm\infty} x^4\left(-4 + \frac{5}{x} - \frac{9}{x^2} + \frac{8}{x^4}\right) = -\infty.$$

Observe, nesses exemplos, que o limite é sempre determinado pelo termo dominante.

Existem outros tipos de indeterminação que trataremos no Capítulo 8, quando discutirmos as regras de L'Hôpital. Veremos que tais regras são muito úteis no cálculo dos limites de formas indeterminadas em geral. Terminamos esta seção com alguns exemplos adicionais de limites dos vários tipos que vimos considerando.

$$\lim_{h\to0} \frac{\sqrt{1+h} - 1}{h} = \lim_{h\to0} \frac{(\sqrt{1+h} - 1)(\sqrt{1+h} + 1)}{h(\sqrt{1+h} + 1)} = \lim_{h\to0} \frac{1}{\sqrt{1+h} + 1} = \frac{1}{2};$$

$$\lim_{t\to1/2} \frac{2t^2 + t - 1}{6t^2 - 13t + 5} = \lim_{t\to1/2} \frac{2(t - 1/2)(t + 1)}{6(t - 1/2)(t - 5/3)} = \lim_{t\to1/2} \frac{t + 1}{3t - 5} = -\frac{3}{7};$$

$$\lim_{v\to\infty} \frac{v\sqrt{v} - 7v}{v^{5/2} + 1} = \lim_{v\to\infty} \frac{1 - 7/\sqrt{v}}{v + 1/v\sqrt{v}} = 0;$$

$$\lim_{x\to\infty} (\sqrt{x + a} - \sqrt{x}) = \lim_{x\to\infty} \frac{(\sqrt{x + a} - \sqrt{x})(\sqrt{x + a} + \sqrt{x})}{\sqrt{x + a} + \sqrt{x}} = \lim_{x\to\infty} \frac{a}{\sqrt{x + a} + \sqrt{x}} = 0,$$

$$\lim_{x\to0} \left(\frac{1}{x^2} - \frac{1}{x}\right) = \lim_{x\to0} \frac{1}{x^2}(1 - x) = +\infty.$$

Exercícios

Calcule os limites indicados nos Exercícios 1 a 51.

1. $\displaystyle\lim_{x\to0} \frac{\operatorname{sen} 3x}{5x}$.

2. $\displaystyle\lim_{x\to0} \frac{x}{\operatorname{sen} 2x}$.

3. $\displaystyle\lim_{x\to0+} \frac{\operatorname{sen} x}{\sqrt{x}}$.

4. $\displaystyle\lim_{x\to0+} \frac{x}{\operatorname{sen} \sqrt{3x}}$.

5. $\displaystyle\lim_{x\to0} \frac{\operatorname{sen} 3x}{\operatorname{sen} 5x}$.

6. $\displaystyle\lim_{x\to0} \frac{\tan x}{x}$.

7. $\displaystyle\lim_{t\to0+} \frac{t}{\sqrt{\tan t}}$.

8. $\displaystyle\lim_{x\to0} \frac{\tan 6x}{2x}$.

9. $\displaystyle\lim_{t\to0} \frac{t\cos t}{\tan t}$.

10. $\displaystyle\lim_{t\to0} \frac{\operatorname{sen} at}{\operatorname{sen} bt}$, $a, b \neq 0$.

11. $\displaystyle\lim_{x\to0} \frac{\tan ax}{\operatorname{sen} bx}$, $b \neq 0$.

12. $\displaystyle\lim_{u\to0} \frac{\operatorname{sen} u^3}{u}$.

13. $\displaystyle\lim_{u\to0+} \frac{\sqrt{u}}{\tan u}$.

14. $\displaystyle\lim_{x\to0} \frac{\operatorname{sen} x^3}{\operatorname{sen} x^2}$.

15. $\displaystyle\lim_{t\to0\pm} \frac{\tan t^2}{\operatorname{sen} t^3}$.

16. $\displaystyle\lim_{t\to0\pm} \frac{3t^2 - t}{\tan t^2}$.

17. $\displaystyle\lim_{t\to0+} \frac{\operatorname{sen}^2 3t}{t\sqrt{t}\tan \sqrt{t}}$.

18. $\displaystyle\lim_{x\to0} \frac{\tan^2 5x}{x\operatorname{sen} 3x}$.

19. $\displaystyle\lim_{u\to0} \frac{u^2 + \operatorname{sen}^2 u}{\tan u}$.

20. $\displaystyle\lim_{u\to0} \frac{u^2 - 3\operatorname{sen} u^2}{\tan^2 u}$.

21. $\displaystyle\lim_{u\to0\pm} \frac{\tan 3u^2 + \operatorname{sen}^2 6u}{u^2 \operatorname{sen} 4u}$.

22. $\displaystyle\lim_{t\to0} \frac{\sqrt{25 + 3t} - 5}{t}$.

23. $\displaystyle\lim_{t\to0} \frac{\sqrt{16 - 5t} - 4}{2t}$.

24. $\displaystyle\lim_{t\to0} \frac{\sqrt{a^2 + bt} - a}{t}$, $a > 0$.

25. $\displaystyle\lim_{h\to1} \frac{\sqrt{h} - 1}{h - 1}$.

26. $\displaystyle\lim_{x\to1+} \frac{\operatorname{sen} \sqrt{x - 1}}{\sqrt{x^2 - 1}}$.

27. $\displaystyle\lim_{x\to1-} \frac{1 - x^2}{\sqrt{1 - x^2}}$.

28. $\displaystyle\lim_{x\to1} \frac{x - 1}{x^2 - 5x + 4}$.

29. $\displaystyle\lim_{x\to1/2} \frac{2x^2 + x - 1}{6x^2 - 5x + 1}$.

30. $\displaystyle\lim_{x\to a} \frac{x^2 + (1 - a)x - a}{x - a}$.

6.4 Formas indeterminadas

31. $\lim\limits_{t \to 5/2} \dfrac{2t^2 - 3t - 5}{2t - 5}$.

32. $\lim\limits_{x \to 2} \dfrac{x^3 - 8}{x - 2}$.

33. $\lim\limits_{x \to a} \dfrac{x^3 - a^3}{x - a}$.

34. $\lim\limits_{x \to 2} \dfrac{x^4 - 16}{x - 2}$.

35. $\lim\limits_{x \to a} \dfrac{x^n - a^n}{x - a}$.

36. $\lim\limits_{h \to -4} \dfrac{\sqrt{2(h^2 - 8)} + h}{h + 4}$.

37. $\lim\limits_{t \to +\infty} \dfrac{t^2 - 1}{t - 4}$.

38. $\lim\limits_{t \to -\infty} \dfrac{3t^2 + 789}{t(5t - 8)}$.

39. $\lim\limits_{x \to \pm\infty} \dfrac{x(3x + \operatorname{sen} x)}{2x^2 - 5x \operatorname{sen} x + 1}$.

40. $\lim\limits_{x \to \pm\infty} \dfrac{x(2x^2 - x + 1)}{x^2(3x + 4)}$.

41. $\lim\limits_{x \to \pm\infty} \dfrac{\sqrt{|x|}(x - 1)}{x^2\sqrt{|x|} - x + 1}$.

42. $\lim\limits_{x \to \pm\infty} \dfrac{-3x^2 - 4x + 2}{x^3 - 3x - 1}$.

43. $\lim\limits_{x \to \pm\infty} \dfrac{x(ax + \operatorname{sen} x)}{bx^2 - 5\cos x + 1}$, $\ b \neq 0$.

44. $\lim\limits_{t \to +\infty} \dfrac{\sqrt{t}(\operatorname{sen} t + \sqrt{t}\cos t)}{t\sqrt{t} - \operatorname{sen}(t\sqrt{t})}$.

45. $\lim\limits_{v \to +\infty} \dfrac{v\sqrt{v} - 1}{3v + 1}$.

46. $\lim\limits_{x \to 0} \dfrac{-x^2 + x\sqrt{2x} + 7}{x^{5/2} - 1}$.

47. $\lim\limits_{x \to \pm\infty} (3x^2 - 4x^3 + 1)$.

48. $\lim\limits_{x \to 0\pm} \left(\dfrac{4}{x^2} - \dfrac{3}{x^3} \right)$.

49. $\lim\limits_{x \to 0+} \left(\dfrac{\operatorname{sen} x}{x^2} - \dfrac{1}{\sqrt{x}} \right)$.

50. $\lim\limits_{t \to 0} \left(\dfrac{\operatorname{sen} t}{t^2} - \dfrac{1}{t^2} \right)$.

51. $\lim\limits_{h \to +\infty} (\sqrt{a + h} - \sqrt{h})$.

Respostas, sugestões e soluções

1. $\dfrac{\operatorname{sen} 3x}{5x} = \dfrac{\operatorname{sen} 3x}{3x} \cdot \dfrac{3}{5} \to \dfrac{3}{5}$.

2. $1/2$.

3. $\dfrac{\operatorname{sen} x}{\sqrt{x}} = \dfrac{\operatorname{sen} x}{x} \cdot \sqrt{x} \to 0$.

4. Zero

5. $\dfrac{\operatorname{sen} 3x}{\operatorname{sen} 5x} = \dfrac{\operatorname{sen} 3x}{3x} \cdot 3x \cdot \dfrac{5x}{\operatorname{sen} 5x} \cdot \dfrac{1}{5x}$.

6. $\dfrac{\tan x}{x} = \dfrac{1}{\cos x} \cdot \dfrac{\operatorname{sen} x}{x}$.

7. $\dfrac{t}{\sqrt{\tan t}} = \sqrt{t} \cdot \sqrt{\dfrac{t}{\tan t}} \to 0$.

8. 3.

9. $\dfrac{t\cos t}{\tan t} = \cos t \cdot \dfrac{t}{\tan t} \to 1$.

10. $\dfrac{\operatorname{sen} at}{\operatorname{sen} bt} = \dfrac{a}{b} \cdot \dfrac{\operatorname{sen} at}{at} \cdot \dfrac{bt}{\operatorname{sen} bt} \to \dfrac{a}{b}$.

11. $\dfrac{\tan ax}{\operatorname{sen} bx} = \dfrac{a}{b} \cdot \dfrac{\tan ax}{ax} \dfrac{bx}{\operatorname{sen} bx} \to \dfrac{a}{b}$.

12. $\dfrac{\operatorname{sen} u^3}{u} = u^2 \dfrac{\operatorname{sen} u^3}{u^3}$.

13. $\dfrac{\sqrt{u}}{\tan u} = \dfrac{1}{\sqrt{u}} \cdot \dfrac{u}{\tan u} \to +\infty$.

14. $\dfrac{\operatorname{sen} x^3}{\operatorname{sen} x^2} = x \cdot \dfrac{\operatorname{sen} x^3}{x^3} \cdot \dfrac{x^2}{\operatorname{sen} x^2} \to 0$.

15. $\pm\infty$

16. $\dfrac{3t^2 - t}{\tan t^2} = \dfrac{t^2}{\tan t^2}\left(3 - \dfrac{1}{t} \right) \to \mp\infty$.

17. $\dfrac{\operatorname{sen}^2 3t}{t\sqrt{t}\tan\sqrt{t}} = 9\left(\dfrac{\operatorname{sen} 3t}{3t} \right)^2 \dfrac{\sqrt{t}}{\tan\sqrt{t}} \to 9$.

18. $\dfrac{\tan^2 5x}{x\operatorname{sen} 3x} = \dfrac{25}{3}\left(\dfrac{\tan 5x}{5x} \right)^2 \dfrac{3x}{\operatorname{sen} 3x} \to \dfrac{25}{3}$.

19. $\dfrac{u^2 + \operatorname{sen}^2 u}{\tan u} = u \cdot \dfrac{u}{\tan u} + \operatorname{sen} u \cdot \dfrac{\operatorname{sen} u}{\tan u} \to 0$.

20. $\dfrac{u^2 - 3\operatorname{sen} u^2}{\tan^2 u} = \left(\dfrac{u}{\tan u} \right)^2 - 3\dfrac{\operatorname{sen} u^2}{u^2}\left(\dfrac{u}{\tan u} \right)^2 \to -2$.

21. $\dfrac{\tan 3u^2 + \operatorname{sen}^2 6u}{u^2\operatorname{sen} 4u} = \left[3\dfrac{\tan 3u^2}{3u^2} + 36\left(\dfrac{\operatorname{sen} 6u}{6u} \right)^2 \right] \dfrac{1}{\operatorname{sen} 4u}$.

22. $\dfrac{\sqrt{25 + 3t} - 5}{t} = \dfrac{3t}{t(\sqrt{25 + 3t} + 5)}$.

24. $\dfrac{\sqrt{a^2 + bt} - a}{t} = \dfrac{b}{\sqrt{a^2 + bt} + a}$.

25. Multiplique numerador e denominador por $\sqrt{h} + 1$.

26. $\dfrac{\operatorname{sen}\sqrt{x - 1}}{\sqrt{x^2 - 1}} = \dfrac{1}{\sqrt{x + 1}} \cdot \dfrac{\operatorname{sen}\sqrt{x - 1}}{\sqrt{x - 1}} \to \dfrac{1}{\sqrt{2}}$.

30. $a + 1$.

32. Observe que $x^3 - a^3 = (x - a)(x^2 + ax + a^2)$. Faça $a = 2$.

34. Fatore $x - 2$ no numerador.

35. $x^n - a^n = (x-a)(x^{n-1} + ax^{n-2} + a^2 x^{n-3} + \ldots + a^{n-1})$.

36. $\dfrac{\sqrt{2(h^2-8)}+h}{h+4} = \dfrac{2(h^2-8)-h^2}{(h+4)(\sqrt{2(h^2-8)}-h)} = \dfrac{h-4}{\sqrt{2(h^2-8)}-h}$.

37. $\dfrac{t^2-1}{t-4} = t \cdot \dfrac{1-1/t^2}{1-4/t} \to \pm\infty$.   **39.** $\dfrac{x(3x+\operatorname{sen}x)}{2x^2-5x\operatorname{sen}x+1} = \dfrac{3+(\operatorname{sen}x)/x}{2-5\operatorname{sen}x/x+1/x^2}$.

41. $\dfrac{\sqrt{|x|}(x-1)}{x^2\sqrt{|x|}-x+1} = \dfrac{1-1/x}{x-1/\sqrt{x}+1/x\sqrt{x}}$.

47. $3x^2 - 4x^3 + 1 = -4x^3(1 - 3/4x - 1/4x^3)$.

48. $\dfrac{4}{x^2} - \dfrac{3}{x^3} = \dfrac{-1}{x^3}(3-4x)$.   **49.** $\dfrac{\operatorname{sen}x}{x^2} - \dfrac{1}{\sqrt{x}} = \dfrac{1}{x}\left(\dfrac{\operatorname{sen}x}{x} - \sqrt{x}\right)$.

6.5 Funções trigonométricas inversas

Vamos considerar agora o problema de inverter as funções trigonométricas. Como já tivemos oportunidade de ver (p. 47), para que uma função tenha inversa é necessário que ela seja injetiva. Em conseqüência, para inverter as funções trigonométricas, teremos de restringi-las a domínios apropriados. Veremos que há várias maneiras de fazer isso.

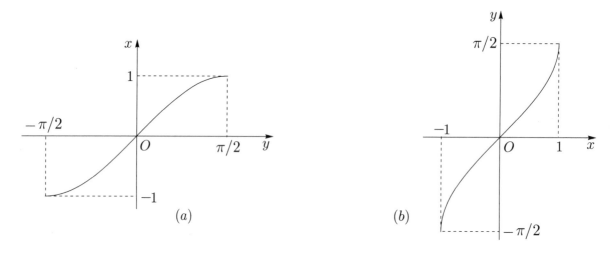

Figura 6.23

A inversa da função seno

Vamos considerar y como variável independente e x como variável dependente na função

$$x = \operatorname{sen} y. \tag{6.10}$$

Para obtermos a sua inversa devemos restringir y a um intervalo onde a função seno seja sempre crescente ou sempre decrescente. É costume restringir y ao intervalo $-\pi/2 \leq y \leq \pi/2$. O gráfico da restrição assim obtida tem o aspecto ilustrado na Fig. 6.23a. A função inversa $y(x)$ é chamada de função *arco seno*: "y é o arco cujo seno é x"; escreve-se

$$y = \operatorname{arcsen} x. \tag{6.11}$$

Seu gráfico está ilustrado na Fig. 6.23b.

Para calcular a derivada da função (6.11) usamos a Eq. (5.8) da p. 106:

$$D \operatorname{arcsen} x = \dfrac{1}{D \operatorname{sen} y} = \dfrac{1}{\cos y}. \tag{6.12}$$

6.5 Funções trigonométricas inversas

Mas $\cos y = \sqrt{1 - \operatorname{sen}^2 y}$. Daqui, de (6.10) e (6.12), obtemos:

$$D \operatorname{arcsen} x = \frac{1}{\sqrt{1-x^2}};$$
$$|x| < 1, \quad |\operatorname{arcsen} x| < \pi/2.$$

Observe que a raiz quadrada é positiva porque y varia no intervalo $[-\pi/2,\ \pi/2]$, onde o co-seno é positivo. É de se observar também que a derivada (6.13) não está definida para $x = \pm 1$. Quando x se aproxima desses valores, a derivada cresce acima de qualquer número dado:

$$\lim_{x \to \pm 1} D \operatorname{arcsen} x = \infty.$$

Isto está de acordo com o fato de que a reta tangente à curva se aproxima da vertical quando x se aproxima de $+1$ pela esquerda ou de -1 pela direita, como ilustra a Fig. 6.23b.

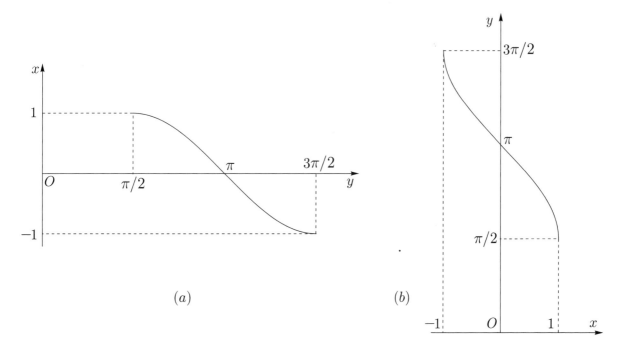

Figura 6.24

Poderíamos também restringir y a qualquer outro intervalo onde a função da Eq. (6.10) fosse sempre crescente ou sempre decrescente. Por exemplo, no intervalo

$$\frac{\pi}{2} \leq y \leq \frac{3\pi}{2}$$

o seno é decrescente e o co-seno é negativo, de maneira que os cálculos acima nos conduziriam ao valor

$$\frac{1}{-\sqrt{1-x^2}}$$

para a derivada da função $\operatorname{arcsen} x$ (Fig. 6.24). Mas, como já dissemos, sempre que se fala de arco seno, entende-se a função com domínio $[-1, 1]$ e imagem $[-\pi/2, \pi/2]$, a menos que o contrário seja dito explicitamente.

A inversa da função tangente

A função *arco tangente* é definida de maneira análoga ao arco seno — é a inversa da tangente:

$$x = \tan y, \quad y = \arctan x,$$

a primeira definida no intervalo $-\pi/2 < y < \pi/2$ e a segunda na reta toda: $-\infty < x < \infty$. (Fig. 6.25). Calculamos a derivada usando a Eq. (5.8):

$$D \arctan x = \frac{1}{D \tan y} = \cos^2 y.$$

Mas, como vimos no Exercício 5 da p. 122, $\cos^2 y = \dfrac{1}{1 + \tan^2 y}$, de sorte que

$$\boxed{D \arctan x = \frac{1}{1 + x^2},\quad x \text{ qualquer.}}$$

Este resultado é verdadeiro para qualquer determinação da função $y = \arctan x$, seja $-\pi/2 < y < \pi/2$, seja qualquer outra $2k\pi - \pi/2 < y < 2k\pi + \pi/2$, k inteiro.

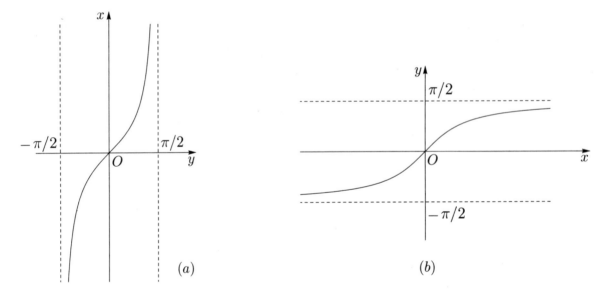

Figura 6.25

A inversa da função secante

Vamos considerar, agora, a função *arco secante*. Temos:

$$x = \sec y, \quad y = \operatorname{arcsec} x,$$

onde $y \in [0, \pi/2) \cup [\pi/2, \pi]$ e $x \in (-\infty, -1] \cup [1, \infty)$ (Fig. 6.26a). Para calcular a derivada do arco secante, observamos o seguinte:

$$\cos y = \frac{1}{\sec y} = \frac{1}{x} \quad \text{e} \quad \operatorname{sen} y = \sqrt{1 - \cos^2 y} = \sqrt{1 - \frac{1}{x^2}} = \frac{\sqrt{x^2 - 1}}{|x|};$$

portanto,
$$D\arcsec x = \frac{1}{D\sec y} = \frac{\cos^2 y}{\sen y} = \frac{|x|}{x^2\sqrt{x^2-1}}$$

e, finalmente,

$$D\arcsec x = \frac{1}{|x|\sqrt{x^2-1}};$$
$$|x| > 1, \quad 0 < \arcsec x < \pi,$$
$$\arcsec x \neq \pi/2.$$

O leitor deve notar que essa derivada não está definida em $x = \pm 1$; a tangente à curva se aproxima da vertical quando x se aproxima de $+1$ pela direita ou de -1 pela esquerda (Fig. 6.26b).

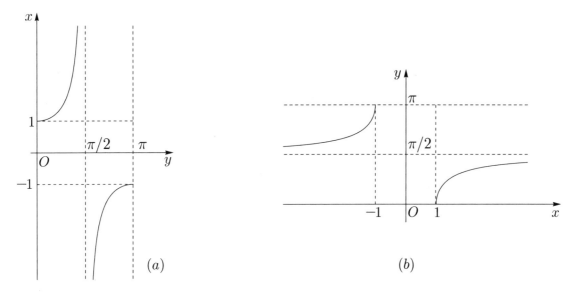

Figura 6.26

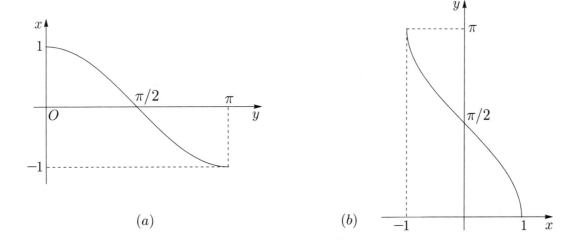

Figura 6.27

As demais funções trigonométricas inversas, *arco co-seno, arco co-tangente* e *arco co-secante*, são definidas de maneira análoga aos procedimentos usados anteriormente. Deixando os detalhes para os exercícios, daremos, a seguir, suas derivadas e seus gráficos (Figs. 6.27 a 6.29):

$$D \arccos x = \frac{-1}{\sqrt{1-x^2}}; \quad |x| < 1, \quad 0 < \arccos x < \pi.$$

$$D \operatorname{arccot} x = \frac{-1}{1+x^2}.$$

$$D \operatorname{arccsc} x = \frac{-1}{|x|\sqrt{x^2-1}}, \quad |x| > 1, \quad 0 \neq |\operatorname{arccsc} x| < \pi/2.$$

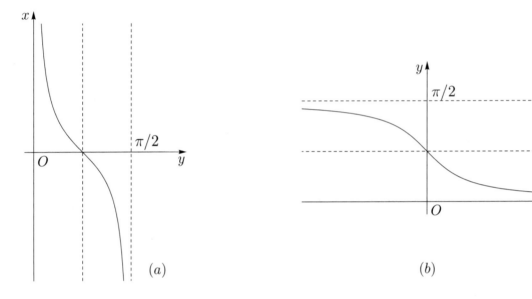

Figura 6.28

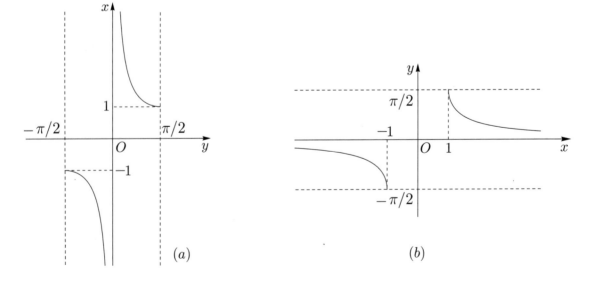

Figura 6.29

6.5 Funções trigonométricas inversas

Exercícios

1. Calcule, em detalhes, as três derivadas anteriores.

Indique domínios apropriados às funções dos Exercícios 2 a 34 e calcule suas derivadas.

2. $y = \operatorname{arcsen}(1 - x^2)$.

3. $y = \operatorname{arcsen}\sqrt{x}$.

4. $y = \operatorname{arcsen}\dfrac{x+1}{x-1}$.

5. $y = \operatorname{arcsen} x^2$.

6. $y = \operatorname{arcsen} kx$.

7. $y = \operatorname{arcsen}(3x + 5)$.

8. $\operatorname{arcsen}(x^2 - 1)$.

9. $y = \operatorname{arcsen}(1 - x)$.

10. $y = \operatorname{arcsen}\sqrt{1 - x^2}$.

11. $y = \operatorname{arcsen}\dfrac{x}{1 + x^2}$.

12. $y = \operatorname{arcsen}\dfrac{x}{\sqrt{1 + x^2}}$.

13. $y = \arctan x^2$.

14. $y = \arctan(3/x)$.

15. $y = \arctan\sqrt{x^2 + 1}$.

16. $y = \arctan(\operatorname{sen} x)$.

17. $y = \arctan\sqrt{x}$.

18. $y = \arctan\dfrac{1 + x}{1 - x}$.

19. $y = \arctan\dfrac{x - 1}{x + 1}$.

20. $y = \arctan\dfrac{x}{\sqrt{1 + x^2}}$.

21. $y = x^2\operatorname{arcsen} 3x$.

22. $y = (1 + \arctan x)^2$.

23. $y = \dfrac{\operatorname{sen} x}{\operatorname{arcsen} x}$.

24. $y = [\operatorname{sen} x - \arctan(1/x)]^2$.

25. $y = \arctan(\cos 3x)$.

26. $y = \operatorname{arc\,cos}\sqrt{1 - x^2}$.

27. $y = \operatorname{arc\,cos}(1 - x^2)$.

28. $y = \operatorname{arccot}(\operatorname{sen} x)$.

29. $y = \operatorname{arccsc}\sqrt{x}$.

30. $y = \operatorname{arc\,cos} x + \sqrt{1 - x^2}$.

31. $y = \operatorname{arccot} x + \sqrt{1 + x^2}$.

32. $y = \operatorname{arcsec}\sqrt{x}$.

33. $y = \operatorname{arcsec}(1 - x^2)$.

34. $y = (\operatorname{arcsec} x - \cos x)^2$.

Respostas, sugestões e soluções

1. Para a primeira derivada restringimos a função $x = \cos y$ ao intervalo $0 < y < \pi$, onde o seno é positivo; portanto, $\operatorname{sen} y = \sqrt{1 - \cos^2 y} = \sqrt{1 - x^2}$. A inversa de $x = \cos y$, que é $y = \operatorname{arc\,cos} x$, estará definida em $-1 < x < 1$ e

$$D\operatorname{arc\,cos} x = \frac{1}{D\cos y} = \frac{-1}{\operatorname{sen} y} = \frac{-1}{\sqrt{1 - x^2}}.$$

No segundo caso a considerar, tomamos a função $x = \cot y$ no intervalo $0 < y < \pi$ (ou em qualquer intervalo do tipo $k\pi < y < k\pi + \pi$, k inteiro). Como vimos no Exercício 6 da p. 122,

$$\operatorname{sen}^2 y = \frac{1}{1 + \cot^2 y} = \frac{1}{1 + x^2}.$$

Então, $y = \operatorname{arccot} x$ terá domínio $-\infty < x < +\infty$, e

$$D\operatorname{arccot} x = \frac{1}{D\cot y} = -\operatorname{sen}^2 y = \frac{-1}{1 + x^2}.$$

Finalmente, tomando $x = \csc y = 1/\operatorname{sen} y$, com $y \in [-\pi/2, 0) \cup (0, \pi/2]$, teremos:

$$y = \operatorname{arccsc} x, \quad x \in (-\infty, -1) \cup (1, +\infty);$$

$$D\operatorname{arccsc} x = \frac{1}{D\csc y} = \frac{-\operatorname{sen}^2 y}{\cos y} = \frac{-1}{x^2\sqrt{1 - 1/x^2}} = \frac{-1}{|x|\sqrt{x^2 - 1}}.$$

2. $0 < |x| < 2$, $y' = \dfrac{(1 - x^2)'}{\sqrt{1 - (1 - x^2)^2}} = \dfrac{-2x}{\sqrt{1 - (1 - x^2)^2}} = \dfrac{-2x}{|x|\sqrt{2 - x^2}}$.

3. $0 < x < 1$, $y' = \dfrac{1}{2\sqrt{x(1 - x)}}$.

4. $x < 0$, $y' = \dfrac{1}{(x - 1)\sqrt{-x}}$.

5. $|x| < 1$, $y' = \dfrac{2x}{\sqrt{1 - x^4}}$.

6. $|x| < \dfrac{1}{|k|}$, $y' = \dfrac{k}{\sqrt{1 - k^2 x^2}}$.

7. $-2 < x < -4/3$, $y' = \dfrac{3}{\sqrt{1 - (3x + 5)^2}}$.

8. $|x| < \sqrt{2}$, $y' = \dfrac{2x}{|x|\sqrt{2-x^2}}$.

9. $0 < x < 2$, $y' = \dfrac{-1}{\sqrt{x(2-x)}}$.

10. $0 < |x| < \sqrt{2}$, $y' = \dfrac{-x}{|x|\sqrt{1-x^2}}$.

11. x real qualquer, $y' = \dfrac{1-x^2}{(1+x^2)\sqrt{1+x^2+x^4}}$.

12. $y' = \dfrac{1}{1+x^2}$.

14. $x \neq 0$, $y' = \dfrac{-3}{9+x^2}$.

15. $y' = \dfrac{x}{(2+x^2)\sqrt{x^2+1}}$.

16. $y' = \dfrac{\cos x}{1 + \operatorname{sen}^2 x}$.

18. $x \neq 1$, $y' = \dfrac{1}{1+x^2}$.

20. $y' = \dfrac{1}{(1+2x^2)\sqrt{1+x^2}}$.

22. $y' = \dfrac{2(1+\arctan x)}{1+x^2}$.

24. $x \neq 0$, $y' = 2\left(\operatorname{sen} x - \arctan\dfrac{1}{x}\right)\left(\cos x + \dfrac{1}{1+x^2}\right)$.

26. $0 < |x| < 1$, $y' = \dfrac{x}{|x|\sqrt{1-x^2}}$.

28. x qualquer, $y' = \dfrac{-\cos x}{1+\operatorname{sen}^2 x}$.

30. $|x| < 1$, $y' = \dfrac{-(1+x)}{\sqrt{1-x^2}}$.

32. $x > 1$, $y' = \dfrac{1}{2x\sqrt{x-1}}$.

34. $|x| > 1$, $y' = 2\left(\operatorname{arcsec} x - \cos x\right)\left(\operatorname{sen} x + \dfrac{1}{|x|\sqrt{x^2-1}}\right)$.

6.6 Notas históricas

Origens da trigonometria

As origens da trigonometria na Grécia antiga são obscuras, pois não dispomos das obras dos matemáticos que deram os primeiros passos na criação dessa disciplina. Parece que o principal desses matemáticos foi Hiparco, que viveu no século II a.C. e que é considerado o maior astrônomo da antiguidade. As informações sobre a obra de Hiparco nos vêm de obras de sábios que o sucederam, principalmente Claudio Ptolomeu, que viveu no século II d.C.

Seja como for, a trigonometria surgiu como uma necessidade da Astronomia, que foi a primeira das ciências exatas a se beneficiar da Matemática. Cerca de 100 anos antes de Hiparco, no século III a.C., viveram Eratóstenes e Aristarco. Eratóstenes, que foi um sábio versado em muitas disciplinas científicas e nas humanidades, é bem conhecido pela sua determinação do tamanho da Terra, um método simples e engenhoso, que pode ser encontrado em livros do ensino médio.[1] Aristarco, conhecido como o Copérnico da Antiguidade, por haver proposto a teoria heliocêntrica do sistema solar, parece ter sido o primeiro astrônomo a calcular os tamanhos da Lua e do Sol, e as distâncias a que se encontram esses astros da Terra. Esses cálculos constam de um livro de Aristarco que chegou até nós. Embora não existisse trigonometria naquele tempo, Aristarco usa raciocínios que sugerem a utilização de algumas das funções trigonométricas. Além disso, o trabalho de Aristarco impressiona pela engenhosidade de suas idéias e pela simplicidade e poder dos métodos matemáticos já conhecidos na época. Por todas essas razões, julgamos conveniente incluir aqui uma breve exposição da obra desse ilustre sábio.

Aristarco e a Astronomia

Todos sabemos que o Sol está muito mais distante da Terra que a Lua. No entanto, se pedirmos a qualquer pessoa uma explicação desse fato, é pouco provável que ela saiba dar. O mais certo é que sua primeira reação seja a de dizer: "bem, eu aprendi assim, foi assim que me ensinaram". Realmente, temos conhecimento de muitos fatos científicos apenas porque eles nos foram "ensinados", porque fomos, de certo modo, "indoutrinados". Aliás, isso é verdade para a maior parte de tudo que aprendemos, mesmo porque não há como verificar a veracidade de todo o conhecimento que adquirimos. Mas é claro que os estudantes devem receber explicações convincentes de tudo o que pode ser razoavelmente explicado. E o fato astronômico que mencionamos aqui não é apenas um fenômeno fácil de explicar, mas de explicação simples e muito interessante, razões pelas quais não podem faltar no bom ensino.

Há várias razões que evidenciam o fato de que o Sol está mais distante da Terra que a Lua, uma delas proveniente da observação do ciclo lunar. Todo mês a Lua passa por quatro fases; começando com lua cheia, ela entra em quarto minguante, passa a lua nova, depois quarto crescente, voltando finalmente a lua cheia. Ora, tendo em conta que a luminosidade lunar é reflexo da luz solar, a observação do ciclo lunar, principalmente a passagem por lua nova, há de deixar claro que o Sol tem de estar mais longe de nós que a Lua. Outro modo de constatar o mesmo fato consiste em examinar a hipótese contrária, vale dizer, considerar a órbita da Lua além da órbita solar.[2] Isso faria o

---

[1] Ou em artigo que publicamos na RPM 1 (Revista do Professor de Matemática da Sociedade Brasileira de Matemática).

[2] "Órbita solar" significa exatamente isso: órbita do Sol em seu movimento em volta da Terra. Isso em nada contradiz o fato de que a Terra gira em torno do Sol e não o Sol em torno da Terra. Lembre-se: todo movimento é relativo, e os movimentos

6.6 Notas históricas

observador terrestre ver a Lua sempre iluminada, mesmo que parcialmente, sem que pudesse haver lua nova. Uma terceira evidência de que o Sol está mais longe da Terra do que a Lua é a ocorrência de eclipses do Sol, o que só acontece porque a Lua passa entre o Sol e a Terra.

Uma segunda questão que se põe é a de saber quão mais distante da Terra está o Sol do que a Lua. É aqui que intervém uma brilhante idéia de Aristarco. Quando a Lua se encontra em quarto crescente ou quarto minguante, há um momento em que ela está metade iluminada e metade escura; mais precisamente, a parte iluminada é um dos hemisférios em que ela é dividida por um plano que passa pelo observador terrestre e o centro da Lua (Fig. 6.30a). Isso significa que nesse momento os raios solares estão incidindo perpendicularmente a esse plano. Em conseqüência, o triângulo STL, ou seja, Sol-Terra-Lua (Fig. 6.30b) é retângulo em L. Qualquer pessoa pode fazer uma observação simples e notar que, nessa configuração, o ângulo $\alpha = \widehat{STL}$ é muito próximo de $90°$. Essa observação é mais fácil de ser feita ao nascer ou ao pôr do Sol, evidentemente com a Lua em quarto crescente ou quarto minguante. Ora, se o ângulo α está muito próximo de $90°$, então seu complementar $\beta = \widehat{TSL}$ estará muito próximo de zero, e o triângulo STL será muito alongado na direção Terra-Sol. Somente essa constatação já é suficiente para se perceber que o Sol está muito mais longe da Terra do que a Lua.

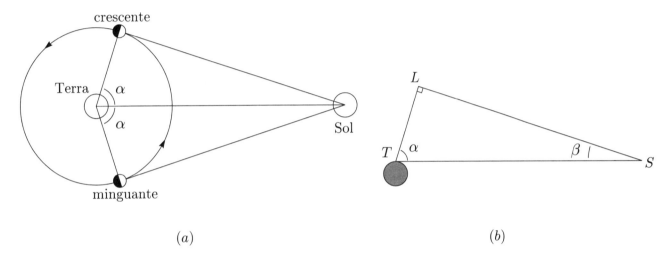

Figura 6.30

Aristarco foi além em suas pesquisas: ele mediu os ângulos α e β, como sendo, aproximadamente, $\alpha = 87°$ e $\beta = 3°$. Na verdade, medir teria sido muito difícil; o mais provável é que ele tenha calculado α por uma aplicação de proporcionalidade, observando o número de dias que a Lua gasta para passar de crescente a minguante e de minguante a crescente. Fazendo observações ao longo de vários meses, ele deve ter constatado que a Lua gasta, nessas passagens, aproximadamente 15,25 e 14,25 dias, respectivamente. Observando a Fig. 6.30a, vemos que

$$\frac{2\alpha}{14,25} = \frac{360}{29,5},$$

donde se obtém o valor de α, do qual β é o complementar.

O fenômeno que estamos discutindo tem o mérito de evidenciar o quão importante é a noção de semelhança de triângulos; veja, o triângulo STL é enorme, não temos como medir diretamente seus lados. No entanto, o simples conhecimento de seus ângulos nos permite desenhar um pequeno triângulo semelhante a ele, no qual podemos verificar, como o fez Aristarco, que o lado TS é cerca de 20 vezes o lado TL, isto é, o Sol está a uma distância da Terra que é aproximadamente 20 vezes a distância da Terra à Lua. Isso é realmente uma conquista notável e maravilhosa da Matemática, algo que pode muito bem ser ensinado aos estudantes do ensino fundamental. Uma conquista de mais de vinte séculos no passado!

No tempo de Aristarco ainda não havia trigonometria, mas a situação por ele descrita sugere naturalmente a utilização de uma tabela de senos, pois a Fig. 6.30b permite escrever:

$$\frac{TL}{TS} = \operatorname{sen}\beta, \quad \text{donde} \quad TS = \frac{TL}{\operatorname{sen}\beta};$$

procurando numa tabela de senos (melhor ainda, utilizando uma calculadora científica), encontramos $\operatorname{sen}\beta \approx \operatorname{sen} 3° \approx 0,0523$; portanto, $TS \approx 20\,TL$. Certamente foi devido a repetidas ocorrências de situações como essa que os

---

que estamos considerando são do Sol e da Lua relativamente à Terra, isto é, tomando a Terra como referencial.

matemáticos acabaram percebendo a conveniência de disporem de tabelas de certas grandezas geométricas.

Em verdade, Aristarco errou no cálculo do ângulo α, que é muito mais próximo de 90°, cerca de 89,86°, o que resulta em $TS \approx 400\,TL$. Mas o mais importante no trabalho de Aristarco são suas idéias; ele não tinha como obter resultados melhores, pois não dispunha de instrumentos adequados de observação, inclusive relógios (muito menos "cronômetros" precisos), assim desconhecia também as irregularidades do movimento da Lua em sua órbita.

Mas não terminamos ainda com Aristarco. Ele foi além e determinou a distância da Terra à Lua (donde segue a distância da Terra ao Sol) e os tamanhos desses dois corpos celestes. Esses cálculos puderam ser feitos, ainda por simples aplicações de semelhança e proporcionalidade, com dados numéricos fornecidos pela observação do tempo gasto pela Lua ao atravessar o cone de sombra da Terra durante um eclipse. O leitor interessado encontra tudo isso explicado em nosso artigo na RPM 1, citado há pouco.

Hiparco e a precessão dos equinócios

Dentre as muitas realizações atribuídas a Hiparco no domínio da Astronomia, certamente a mais notável é a descoberta do fenômeno conhecido como *precessão dos equinócios*. Para bem entender o que isso significa, lembremos que o Sol se desloca na direção norte-sul e sul-norte, atingindo um ciclo completo em um ano. É esse movimento que dá origem às quatro estações climáticas: primavera, verão, outono e inverno. Para nós do hemisfério sul a primavera tem início quando o Sol, em seu deslocamento para o sul, atravessa o plano do equador (por volta do dia 22 de setembro). Nesse instante os dias e as noites têm igual duração, daí o nome *equinócio da primavera* que se dá a esse instante. Quando o Sol atinge seu deslocamento máximo em direção sul, ele estaciona para, em seguida, passar a se deslocar em direção norte e dar início ao verão. Nesse instante de reversão do movimento que estamos descrevendo a velocidade do Sol é zero, razão pela qual o instante recebe o nome de *solstício de verão*. Em seu retorno para o hemisfério norte, o Sol novamente cruza o plano do equador (por volta do dia 22 de março), instante esse que é conhecido como o *equinócio do outono*.[3] Finalmente o solstício de inverno é o instante em que o Sol reverte seu movimento sul-norte para norte-sul.

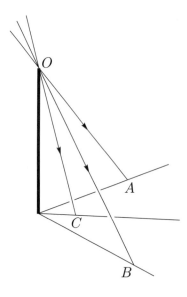

Figura 6.31

Hiparco determinou os equinócios, os solstícios e as durações das estações. Isso não é tarefa tão difícil; pode ser realizada com o auxílio de um instrumento admirável pela sua simplicidade e pela sua enorme utilidade, o *gnômon*. Esse instrumento nada mais é do que uma estaca que é fincada, em posição vertical, numa parte plana e horizontal do solo. A observação cuidadosa do comprimento da sombra dessa estaca com o correr do tempo permite determinar os dias de ocorrência dos solstícios. Por exemplo, num dia ensolarado, seja OA a sombra do gnômon, observada algumas horas antes do meio-dia (Fig. 6.31). À medida que o tempo passa, ela vai diminuindo de comprimento, atingindo o valor mínimo OC ao meio-dia. Em seguida volta a aumentar e, num certo instante, terá comprimento $OB = OA$. A bissetriz OC do ângulo $\widehat{AOB}$ determina o meio-dia e a direção norte-sul. Para quem está no hemisfério sul, o solstício de inverno ocorre no dia em que a sombra ao meio-dia alcançar comprimento máximo. (Faça um exercício de imaginação para ver como determinar o solstício de verão.)

---

[3] A rigor, os equinócios são pontos de interseção de dois círculos na esfera celeste das estrelas fixas — o equador e a eclíptica.

6.6 Notas históricas

Para explicar o que é "precessão dos equinócios" é conveniente raciocinar com a rotação da Terra, um fenômeno não existente no sistema geocêntrico que os gregos adotavam. Essa rotação é como a rotação de um pião. Quando um pião de brinquedo é colocado em movimento, seu eixo de rotação não permanece fixo, mas gira vagarosamente em direção contrária à direção do movimento do pião, movimento esse que é conhecido como *precessão*. Ora, a Terra nada mais é do que um enorme pião, e como tal efetua um movimento de precessão, cujo ciclo completo dura cerca de 26 000 anos. Em conseqüência dessa precessão ocorre também a precessão dos equinócios. Para se ter uma idéia de quão imperceptível é o fenômeno da precessão dos equinócios, observe que o ângulo de precessão é apenas $360°/26\,000 \approx 0,83$ minutos de grau!

A descoberta da precessão dos equinócios por Hiparco — um fenômeno tão sutil e difícil de ser notado — é indício seguro do alto grau de precisão de seu trabalho como astrônomo. Essa descoberta certamente foi fruto de sua análise dos dados de observação herdados de seus antecessores, inclusive dos astrônomos da Babilônia. Aliás, Hiparco é tido como o elo de ligação da herança babilônica com a astronomia grega.

Ptolomeu e a tabela de cordas

Ao falarmos de Aristarco, mostramos uma situação de cálculo que sugeria a utilização de uma tabela de senos. Hiparco, que, como vimos, realizou um trabalho meticuloso e preciso, certamente se deparou com muitas situações semelhantes a essa de Aristarco, que o teriam levado a construir uma tabela parecida com uma tabela de senos. Mas, como já dissemos no início destas notas, as obras de Hiparco se perderam. E o registro mais antigo e completo das origens da trigonometria se encontram no livro de Ptolomeu, que recebeu dos árabes o nome *Almagesto*. Ptolomeu viveu no século II d.C. e herdou muito de seus antecessores, de sorte que o Almagesto é uma continuação das obras desses antecessores, muito mais completa, é claro, contendo, além de vários resultados de geometria e trigonometria plana e esférica, um tratado da matemática do sistema geocêntrico do movimento dos planetas, do Sol e da Lua. Esse livro de Ptolomeu é uma obra admirável, que teve uma importância enorme na Astronomia, desde seu aparecimento no século II até meados do século XVII.

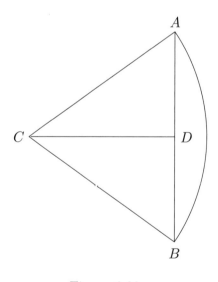
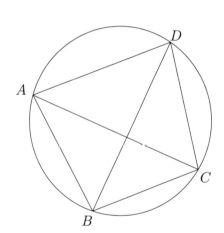

Figura 6.32　　　　　　　　　　　　　　　Figura 6.33

Vamos dar uma idéia do conteúdo de trigonometria plana que se encontra no Almagesto. Para isso considere um ângulo central $\alpha = \widehat{ACB}$ numa circunferência de raio $AC = BC = 60$ (Fig. 6.32). Ptolomeu construiu uma tabela de valores das cordas AB para os valores do ângulo α variando de meio em meio grau, de $0°$ a $180°$. Ele tomou o valor 60 para o raio da circunferência por conveniência na utilização do sistema sexagesimal dos babilônios. Tracemos $CD \perp AB$ e observemos que

$$\frac{AB}{AC} = 2\frac{AD}{AC} = 2\,\text{sen}\,\frac{\alpha}{2}, \quad \text{ou ainda,} \quad AB = 2AC\,\text{sen}\,\frac{\alpha}{2} = 120\,\text{sen}\,\frac{\alpha}{2}. \tag{6.13}$$

Isso mostra que os valores da corda AB para diferentes ângulos α são proporcionais aos senos das metades desses ângulos. Assim, a tabela de cordas AB que Ptolomeu construiu equivale a uma tabela dos senos dos ângulos-metade.

Explicaremos agora, de maneira sucinta, o procedimento de Ptolomeu na construção de sua tabela. (Ao leitor curioso por maiores detalhes recomendamos o excelente livro de Asger Aaboe, intitulado "Episódios da História Antiga da Matemática", traduzido e publicado pela SBM.) Ptolomeu primeiro calcula os lados do decágono regular e do pentágono regular inscritos na circunferência, que são, respectivamente, as cordas correspondentes a $\alpha = 36°$ e $\alpha = 72°$. Os lados do quadrado e do triângulo equilátero inscritos, fáceis de calcular, são as cordas correspondentes a $\alpha = 90°$ e $\alpha = 120°$, respectivamente. Fácil de calcular também — com simples utilização do teorema de Pitágoras — é corda de um arco suplementar a um arco de corda conhecida.

Para calcular a corda do arco de $12°$, Ptolomeu lança mão de um teorema que costuma ser-lhe atribuído, embora, como ensina Aaboe, esse teorema seria conhecido muito antes de Ptolomeu. É o seguinte o "teorema de Ptolomeu": em qualquer quadrilátero $ABCD$ inscrito numa circunferência (Fig. 6.33), vale a relação

$$AC \cdot BD = AB \cdot CD + AD \cdot BC.$$

Ele utiliza esse teorema para obter uma fórmula relacionando cordas de diferentes arcos que é muito semelhante à fórmula que usamos hoje para o seno da diferença de dois ângulos; e com essa fórmula ele calcula a corda correspondente ao ângulo de $12°$, notando que esse ângulo é a diferença entre os ângulos de $72°$ e $60°$.

Ptolomeu obtém ainda fórmulas análogas às fórmulas que usamos hoje para calcular o seno do arco metade e o seno da soma. O fato de ele obter e utilizar todos esses recursos, juntamente com a relação (6.14), explica por que seu trabalho é considerado o início da trigonometria plana.

As funções trigonométricas

Quando se estuda Trigonometria no ensino médio, nem sempre se fala em "função trigonométrica" como estamos fazendo agora. Isso porque, nesse nível do ensino, todas essas "funções", incluindo o seno, o co-seno e a tangente, são estudadas pela sua utilidade nos problemas em que elas aparecem, não como funções, mas como propriedades de ângulos. É o que ocorre em Astronomia, Topografia, Agrimensura, Cartografia, etc.

Como vimos, foram as necessidades dos astrônomos que deram origem à Trigonometria. E depois de Hiparco e Ptolomeu, essa disciplina teve avanços, primeiro na Índia e, posteriormente, com os árabes. Foi a partir do século XV que as funções trigonométricas começaram a ter importância crescente numa variedade de disciplinas matemáticas e nas ciências aplicadas, como Acústica, Sismologia, Eletromagnetismo, etc. Praticamente em todas as áreas onde ocorrem fenômenos vibratórios, como essas que mencionamos, existe a necessidade de estudar esses fenômenos em termos das funções seno e co-seno. Daí a ocorrência de funções como $\operatorname{sen} \omega t$, $\cos \omega t$, $\operatorname{sen}(\omega t + \phi)$, $\cos(\omega t + \phi)$, etc. O leitor decerto já teve oportunidade de encontrar essas funções em seus estudos de Física.

Uma outra questão que devemos comentar aqui refere-se à utilização do radiano como medida angular. Por que o radiano? Por que não o grau? Podemos dizer que a resposta está na derivada de $\operatorname{sen} x$, que é $\cos x$. Se o x que aí aparece fosse em graus, seu correspondente em radianos seria y tal que

$$x° = y \operatorname{rd} = \frac{\pi x}{180} \operatorname{rd};$$

portanto, $y = \pi x/180$. Em conseqüência,

$$\frac{d \operatorname{sen} x°}{dx} = \frac{d \operatorname{sen} y}{dy} \cdot \frac{dy}{dx} = \frac{\pi}{180} \cos y = \frac{\pi}{180} \cos x°.$$

É claro que as derivadas de todas as funções trigonométricas viriam com esse indesejável fator $\pi/180$. Pior que isso, essas funções se desenvolvem em séries infinitas, como

$$\cos x = 1 - \frac{x^2}{2!} + \frac{x^4}{4!} - \frac{x^6}{6!} + \dots$$

Mas como ficaria uma série como essa se insistíssemos que x significasse graus? Bem complicada, como o leitor pode verificar facilmente.

Na verdade, como já dissemos no texto, quando lidamos com $\operatorname{sen} x$, $\cos x$, etc., x deve ser entendido como um número real; ele pode, eventualmente, ser interpretado como ângulo, porém medido em radianos, para que as fórmulas mais simples do Cálculo sejam mantidas.

Capítulo 7

As funções logarítmica e exponencial

No presente capítulo estudaremos o logaritmo. Vamos defini-lo como área sob a hipérbole $y = 1/x$. Essa definição está mais no espírito do Cálculo, além de facilitar bastante o tratamento das propriedades do logaritmo, a começar pelo cálculo da derivada dessa função. Além do mais, a apresentação da exponencial como função inversa facilita a obtenção de suas propriedades com base nas propriedades do logaritmo. Em particular, o cálculo da derivada da exponencial fica bastante facilitado pela utilização da regra de derivação da função inversa. É até instrutivo comparar essas vantagens com as dificuldades do cálculo direto da derivada da exponencial sem o auxílio desta regra.

As importantes aplicações da função exponencial nos fenômenos de crescimento populacional, decaimento radioativo, etc., ficam para o final do Capítulo 9, a partir da p. 223 quando já tivermos estudado o comportamento detalhado dessa função.

7.1 A função logarítmica

No ensino médio é costume introduzir o logaritmo com base no conceito de exponenciação. Assim, fixado um número $a > 0$, $a \neq 1$, o *logaritmo de um número positivo N na base a, indicado por* $\log_a N$, *é o expoente r a que se deve elevar a base para se obter N.* Em símbolos, isto significa que

$$\log_a N = r \Leftrightarrow N = a^r. \tag{7.1}$$

Essa definição exige que se saiba previamente o que é potência com expoente real qualquer, a^r. A definição de a^r é muito simples quando r é um número inteiro. Quando r é um número racional positivo, digamos $r = p/q$, com p e q inteiros positivos, podemos definir $a^{p/q}$ como sendo a raiz q-ésima de a^p: $a^{p/q} = \sqrt[q]{a^p}$. Se $r = -p/q$ for negativo, então definimos

$$a^{-p/q} = \frac{1}{a^{p/q}} = \frac{1}{\sqrt[q]{a^p}}.$$

Isto exige, evidentemente, que já saibamos o que seja raiz q-ésima de um número positivo b (no caso, $b = a^p$), o que é uma questão delicada; por exemplo, embora seja fácil entender que $\sqrt{25} = 5$ ou $\sqrt[3]{8} = 2$, qual o significado de $\sqrt{5}$ ou $\sqrt[5]{1,7}$? Uma das maneiras de esclarecer essas questões — e outras mais, como o significado de a^r, com $a > 0$ e r irracional — consiste em, primeiro, definir o logaritmo diretamente e introduzir o conceito de exponenciação em termos do logaritmo. Assim, de acordo com (7.1), definimos a^r, *com $a > 0$, como sendo o número N tal que r é o logaritmo de N na base a.* É isso que faremos a seguir.

Uma outra vantagem de primeiro definir o logaritmo, depois a exponencial, é que fica bem mais fácil calcular as derivadas: calculamos a derivada do logaritmo diretamente, depois a derivada da exponencial pela regra de derivação da função inversa.

147

O logaritmo natural

Vamos definir o *logaritmo natural* de um número $x > 0$ como sendo a área da figura compreendida entre as retas $t = 1$, $t = x$, o eixo Ot e a hipérbole $y = 1/t$ (Fig. 7.1), considerada positiva se $x > 1$, zero se $x = 1$ e negativa se $0 < x < 1$.

O problema de definir a área de uma figura plana, delimitada por arcos de curva e possivelmente um ou mais segmentos retilíneos, como na definição do logaritmo, requer uma análise cuidadosa. Mais tarde, ao tratarmos da integral, veremos como isso é feito. De qualquer forma, a noção intuitiva que temos da área é um guia seguro nas conclusões que vamos tirar da definição do logaritmo.

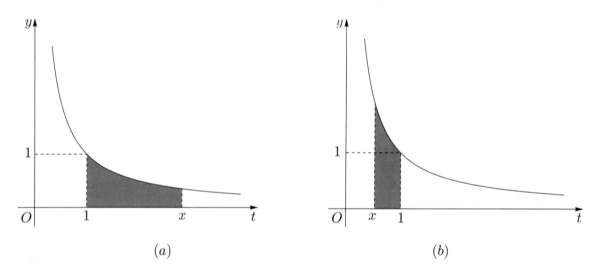

Figura 7.1 As áreas sombreadas representam $\ln x$, positivo em (a) e negativo em (b).

No Cálculo, o logaritmo natural de um número $x > 0$ é simplesmente chamado "logaritmo de x" e indicado por $\log x$ ou $\ln x$.[1] Temos aqui uma função de x, definida para todo $x > 0$, que é negativa no intervalo $0 < x < 1$ e positiva para $x > 1$. Ela é também crescente, pois a área (em valor e sinal) que a define cresce à medida que x cresce.

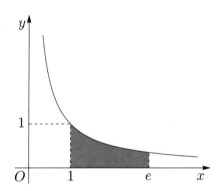

Figura 7.2 A área sombreada tem medida unitária e define o número e.

O número e

Definimos o número e como sendo aquele cujo logaritmo é igual a 1 (Fig. 7.2). Vamos mostrar, com um raciocínio muito simples, que $2 < e < 4$. De fato, com referência à Fig. 7.3, é fácil ver que o logaritmo de 4,

---
[1] O logaritmo numa base qualquer será definido mais tarde, na p. 163, quando então falaremos também do *logaritmo decimal* ou logaritmo na base 10.

7.1 A função logarítmica

que é a área da figura $ABCD$, com lado CD curvo, supera a soma das áreas dos três retângulos sombreados, de áreas $1/2$, $1/3$ e $1/4$, respectivamente, isto é,

$$\ln 4 > \frac{1}{2} + \frac{1}{3} + \frac{1}{4} = \frac{13}{12} > 1 = \ln e.$$

Daqui segue-se que $e < 4$.

De modo análogo, o logaritmo de 2 é menor que a área do retângulo $AEFD$, que é 1:

$$\ln 2 < 1 = \ln e,$$

donde concluímos que $2 < e$. Fica assim provado que $2 < e < 4$. Mais tarde, no vol. 2 desta obra, provaremos que o número e está compreendido entre 2 e 3, sendo aproximadamente igual a 2,71828 (veja também o Exercício 47 adiante).

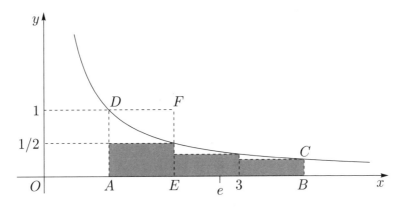

Figura 7.3

Derivada do logaritmo

Provaremos, a seguir, que a função $\ln x$ é derivável e que sua derivada é $1/x$. O leitor verá como é fácil calcular essa derivada a partir da definição que demos do logaritmo. Vamos começar fazendo uma estimativa do acréscimo

$$\Delta \ln x = \ln(x+h) - \ln x, \tag{7.2}$$

correspondente ao acréscimo h da variável x. Vamos supor, para fixar as idéias, que $h > 0$. Então, o acréscimo (7.2) é a área (positiva) hachurada da Fig. 7.4a, que está compreendida entre as áreas dos retângulos $ABEF$ e $ABCD$. Como estes retângulos têm a mesma base $AB = h$ e alturas $1/(x+h)$ e $1/x$, respectivamente, suas áreas são

$$h \cdot \frac{1}{x+h} = \frac{h}{x+h} \quad \text{e} \quad h \cdot \frac{1}{x} = \frac{h}{x}.$$

Portanto, podemos escrever:

$$\frac{h}{x+h} < \ln(x+h) - \ln x < \frac{h}{x}, \tag{7.3}$$

donde segue-se que

$$\frac{1}{x+h} < \frac{\ln(x+h) - \ln x}{h} < \frac{1}{x}. \tag{7.4}$$

Finalmente, fazemos h tender a zero; como $1/(x+h)$ tende para $1/x$, concluímos que o termo do meio nessas desigualdades também tende para o mesmo limite, isto é,

$$\lim_{h \to 0} \frac{\ln(x+h) - \ln x}{h} = \frac{1}{x},$$

ou seja,

$$D\ln x = \frac{1}{x},\qquad(7.5)$$

que é o resultado desejado.

Se $h < 0$ (Fig. 7.4b), a área hachurada $ABED$, com sinal positivo, será dada pela diferença $\ln x - \ln(x + h)$, de sorte que, em lugar de (7.3), devemos ter

$$\frac{-h}{x+h} < \ln x - \ln(x+h) < \frac{-h}{x}.$$

Dividindo os três membros dessas desigualdades por $-h$, que é um número positivo, obtemos novamente as desigualdades (7.4), donde segue o mesmo resultado (7.5).

Vimos que o logaritmo só é definido para $x > 0$, de sorte que só podemos escrever $\ln x$ nesta hipótese. No entanto, a função $\ln |x|$ está definida para todo $x \neq 0$. Vamos mostrar que sua derivada também é $1/x$, isto é,

$$D\ln|x| = \frac{1}{x},\qquad(7.6)$$

não importa se $x > 0$ ou $x < 0$. De fato, pela regra da cadeia,

$$D\ln|x| = \frac{d\ln|x|}{d|x|} \cdot \frac{d|x|}{dx} = \frac{1}{|x|} \cdot \frac{d|x|}{dx}.$$

Mas

$$\frac{d|x|}{dx} = \begin{cases} 1 & \text{se } x > 0, \\ -1 & \text{se } x < 0; \end{cases}$$

logo, essa derivada pode ser escrita na forma $|x|/x$. Substituindo este valor na expressão acima, obtemos o resultado desejado.

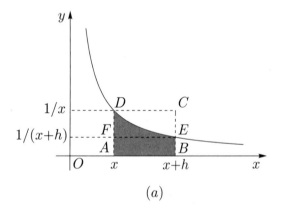 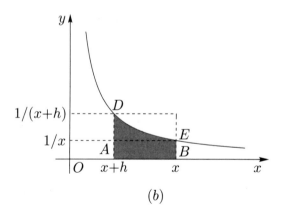

Figura 7.4

Se $f(x)$ for uma função positiva, poderemos considerar seu logaritmo, cuja derivada é obtida pela regra da cadeia:

$$D\ln f(x) = \frac{d(\ln f)}{df} \cdot \frac{df(x)}{dx} = \frac{1}{f(x)} \cdot f'(x),$$

isto é,

$$D\ln f(x) = \frac{f'(x)}{f(x)}.$$

7.1 A função logarítmica

Por razões óbvias, esta última expressão é conhecida como a *derivada logarítmica* de f. Mesmo que f não seja positiva, mas diferente de zero, sua derivada logarítmica f'/f faz sentido. Usando a fórmula (7.6) e a regra da cadeia, é fácil ver que

$$\boxed{D \ln |f(x)| = \frac{f'(x)}{f(x)}.}$$

(7.7)

Exemplo 1. A função $\ln \operatorname{sen}^2 x$ está definida para todo $x \neq n\pi$, $n = 0$, ± 1, $\pm 2\ldots$ (o seno se anula nestes pontos). De acordo com a fórmula (7.7), sua derivada é dada por

$$D \ln \operatorname{sen}^2 x = \frac{D \operatorname{sen}^2 x}{\operatorname{sen}^2 x} = \frac{2 \operatorname{sen} x \cdot \cos x}{\operatorname{sen}^2 x} = 2 \cot x.$$

Exemplo 2. A função

$$\ln \left(\frac{x+1}{x-1} \right)$$

(7.8)

só está definida para $x < -1$ e $x > 1$ (no intervalo $-1 < x < 1$ o argumento do logaritmo em questão é negativo). No entanto, a derivada

$$\ln \left| \frac{x+1}{x-1} \right|$$

(7.9)

está definida para todo x, exceto $x = \pm 1$. De acordo com a fórmula (7.7), sua derivada é dada por

$$\begin{aligned} D \ln \left| \frac{x+1}{x-1} \right| &= \frac{x-1}{x+1} \cdot D \left(\frac{x+1}{x-1} \right) \\ &= \frac{x-1}{x+1} \cdot \frac{-2}{(x-1)^2} = \frac{-2}{(x+1)(x-1)} = \frac{-2}{x^2-1}. \end{aligned}$$

Note que, enquanto esta função é a derivada de (7.9) para todo $x \neq \pm 1$, ela é a derivada de (7.8) somente para $x < -1$ e $x > 1$.

Logaritmo do produto, do quociente e de uma potência

Vamos estabelecer a seguinte propriedade básica do logaritmo:

$$\boxed{\ln(ab) = \ln a + \ln b,}$$

(7.10)

quaisquer que sejam $a > 0$ e $b > 0$. Para isto, notamos inicialmente que a função $\ln ax$, de acordo com a regra da cadeia, tem derivada

$$\frac{d}{dx} \ln ax = \frac{1}{ax} \cdot a = \frac{1}{x},$$

que é a mesma derivada da função $\ln x$. Mas, como já mencionamos anteriormente, e como veremos adiante (p. 193), se duas funções têm a mesma derivada, elas diferem por uma constante, de sorte que as funções $\ln ax$ e $\ln x$ só diferem por uma constante C:

$$\ln ax - \ln x = C.$$

Fazendo $x = 1$ nesta equação, obtemos $C = \ln a$, pois $\ln 1 = 0$. Então,

$$\ln ax - \ln x = \ln a,$$

ou seja,

$$\ln ax = \ln a + \ln x.$$

152   Capítulo 7   As funções logarítmica e exponencial

Finalmente, pondo $x = b$, obtemos o resultado desejado.

A regra do produto, aplicada ao caso em que tomamos $b = 1/a$, nos dá

$$0 = \ln 1 = \ln\left(a \cdot \frac{1}{a}\right) = \ln a + \ln\frac{1}{a};$$

logo,

$$\boxed{\ln\frac{1}{a} = -\ln a.}$$

Este resultado, juntamente com a regra do produto, fornece a regra do quociente:

$$\boxed{\ln\frac{a}{b} = \ln a + \ln\frac{1}{b} = \ln a - \ln b.}$$

A regra do produto estende-se, facilmente, a um número qualquer de fatores (veja o Exercício 48 adiante), de forma que podemos escrever:

$$\boxed{\ln(a_1 a_2 \ldots a_n) = \ln a_1 + \ln a_2 + \ldots + \ln a_n.}$$

Em particular, se todos esses números $a_1, a_2, \ldots, a_n$ são iguais a um mesmo número a, obtemos:

$$\boxed{\ln a^n = n \ln a.} \qquad (7.11)$$

É claro, por verificação direta, que esta fórmula também vale quando $n = 0$. Por outro lado, da regra do quociente e da regra (7.11) segue-se que

$$\ln a^{-n} = \ln\frac{1}{a^n} = -\ln a^n = -n\ln a.$$

Vemos assim que a propriedade (7.11) é válida para todo inteiro n, positivo ou nulo.

Observação. É preciso ter cuidado na aplicação da propriedade (7.11). Assim,

$$\ln(x-1)^2 = 2\ln(x-1) \qquad (7.12)$$

é uma igualdade válida apenas para $x > 1$, que é o domínio de $\ln(x-1)$. No entanto, como $(x-1)^2 = |x-1|^2$, podemos escrever:

$$\ln(x-1)^2 = 2\ln|x-1|, \qquad (7.13)$$

e agora esta igualdade é válida para todo $x \neq 1$. A razão disto é que a regra do produto, expressa na Eq. (7.10), da qual segue a propriedade (7.11), foi estabelecida no pressuposto de que os fatores fossem positivos. Em consequência, se iniciamos nossas considerações com a função $\ln(x-1)$ e aplicamos a regra do produto, obtemos a relação (7.12) no pressuposto $x > 1$. Por outro lado, se a função $\ln(x-1)^2$ é o ponto de partida de nossas considerações, então a regra do produto nos leva à relação (7.13).

Vários exemplos

As regras do produto e do quociente facilitam o cálculo das derivadas de certas funções, como ilustram os exemplos a seguir.

Exemplo 3. Para calcular a derivada de $\ln(\sqrt{x^2-1}\cos^2 x)$, primeiro aplicamos a regra do produto:

$$\begin{aligned}
D\ln(\sqrt{x^2-1}\cos^2 x) &= D(\ln\sqrt{x^2-1} + \ln\cos^2 x) \\
&= \frac{x}{x^2-1} + \frac{2\cos x(-\operatorname{sen} x)}{\cos^2 x} = \frac{x}{x^2-1} - 2\tan x.
\end{aligned}$$

7.1 A função logarítmica

Observe que o domínio da função dada (e de sua derivada) é o conjunto dos números x tais que $|x| > 1$, excetuados aqueles em que

$$x = n\pi + \pi/2, \quad n = 0, \pm 1, \pm 2, \ldots,$$

onde o co-seno se anula.

Exemplo 4. Vamos calcular a derivada do logaritmo de $(x^2 + 1)/(x^2 - 1)$, usando a regra do quociente:

$$\begin{aligned}
D \ln \frac{x^2 + 1}{x^2 - 1} &= D[\ln(x^2 + 1) - \ln(x^2 - 1)] \\
&= \frac{2x}{x^2 + 1} - \frac{2x}{x^2 - 1} = \frac{-4x}{x^4 - 1}.
\end{aligned}$$

Aqui o domínio da função original é o conjunto dos x tais que $|x| > 1$. Este é também o domínio da derivada $-4x/(x^4 - 1)$, embora esta função, considerada em si, possa ser estendida ao domínio mais amplo, de todos os números x, excetuados apenas $x = +1$ e $x = -1$.

Já vimos que $f'(x)/f(x)$ é a derivada logarítmica da função $f(x)$ ou derivada de $\ln|f(x)|$. Ela é freqüentemente usada no cálculo da derivada de certos produtos ou quocientes, como ilustram os exemplos seguintes.

Exemplo 5. Para derivar a função

$$f(x) = x^2(x^3 - 1)(x^2 + 1), \tag{7.14}$$

primeiro tomamos seu logaritmo, usando a regra do produto:

$$\ln|f(x)| = \ln|x^2| + \ln|x^3 - 1| + \ln|x^2 + 1|.$$

Daqui obtemos, por derivação,

$$\frac{f'(x)}{f(x)} = \frac{2x}{x^2} + \frac{3x^2}{x^3 - 1} + \frac{2x}{x^2 + 1}.$$

Finalmente, daqui e de (7.14), segue-se que

$$\begin{aligned}
f'(x) &= x^2(x^3 - 1)(x^2 + 1)\left(\frac{2}{x} + \frac{3x^2}{x^3 - 1} + \frac{2x}{x^2 + 1}\right) \\
&= 2x(x^3 - 1)(x^2 + 1) + 3x^4(x^2 + 1) + 2x^3(x^3 - 1) \\
&= 7x^6 + 5x^4 - 4x^3 - 2x.
\end{aligned}$$

Exemplo 6. Vamos usar a derivada logarítmica para derivar a função

$$f(x) = \frac{(x^2 - 1)^2(x + 1)^3}{(x^2 + 1)^2}. \tag{7.15}$$

Teremos:

$$\ln f(x) = 2\ln|x^2 - 1| + 3\ln|x + 1| - 2\ln(x^2 + 1);$$

portanto,

$$\frac{f'(x)}{f(x)} = \frac{4x}{x^2 - 1} + \frac{3}{x + 1} - \frac{4x}{x^2 + 1}.$$

Daqui e de (7.15), obtemos

$$\begin{aligned}
f'(x) &= \frac{(x^2 - 1)^2(x + 1)^3}{(x^2 + 1)^2}\left(\frac{4x}{x^2 - 1} + \frac{3}{x + 1} - \frac{4x}{x^2 + 1}\right) \\
&= \frac{4x(x^2 - 1)(x + 1)^3}{(x^2 + 1)^2} + \frac{3(x^2 - 1)^2(x + 1)^2}{(x^2 + 1)^2} - \frac{4x(x^2 - 1)^2(x + 1)^3}{(x^2 + 1)^3}.
\end{aligned}$$

Gráfico do logaritmo

Já observamos que $\ln x$ é uma função crescente, que se anula em $x = 1$, é positiva para $x > 1$ e negativa no intervalo $0 < x < 1$. Sua derivada $1/x$, que é o declive de seu gráfico, assume o valor 1 em $x = 1$, $1/2$ em $x = 2$, $1/3$ em $x = 3$, e assim por diante. Esse mesmo declive tende para infinito com $x \to 0+$ e decresce, tendendo para zero com $x \to \infty$. Dessas observações, segue-se que o gráfico de $\ln x$ tem o aspecto ilustrado na Fig. 7.5.

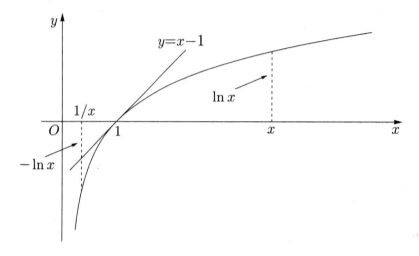

Figura 7.5

Vemos que
$$\lim_{x \to +\infty} \ln x = +\infty \quad \text{e} \quad \lim_{x \to 0+} \ln x = -\infty.$$

De fato, como $\ln 2^n = n \ln 2$, e como $\ln 2 > 0$, vemos que $\ln 2^n$ tende a infinito com $n \to +\infty$. Então, $\ln x$ também tende a infinito com $x \to +\infty$, pois

$$\ln x > \ln 2^n \quad \text{se} \quad x > 2^n,$$

já que $\ln x$ é função crescente. Por outro lado, $\ln x = -\ln(1/x)$, de forma que, quando $x \to 0+$, $\ln(1/x) \to +\infty$ e $\ln x \to -\infty$.

Exemplo 7. Vamos esboçar o gráfico da função

$$f(x) = \ln |x|.$$

Para $x > 0$, $\ln |x| = \ln x$, de forma que o gráfico da função em $x > 0$ é o mesmo gráfico da Fig. 7.5. Como a função é par, pois $f(x) = f(-x)$, já que $\ln |x| = \ln |-x|$, seu gráfico em $x < 0$ é o reflexo do gráfico em $x > 0$. A Fig. 7.6 ilustra o gráfico completo de $\ln |x|$.

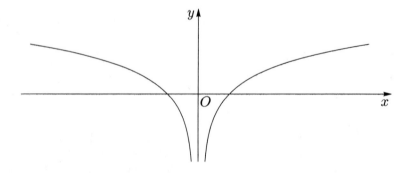

Figura 7.6

7.1 A função logarítmica

Exercícios

Nos Exercícios 1 a 24, especifique os domínios das funções dadas e calcule suas derivadas.

1. $y = \ln 3x$.

2. $y = \ln x^2$.

3. $y = \ln(x - 1)$.

4. $y = \ln(5x - 7)$.

5. $y = \ln(2x + 9)$.

6. $y = \ln(1 - x)$.

7. $y = \ln(3 - 5x)$.

8. $y = \ln(4 - x^2)$.

9. $y = \ln(x^2 + 1)$.

10. $y = \ln(x^2 - 9)$.

11. $y = \ln(x + 2)^3$.

12. $y = \ln(x^3 + 1)$.

13. $y = \ln \sqrt{5 - x^2}$.

14. $y = \ln \sqrt{x^2 - 3}$.

15. $y = \dfrac{1}{\ln x}$.

16. $y = \ln \ln x$.

17. $y = \ln \ln |x|$.

18. $y = \ln \sqrt{(2 - x)(3 - x)}$.

19. $y = \ln \dfrac{x - 2}{3 - x}$.

20. $y = \ln \dfrac{2x - 1}{3x - 1}$.

21. $y = x \ln x - x$.

22. $y = x \ln |x| - x$.

23. $y = \ln \operatorname{sen} x$.

24. $y = \ln \cos x$.

Calcule as derivadas das funções dadas nos Exercícios 25 a 28.

25. $y = \ln(x^2 \cos^2 3x)$.

26. $y = \ln \dfrac{\operatorname{sen} x}{1 + x^2}$.

27. $y = \ln[\sqrt{x}(1 + x^2)]$.

28. $y = \ln \dfrac{(x - 1)\cos x}{x^2 + 1}$.

Calcule as derivadas das funções dadas nos Exercícios 29 a 34 por derivação logarítmica.

29. $y = x^3(x^2 - 2)^2(x + 1)^3$.

30. $y = (2x + 1)(x^2 + 3)(x^3 - 1)$.

31. $y = \dfrac{x^3(x^2 + 1)}{x^2 - 1}$.

32. $y = \dfrac{x(x - 1)(x + 2)}{x + 1}$.

33. $y = \dfrac{\sqrt{x + 1}}{\sqrt{x - 1}}$.

34. $y = \sqrt{\dfrac{x^2 - 1}{x^2 + 1}}$.

Esboce os gráficos das funções dadas nos Exercícios 35 a 38.

35. $y = \ln(-x)$.

36. $y = \ln(x - 1)$.

37. $y = \ln(x + 1)$.

38. $y = \ln(1 - x)$.

39. Determine a equação da reta tangente ao gráfico de $y = \ln(1 - x)$ em $x = 0$.

40. Faça o mesmo para $y = \ln(x - 1)$ em $x = 3$.

41. Faça o mesmo para $y = \ln(1/x)$ em $x = 2$.

42. Determine a equação da reta normal ao gráfico de $y = \ln(x - 3)$ em $x = 4$. Esboce o gráfico dessa função e da referida normal.

43. Faça o mesmo para $y = \ln(5 - x)$ em $x = 0$.

44. Determine a equação da reta normal ao gráfico da função $y = \ln(x + 1)$, paralela à reta $x + 2y = 5$. Faça o gráfico da função e da referida normal.

45. Utilize um procedimento análogo ao da p. 149 para mostrar que $\ln 2 > 1/2$, $5/6 < \ln 3 < 3/2$ e $\ln 4 < 11/6$.

46. Faça o mesmo para mostrar que $7/12 < \ln 2 < 5/6$ e que $57/60 < \ln 3 < 77/60$.

47. Utilize procedimento análogo para mostrar que $\ln 3 > 28271/27720 \approx 1,09 > 1 = \ln e$. Daqui e de $\ln 2 < 5/6 < 1$ concluímos que o número e está compreendido entre 2 e 3 : $2 < e < 3$.

48. Sendo $a_1, a_2, \ldots, a_n$ números positivos, demonstre que $\ln(a_1 a_2 \ldots a_n) = \ln a_1 + \ln a_2 + \ldots + \ln a_n$.

Respostas, sugestões e soluções

2. $x \neq 0$, $y' = 2/x$.

4. $x > 7/5$, $y' = \dfrac{5}{5x - 7}$.

6. $x < 1$, $y' = \dfrac{1}{x - 1}$.

8. $-2 < x < 2$, $y' = \dfrac{2x}{x^2 - 4}$.

10. $|x| > 3$, $y' = \dfrac{2x}{x^2 - 9}$.

11. $x > -2$, $y' = \dfrac{3}{x + 2}$.

12. $x > -1$, $y' = \dfrac{3x^2}{x^3 + 1}$.

13. $|x| < \sqrt{5}$, $y' = \dfrac{x}{x^2 - 5}$.

15. $x > 0$, $y' = \dfrac{-1}{x \, \ln^2 x}$.

16. $x > 1$, $y' = \dfrac{1}{x \ln x}$.

17. $|x| > e$, $y' = \dfrac{1}{x \ln |x|}$.

18. $x < 2$ e $x > 3$, $y' = \dfrac{2x - 5}{2(x - 2)(3 - x)}$.

19. $2 < x < 3$, $y' = \dfrac{1}{(3 - x)(x - 2)}$.

20. $x < 1/3$ e $x > 1/2$, $y' = \dfrac{1}{(2x - 1)(3x - 1)}$.

21. $x > 0$, $y' = \ln x$.

22. $x \neq 0$, $y' = \ln |x|$.

23. $x \in [2k\pi, \, (2k + 1)\pi]$, $k = 0, \pm 1, \ldots$; $y' = \cot x$.

24. $x \in [(2k - 1/2)\pi, \, (2k + 1/2)\pi]$, $k = 0, ; \pm 1, \ldots$; $y' = -\tan x$.

25. $y' = \dfrac{2 \cos 3x - 6x \, \mathrm{sen}\, 3x}{x \cos 3x}$.

27. $y' = \dfrac{1 + 5x^2}{2x(1 + x^2)}$.

29. $y' = x^2(x^2 - 2)(x + 1)^2(10x^3 + 7x^2 - 12x - 6)$.

31. $y' = \dfrac{x^2(3x^4 - 4x^2 - 3)}{(x^2 - 1)^2}$.

33. $y' = \dfrac{-1}{\sqrt{x + 1}\,(x - 1)^{3/2}}$.

35. Reflexão de $y = \ln x$ no eixo Oy.

36. Translação de $\ln x$ uma unidade para a direita.

37. Translação de $\ln x$ uma unidade para a esquerda.

38. $y = \ln[-(x - 1)]$ é a translação de $y = \ln(-x)$ uma unidade para a direita.

39. $y = -x$.

40. $y - \ln 2 = \dfrac{1}{2}(x - 3)$.

41. $x + 2y - 2 + 2 \ln 2 = 0$.

42. $x + y - 4 = 0$.

43. $y = 5x + \ln 5$.

44. Como a reta dada tem declive $m = -1/2$ e $y' = 1/(x + 1)$, devemos ter:

$$-(x + 1) = m = -\frac{1}{2}; \quad \text{logo}, \quad x = -\frac{1}{2}.$$

Vemos assim que a normal pedida deve passar pelo ponto de coordenadas $x_0 = -1/2$ e $y_0 = \ln(x_0 + 1) = -\ln 2$. Como ela deve ter declive $m = -1/2$, sua equação é

$$y + \ln 2 = \frac{-1}{2}(x + 1/2), \quad \text{ou seja}, \quad x + 2y + 1/2 + \ln 4 = 0.$$

45. Veja o exercício seguinte.

46. Utilize os pontos de divisão $x = 1$, $3/2$, 2, $5/2$, etc., de sorte que $\ln 2$ é maior que a soma das áreas dos retângulos $ABCD$ e $BEFG$ (Fig. 7.7), isto é,

$$\ln 2 > \frac{1}{2} \cdot \frac{1}{3/2} + \frac{1}{2} \cdot \frac{1}{2} = \frac{7}{12}.$$

7.2 A função exponencial

Analogamente,

$$\ln 3 > \frac{1}{2}(\frac{1}{3/2} + \frac{1}{2} + \frac{1}{5/2} + \frac{1}{3}) = \frac{57}{60},$$

e assim por diante.

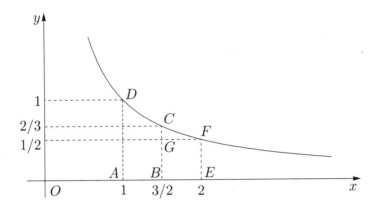

Figura 7.7

47. Utilize os pontos de divisão $x = 1,\ 5/4,\ 3/2,\ 7/4,\ 2,\ 9/4,\ 5/2,\ 11/4$ e 3 para obter

$$\ln 3 > \frac{1}{4}(\frac{1}{5/4} + \frac{1}{3/2} + \frac{1}{7/4} + \frac{1}{2} + \frac{1}{9/4} + \frac{1}{5/2} + \frac{1}{11/4} + \frac{1}{3}) = \frac{28271}{27720}.$$

48. Pela propriedade (7.10),

$$\ln(a_1 a_2 a_3) = \ln(a_1 a_2) + \ln a_3 = \ln a_1 + \ln a_2 + \ln a_3.$$

Analogamente, desta última propriedade,

$$\ln(a_1 a_2 a_3 a_4) = \ln(a_1 a_2 a_3) + \ln a_4 = \ln a_1 + \ln a_2 + \ln a_3 + \ln a_4$$

e assim por diante. Do mesmo modo, a igualdade

$$P(n):\quad \ln(a_1 a_2 \ldots a_n) = \ln a_1 + \ln a_2 + \ldots + \ln a_n$$

pode ser demonstrada para $n = 5$, $n = 6$, $n = 7$, e assim, sucessivamente até alcançarmos qualquer número natural $n = k$. Este tipo de demonstração chama-se *demonstração por indução* e é muito importante nos mais variados campos da Matemática.

7.2 A função exponencial

Como a função $x = \ln y$ é crescente, sua inversa existe e é também crescente. Vamos indicá-la com o símbolo $E(x)$, de sorte que, em face da sua definição, podemos escrever:

$$y = E(x) \Leftrightarrow x = \ln y.$$

Lembremos que $x = \ln y$ tem domínio $y > 0$ e por imagem toda a reta $-\infty < x < \infty$. Em conseqüência, a função exponencial $y = E(x)$ está definida para todo x real e tem por imagem o semi-eixo $y > 0$.

Como vimos no início deste capítulo (p. 148), o número e é aquele cujo logaritmo é 1, vale dizer, $E(1) = e$:

$$\ln e = 1 \Leftrightarrow E(1) = e.$$

Vamos provar que $E(n) = e^n = e \times e \times \ldots \times e$, isto é, o produto de n fatores iguais a e. Para isso notamos que $\ln e^n = n \ln e$ para todo inteiro n; e como $\ln e = 1$, temos que $\ln e^n = n$, donde o resultado desejado:

$$E(n) = e^n.$$

Será também verdade que $E(p/q) = e^{p/q}$, onde p e q são inteiros, com q positivo? Veremos que sim. Primeiro lembramos que $e^{p/q} = \sqrt[q]{e^p}$, como se ensina no ensino fundamental quando se estudam os radicais. Isto significa que $e^{p/q}$ é o número que elevado ao expoente q produz o número e^p; ou seja, $(e^{p/q})^q = e^p$. Temos então as seguintes equivalências:

$$\ln(e^{p/q})^q = \ln e^p \Leftrightarrow q \ln(e^{p/q}) = p \ln e = p$$
$$\Leftrightarrow \ln e^{p/q} = \frac{p}{q} \Leftrightarrow E(p/q) = e^{p/q},$$

como queríamos demonstrar.

Ficou então provado que $E(x) = e^x$ para todo número racional x. É por causa desta propriedade que se indica a função $E(x)$ com o símbolo e^x para todo x real. Assim, e^x adquire significado mesmo quando x é irracional e em todos os casos — x inteiro, fracionário ou irracional — e^x significa sempre $E(x)$, que é o número cujo logaritmo é igual a x. Daí a definição seguinte:

Definição. *Dado qualquer número real x, chama-se exponencial de x ao número N, indicado com o símbolo e^x, cujo logaritmo é x, isto é,*

$$\boxed{e^x = N \ \text{ significa } \ x = \ln N.} \tag{7.16}$$

Esta é uma definição de e^x em termos do logaritmo, que foi definido antes em termos da integral. Se tivéssemos definido primeiro a exponencial, poderíamos interpretar (7.16) como definição do logaritmo natural, ou logaritmo na base e, assim:

O logaritmo natural de um número $N > 0$ é o expoente x a que se deve elevar a base e para se obter o número N.

Mais adiante daremos uma definição como essa para o logaritmo numa base qualquer.

O símbolo "exp" é freqüentemente usado quando desejamos fazer referência à exponencial de uma expressão complicada. Assim, por exemplo, é mais cômodo e mais claro escrever

$$\exp\left[\frac{x}{\ln x}\left(\frac{1}{x} - e^{x^2}\right)\right] \quad \text{do que} \quad e^{\frac{x}{\ln x}\left(\frac{1}{x} - e^{x^2}\right)}.$$

Como a exponencial e o logaritmo são funções inversas uma da outra, temos

$$\ln e^x = x \quad \text{para todo } x \text{ real}$$

e

$$e^{\ln x} = x \quad \text{para todo } x > 0.$$

Gráfico da exponencial

O gráfico de e^x é obtido do gráfico do logaritmo por reflexão na reta $y = x$ (Fig. 7.8). Este procedimento é geral para obtermos o gráfico de uma função a partir do gráfico de sua inversa, como vimos anteriormente (p. 105). Note que isto pressupõe a representação das duas funções $y = e^x$ e $y = \ln x$ no mesmo sistema de coordenadas Oxy.

Para construir o gráfico da função $f(x) = e^{-x}$, basta notar que $f(x) = g(-x)$, onde $g(x) = e^x$. Isto significa que o gráfico de $y = e^{-x}$ é a imagem do gráfico de $y = e^x$ por reflexão no eixo Oy (Fig. 7.9).

7.2 A função exponencial

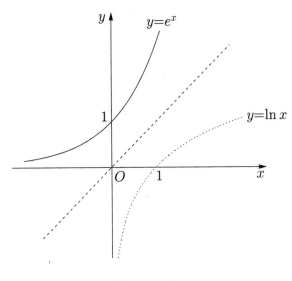

Figura 7.8

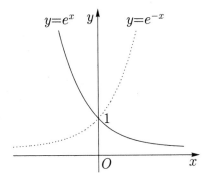

Figura 7.9

Propriedade fundamental

Veremos, logo adiante, que a definição de e^x nos levará à definição da exponencial geral a^x, com base qualquer $a > 0$, com todas as propriedades que são esperadas desta função. Mas, antes, vamos estabelecer a propriedade

$$e^{x+y} = e^x e^y,$$

onde x e y são números reais arbitrários. De fato, pondo

$$a = e^x \text{ e } b = e^y,$$

teremos $x = \ln a$ e $y = \ln b$, de sorte que

$$x + y = \ln a + \ln b = \ln ab.$$

Então,

$$e^{x+y} = ab = e^x e^y.$$

que é o resultado desejado.

Esta última igualdade, com $y = -x$, nos dá $e^x e^{-x} = e^0 = \exp(0) = 1$, que é a propriedade

$$e^{-x} = \frac{1}{e^x}.$$

A exponencial a^x

Quando nos referimos à função exponencial, entendemos sempre tratar-se da função e^x, que vimos estudando até agora. No entanto, num sentido mais amplo, a expressão "função exponencial" se aplica a funções tais como 2^x, 3^x, π^x; em geral, à função a^x, com "base" $a > 0$ qualquer.

Definimos a^x, com $a > 0$ e x real qualquer, mediante a equação

$$a^x = e^{x \ln a}. \tag{7.17}$$

Isto equivale a dizer que o logaritmo de a^x é $x \ln a$:

$$\ln a^x = x \ln a. \tag{7.18}$$

Já vimos (p. 152) que esta relação era válida para x inteiro. Agora, ela fica estendida a todo x real. Note o leitor que a definição (7.17) se reduz a uma identidade quando $a = e$, visto ser $\ln e = 1$. Veremos, brevemente, que essa definição coincide com a definição de exponenciação dada no ensino médio quando x é fracionário.

Da definição (7.17), das propriedades do logaritmo e das propriedades já estabelecidas para a função e^x, seguem as propriedades da exponencial a^x, válidas para uma base $a > 0$ qualquer (em particular para $a = e$):

$$a^0 = 1; \quad a^{x+y} = a^x a^y; \quad (ab)^x = a^x b^x; \quad (a^x)^y = a^{xy}; \quad a^{-x} = \frac{1}{a^x}; \tag{7.19}$$

$$a > 1 \Rightarrow a^x \text{ é crescente}; \tag{7.20}$$

$$0 < a < 1 \Rightarrow a^x \text{ é decrescente}; \tag{7.21}$$

$$a > b > 0 \Rightarrow a^x > b^x \text{ se } x > 0 \text{ e } a^x < b^x \text{ se } x < 0; \tag{7.22}$$

$$a > 1 \Rightarrow \lim_{x \to +\infty} a^x = +\infty \text{ e } \lim_{x \to -\infty} a^x = 0; \tag{7.23}$$

$$0 < a < 1 \Rightarrow \lim_{x \to +\infty} a^x = 0 \text{ e } \lim_{x \to -\infty} a^x = +\infty. \tag{7.24}$$

A primeira das propriedades em (7.19) segue imediatamente de (7.17), notando que $e^0 = \exp(0) = 1$, já que $\ln 1 = 0$.

Para provar que $a^{x+y} = a^x \cdot a^y$ notamos que

$$a^{x+y} = e^{(x+y)\ln a} = e^{x \ln a + y \ln a} = e^{x \ln a} e^{y \ln a} = x^a y^a,$$

que é o resultado desejado.

Veja como provar que $(a^x)^y = a^{xy}$:

$$(a^x)^y = e^{y \ln a^x} = e^{xy \ln a} = a^{xy}.$$

A propriedade (7.20) é conseqüência de e^x ser uma função crescente. Como $a > 1$, então $\ln a > 0$, de sorte que

$$x > y \Rightarrow x \ln a > y \ln a.$$

Daqui segue-se que $a^x = e^{x \ln a} > e^{y \ln a} = a^x$, ou seja, $x > y \Rightarrow a^x > a^y$, que é o resultado desejado.

As demais propriedades (7.19) a (7.24) são estabelecidas de maneira análoga às demonstrações ilustrativas que acabamos de apresentar e ficam a cargo do leitor. Os gráficos de a^x com $a > 1$ e com $0 < a < 1$ estão ilustrados na Fig. 7.10.

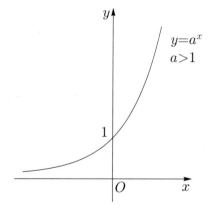
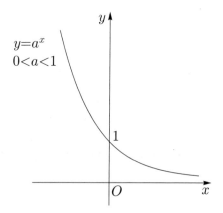

Figura 7.10

7.2 A função exponencial

Observação. Uma questão que se põe naturalmente, ao definirmos a exponencial mediante (7.17), é a de saber se ela coincide com a definição de exponenciação que costuma ser dada no ensino fundamental para expoente inteiro ou fracionário. Vamos provar que isso é verdade.

No caso de um número inteiro n, já vimos que $\ln a^n = n \ln a$, que equivale a $a^n = e^{n \ln a}$, que é exatamente a definição (7.17).

No caso de expoente fracionário p/q, a definição (7.17) e as propriedades da exponencial permitem escrever:

$$a^{p/q} = e^{(p/q) \ln a} = e^{(1/q)p \ln a} = e^{(1/q) \ln a^p},$$

donde

$$(a^{p/q})^q = e^{\ln a^p} = a^p.$$

Isto prova que $e^{(1/q) \ln a^p}$, segundo a definição (7.17), *é o número que elevado à potência q resulta em a^p.* Mas isso é o mesmo que dizer que esse $(a^{p/q})^q$ é a raiz q-ésima do número a^p, de acordo com a definição que se costuma dar no ensino fundamental para essa raiz. E é isso o que queríamos provar.

As derivadas de e^x e a^x

Já tivemos oportunidade de ver que o cálculo da derivada do logaritmo foi relativamente fácil, a partir da definição que demos dessa função. Além desse benefício, a definição da exponencial como função inversa do logaritmo também facilita enormemente o cálculo de sua derivada, como veremos agora. Com efeito, para calcular a derivada de e^x usamos a regra da função inversa:

$$y = e^x \Leftrightarrow x = \ln y,$$

de sorte que

$$De^x = \frac{1}{D \ln y} = \frac{1}{1/y} = y = e^x,$$

isto é,

$$\boxed{De^x = e^x.}$$

No caso da exponencial a^x, com base $a > 0$ qualquer, basta usar a definição desta função e a regra da cadeia:

$$Da^x = De^{x \ln a} = e^{x \ln a} D(x \ln a) = a^x \ln a,$$

isto é,

$$\boxed{Da^x = a^x \ln a.}$$

A derivada de x^c

Estamos agora em condições de provar que $Dx^c = cx^{c-1}$, onde c é um número real qualquer, resultado este que foi apenas antecipado na p. 92. Para demonstrá-lo, notamos que $x^c = e^{c \ln x}$; logo,

$$Dx^c = De^{c \ln x} = e^{c \ln x} D(c \ln x) = \frac{c}{x} e^{c \ln x} = \frac{c}{x} x^c = cx^{c-1},$$

ou seja,

$$\boxed{Dx^c = cx^{c-1}.}$$

Vários exemplos

Exemplo 1. Vamos derivar a função

$$y = e^{x^2 - \sqrt{x}}.$$

Como $De^x = e^x$, temos

$$y' = e^{x^2 - \sqrt{x}} D(x^2 - \sqrt{x}) = \left(2x - \frac{1}{2\sqrt{x}}\right) e^{x^2 - \sqrt{x}}.$$

Exemplo 2. Seja derivar a função

$$y = 2^{\sqrt{x}\ln x}.$$

Como $D2^x = 2^x \ln 2$, teremos:

$$
\begin{aligned}
y' &= 2^{\sqrt{x}\ln x}(\ln 2)D(\sqrt{x}\ln x) \\
&= (\ln 2)\left(\frac{1}{\sqrt{x}} + \frac{\ln x}{2\sqrt{x}}\right)2^{\sqrt{x}\ln x}.
\end{aligned}
$$

Exemplo 3. Para derivar $y = 2^{x\cos x}\ln x$, temos de aplicar a regra do produto e a regra da cadeia:

$$
\begin{aligned}
y' &= 2^{x\cos x}D(\ln x) + (D\,2^{x\cos x})\ln x \\
&= \frac{2^{x\cos x}}{x} + 2^{x\cos x}(\ln 2)D(x\cos x)\ln x \\
&= 2^{x\cos x}\left(\frac{1}{x} + (\ln 2)(\ln x)(\cos x - x\,\text{sen}\,x)\right).
\end{aligned}
$$

Exemplo 4. Seja derivar a função

$$y = \exp\left(\frac{e^{\cos x}}{x}\right).$$

Temos:

$$
\begin{aligned}
y' &= D\left(\frac{e^{\cos x}}{x}\right)\exp\left(\frac{e^{\cos x}}{x}\right) \\
&= \frac{xe^{\cos x}(-\,\text{sen}\,x) - e^{\cos x}}{x^2}\exp\left(\frac{e^{\cos x}}{x}\right) \\
&= \frac{-e^{\cos x}(x\,\text{sen}\,x + 1)}{x^2}\exp\left(\frac{e^{\cos x}}{x}\right).
\end{aligned}
$$

A derivada logarítmica é muito útil no cálculo da derivada de certas funções, como ilustram os exemplos seguintes.

Exemplo 5. Para derivar a função $y = x^x$, primeiro tomamos o seu logaritmo:

$$\ln y = x\ln x.$$

Daqui obtemos, por derivação,

$$\frac{y'}{y} = \ln x + 1;$$

portanto,

$$y' = x^x(1 + \ln x).$$

Podemos também proceder mais diretamente, notando que

$$y = x^x = e^{x\ln x},$$

donde

$$y' = e^{x\ln x}D(x\ln x) = e^{x\ln x}(1 + \ln x) = x^x(1 + \ln x).$$

Convém notar que a função x^x está definida em $x > 0$, onde ela é sempre positiva. Esse é também o domínio de sua derivada.

7.2 A função exponencial

Exemplo 6. Vamos derivar a função

$$y = \frac{\sqrt[3]{x+1}}{(x-4)\sqrt{x-1}},$$

usando a derivada logarítmica. De

$$\ln|y| = \frac{1}{3}\ln|x+1| - \ln|x-4| - \frac{1}{2}\ln|x-1|,$$

obtemos:

$$\begin{aligned}
\frac{y'}{y} &= \frac{1}{3(x+1)} - \frac{1}{x-4} - \frac{1}{2(x-1)} = \frac{2(x^2-5x+4) - 6(x^2-1) - 3(x^2-3x-4)}{6(x^2-1)(x-4)} \\
&= \frac{7x^2+x-26}{6(1-x^2)(x-4)},
\end{aligned}$$

donde, finalmente,

$$y' = \frac{\sqrt[3]{x+1}(7x^2+x-26)}{6(1-x^2)(x-4)^2\sqrt{x-1}}.$$

Logaritmo numa base qualquer

Já vimos, no início deste capítulo, a definição de logaritmo numa base qualquer. Por conveniência, vamos repeti-la aqui. Fixado um número $c > 0$, $c \neq 1$, *o logaritmo de um número positivo N na base c, indicado por $\log_c N$, é o expoente r a que se deve elevar a base para se obter N.* Em símbolos, isto significa que

$$\log_c N = r \Leftrightarrow N = c^r.$$

Como veremos no Exercício 45 adiante, o logaritmo numa base qualquer goza das mesmas propriedades que o logaritmo natural. Além disso, como veremos no Exercício 46, vale a seguinte "fórmula de mudança de base":

$$\log_a N = \log_b N \cdot \log_a b.$$

Além disso, vale também a fórmula

$$\log_b a = 1/\log_a b.$$

Fazendo $b = e$ nessas fórmulas, obtemos:

$$\log_a N = \ln N \cdot \log_a e = \frac{\ln N}{\ln a}.$$

Esta última expressão mostra que o logaritmo de um número N numa base a qualquer é igual ao logaritmo natural de N dividido pelo logaritmo natural de a. Isso significa que o logaritmo numa base qualquer se exprime em termos dos logaritmos naturais; ou melhor, só difere do logaritmo natural pelo fator multiplicativo $1/\ln a$. Essa é mais uma razão para evidenciar a importância fundamental do logaritmo natural. Observe também que o logaritmo natural é o logaritmo na base e, isto é, $\ln N = \log_e N$.

Como veremos nas notas históricas logo adiante, o logaritmo decimal, que por cerca de 350 anos foi muito importante como instrumento de cálculo numérico, perdeu totalmente essa importância com o advento das calculadoras científicas por volta de 1970. Ele sobrevive hoje ligado principalmente a duas escalas importantes, uma na Química, a escala do fator pH, e outra na Sismologia, a escala Richter.

Exercícios

Calcule as derivadas das funções dadas nos Exercícios 1 a 28.

1. $y = e^{3x}$.

2. $y = 2e^{\sqrt{x}}$.

3. $y = e^{x^2}$.

4. $y = 4e^{\sqrt{x-1}}$.

5. $y = e^{x^3 - 3x}/3$.

6. $y = e^x/x$.

7. $y = e^{\operatorname{sen} x}$.

8. $y = e^{x^2 \cos \sqrt{x}}$.

9. $y = e^{-\sqrt{x} \ln x}$.

10. $y = x^2 e^{-x}$.

11. $y = \ln(e^x + e^{-x})$.

12. $y = \ln|e^x - e^{-x}|$.

13. $y = (x^2 - e^{-2x})^2$.

14. $y = e^{e^x}$.

15. $y = (x^x)^x = x^{x^2}$.

16. $y = (x)^{x^x}$.

17. $y = e^{x/\sqrt{x+1}}$.

18. $y = e^{-\sqrt{x}} \ln \sqrt{x}$.

19. $y = 2^{\cos x}$.

20. $y = 5^{x \operatorname{sen} x}$.

21. $y = \sqrt{2}^{\tan x}$.

22. $y = 3^{x^2} e^{-1/\sqrt{x}}$.

23. $y = \exp\left(x^2 - \dfrac{x+1}{x-1} \right)$.

24. $y = 2^{x^x}$.

25. $y = \exp(2^x e^{x^2})$.

26. $y = \exp(2^x e^{x^2})$.

27. $y = \pi^{x \operatorname{sen} x} e^x$.

28. $y = x^2 3^{x \operatorname{sen} x}$.

29. Prove que $x^5 e^{-2 \ln x} = x^3$.

30. Prove que $e^{\ln \operatorname{sen} x}/\cos x = \tan x$.

31. Calcule as primeiras quatro derivadas de $y = e^{x^2}$.

32. Calcule as primeiras quatro derivadas de $y = e^{1/x}$.

33. Prove que $\lim_{x \to +\infty} x^{n+1} D^{(n)} e^{1/x} = (-1)^n n!$

34. Faça o gráfico da função $y = e^{|x|}$.

35. Faça o gráfico da função $y = e^{-|x|}$.

36. Faça o gráfico da função $y = e^{x-3}$.

37. Faça o gráfico da função $y = e^{x+2}$.

38. Determine a reta tangente à curva $y = e^{x-1}$ em $x = 1$ e faça um gráfico.

39. Determine a reta normal à curva $y = e^{x+4}$ em $x = -4$ e faça um gráfico.

40. Determine as retas tangentes à curva $y = xe^{-x}$ nos pontos $x = 0$, $x = 1$ e $x = 2$, e esboce o gráfico dessa curva.

41. Prove que $(ab)^x = a^x b^x$ e $a^{-x} = 1/a^a$, supondo, evidentemente, que a e b sejam positivos.

42. Prove a propriedade (7.21).

43. Prove a propriedade (7.22).

44. Prove as propriedades (7.19) e (7.24).

45. Demonstre que

$$\log_c(ab) = \log_c a + \log_c b; \qquad \log_c \frac{a}{b} = \log_c a - \log_c b; \qquad \log_c a^x = x \log_c a, \ x \text{ real}, \ a > 0.$$

46. Demonstre que se a e b são números positivos diferentes de 1, então

$$\log_b a = \frac{1}{\log_a b}; \quad \text{e} \quad \log_a N = \log_b N \cdot \log_a b, \ N > 0.$$

Esta última identidade é chamada de *fórmula da mudança de base*, porque efetivamente ela permite passar do logaritmo de um número x na base b para o logaritmo na base a, desde que se conheça também o logaritmo de b na base a.

7.2 A função exponencial

Respostas, sugestões e soluções

2. $y' = e^{\sqrt{x}}/\sqrt{x}$.

4. $y' = \dfrac{2e^{\sqrt{x-1}}}{\sqrt{x-1}}$.

6. $y' = (x-1)e^x/x^2$.

7. $y' = e^{\operatorname{sen} x} \cos x$.

8. $y' = \left(2x\cos\sqrt{x} - x\sqrt{x}\dfrac{\operatorname{sen}\sqrt{x}}{2}\right) e^{x^2 \cos\sqrt{x}}$.

9. $y' = \dfrac{-1-\ln x}{2\sqrt{x}} e^{-\sqrt{x}\ln x}$.

12. $y' = \dfrac{e^x + e^{-x}}{e^x - e^{-x}}$.

14. $y' = e^{x+e^x}$.

15. $y' = x(1+\ln x^2)(x^x)^x$.

16. $y' = x^{x+x^x}\left(\dfrac{1}{x} + \ln x + \ln^2 x\right)$.

18. $y' = \dfrac{e^{-\sqrt{x}}}{2}\left(\dfrac{1}{x} - \dfrac{\ln\sqrt{x}}{\sqrt{x}}\right)$.

19. $y' = -(\ln 2)2^{\cos x}\operatorname{sen} x$.

21. $y' = \dfrac{(\sqrt{2})^{\tan x}\ln 2}{2\cos^2 x}$.

22. $y' = 3^{x^2} e^{-1/\sqrt{x}}\left(\dfrac{1}{2x^{3/2}} + 2x\ln 3\right)$.

24. $y' = 2^{x^x}(\ln x + 1)x^x \ln 2$.

25. $y' = 2^x(\ln 2 + 2x)\exp(x^2 + 2^x e^{x^2})$.

26. $y' = 2^x[\ln 2 + x^x(\ln x + 1)]\exp(x^x + 2^x e^{x^x})$.

29. Observe que $x^5 = e^{5\ln x}$ e $x^3 = e^{3\ln x}$.

31. $y' = 2xe^{x^2}$, $y'' = (2 + 4x^2)e^{x^2}$, etc.

32. $y' = -\dfrac{e^{1/x}}{x^2}$, $y'' = e^{1/x}\left(\dfrac{1}{x^4} + \dfrac{1}{x^3}\right)$, etc.

33. Seja $y = e^{1/x}$, de sorte que $y' = e^{1/x}D\frac{1}{x} = -\frac{1}{x^2}e^{1/x}$. Ao derivarmos sucessivamente essa função y', vamos obtendo novos termos que são produtos de $e^{1/x}$ por potências de $1/x$. Dentre essas as que têm menores expoentes são as que provêm das derivações sucessivas do fator $-1/x^2$ em y' e não das derivações de $e^{1/x}$. Pondo $z = -1/x^2$, obtemos:

$$z' = \frac{2}{x^3}, \quad z'' = \frac{-3!}{x^4}, \quad z^{(3)} = \frac{4!}{x^5}, \quad z^{(4)} = \frac{-5!}{x^6};$$

em geral, $z^{(n-1)} = (-1)^n n!/x^{n+1}$. Portanto,

$$y^{(n)} = D^{(n-1)}\left(\frac{-1}{x^2}e^{1/x}\right) = z^{(n-1)}e^{1/x} + \cdots,$$

onde os três pontos representam termos provenientes de derivações de $e^{1/x}$, as quais contêm potências de $1/x$ com expoentes maiores que $n + 1$. Substituindo a expressão de $z^{(n-1)}$ na última expressão de $y^{(n)}$, obtemos

$$y^{(n)} = \frac{(-1)^n n!}{x^{n+1}}e^{1/x} + \cdots,$$

donde segue-se que

$$x^{n+1}D^{(n)}e^{1/x} = x^{n+1}y^{(n)} = (-1)^n n! e^{1/x} + \cdots,$$

onde os três pontos representam termos que tendem a zero com $x \to +\infty$, por conterem $1/x$ como fator pelo menos uma vez. Daqui segue o resultado desejado.

34. Observe que se trata de uma função par, que coincide com $y = e^x$ para $x \geq 0$.

35. Função par que coincide com $y = e^{-x}$ para $x \geq 0$.

36. Translação de $y = e^x$ três unidades para a direita.

37. Translação de $y = e^x$ duas unidades para a esquerda.

38. A curva é obtida por translação de $y = e^x$ uma unidade para a direita. A tangente pedida é $y = x$.

39. A curva é obtida por translação de $y = e^x$ quatro unidades para a esquerda. A normal pedida é $x + y + 3 = 0$.

40. As tangentes pedidas são, respectivamente, $y = x$, $y = 1/e$ e $x + e^2 y - 4 = 0$. Ao esboçar o gráfico, leve em conta que, como veremos logo adiante (p. 216 e Exercício 34 da p. 218),

$$xe^{-x} = \frac{x}{e^x} \to 0 \quad \text{com} \quad x \to +\infty.$$

41. Temos: $(ab)^x = e^{x\ln(ab)} = e^{x\ln a + x\ln b} = e^{x\ln a}e^{x\ln b} = a^x b^x$. Analogamente,

$$a^{-x} = e^{-x\ln a} = \frac{1}{e^{x\ln a}} = \frac{1}{a^x}.$$

42. Utilize o mesmo raciocínio empregado na demonstração de (7.20), notando que agora $\ln a < 0$.

43. Supondo $x > 0$, teremos: $a^x = e^{x\ln a} > e^{x\ln b} = b^x$. Analise o caso $x < 0$.

44. Utilize (7.17) para analisar os vários casos, notando que $\ln a$ é positivo se $a > 1$ e negativo se $0 < a < 1$.

45. Pondo $A = \log_c a$ e $B = \log_c b$, obtemos $a = c^A$ e $b = c^B$, donde

$$ab = c^{A+B}, \quad \frac{a}{b} = c^{A-B}, \quad a^x = c^{Ax}.$$

Daqui segue, respectivamente,

$$\log_c(ab) = \log_c a + \log_c b, \quad \log_c(a/b) = \log_c a - \log_c b \quad \text{e} \quad \log_c a^x = x\log_c a.$$

46. Tomando o logaritmo na base b em ambos os membros da identidade $b = a^{\log_a b}$, obtemos:

$$1 = \log_b(a^{\log_a b}) = \log_a b \cdot \log_b a,$$

donde segue o primeiro resultado desejado. Analogamente, de $N = b^{\log_b N}$, obtemos:

$$\log_a N = \log_a(b^{\log_b N}) = \log_b N \cdot \log_a b,$$

que é o segundo resultado pedido.

7.3 As funções hiperbólicas

As funções hiperbólicas — *seno hiperbólico, co-seno hiperbólico, tangente hiperbólica* e *co-tangente hiperbólica* — designadas pelos símbolos senh, cosh, tanh e coth, respectivamente, são assim definidas:

$$\operatorname{senh} x = \frac{e^x - e^{-x}}{2}, \quad \cosh x = \frac{e^x + e^{-x}}{2}, \tag{7.25}$$

$$\tanh x = \frac{\operatorname{senh} x}{\cosh x} = \frac{e^x - e^{-x}}{e^x + e^{-x}},$$

$$\coth x = \frac{\cosh x}{\operatorname{senh} x} = \frac{e^x + e^{-x}}{e^x - e^{-x}}.$$

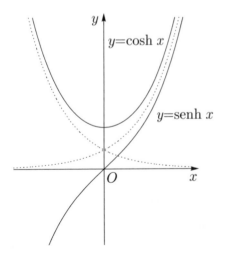

Figura 7.11 As curvas pontilhadas são os gráficos de $e^x/2$ e $e^{-x}/2$, respectivamente.

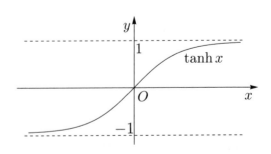

Figura 7.12

7.3 As funções hiperbólicas

Os gráficos dessas funções são obtidos dos gráficos de e^x e e^{-x}, como ilustram as Figs. 7.11 a 7.13. É fácil ver também que as três primeiras dessas funções estão definidas em todo eixo real e que $\coth x$ só não está definida em $x = 0$. Ela tende a $+\infty$ ou $-\infty$, conforme x tende a zero pela direita ou pela esquerda, respectivamente.

O seno e o co-seno hiperbólicos satisfazem a seguinte identidade fundamental:

$$\cosh^2 x - \operatorname{senh}^2 x = 1. \tag{7.26}$$

Para prová-la, basta usar as fórmulas (7.25):

$$\begin{aligned}
\cosh^2 x - \operatorname{senh}^2 x &= \frac{(e^x + e^{-x})^2}{4} - \frac{(e^x - e^{-x})^2}{4} \\
&= \frac{(e^{2x} + 2e^x e^{-x} + e^{-2x}) - (e^{2x} - 2e^x e^{-x} + e^{-2x})}{4} = 1.
\end{aligned}$$

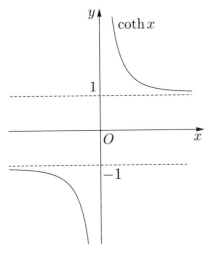

Figura 7.13

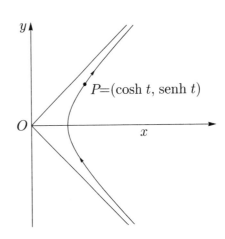

Figura 7.14

Interpretação geométrica

Daremos agora uma interpretação geométrica que justifica o nome "hiperbólicas" dessas funções. Para isso começamos trocando a variável x em (7.26) por t:

$$\cosh^2 t - \operatorname{senh}^2 t = 1;$$

em seguida, pondo

$$x = \cosh t \quad \text{e} \quad y = \operatorname{senh} t,$$

a identidade (7.26) assume a forma

$$x^2 - y^2 = 1.$$

Acontece que o gráfico desta equação é uma hipérbole, como se aprende nos cursos de Geometria Analítica. Quando t varia de $-\infty$ a $+\infty$, o ponto $P = (x, y) = (\cosh t, \operatorname{senh} t)$ descreve o ramo de hipérbole ilustrado na Fig. 7.14. De fato, quando t varia de $-\infty$ a zero, $\cosh t$ decresce de $+\infty$ a 1 e $\operatorname{senh} t$ cresce de $-\infty$ a zero; em seguida, com t variando de zero a $+\infty$, $\cosh t$ cresce de 1 a $+\infty$ e $\operatorname{senh} t$ cresce de zero a $+\infty$.

Propriedades adicionais das funções hiperbólicas

Vamos estabelecer as fórmulas de adição seguintes:

$$\text{senh}(a+b) = \text{senh}\,a \cdot \cosh b + \cosh a \cdot \text{senh}\,b,$$

$$(7.27)$$

$$\cosh(a+b) = \cosh a \cdot \cosh b + \text{senh}\,a \cdot \text{senh}\,b.$$

Começamos observando que

$$\text{senh}(a+b) = \frac{e^a e^b - e^{-a} e^{-b}}{2},$$

$$(7.28)$$

$$\cosh(a+b) = \frac{e^a e^b + e^{-a} e^{-b}}{2}.$$

Resolvendo as Eqs. (7.25) em e^x e e^{-x}, obtemos:

$$e^x = \text{senh}\,x + \cosh x, \quad e^{-x} = \cosh x - \text{senh}\,x.$$

Substituindo x nessas igualdades, primeiro por a, depois por b, encontramos:

$$e^a = \text{senh}\,a + \cosh a, \quad e^{-a} = \cosh a - \text{senh}\,a,$$
$$e^b = \text{senh}\,b + \cosh b, \quad e^{-b} = \cosh b - \text{senh}\,b.$$

Basta agora substituir estas expressões em (7.28) e simplificar para se obter as identidades (7.27).

Observe que as três identidades em (7.26) e (7.27) são análogas às identidades trigonométricas correspondentes, com apenas uma troca de sinal na primeira e na terceira delas. A analogia existe também para as fórmulas de derivação, que seguem facilmente da regra de derivação de e^x:

$$D\,\text{senh}\,x = \cosh x, \quad D\cosh x = \text{senh}\,x \quad \tanh x = \frac{1}{\cosh^2 x}, \quad D\coth x = \frac{-1}{\text{senh}^2 x}.$$

A *catenária* é o perfil que adquire uma corrente ou cabo homogêneo e flexível, suspenso nos extremos e deixado sob a ação da gravidade. A palavra catenária vem de "catena", em latim, que significa "cadeia"ou "corrente". Demonstra-se, no estudo das equações diferenciais, que uma catenária disposta simetricamente em relação ao eixo Oy tem equação do tipo

$$y = \frac{\cosh x}{a}.$$

O parâmetro a que aí aparece é tal que $y = 1/a$ quando $x = 0$, pois $\cosh 0 = 1$.

Exercícios

1. Mostre que o seno hiperbólico é uma função ímpar e que o co-seno hiperbólico é função par.

2. Mostre que

$$\text{senh}\,(a-b) = \text{senh}\,a \cdot \cosh b - \cosh a \cdot \text{senh}\,b;$$
$$\cosh(a-b) = \cosh a \cdot \cosh b - \text{senh}\,a \cdot \text{senh}\,b.$$

3. Definindo $\text{sech}\,a = 1/\cosh a$ e $\text{csch}\,a = 1/\text{senh}\,a$, estabeleça as seguintes identidades:

$$\tanh^2 x + \text{sech}^2 x = 1; \qquad \coth^2 x - \text{csch}^2 x = 1.$$

7.4 Taxa de variação

4. Mostre que $\operatorname{senh} 2a = 2 \operatorname{senh} a \cdot \cosh a$.

5. Mostre que $\cosh 2a = \cosh^2 a + \operatorname{senh}^2 a$.

6. Mostre que $\tanh(\ln a) = (a^2 - 1)/(a^2 + 1)$.

Calcule as derivadas das funções dadas nos Exercícios 7 a 17.

7. $y = \operatorname{senh} 5x$.   **8.** $y = \operatorname{senh} x^2$.   **9.** $y = \cosh \sqrt{x^2 + 1}$.

10. $y = \operatorname{sech} x$.   **11.** $y = \operatorname{csch} x$.   **12.** $y = \sqrt{\cosh x^3}$.

13. $y = \ln(\cosh x)$.   **14.** $y = \tanh \dfrac{x-1}{x+1}$.   **15.** $y = x^{\operatorname{senh} x}$.

16. $y = e^{\cosh x}$.   **17.** $y = x^x \cosh x$.

18. Mostre que a função $y = A \cosh(\omega t + \phi)$ satisfaz a equação $\ddot{y} - \omega^2 y = 0$.

19. Calcule o limite de $\tanh x$ com $x \to +\infty$.

20. Calcule o limite de $\tanh x$ com $x \to -\infty$.

Respostas, sugestões e soluções

3. Proceda como na demonstração de (7.26).

6. Ponha $\ln a = b$ na definição da tangente hiperbólica.

10. $y' = \dfrac{\operatorname{senh} x}{\cosh^2 x} = -\tanh x \cdot \operatorname{sech} x$.   **11.** $y' = -\dfrac{\cosh x}{\operatorname{senh}^2 x} = -\coth x \cdot \operatorname{csch} x$.   **13.** $y' = \tanh x$.

14. $y' = \dfrac{2}{(x+1)^2} \cdot \operatorname{sech}^2 \dfrac{x-1}{x+1}$.   **15.** Utilize derivação logarítmica. $y' = x^{\operatorname{senh} x} \left(\cosh x \cdot \ln x + \dfrac{\operatorname{senh} x}{x} \right)$.

17. $y' = x^x [\operatorname{senh} x + (1 + \ln x) \cosh x]$.   **18.** Derive duas vezes a função dada.

19. $\tanh x = \dfrac{e^x - e^{-x}}{e^x + e^{-x}} = \dfrac{1 - e^{-2x}}{1 + e^{-2x}}$.

7.4   Taxa de variação

Terminaremos este capítulo com alguns problemas sobre "taxa de variação", cujo significado explicaremos a seguir.

Como vimos, a derivada de uma função f num ponto x_0 é definida considerando, primeiro, a razão incremental

$$\frac{\Delta f}{\Delta x} = \frac{f(x_0 - \Delta x) - f(x_0)}{\Delta x}.$$

Esta razão é também chamada de *taxa média de variação* da função no intervalo $[x_0,\ x_0 + \Delta x]$. Ela mede, por assim dizer, a "rapidez" com que a função varia quando x passa do valor x_0 ao valor $x_0 + \Delta x$. Dizemos "rapidez" entre aspas porque o termo não é de todo apropriado, a não ser que a variável independente x seja o tempo. Por exemplo, no caso da equação horária de um movimento, $s = s(t)$, a velocidade média

$$v_m = \frac{\Delta s}{\Delta t} = \frac{s(t_0 + \Delta t) - s(t_0)}{\Delta t},$$

que é a taxa média de variação do espaço s entre os referidos instantes de tempo t_0 e $t_0 + \Delta t$, indica, efetivamente, a rapidez de variação do deslocamento s entre os referidos instantes.

Do mesmo modo que a razão incremental de uma função f é chamada de taxa média de variação, a derivada $f'(x_0)$ é chamada de *taxa de variação* de f no ponto x_0. Ela é o análogo da velocidade instantânea e tem o seguinte significado: se a função f mantivesse sempre a mesma tendência de variação caracterizada pela taxa $f'(x_0)$, então seu gráfico seria a reta tangente à curva f no ponto $(x_0, f(x_0))$, cuja inclinação é $f'(x_0)$. Designando por (x, Y) o ponto genérico dessa tangente (Fig. 7.15), sua equação é dada por

$$\frac{Y - f(x_0)}{x - x_0} = f'(x_0), \quad \text{ou ainda,} \quad \frac{\Delta Y}{\Delta x} = f'(x_0).$$

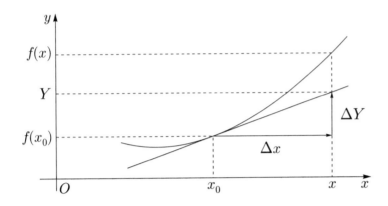

Figura 7.15   Figura 7.16

Exemplo 1. Imaginemos um petroleiro avariado, cujo vazamento de óleo cubra uma área circular A de raio r (Fig. 7.16). Com o passar do tempo, estas duas grandezas crescem a taxas que estão relacionadas. De fato, como $A = \pi r^2$, temos

$$\frac{dA}{dt} = 2\pi r \frac{dr}{dt}, \quad \text{ou} \quad \frac{dr}{dt} = \frac{dA/dt}{2\pi r}.$$

Isto mostra que o raio r cresce a uma taxa inversamente proporcional a si mesmo. Por exemplo, se a área cresce, digamos, à taxa de 10 000 m² por hora, então

$$\frac{dr}{dt} \approx \frac{10\,000}{6,2832} r.$$

Assim, quando r for igual a 2 km, esse raio estará se expandindo à razão

$$\frac{dr}{dt} = \frac{5}{6,2832} \approx 80 \text{ cm/h};$$

quando r atingir o valor de 4 km, a taxa de crescimento do raio estará reduzida à metade:

$$\frac{dr}{dt} \approx \frac{2,5}{6,2832} \approx 4 \text{ cm/h}.$$

Exemplo 2. Consideremos um avião em vôo horizontal com velocidade constante v, afastando-se de um observador O (Fig. 7.17). Seja h a altura do avião e θ sua elevação angular vista pelo observador. Vamos achar uma expressão para a taxa de variação do ângulo θ em relação ao tempo. Para isso, observamos que

$$\theta = \arctan(h/s).$$

Notando que $ds/dt = v$ e derivando em cadeia, obtemos

$$\frac{d\theta}{dt} = \frac{d\theta}{ds} \cdot \frac{ds}{dt} = \frac{(-h/s^2) \cdot ds/dt}{1 + h^2/s^2} = \frac{-hv}{s^2 + h^2}.$$

Como vemos, a taxa de variação $d\theta/dt$ é negativa quando o avião se afasta do observador ($v = ds/dt > 0$) e positiva no caso contrário ($v = ds/dt < 0$). Como $h = s\tan\theta$, podemos eliminar s na expressão acima e obter:

$$\frac{d\theta}{dt} h(1 + \tan^2\theta) + v\tan^2\theta = 0.$$

7.4 Taxa de variação

Esta equação permite calcular uma das três grandezas $d\theta/dt$, h e v, em função das outras duas e do ângulo θ. Como exemplo numérico, imaginemos que o avião se aproxime do observador com velocidade (negativa) de $1\,300$ km/h ($\approx 0,36$ km/s), no momento em que ele é observado a uma altura angular $\theta = 30° = \pi/6$ rd, sendo $d\theta/dt = 0,01$ rd/s. Então, sua altitude h é dada por

$$h = \frac{(-v)\tan^2\theta}{(1+\tan^2\theta)d\theta/dt} \approx \frac{0,36 \cdot 0,33}{1,33 \cdot 0,01} \approx 8\,932 \text{ m}.$$

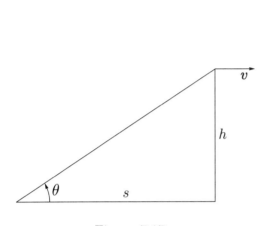

Figura 7.17

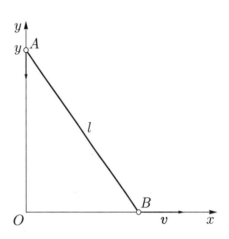

Figura 7.18

Exemplo 3. Consideremos uma escada de comprimento l, apoiada num muro. Imaginemos que sua extremidade inferior B se afaste do muro com velocidade constante v (Fig. 7.18). Vamos achar uma expressão para a taxa de variação da ordenada da extremidade superior A em relação ao tempo. Para isto derivamos, em relação ao tempo, a função

$$y = \sqrt{l^2 - x^2}, \quad \text{proveniente de} \quad x^2 + y^2 = l^2.$$

$$\frac{dy}{dt} = \frac{-x\dfrac{dx}{dt}}{\sqrt{l^2 - x^2}} = \frac{-vx}{\sqrt{l^2 - x^2}} = \frac{-vx}{y} = \frac{-v\sqrt{l^2 - y^2}}{y}.$$

Vemos que $dy/dt < 0$, como é natural, já que a escada está caindo.

É interessante notar, na expressão anterior, que a velocidade dy/dt com que cai a extremidade superior da escada vai-se tornando infinitamente grande à medida que essa extremidade se aproxima do chão. Por exemplo, se a escada tem comprimento $l = 5$ m e se afasta do muro com velocidade $v = 1$ m/s, então

$$\frac{dy}{dt} = \frac{-\sqrt{25 - y^2}}{y}.$$

Quando A está a $y = 2$ m do chão,

$$\frac{dy}{dt} = \frac{-\sqrt{21}}{2} \approx -2,3 \text{ m/s};$$

quando A está a $y = 2$ cm do chão,

$$\frac{dy}{dt} = \frac{-\sqrt{25 - 0,0004}}{0,02} \approx -250 \text{ m/s};$$

a 1 mm do chão,

$$\frac{dy}{dt} \approx -5 \text{ km/s}.$$

Alcançaríamos a velocidade da luz,

$$\frac{dy}{dt} \approx -3 \times 10^8 \text{ m/s},$$

quando fosse $y = (5/3) \times 10^{-8}$ m $\approx 0,000017$ mm!

Sabemos, por simples bom senso, que isso não acontece. Por outro lado, não há também nada de errado com a Matemática. O que fizemos foi formular e resolver um problema puramente geométrico: "Dado um segmento retilíneo de comprimento l, com uma extremidade A numa reta Oy, determinar a velocidade dessa extremidade, sabendo que a outra extremidade B se desloca, com velocidade constante v, numa reta Ox perpendicular a Oy". No momento em que pensamos no segmento como uma escada, o nosso modelo geométrico é uma idealização da situação física real; e não descreve bem essa situação quando a escada está atingindo o final da queda. Um modelo mais preciso deveria levar em conta a força-peso da escada, sua massa, momento de inércia, além dos vínculos em A e B que dão origem a forças de reação nesses pontos. Mesmo sem qualquer análise matemática, é fácil ver que as forças envolvidas não produzem a rotação ω necessária para manter a extremidade A sempre colocada à parede. É claro que nosso modelo geométrico dá uma previsão correta da velocidade enquanto esta extremidade não se soltar (Fig. 7.19).

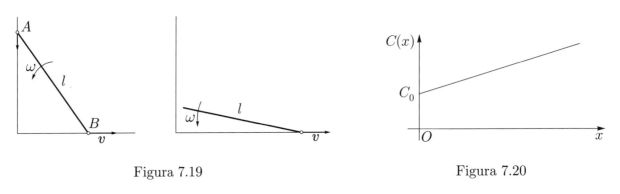

Figura 7.19 Figura 7.20

Aplicações à Economia

Em Economia, a taxa de variação de uma grandeza G chama-se *marginal G*. Um exemplo típico é proporcionado pela grandeza "custo de produção" de x unidades de um certo artigo num certo tempo, digamos, um mês: se esse custo for designado por $C = C(x)$, então $C'(x)$ é chamado *custo marginal*. Há que distinguir duas partes no custo de produção: uma parte fixa, representada pelas instalações da fábrica, maquinaria, etc., com vistas à produção de uma quantidade mínima do produto em questão; e uma outra parte, representada pela matéria-prima, mão-de-obra, etc., mais diretamente ligada à produção efetiva da fábrica. O custo adicional para produzir um artigo a mais, quando a fábrica já produz x artigos por mês, é dado por $C(x+1) - C(x)$, que é a razão incremental correspondente ao incremento $h = 1$ da variável x:

$$C(x+1) - C(x) = \frac{C(x+1) - C(x)}{1}.$$

Em geral, como x é muito grande e essa diferença varia muito pouco para um razoável intervalo de valores de x, os economistas interpretam a diferença $C(x+1) - C(x)$ como praticamente igual a $C'(x)$. Daí considerarem o custo marginal $C'(x)$ como o custo de produzir um artigo a mais no momento em que a fábrica já produz x artigos.

O modelo mais simples de custo de produção é aquele em que C é uma função linear de x, digamos,

$$C = C_0 + mx.$$

Então, C_0 representa o custo inicial de funcionamento da fábrica e m é o custo marginal, que, neste caso, é constante (Fig. 7.20).

Esse modelo só é adequado para intervalos restritos da variável x. Para aumentar a produção, a partir de certo valor x_0, pode ser necessário instalar novas máquinas, aumentar a mão-de-obra, pagar horas extras,

7.4 Taxa de variação

etc. Isto significa um custo marginal maior. O que acontece, na realidade, é que o custo marginal tende, primeiro, a cair com o aumento da produção, até um valor x_0; daí por diante ele passa a aumentar. Em outras palavras, o custo marginal $m(x) = C'(x)$, que é o declive da reta tangente ao gráfico da função custo, decresce até um valor mínimo $m_0 = m(x_0)$, quando x varia de 0 a x_0, para em seguida passar a crescer. Esse tipo de comportamento é exibido, por exemplo, por uma função marginal cujo gráfico seja uma parábola de equação (Fig. 7.21)

$$m(x) = \frac{(x-x_0)^2}{k} + m_0 = \frac{x^2}{k} - \frac{2x_0}{k}x + \left(m_0 + \frac{x_0^2}{k}\right).$$

Essa função é, de fato, o custo marginal de uma função custo do tipo

$$\begin{aligned} C(x) &= \frac{(x-x_0)^3}{3k} + m_0 x + C_0 \\ &= \frac{x^3}{3k} - \frac{x_0}{k}x^2 + \left(m_0 + \frac{x_0^2}{k}\right)x + C_0 - \frac{x_0^3}{3k}. \end{aligned}$$

Para verificar essa afirmação, basta derivar $C(x)$ para obter $m(x)$. Observemos que $C_0 - x_0^3/3k$ é o custo inicial e m_0 é o custo marginal mínimo obtido quando a produção atinge o valor $x = x_0$.

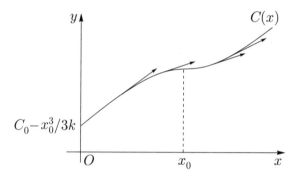
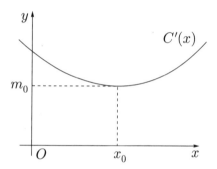

Figura 7.21

Exemplo 4. Consideremos a função custo

$$C(x) = \frac{x^3}{9000} - \frac{x^2}{3} + 340x + 500.$$

Então o custo marginal é dado por

$$m(x) = \frac{x^2}{3000} - \frac{2}{3}x + 340,$$

cujo valor inicial é 340. Para obter seu valor mínimo, usamos a técnica de completar o quadrado:

$$m(x) = \frac{1}{3000}(x - 1000)^2 + 340 - \frac{1000}{3}.$$

Daqui vemos, claramente, que m assume o valor mínimo m_0 quando $x = 1000$:

$$m_0 = 340 - \frac{1000}{3} \approx 6,67.$$

Para esse mesmo valor de x, o custo médio unitário

$$\frac{C(x)}{x} = \frac{x^2}{9000} - \frac{x}{3} + 340 + \frac{500}{x}$$

assume o valor

$$\frac{C(1000)}{1000} = \frac{1000}{9} - \frac{1000}{3} + 340 + \frac{1}{2} \approx 118,28.$$

Isto mostra que é realmente compensador aumentar a produção acima de $x = 1000$, já que o custo marginal ou custo por artigo adicional é de apenas 6,67, quando a fábrica está gastando, em média, 118,28 por um dos 1000 que já vem produzindo.

A situação é bem diferente quando $x = 2000$, pois agora o custo médio unitário

$$\frac{C(2000)}{2000} \approx 118,03$$

é praticamente o mesmo anterior, enquanto o custo marginal

$$m(2000) = 340$$

é muito maior.

Exemplo 5. Um agricultor emprega uma quantidade x de fertilizante numa cultura, obtendo uma produção
$$P(x) = 100 + 4x - x^2/50.$$

A produção marginal $P'(x)$ representa o aumento da produção por unidade adicional de fertilizante, quando ele já emprega x unidades:

$$P'(x) = 4 - \frac{x}{25}.$$

As duas funções, $P(x)$ e $P'(x)$, estão ilustradas na Fig. 7.22. Notemos que a produção marginal diminui até atingir o valor zero em $x = 100$.

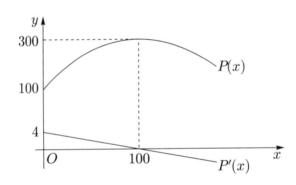

Figura 7.22

Exercícios

1. Expresse a taxa de crescimento do volume de uma esfera, relativamente ao raio, em função do raio. Faça o mesmo para a superfície da esfera. Calcule essas taxas quando o raio for igual a 5 cm.

2. Expresse a taxa de crescimento do volume de uma esfera, relativamente à superfície, em função do raio da esfera. Faça o mesmo para o raio, relativamente ao volume.

3. Qual a taxa média de variação da área de um círculo em relação ao raio, quando este varia de r a $r + \Delta r$? Calcule essa taxa para $r = 1,5$ m e $\Delta r = 5$ cm.

4. Se o raio de um círculo cresce à taxa de 30 cm/s, a que taxa cresce a área em relação ao tempo?

5. Num reservatório contendo um orifício, a vazão pelo orifício é de $110\sqrt{h}$ cm^3/s, onde h é a altura, em centímetros, do nível da água no reservatório, acima do orifício. O reservatório é alimentado à taxa de 88 l/min. Calcule a altura h do nível a que o reservatório se estabiliza.

6. Um balão sobe verticalmente com velocidade v e um observador, a certa distância d, vê o balão sob um ângulo de elevação θ. Ache uma expressão para a taxa $d\theta/dt$ de variação de θ em termos de v, θ e d. A que velocidade sobe

7.4 Taxa de variação

o balão se $d = 500$ m e $d\theta/dt = 0,02$ rd/s, quando $\theta = \pi/4$ rd?

7. Um farol, a uma distância d da praia, lança um facho de luz que gira com uma velocidade angular $\omega = \pi/30$ rd/s. Calcule a velocidade v do ponto iluminado na praia em termos de d e da distância s entre o ponto iluminado e o ponto da praia mais próximo do farol.

8. Uma piscina está sendo esvaziada de tal forma que $V(t) = 300(20 - t)^2$ representa o número de litros de água na piscina t horas após o início da operação. Calcule a velocidade (instantânea) de escoamento da água ao cabo de 8 horas e a velocidade média desse escoamento no mesmo tempo.

9. Dois móveis partem de um mesmo ponto O, num mesmo instante, com velocidades constantes v_x e v_y, ao longo de eixos ortogonais Ox e Oy, respectivamente. Depois de um tempo t_0, eles mudam os sentidos de seus movimentos, trocando as velocidades. Calcule a taxa de variação, em relação ao tempo, da distância D que separa os móveis no instante $t > t_0$. Calcule essa taxa, numericamente, supondo $v_x = 2v_y = 72$ km/h, $t_0 = 2$ horas e $t = 5$ horas.

10. Um balão esférico está sendo enchido de gás à razão de L l/s. Quão rapidamente cresce o raio r em termos de L e r? Calcule esse valor para $L = 15$ e $r = 3$ m.

11. Um monte de areia de forma cônica cresce à taxa de v m^3/min. Sua altura é sempre igual ao raio da base. Expresse a taxa de crescimento da altura em função de v e do raio r da base. Calcule essa taxa quando $v = 10$ e $r = 5$ m.

12. Um balão esférico de raio r perde gás à taxa de v m^3/min. A que taxa decresce o raio? Calcule essa taxa quando $r = 5$ m e $v = 2$.

13. Um funil cônico tem diâmetro de 30 cm na parte superior e altura de 40 cm. Se o funil é alimentado à taxa de $1,5$ l/s e tem uma vazão de 800 cm^3/s, determine quão rapidamente está subindo o nível da água quando esse nível é de 25 cm.

14. Uma partícula se desloca ao longo da parábola $y = x^2 - 3x + 1$. Calcule o valor de x para o qual a velocidade da projeção no eixo dos y é três vezes a da projeção no eixo dos x.

15. Uma estátua de altura h está instalada sobre um pedestal de altura l acima do plano horizontal que passa pelo olho de um observador. Com o observador a uma distância x, calcule a taxa de variação, em relação a x, do ângulo θ sob o qual o observador vê a estátua, em termos de h, l e x. Qual o valor dessa taxa se $h = 20$, $l = 5$ e $x = 50$?

16. Um reservatório cônico, com o vértice para baixo, contém água de volume V até uma altura h. Supondo que a evaporação da água se processa a uma taxa dV/dt proporcional à sua superfície, mostre que h decresce a uma taxa dh/dt constante.

17. Uma bola de neve derrete a uma taxa volumétrica dV/dt proporcional à sua área. Mostre que seu raio r decresce a uma taxa dr/dt constante.

18. O custo de produção de x unidades mensais de certo produto é

$$C(x) = \frac{x^3}{8400} - \frac{x^2}{2} + 710x + 650.$$

Calcule o custo marginal quando $x = 0$, o custo marginal mínimo e a produção $x = x_0$ para que esse mínimo ocorra. Qual o custo médio por artigo produzido quando $x = x_0$?

19. Mostre que quando a função custo é linear, $C = C_0 + mx$, com $C_0 > 0$ e $m > 0$, então o custo médio é sempre maior que o custo marginal, e que o custo médio diminui com o aumento da produção. Isto significa que, enquanto o custo for do tipo linear, será vantajoso aumentar a produção. Dê a interpretação geométrica.

20. A função custo num processo de produção de x milhares de certo artigo é dada por

$$C(x) = \begin{cases} 10 + 10x - x^2 & \text{para} \quad x \leq 4; \\ x^2 - 6x + 42 & \text{para} \quad x \geq 4. \end{cases}$$

Determine o custo marginal mínimo e o valor $x = x_0$ que produz esse mínimo. Mostre que o custo médio $C(x)/x$ é igual ao custo marginal $m(x) = C'(x)$ quando $x = \sqrt{42}$, que $C(x)/x > m(x)$ para $x < \sqrt{42}$ e que $C(x)/x < m(x)$ para $x > \sqrt{42}$. Faça os gráficos de $C(x)$ e $m(x)$.

Respostas, sugestões e soluções

1. $V = 4\pi r^3/3$ e $S = 4\pi r^2$ nos dão

$$\frac{dV}{dr} = 4\pi r^2 \quad \text{e} \quad \frac{dS}{dr} = 8\pi r.$$

Quando $r = 5$ cm, essas taxas assumem os valores 100π cm^3 por centímetro de raio e 40π cm^2 por centímetro de raio, respectivamente.

2. $V = s^{3/2}/6\sqrt{\pi}$ nos dá

$$\frac{dV}{ds} = \frac{\sqrt{S}}{4\sqrt{\pi}} = \frac{\sqrt{4\pi r^2}}{4\sqrt{\pi}} = \frac{r}{2}.$$

Podíamos também proceder assim:

$$\frac{dV}{dS} = \frac{dV}{dr} \cdot \frac{dr}{dS} = 4\pi r^2 \cdot \frac{1}{8\pi r} = \frac{r}{2}.$$

Quanto ao raio relativamente ao volume,

$$\frac{dr}{dV} = \frac{1}{dV/dr} = \frac{1}{4\pi r^2}.$$

3. $\dfrac{\Delta S}{\Delta r} = \dfrac{4\pi(r+\Delta r)^2 - 4\pi r^2}{\Delta r} = 4\pi(\Delta r + 2r)$. Quando $r = 1,5$ cm e $\Delta r = 5$ cm, $\Delta S/\Delta r = 1\,220\pi$ cm^3 por centímetro de raio.

4. $A = \pi r^2$, $dA/dt = (dA/dr)(dr/dt) = 2\pi r \cdot 30 = 60\pi r$ cm^2/s.

5. Devemos ter $110\sqrt{h} = 88\,000/60$, donde $h = 1\,600/9$ cm.

6. De acordo com a Fig. 7.23, $\theta = (\arctan vt)/d$, donde obtemos:

$$\frac{d\theta}{dt} = \frac{1}{1 + v^2t^2/d^2} \cdot \frac{v}{d} = \frac{vd}{d^2 + v^2t^2} = \frac{v\cos^2\theta}{d}.$$

Esta última igualdade é conseqüência de $\cos\theta = d/\sqrt{d^2 + v^2t^2}$. Com os dados numéricos do problema, $v = 20$ m/s.

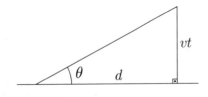

Figura 7.23

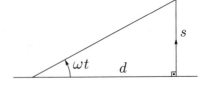

Figura 7.24

7. De acordo com a Fig. 7.24, $s = d\tan\omega t$; portanto,

$$v = \frac{ds}{dt} = \frac{\omega d}{\cos^2\omega t} = \omega d(1 + \tan^2\omega t) = \omega d\left(1 + \frac{s^2}{d^2}\right) = \frac{\omega(d^2 + s^2)}{d}.$$

7.4 Taxa de variação

8. Quando $t = 8$ horas, $-dv/dt = -600(20 - t) = 7200$ l/h e $V/t = 5400$ l/h.

9. Seja $D = D(t)$ a distância que separa os móveis. Então, $D = \sqrt{x^2 + y^2}$, onde

$$x = x(t) = v_x t_0 - v_y(t - t_0) \quad \text{e} \quad y = v_y t_0 - v_x(t - t_0),$$

supondo, evidentemente, $t \geq t_0$. Teremos:

$$D'(t) = \frac{xx' + yy'}{\sqrt{x^2 + y^2}},$$

e com os números do problema, $D' \approx 61$ km/h.

10. $V = 4\pi r^3/3$; donde, $dV/dt = V' = 4\pi r^2 r' = L$; logo, $r' = L/4\pi r^2$. Com os números do problema,

$$r' = \frac{15}{4\pi \cdot 30^2} \text{ dm/s} = \frac{150 \cdot 3600}{4\pi \cdot 900} \text{ cm/h} \approx 48 \text{ cm/h}.$$

11. Como o volume é $\pi r^3/3$, $v = \pi r^2 r'$, $v = \pi r^2 r'$, donde

$$r' = \frac{dr}{dt} = \frac{v}{\pi r^2} = \frac{10}{25\pi} = \frac{2}{5\pi} \text{ m/min}.$$

12. O volume do balão é $4\pi r^3/3$, de sorte que

$$4\pi r^2 r' = v; \quad \text{logo} \quad r' = \frac{v}{4\pi r^2}.$$

Com os números do problema,

$$r' = \frac{-2}{4\pi \cdot 25} = \frac{-1}{50r} \text{ m/min} = \frac{-2}{\pi} \text{ cm/min}.$$

13. Note que $40/h = 15/r$, donde $r = 3h/8$; logo,

$$V(h) = \frac{\pi r^2 h}{3} = \frac{3}{64}\pi h^3 \quad \text{e} \quad \frac{dV}{dh} = \frac{9}{64}\pi h^2.$$

Por outro lado,

$$\frac{dV}{dt} = (1\,500 - 800) \text{ cm}^3/\text{s} = 700 \text{ cm}^3/\text{s}.$$

Então,

$$\frac{dh}{dt} = \frac{dh}{dV} \cdot \frac{dV}{dt} = 700 \cdot \frac{64}{9\pi h^2}.$$

Quando $h = 25$,

$$\frac{dh}{dt} = \frac{700 \cdot 64}{9\pi(25)^2} = \frac{28}{27} \cdot \frac{64}{25\pi} = \frac{1\,792}{225\pi} \text{ cm/s}.$$

14. $\dot{y} = (2x - 3)\dot{x}$ deve ser $3\dot{x}$. Então, $2x - 3 = 3$, donde $x = 3$.

15. $\tan \alpha = \dfrac{h + l}{x}$, $\tan \beta = \dfrac{l}{x}$; logo, $\alpha = \arctan \dfrac{h + l}{x}$ e $\beta = \arctan \dfrac{l}{x}$. Daqui e de $\theta = \alpha - \beta$, obtemos (Fig. 7.24):

$$\frac{d\theta}{dx} = \frac{d\alpha}{dx} - \frac{d\beta}{dx} = \frac{l}{x^2 + l^2} - \frac{h + l}{x^2 + (h + l)^2}.$$

Com a substituição dos números dados obtemos $d\theta/dx = 1/125$.

16. O raio r da superfície da água é proporcional a h : $r = Ah$, A uma constante. Então,

$$V = \frac{\pi r^2 h}{3} = \frac{\pi A^2}{3}h^3; \quad \text{logo,} \quad \frac{dV}{dt} = \pi A^2 h^2 \frac{dh}{dt}.$$

Por outro lado, $dV/dt = B\pi r^2$, onde B é outra constante, portanto

$$\pi A^2 h^2 \frac{dh}{dt} = B\pi r^2 = BA^2 \pi h^2.$$

178   Capítulo 7 As funções logarítmica e exponencial

Daqui segue o resultado desejado: $dh/dt = B$.

17. $V = 4\pi r^3/3$, $dV/dt = 4\pi r^2(dr/dt)$ é proporcional à área $4\pi r^2$, isto é, igual a $4\pi r^2 A$, onde A é uma constante; logo, $dr/dt = A$.

18. $m(0) = 710$; $x_0 = 1400$, $m(x_0) = 10$ e $C(x_0)/x_0 = 243,8$.

20. Faça o gráfico de $m(x) = C'(x)$ e observe que seu mínimo ocorre quando $x = 4$, donde $m(4) = 2$. Para a segunda parte, compare $m(x)$ com $C(x)/x$.

7.5 Notas históricas

A invenção dos logaritmos

Nas notas do final do capítulo anterior vimos que, já na antigüidade, os astrônomos tinham de realizar cálculos trabalhosos. E foram essas exigências que levaram sábios como Ptolomeu a construir tabelas numéricas para ajudar na realização desses cálculos. No século XVI, com a expansão da navegação e do comércio, novas necessidades de cálculo surgiram, primeiro na Cartografia, que estava a exigir mapas das mais variadas e extensas regiões do globo, os quais precisavam ser feitos com a máxima precisão possível. Essa demanda da Cartografia punha mais exigências na Astronomia e na Geodésia, envolvendo cálculos trigonométricos longos e trabalhosos, uma demanda que foi sempre crescente a partir de então.

Um avanço significativo ocorrido no final do século XVI foi a divulgação das frações decimais, como vimos em nota no final do Capítulo 1. Nessa mesma época alguns matemáticos se dedicaram a construir tabelas de funções trigonométricas, com precisão de 15 casas decimais. E no início do século XVII surgiram os logaritmos, que iriam facilitar enormemente o cálculo numérico pelos séculos seguintes.

A idéia básica dos logaritmos consiste em substituir operações mais complicadas, como multiplicação e divisão, por operações mais simples, como soma e subtração. É o que obtemos com as fórmulas

$$\log(ab) = \log a + \log b \quad \text{e} \quad \log \frac{a}{b} = \log a - \log b.$$

De fato, da primeira delas vê-se que, para multiplicar dois números basta procurar na tabela (ou tábua) o número cujo logaritmo seja a soma dos logaritmos dos números dados. De modo análogo, a segunda fórmula serve para efetuar a divisão.

Os principais inventores dos logaritmos foram o suíço Joost Bürgi (1552–1632) e o escocês John Neper (ou Napier, 1550–1617), cujos trabalhos foram produzidos independentemente um do outro. Ao que parece, ambos encontraram inspiração num método de cálculo baseado em identidades trigonométricas que já era usado em fins do século XVI, dentre outros pelo astrônomo Tycho Brahe. Por exemplo, a relação

$$(\cos A)(\cos B) = \frac{\cos(A + B) + \cos(A - B)}{2}$$

servia para efetuar a multiplicação em termos de soma e subtração.

As primeiras tábuas de logaritmos de Neper apareceram em 1614, em Edimburgo, ao passo que as de Bürgi só vieram à luz em 1620, em Praga, onde ele trabalhava como assistente de Kepler. Portanto, quando Bürgi publicou suas tábuas, as de Neper já eram conhecidas em toda a Europa. No entanto, é provável que Bürgi tivesse concebido os logaritmos antes mesmo que Neper. Os logaritmos foram reconhecidos como uma invenção realmente extraordinária logo após a publicação de Neper em 1614. Mas esses primeiros logaritmos de Neper tinham sérios inconvenientes e foram logo modificados por ele mesmo e por Henry Briggs (1561-1631), um dos primeiros e mais ardentes entusiastas do trabalho de Neper. O resultado foi o aparecimento dos logaritmos de Briggs, ou logaritmos decimais. Briggs publicou sua primeira tábua em 1617, depois, em versão bem mais ampliada, em 1624.

A invenção dos logaritmos teve um grande impacto no desenvolvimento científico e tecnológico. Kepler observou que eles aumentavam consideravelmente a capacidade de computação do astrônomo; e empregou largamente esse novo instrumento nos cálculos que o levaram a descobrir suas leis planetárias. Desde sua invenção até muito recentemente, as tábuas de logaritmos foram indispensáveis no cálculo numérico. Com o aparecimento dos computadores eletrônicos na década de 1940, elas começaram a perder sua importância. Da década de 1960 para cá, começaram a surgir as minicalculadoras, tornando as tábuas de logaritmos completamente obsoletas. Mas, é claro, nos programas dos computadores e das calculadoras de bolso, os logaritmos estão presentes nos cálculos que fazemos.

Os logaritmos decimais de Briggs sugeriam, naturalmente, a definição do logaritmo de um número N numa base a como a potência L a que se deve elevar a base para obter $N: N = a^L$. Mas esta concepção não aparece no primeiro

7.5 Notas históricas

trabalho de Neper, mesmo porque não se usavam ainda expoentes fracionários e irracionais. O esquema original de Neper era complicado e baseava-se na associação de dois pontos de movimento em duas retas distintas, um com velocidade constante e o outro com velocidade proporcional à distância do ponto móvel a um ponto fixo. Em notação exponencial, o esquema de Neper corresponde à equação:

$$N = 10^7 \left(1 - \frac{1}{10}\right)^L,$$

onde L é o logaritmo de N.

Ainda no século XVII vários matemáticos reconheceram a possibilidade de identificar a área sob a hipérbole $y = 1/x$ com o logaritmo, o que também deu origem à expressão *logaritmo natural*. Este era, evidentemente, o logaritmo na base e.

Os logaritmos no cálculo numérico

Vamos dar aqui uma breve explicação sobre como os logaritmos decimais são utilizados com vantagem na realização de cálculos numéricos. Como já dissemos, isso é possível porque eles possibilitam a substituição de operações mais complicadas, como multiplicação e divisão, por operações mais simples, como soma e subtração.

Para fazer cálculos com logaritmos é necessário ter à mão uma "tábua de logaritmos". É um livrinho com a lista dos números de um certo intervalo, digamos, de 1 a 10 000, cada um acompanhado de seu respectivo logaritmo. É claro que os logaritmos que figuram na tábua são dados com certa aproximação, por exemplo, com cinco casas decimais.

Utilizaremos a notação $\log N$ para indicar o logaritmo de um número N na base 10. Observe que

$$\log 1 = \log 10^0 = 0 \quad \text{e} \quad \log 10 = \log 10^1 = 1,$$

donde se vê que os números compreendidos entre 1 e 10 têm logaritmos entre zero e 1. Assim,

$$\log 5,26 = 0,72099; \quad \log 3,81 = 0,58092; \quad \log 2,74 = 0,43775, \text{ etc.}$$

Aproveitando o primeiro destes exemplos numéricos, observamos que

$$\log 526 = \log(10^2 \times 5,26) = \log 10^2 + \log 5,26 = 2,72099;$$

$$\log 0,00526 = \log(10^{-3} \times 5,26) = \log 10^{-3} + \log 5,26 = -3 + 0,72099 = \overline{3},72099,$$

onde o símbolo $\overline{3}$ significa -3, isto é, o sinal de menos sobre o 3 refere-se apenas a esse 3.

Vemos, por esses exemplos, que os logaritmos dos números que são obtidos uns dos outros por multiplicação por uma potência inteira de 10 têm a mesma parte decimal. Essa parte decimal é chamada de *mantissa* do logaritmo. Assim, os números 5,26, 526 e 0,00526 têm todos a mesma mantissa 0,72099. A parte inteira do logaritmo é a sua *característica*. Esta é sabida de imediato, a um simples exame do número; por exemplo,

o logaritmo de $8\,379$ tem característica 3, pois $8\,379 = 10^3 \times 8,379$;
o logaritmo de $0,0006135$ tem característica -4, pois $0,0006135 = 10^{-4} \times 6,135$.

Em vista disso, uma tábua de logaritmos precisa fornecer apenas as mantissas dos logaritmos dos números de 1 a 10, ou de 10 a 100, ou de 100 a 1000, etc.

Calculando com logaritmos

Vamos ilustrar o cálculo com logaritmos através de um exemplo concreto. Seja calcular o número

$$N = 52600 \times 0,00381 \times 2,74.$$

Consultamos a tábua de logaritmos, achamos os logaritmos (as mantissas) desses fatores (já dados acima). Teremos:

$$\log N = \log 52\,600 + \log 0,00381 + \log 2,74 = 4,72099 + \overline{3},58092 + 0,43775 = 2,73966.$$

Voltando à tábua, na coluna das mantissas, vemos que $0,73966$ corresponde ao número 5,491, isto é, ele é o logaritmo de 5,491, de sorte que $N = 549,1$.

Esse é um exemplo simples, apenas para ilustrar como se faziam cálculos com logaritmos. Várias questões não foram esclarecidas. Por exemplo, a tábua não dá os logaritmos de todos os números, pois não é possível escrever todos

180   Capítulo 7   As funções logarítmica e exponencial

os números de 1 a 10 000. Como então achar o logaritmo de um número que não esteja na tábua, como 5,74463? Comece observando que esse número está compreendido entre 5 744 e 5 745, números estes que têm seus logaritmos (as mantissas) registrados na tábua. Eles são utilizados para se fazer uma interpolação e determinar o logaritmo de 5,74463. É também por interpolação que se determina o número que corresponde a um logaritmo dado, número esse chamado "antilogaritmo". É para garantir maior exatidão nessas aproximações que uma tábua de 1 a 100 000 é preferível a uma tábua de 1 a 10 000. Mas veja bem: uma tábua de 10 000 a 100 000 é o mesmo que uma tábua de 1 a 10, os números sendo dados com cinco casas decimais, como 2,0000, 4,3000, 2,5400, 3,0290, 5,1053, 8,9999, etc.

Tabela de logaritmos decimais

x	$\log x$
$10^{1/2} = 3,16228$	0,50000
$10^{1/4} = 1,77828$	0,25000
$10^{1/8} = 1,33521$	0,12500
$10^{1/16} = 1,15478$	0,06250
$10^{1/32} = 1,07461$	0,03125
$10^{1/64} = 1,03663$	0,01563
$10^{1/128} = 1,01815$	0,00781
$10^{1/256} = 1,00904$	0,00391

Como Briggs construiu uma tábua de logaritmos

Briggs, quando calculou sua tábua de logaritmos, começou extraindo a raiz quadrada de 10, seguida das extrações sucessivas das raízes quadradas dos resultados obtidos em cada extração. Isto equivale a elevar 10 aos expoentes 1/2, 1/4, 1/8, etc. Evidentemente, 1/2, 1/4, 1/8, etc. são os logaritmos das raízes quadradas obtidas. Exemplificando,

$$\sqrt{10} = 3,1623, \quad \text{donde} \quad \log 3,1623 = \frac{1}{2} = 0,5;$$

$$10^{1/4} = \sqrt{3,1623} = 1,7783, \quad \text{donde} \quad \log 1,7783 = \frac{1}{4} = 0,25;$$

$$10^{1/8} = \sqrt{1,7783} = 1,3352, \quad \text{donde} \quad \log 1,3352 = \frac{1}{8} = 0,125.$$

Briggs usou esse procedimento de ir extraindo a raiz quadrada sucessivamente por 54 vezes; vale dizer, ele foi elevando o número 10 aos expoentes 1/2, $1/2^2$, $1/2^3$, ... até chegar a $1/2^{54}$. Como conseqüência disso, ele obteve os logaritmos de vários números, como ilustra a tabela acima. Mas essa nossa tabela é muito modesta quando comparada com a de Briggs. Ele foi até $10^{1/2^{54}}$, extraindo cada raiz quadrada com uma aproximação de 30 casas decimais! Por exemplo, a última linha de sua tabela contém o número

$$10^{1/2^{54}} = 1 + 10^{-15} \times 0,127819149320032,$$

cujo logaritmo é

$$\frac{1}{2^{54}} = 10^{-16} \times 0,555111512312578270211.$$

Briggs foi aumentando sua tabela, utilizando os resultados já obtidos e a propriedade fundamental $\log ab = \log a + \log b$. Por exemplo,

$$\log(10^{1/2} \times 10^{1/4}) = \log 10^{1/2} + \log 10^{1/4},$$

donde

$$\log(3,16228 \times 1,77828) = 0,5 + 0,25$$

e, finalmente,

$$\log 5,62342 = 0,75.$$

7.5 Notas históricas

Continuando dessa maneira, Briggs pôde construir uma extensa tabela de logaritmos decimais. Em 1624 ele publicou sua *Arithmetica Logarithmica*, uma tábua dos logaritmos dos primeiros 20 000 números inteiros e dos números de 90 000 a 100 000, cada logaritmo calculado com 14 casas decimais. O espaço deixado por Briggs entre 20 000 e 90 000 foi preenchido por Adrian Vlacq (1600–1667), um matemático holandês que publicou uma tábua dos logaritmos dos primeiros 100 000 números inteiros, ainda em 1624.

As séries infinitas

Por volta de 1665 Isaac Newton descobriu várias séries infinitas representando funções conhecidas. Por exemplo, consideremos a soma de uma série geométrica,

$$1 + x + x^2 + x^3 + \ldots + x^n = \frac{1 - x^{n+1}}{1 - x},$$

ou

$$\frac{1 - x^{n+1}}{1 - x} = 1 + x + x^2 + x^3 + \ldots + x^n.$$

Supondo $|x| < 1$, é claro que x^{n+1} torna-se cada vez mais próximo de zero quanto maior for n. Dizemos que x^{n+1} tende a zero quando n tende a infinito. E fazendo n tender a infinito na última identidade, obtemos

$$\frac{1}{1 - x} = 1 + x + x^2 + x^3 + \ldots + x^n + \ldots,$$

onde o membro da direita é uma soma infinita.

Newton obteve a seguinte série infinita para a função $\ln(1 - x)$, válida para x no intervalo $(-1,\, 1)$:

$$\ln(1 - x) = -x - \frac{x^2}{2} - \frac{x^3}{3} - \frac{x^4}{4} - \ldots$$

Trocando x por $-x$ nesta série obtemos também

$$\ln(1 + x) = x - \frac{x^2}{2} + \frac{x^3}{3} - \frac{x^4}{4} + \ldots$$

Destas duas séries obtemos

$$\ln \frac{1 - x}{1 + x} = \ln(1 - x) - \ln(1 + x) = -2\left(x + \frac{x^3}{3} + \frac{x^5}{5} + \ldots \right).$$

Pondo

$$t = \frac{1 - x}{1 + x}, \quad \text{obtemos} \quad x = \frac{1 - t}{1 + t}, \tag{7.29}$$

de sorte que

$$\ln t = -2\left(x + \frac{x^3}{3} + \frac{x^5}{5} + \ldots \right).$$

Em princípio, esta série serve para calcular o logaritmo natural de qualquer número positivo t. De fato, dado t, a Eq. (7.29) permite calcular x (que estará compreendido entre -1 e $+1$). Substituímos x nesta última série e somamos um número bastante grande de seus termos para obter o logaritmo de t com boa aproximação.

Dissemos "em princípio" porque com x muito próximo de 1 teremos de tomar mais e mais termos na série para obter boa aproximação. Pode chegar um momento em que o número de termos a somar é tão grande que torna a soma impraticável. Quando isso acontece é preciso recorrer a outros recursos, que são tratados nos cursos de cálculo numérico.

Convém relembrar o que já vimos antes: se soubermos calcular os logaritmos naturais de qualquer número, saberemos também calcular os logaritmos decimais, pois

$$\log_a x = \frac{\ln x}{\ln a}.$$

Capítulo 8

Máximos e mínimos

Este capítulo e o próximo contêm os principais resultados do Cálculo Diferencial, a começar com o Teorema do Valor Médio, que tem várias conseqüências importantes, seja no estudo dos problemas de máximos e mínimos, seja no estudo do comportamento das funções do próximo capítulo. Todo o material desenvolvido é parte indispensável de um curso básico de Cálculo, não podendo ser omitido.

8.1 Máximos e mínimos

Como veremos, logo adiante, muitos problemas práticos são formulados em termos de encontrar o valor máximo ou mínimo de uma função f num certo intervalo, de forma que é importante saber como determinar esses valores. Dizemos que um número x_0 é *ponto de máximo* de uma função f se $f(x) \leq f(x_0)$ para todo x no domínio de f. Ao contrário, se tivermos $f(x) \geq f(x_0)$, então x_0 é chamado *ponto de mínimo*. Na Fig. 8.1a temos uma função com um ponto a de mínimo no extremo esquerdo de um intervalo; e um ponto c de máximo interno ao intervalo. Na Fig. 8.1b, temos um ponto de mínimo e dois pontos de máximo, todos internos ao intervalo de definição $[a, b]$. Se x_0 for ponto de máximo ou de mínimo, $f(x_0)$ é chamado de *valor máximo* ou *valor mínimo*, respectivamente.

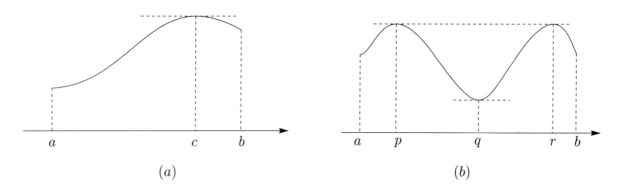

Figura 8.1

Extremos locais e absolutos

Imaginemos uma função cujo gráfico tenha o aspecto da Fig. 8.2. Embora o seu valor máximo esteja no ponto a e o mínimo em c, o ponto e tem a aparência de um ponto de mínimo, enquanto d aparenta ponto de máximo. Isto será realmente correto se restringirmos convenientemente o domínio da função, de forma que ela seja considerada "localmente", isto é, apenas nas imediações desses pontos. Por exemplo, d é certamente ponto de máximo num pequeno intervalo I contendo d, como vemos na Fig. 8.2; analogamente, e é ponto

8.1 Máximos e mínimos

de mínimo no intervalo J. Nesses casos, falamos em máximos e mínimos *locais* ou *relativos*.

Definição. *Diz-se que x_0 é ponto de máximo local de uma função f quando existe um intervalo aberto tal que x_0 seja ponto de máximo de f nesse intervalo. De modo análogo, definimos mínimo local.*

Muita atenção para o seguinte: o intervalo a que se refere essa definição tem de ser aberto; senão poderíamos ter situações como essa da Fig. 8.2, onde, com o intervalo fechado $[m, n]$, o extremo m seria um ponto de máximo local, enquanto n seria ponto de mínimo local, o que não é verdade.

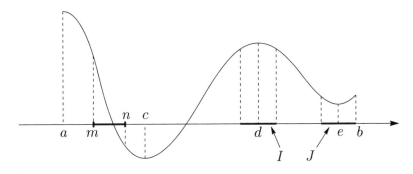

Figura 8.2

Freqüentemente, as palavras "máximo" e "mínimo" são usadas para significar máximo e mínimo locais. Usamos, então, as expressões "máximo absoluto" e "mínimo absoluto" para designar o máximo e o mínimo da função em todo o seu domínio. Esses valores são também chamados de *valores extremos* da função.

Uma função pode não ter máximo ou mínimo. Por exemplo, a função $y = 1/x$ no intervalo $(0, 2)$ não tem máximo. De fato, quando $x \to 0$, ela cresce acima de qualquer valor dado e tende a infinito com x tendendo a zero pela direita (Fig. 8.3):

$$\lim_{x \to 0+} \frac{1}{x} = +\infty.$$

Essa função também não tem mínimo, isto é, não existe nenhum número x_0 entre 0 e 2 tal que $1/x_0 \leq 1/x$ para todo x entre 0 e 2; pois, dado um tal x_0, bastaria tomar qualquer x_1 tal que $x_0 < x_1 < 2$, para que tivéssemos

$$\frac{1}{x_0} > \frac{1}{x_1}$$

e x_0 não seria ponto de mínimo. Agora, se considerarmos a mesma função no intervalo $(0, 2]$, fechado à direita, ela assumirá o valor mínimo no extremo $x = 2$. E se restringirmos a função a qualquer intervalo fechado $[a, 2]$, com $0 < a < 2$, ela terá máximo $1/a$ no extremo $x = a$ e mínimo $1/2$ no extremo $x = 2$ (Fig. 8.4).

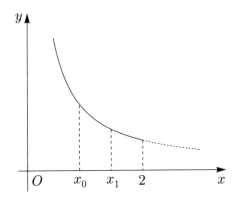

Figura 8.3

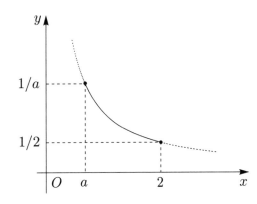

Figura 8.4

Extremos de funções contínuas

Toda vez que uma função for contínua e seu domínio for um intervalo fechado, ela terá máximo e mínimo. Este é um teorema cuja demonstração é feita nos cursos de Análise. Ela requer conceitos e resultados que não estão ao nosso alcance; portanto, não será feita aqui. Porém, dada a importância desse teorema, e tendo em vista referências futuras, vamos enunciá-lo com destaque.

Teorema. *Seja f uma função definida e contínua num intervalo fechado $[a, b]$. Então f possui ao menos um ponto de máximo e ao menos um ponto de mínimo nesse intervalo.*

Os valores máximo e mínimo referidos nesse teorema podem ocorrer em pontos internos ao intervalo $[a, b]$, ou nos extremos a e b; pode haver um só ou vários pontos de máximo, o mesmo acontecendo com os pontos de mínimo. As Figs. 8.5 e 8.6 ilustram essas várias possibilidades. Na parte (a) da Fig. 8.5, x_1 e x_2 são, respectivamente, pontos de máximo e mínimo, ambos internos ao intervalo $[a, b]$; na parte (b), o ponto de máximo x_0 é interno e o mínimo da função é assumido no extremo a. Na Fig. 8.6, exibimos o gráfico da função $\operatorname{sen} x$ no intervalo $[\pi/2, 7\pi/2]$, com dois pontos de máximo em $\pi/2$ e $5\pi/2$ e dois de mínimo em $3\pi/2$ e $7\pi/2$.

Figura 8.5

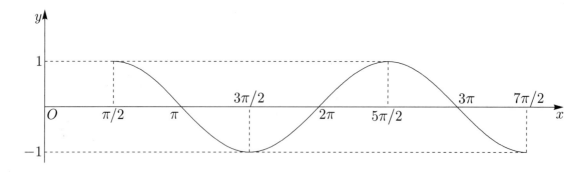

Figura 8.6

Caracterização de máximos e mínimos

Se um valor x_0 de máximo ou de mínimo ocorrer internamente a um intervalo, e não em uma de suas extremidades, e se a função f considerada for derivável, então $f'(x_0) = 0$. Antes mesmo de provar esse fato, veja como a visualização geométrica ajuda a compreendê-lo: no caso de um máximo em x_0, é de se esperar que o declive da reta tangente ao gráfico da função seja positivo um pouco à esquerda de x_0 e negativo logo à direita desse ponto (Fig. 8.7a). Esse declive deve, pois, ser zero no ponto x_0, isto é, $f'(x_0) = 0$. O raciocínio é análogo no caso de x_0 ser ponto de mínimo (Fig. 8.7b). Essa propriedade pode ser demonstrada com recursos puramente analíticos, como faremos a seguir. Aliás, a demonstração nada mais é do que a

8.1 Máximos e mínimos

formalização dos argumentos que acabamos de apresentar.

Teorema. *Seja f uma função com máximo (ou mínimo) local num ponto x_0, onde ela é derivável. Então $f'(x_0) = 0$.*

Demonstração. Vamos supor, primeiro, que x_0 seja ponto de máximo (Fig. 8.8). Então,

$$f(x_0 + h) - f(x_0) \leq 0,$$

desde que h seja suficientemente pequeno, positivo ou negativo. Daqui segue-se que

$$\frac{f(x_0 + h) - f(x_0)}{h} \begin{cases} \geq 0 & \text{se} \quad h < 0. \\ \leq 0 & \text{se} \quad h > 0. \end{cases} \tag{8.1}$$

De fato, se $h < 0$, estamos dividindo um número negativo ou nulo, $f(x_0 + h) - f(x_0)$, pelo número negativo h, o que resulta em um número não-negativo; e se $h > 0$, então a razão incremental será um número não-positivo.

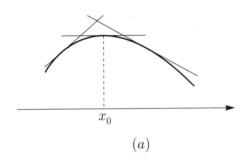
(a)

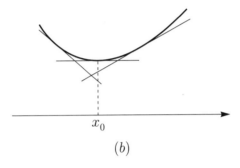
(b)

Figura 8.7

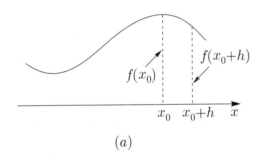
(a)

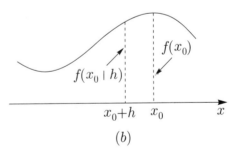
(b)

Figura 8.8

Como a derivada $f'(x_0)$ existe, por hipótese, podemos calculá-la de duas maneiras: tomando o limite da Eq. (8.1) com $h \to 0$ por valores estritamente negativos ou estritamente positivos, isto é,

$$f'(x_0) = \lim_{h \to 0^-} \frac{f(x_0 + h) - f(x_0)}{h} \geq 0,$$

$$f'(x_0) = \lim_{h \to 0^+} \frac{f(x_0 + h) - f(x_0)}{h} \leq 0.$$

Dessas duas desigualdades concluímos, finalmente, que $f'(x_0) = 0$.

Deixamos ao leitor a tarefa de repetir a demonstração no caso em que x_0 é um ponto de mínimo. O raciocínio é inteiramente análogo ao anterior.

O leitor deve tomar cuidado e ter sempre em mente que a recíproca do teorema não é verdadeira: na Fig. 8.9 ilustramos duas situações em que a derivada se anula num ponto — a origem em ambos os casos — que não é de máximo nem de mínimo; em (a) exibimos o gráfico da função $y = x^3$ e em (b) o de $y = x^3 \operatorname{sen}(1/x)$. (Observe que neste último caso o eixo Ox é uma tangente que corta o gráfico numa infinidade de pontos em qualquer intervalo aberto contendo a origem.) Convém notar também que, quando o máximo ou mínimo ocorre num dos extremos do intervalo, a derivada (lateral) correspondente não precisa ser zero, como ilustra a Fig. 8.10.

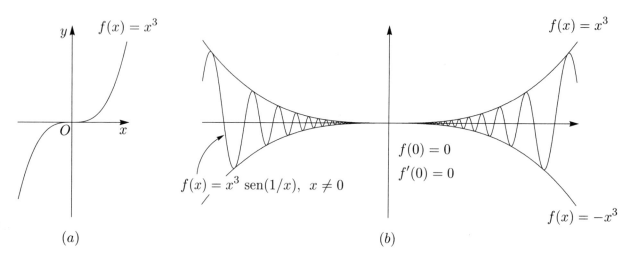

Figura 8.9

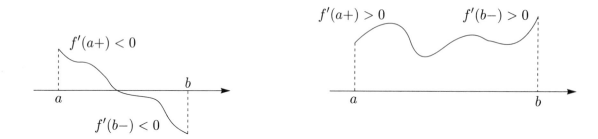

Figura 8.10

Um ponto x_0 tal que $f'(x_0) = 0$ é chamado *ponto crítico*[1] ou *ponto estacionário* da função f. Esta nomenclatura se justifica porque quando x passa por x_0, $f(x)$ "estaciona"; em outras palavras, quando x passa por x_0 a função $f(x)$ torna-se "momentaneamente constante". Em geral, as funções com que lidamos são contínuas em intervalos fechados e deriváveis nos pontos internos. Para essas funções, vale a seguinte propriedade, que é conseqüência imediata dos dois teoremas anteriores.

> *Uma função contínua num intervalo fechado e derivável nos pontos internos possui máximo e mínimo absolutos, os quais ocorrem dentre os valores da função nos extremos do intervalo e nos pontos críticos internos.*

Nos exemplos seguintes, usaremos essa propriedade para achar máximos e mínimos absolutos de funções dadas.

---

[1] Alguns autores incluem entre os pontos críticos aqueles em que a derivada não está definida, além dos pontos onde ela se anula. Outros, ainda, incluem também os extremos do intervalo de definição da função. Adotamos a definição clássica, que é a mais natural e a de uso corrente em domínios mais avançados da Matemática.

8.1 Máximos e mínimos

Vários exemplos

Exemplo 1. Seja a função

$$f(x) = x^2 - 6x + 5 \quad \text{em} \quad 0 \leq x \leq 5.$$

Sua derivada, $f'(x) = 2x - 6$, anula-se em $x = 3$, que é o único ponto crítico da função (Fig. 8.11). Os valores de $f(x)$ nesse ponto crítico e nos extremos de seu domínio, $x = 0$ e $x = 5$, são:

$$f(3) = 3^2 - 6 \times 3 + 5 = -4,$$

$$f(0) = 0^2 - 6 \times 0 + 5 = 5,$$

$$f(5) = 5^2 - 6 \times 5 + 5 = 0.$$

Vemos, pois, que a função tem máximo absoluto igual a 5 no extremo $x = 0$ e mínimo absoluto igual a -4 no ponto crítico $x = 3$.

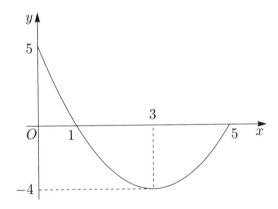

Figura 8.11

Exemplo 2. Vamos estudar a função

$$f(x) = x^4 + 4x^3 - 8x^2 - 48x - 10,$$

no intervalo $-4 \leq x \leq 1$. Seus pontos críticos são as raízes da equação

$$f'(x) = 4x^3 + 12x^2 - 16x - 48 = 0,$$

ou seja,

$$x^3 + 3x^2 - 4x - 12 = 0.$$

Agrupando o primeiro e o terceiro termos, e o segundo e o quarto, obtemos

$$x(x^2 - 4) + 3(x^2 - 4) = 0,$$

donde

$$(x + 3)(x^2 - 4) = 0,$$

e daqui,

$$(x + 3)(x + 2)(x - 2) = 0.$$

Isto mostra que as raízes procuradas são $x = -3$, $x = -2$ e $x = 2$. Esta última deve ser descartada por cair fora do domínio da função dada.

Finalmente, para achar os extremos de $f(x)$, devemos calcular e comparar seus valores nos pontos críticos $x = -3$ e $x = -2$ e nos extremos de seu domínio, $x = -4$ e $x = 1$:

$$f(-3) = (-3)^4 + 4(-3)^3 - 8(-3)^2 - 48(-3) - 10 = 35,$$

$$f(-2) = (-2)^4 + 4(-2)^3 - 8(-2)^2 - 48(-2) - 10 = 38,$$

$$f(-4) = (-4)^4 + 4(-4)^3 - 8(-4)^2 - 48(-4) - 10 = 54,$$

$$f(1) = (1)^4 + 4(1)^3 - 8(1)^2 - 48(1) - 10 = -61.$$

Da comparação desses valores, concluímos que a função dada assume seu máximo absoluto 54 em $x = -4$ e o mínimo absoluto -61 em $x = 1$.

Exemplo 3. A função $y = \operatorname{sen} x$, considerada em toda a reta, não está definida num intervalo fechado, mas é fácil ver que ela assume o valor máximo 1 em todos os pontos críticos $x = 2k\pi + \pi/2$ e o valor mínimo -1 nos pontos críticos $x = 2k\pi - \pi/2$, $k = 0, \pm 1, \pm 2, \ldots$

Exemplo 4. A função

$$f(x) = x^2 + x - 6, \quad -3 \leq x \leq 2$$

tem um ponto crítico em $x = -1/2$, pois sua derivada $f'(x) = 2x + 1$ se anula nesse ponto (Fig. 8.12). Como

$$f\left(-\frac{1}{2}\right) = \left(-\frac{1}{2}\right)^2 - \frac{1}{2} - 6 = -\frac{25}{4} = -6,25,$$

$$f(-3) = (-3)^2 - 3 - 6 = 0,$$

$$f(2) = 2^2 + 2 - 6 = 0,$$

vemos que a função dada assume o valor máximo zero nos extremos -3 e 2 de seu domínio e o valor mínimo $-25/4$ no ponto crítico $x = -1/2$.

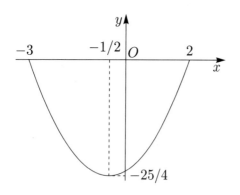

Figura 8.12

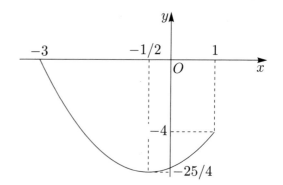

Figura 8.13

Exemplo 5. A mesma função

$$f(x) = x^2 + x - 6,$$

restrita ao intervalo menor $-3 \leq x < 1$, continua possuindo máximo e mínimo em $x = -3$ e $x = -1/2$, respectivamente, embora seu domínio agora não seja um intervalo fechado (Fig. 8.13).

Exemplo 6. A mesma função
$$f(x) = x^2 + x - 6,$$
considerada em toda a reta, assume o valor mínimo $-6,25$ no ponto crítico $x = -1/2$, porém não tem máximo. De fato, seu limite é $+\infty$ com $x \to \pm\infty$, de forma que ela sempre supera qualquer número imaginável (Fig. 8.14).

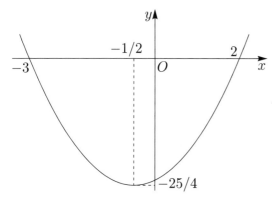

Figura 8.14

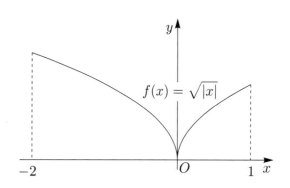

Figura 8.15

Exemplo 7. Consideremos a função $f(x) = \sqrt{|x|}$ no intervalo $[-2, 1]$ (Fig. 8.15). Como

$$f(x) = \begin{cases} \sqrt{x} & \text{se } x \geq 0, \\ \sqrt{-x} & \text{se } x < 0, \end{cases}$$

temos, para sua derivada,

$$f'(x) = \begin{cases} \dfrac{1}{2\sqrt{x}}, & x > 0, \\ \dfrac{-1}{2\sqrt{-x}}, & x < 0, \end{cases}$$

que pode ser expressa numa fórmula única:

$$f'(x) = \frac{1}{2\sqrt{|x|}} \cdot \frac{x}{|x|}.$$

Essa derivada não se anula e não está definida em $x = 0$, que é um ponto interno ao intervalo $[-2, 1]$, onde estamos considerando a função f. Esse intervalo pode ser desdobrado em dois, $[-2, 0]$ e $[0, 1]$. Agora a derivada f' está definida no interior de cada um, mas como não se anula, os valores máximo e mínimo de f devem ser procurados nos extremos desses intervalos. A comparação dos três valores encontrados,

$$f(-2) = \sqrt{2} \approx 1,4,$$

$$f(0) = 0 \quad \text{e} \quad f(1) = 1,$$

mostra que no intervalo original $[-2, 1]$ a função atinge seu valor máximo em $x = -2$ e o mínimo em $x = 0$.

Exercícios

Determine os pontos críticos das funções dadas nos Exercícios 1 a 19.

Capítulo 8 Máximos e mínimos

1. $y = 3x^2 + 2x + 1$.

2. $y = x^3 - 3x^2 + 3x - 7$.

3. $y = 2x^3 - 3x^2 + 5$.

4. $y = x + 1/x$.

5. $y = 3x^4 + 4x^3 - 12x^2 + 10, \quad -1 \le x \le 2$.

6. $y = \cos 3x, \quad 0 < x < \pi$.

7. $y = \tan x$.

8. $y = \cot x$.

9. $y = 4\,\mathrm{sen}\,x + \cos 2x$.

10. $y = ax^2 + bx + c, \quad a \ne 0$.

11. $y = x\sqrt{x}(x - a)$.

12. $y = xe^{-x}$.

13. $y = x^2 e^{-x}$.

14. $y = \ln x - x$.

15. $y = x^2 - \ln(-x), \quad x < 0$.

16. $y = \cosh(x + 2)$.

17. $y = \mathrm{senh}(x - 1)$.

18. $y = xe^x$.

19. $y = (x - 1)e^x$.

Determine, quando existirem, os extremos das funções dadas nos Exercícios 20 a 36 e os pontos onde eles ocorrem.

20. $f(x) = x^2 - 3x + 2, \quad 0 \le x \le 2$.

21. $f(x) = -x^2 + 6x - 1, \quad 4 \le x \le 5$.

22. $f(x) = x^2 - x + 5, \quad 0 \le x \le 10$.

23. $f(x) = x^3 - 6x^2 + 12x - 8$.

24. $f(x) = 2x^3 - 3x^2 - 12x + 1, \quad -2 \le x \le 3$.

25. $f(x) = x + 1/2, \quad 1/2 \le x \le 2$.

26. $f(x) = x^3 - 3x, \quad -2 \le x \le 2$.

27. $f(x) = x^2/4 - x + 1, \quad 0 \le x \le 4$.

28. $f(x) = x/(1 + x^2), \quad |x| \le 5$.

29. $f(x) = x\sqrt{x + 3}, \quad -2,5 \le x \le 0$.

30. $f(x) = \mathrm{sen}\,x + \cos x, \quad |x| \le \pi$.

31. $f(x) = \sqrt[3]{x^2}, \quad -3 \le x \le 1$.

32. $f(x) = (x + 3)e^x, \quad -5 \le x \le 0$.

33. $f(x) = 2\,\mathrm{sen}\,x + \cos 2x, \quad |x| \le \pi$.

34. $f(x) = x^2 e^x, \quad |x| \le 1$.

35. $f(x) = \ln x - x, \quad e \le x \le e^2$.

36. $f(x) = x^2 e^{-x}, \quad 0 \le x \le 1$.

Respostas, sugestões e soluções

1. $x = -1/3$.

2. $x = 1$.

3. $x = 0$ e $x = 1$.

4. $x = \pm 1$.

5. As raízes de $y' = 0$ são $x = -2$, $x = 0$ e $x = 1$, mas $x = -2$ está fora do domínio proposto, de sorte que a resposta é $x = 0$ e $x = 1$.

6. $x = \pi/3$ e $x = 2\pi/3$.

7. Não tem.

8. Não tem.

9. $x = k\pi + \pi/2, \quad k = 0, \pm 1, \pm 2, \ldots$.

10. $x = -b/2a$.

11. $x = 3a/5$.

12. $x = 1$.

13. $x = 0$ e $x = 2$.

14. $x = 1$.

15. $x = -\sqrt{2}/2$.

16. $x = -2$.

17. Não tem.

18. $x = -1$.

19. $x = 0$.

20. Máximo $f(0) = 2$ e mínimo $f(3/2) = -1/4$.

21. Máximo $f(4) = 7$ e mínimo $f(5) = 4$.

22. Máximo $f(10) = 95$ e mínimo $f(1/2) = 19/4$.

23. Nem máximo nem mínimo, pois $\lim_{x \to \pm\infty} f(x) = \pm\infty$.

24. Máximo $f(-1) = 8$ e mínimo $f(2) = -19$.

25. Máximo $f(2) = 2,5$ e mínimo $f(1/2) = 1$.

26. Máximo $f(-1) = f(2) = 2$ e mínimo $f(-2) = f(1) = -2$.

27. Máximo $f(0) = f(4) = 1$ e mínimo $f(2) = 0$.

28. Máximo $f(1) = 1/2$ e mínimo $f(-1) = -1/2$.

29. Máximo $f(0) = 0$ e mínimo $f(-2) = -2$.

30. Máximo $f(\pi/4) = \sqrt{2}$ e mínimo $f(-3\pi/4) = -\sqrt{2}$.

31. Máximo $f(-3) = \sqrt[3]{9}$ e mínimo $f(0) = 0$.

32. Máximo $f(0) = 3$ e mínimo $f(-4) = -e^{-4}$.

33. Máximo $f(\pi/6) = f(5\pi/6) = 3/2$ e mínimo $f(-\pi/2) = -3$.

34. Máximo $f(1) = e$ e mínimo $f(0) = 0$.

35. Máximo $f(e) = 1 - e$ e mínimo $f(e^2) = 1 - e^2$. Lembre-se de que $e \approx 2,7$.

36. Máximo $f(1/2) = 1/4e^{1/2}$ e mínimo $f(0) = 0$.

8.2 O Teorema do Valor Médio

Vamos estudar, agora, um teorema de importância fundamental, conhecido como *Teorema do Valor Médio*. Ele possui um conteúdo geométrico bastante sugestivo, que merece ser analisado, antes mesmo que o enunciemos. Para isso, consideremos uma função f e dois pontos sobre seu gráfico:

$$A = (a, f(a)) \quad \text{e} \quad B = (b, f(b)).$$

O declive da secante AB é dado por

$$\frac{f(b) - f(a)}{b - a}.$$

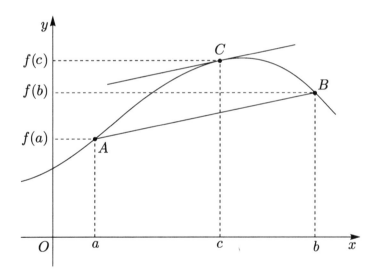

Figura 8.16

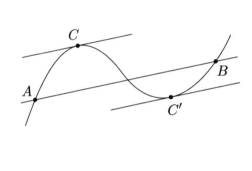

Figura 8.17

A Fig. 8.16 sugere que entre A e B deve haver um ponto $C = (c, f(c))$ sobre o gráfico, onde a reta tangente à curva seja paralela à secante AB. Mas, então, os declives dessas duas retas devem ser iguais. Como o declive da tangente em C é $f'(c)$, teremos

$$\frac{f(b) - f(a)}{b - a} = f'(c),$$

ou ainda

$$f(b) - f(a) = f'(c)(b - a). \tag{8.2}$$

Observe que o valor c, entre a e b, satisfazendo a Eq. (8.2), pode não ser único. A Fig. 8.17 ilustra uma situação em que há dois pontos C e C' entre A e B, onde as tangentes são paralelas à secante AB. Portanto, neste caso há duas abscissas c e c' tais que

$$f(b) - f(a) = f'(c)(b - a) = f'(c')(b - a).$$

Pode acontecer, também, que não haja nenhum ponto nas condições citadas, como ilustra a Fig. 8.18. Isso mostra que para provar a relação (8.2) devemos supor que f seja derivável no intervalo (a, b).

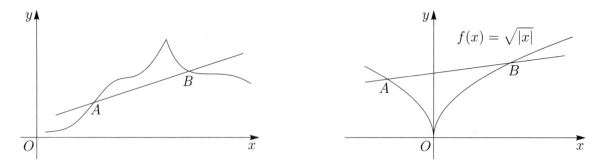

Figura 8.18

No caso particular em que $f(a) = f(b)$, a Eq. (8.2) se reduz a $f'(c) = 0$. Daremos, primeiro, a demonstração analítica desse fato, conhecido como teorema de Rolle, como lema preliminar ao Teorema do Valor Médio.

Teorema de Rolle. *Seja f uma função contínua num intervalo fechado $[a, b]$, derivável nos pontos internos, tal que $f(a) = f(b)$. Então existe um ponto c entre a e b onde a derivada se anula: $f'(c) = 0$.*

Demonstração. Pode acontecer que f tenha valor constante $f(x) = f(a) = f(b)$ em todo o intervalo $[a, b]$; neste caso, sua derivada f' é identicamente nula e o teorema está demonstrado.

Se f não for constante, ela terá que assumir valores maiores ou menores que $f(a) = f(b)$. Por outro lado, sendo contínua num intervalo fechado, pelo teorema da p. 184, f assume um valor máximo e um valor mínimo nesse intervalo. Se f assumir valores maiores que $f(a)$, ela terá um ponto de máximo $x = c$, interno ao intervalo (Fig. 8.19). Como f é derivável nesse ponto, podemos aplicar o teorema da p. 185 e concluir que $f'(c) = 0$, como queríamos demonstrar.

Deixamos ao leitor a tarefa de completar a demonstração no caso em que f só assuma valores menores que $f(a) = f(b)$. O raciocínio é análogo ao anterior.

Estamos agora em condições de enunciar e demonstrar o Teorema do Valor Médio.

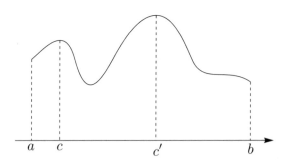

Figura 8.19

Teorema (do Valor Médio). *Seja f uma função contínua num intervalo fechado $[a, b]$, derivável nos pontos internos. Então existe pelo menos um ponto c, compreendido entre a e b, tal que*

$$\boxed{f(b) - f(a) = f'(c)(b - a).}$$

Demonstração. A demonstração desse teorema será feita reduzindo-o ao Teorema de Rolle. Para isso, vamos considerar a função $F(x)$ igual à diferença entre as ordenadas $f(x)$ da curva e Y da reta secante AB,

8.2 O Teorema do Valor Médio

para um mesmo valor x da abscissa. A secante AB (Fig. 8.20a) é a reta pelo ponto $(a, f(a))$ com declive $\dfrac{f(b) - f(a)}{b - a}$; logo, sua equação é dada por

$$Y - f(a) = \frac{f(b) - f(a)}{b - a}(x - a),$$

ou

$$Y = f(a) + \frac{f(b) - f(a)}{b - a}(x - a).$$

Portanto, a função $F(x) = f(x) - Y$ será dada por (Fig. 8.20b)

$$F(x) = f(x) - f(a) - \frac{f(b) - f(a)}{b - a}(x - a).$$

Esta função F é derivável nos pontos internos ao intervalo $[a, b]$, e $F(a) = F(b) = 0$, de sorte que, pelo Teorema de Rolle, existe um ponto c, entre a e b, tal que $F'(c) = 0$. Mas

$$F'(x) = f'(x) - \frac{f(b) - f(a)}{b - a},$$

de sorte que $F'(c) = 0$ significa

$$f'(c) = \frac{f(b) - f(a)}{b - a},$$

ou ainda

$$f(b) - f(a) = f'(c)(b - a),$$

o que completa a demonstração do teorema.

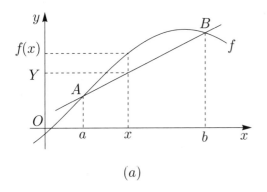
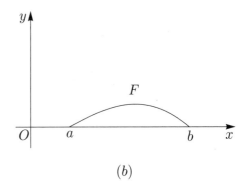

Figura 8.20

Corolário 1. *Seja f uma função contínua num intervalo fechado $[a, b]$ e com derivada nula nos pontos internos desse intervalo. Então f é constante.*

Demonstração. Basta aplicar o Teorema do Valor Médio a quaisquer dois pontos x_1 e x_2 do intervalo $[a, b]$. Supondo $x_1 < x_2$, haverá um ponto $c \in (x_1, x_2)$ tal que

$$f(x_1) - f(x_2) = (x_2 - x_1)f'(c),$$

e como $f' \equiv 0$, teremos: $f(x_1) = f(x_2)$. Como isto vale para quaisquer dois pontos de $[a, b]$, concluímos que f é constante.

Corolário 2. *Se duas funções têm a mesma derivada num intervalo, elas diferem por uma constante; ou ainda, uma delas é igual à outra mais uma constante.*

Demonstração. Sejam f e g as duas funções. $f' = g'$ equivale a $(f-g)' = 0$; portanto, pelo corolário anterior, $f - g$ é uma constante C:

$$f(x) - g(x) = C, \quad \text{ou ainda,} \quad f(x) = g(x) + C$$

para todo x do referido intervalo.

Funções crescentes e decrescentes

O Teorema do Valor Médio tem várias conseqüências importantes. Uma delas é o corolário que acabamos de discutir; outra, que veremos agora, é um critério muito usado na prática, que permite verificar se uma dada função f é crescente ou decrescente, conforme sua derivada seja positiva ou negativa.

Antes de dar uma demonstração analítica desse fato, vamos interpretá-lo geometricamente: se a derivada f' for positiva, como ela é o declive da reta tangente ao gráfico de f, esse gráfico deverá estar inclinado para a direita e para cima, apresentando um aspecto ascendente, como ilustra a Fig. 8.21a. Em conseqüência, $f(x)$ cresce à medida que x cresce, ou seja, f é função crescente. Ao contrário, se f' for negativa, o gráfico de f estará inclinado para a direita e para baixo, tendo aspecto decrescente (Fig. 8.21b), de forma que $f(x)$ decresce à medida que x cresce, e a função f é decrescente. A demonstração analítica desses fatos é simples, como veremos a seguir.

Figura 8.21

Teorema. *Seja f uma função contínua num intervalo fechado $[a, b]$ e derivável nos pontos internos. Então f é crescente se $f'(x) > 0$ e decrescente se $f'(x) < 0$, para todo x em (a, b).*

Demonstração. Sejam x_1 e x_2 pontos arbitrários de $[a, b]$, com $x_1 < x_2$. O Teorema do Valor Médio, aplicado ao intervalo $[x_1, x_2]$, nos garante a existência de um ponto c em (x_1, x_2) tal que

$$f(x_2) - f(x_1) = f'(c)(x_2 - x_1).$$

Daqui segue-se que, se f' for positiva em (a, b), então

$$f(x_2) - f(x_1) > 0 \quad \text{ou} \quad f(x_1) < f(x_2)$$

e a função f será crescente. De igual modo, se f' for negativa em (a, b), concluímos que $f(x_1) > f(x_2)$; logo, f será decrescente.

Exemplo 1. Vamos utilizar o teorema anterior para demonstrar uma desigualdade interessante, que costuma ocorrer em certas aplicações do Cálculo, qual seja,

$$\operatorname{sen} \theta > \frac{2\theta}{\pi} \quad \text{no intervalo} \quad 0 < \theta < \frac{\pi}{2}.$$

Para provar essa desigualdade, consideremos a função

$$f(\theta) = \operatorname{sen} \theta - \frac{2\theta}{\pi},$$

cujo gráfico, como veremos, tem o aspecto ilustrado na Fig. 8.22. Com efeito, observe que sua derivada

$$f'(\theta) = \cos \theta - \frac{2}{\pi}$$

é uma função decrescente, já que $\cos\theta$ decresce de 1 a 0 quando θ vai de $\theta = 0$ a $\theta = \pi/2$. Como $f'(0) = 1 - 2/\pi > 0$ e $f'(\pi/2) = -2/\pi < 0$, essa derivada deve se anular em algum θ_0 do intervalo $(0, \pi/2)$. Vemos assim que a função f é crescente no intervalo $0 \leq \theta \leq \theta_0$ e decrescente em $\theta_0 \leq \theta \leq \pi/2$. Como $f(0) = f(\pi/2) = 0$, concluímos que

$$f(\theta) > 0 \quad \text{para} \quad 0 < \theta < \frac{\pi}{2},$$

donde segue o resultado desejado.

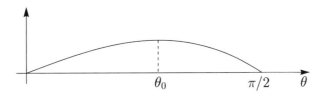

Figura 8.22

Testes das derivadas primeira e segunda

Veremos agora como utilizar o teorema anterior para saber se um ponto crítico é de máximo ou de mínimo local. Vamos usar frases como "$f'(x)$ é positiva à esquerda de x_0", significando com isto que existe algum intervalo $(x_0 - \delta, x_0)$, com $\delta > 0$, onde $f'(x)$ é positiva; diremos também "$f'(x)$ é positiva à direita de x_0" quando $f'(x) > 0$ para x em algum intervalo $(x_0, x_0 + \delta)$, com $\delta > 0$. Frases inteiramente análogas serão usadas no caso de $f'(x)$ ser negativa.

Seja f uma função com ponto crítico x_0. Como $f'(x) = 0$, a tangente ao gráfico de f no ponto $(x_0, f(x_0))$ é horizontal. Se $f'(x)$ for positiva à esquerda de x_0 e negativa à direita, então $f(x)$ estará passando de crescente (à esquerda de x_0) a decrescente (à direita de x_0), e x_0 será ponto de máximo, como ilustra a Fig. 8.23a. Analogamente, x_0 será ponto de mínimo se $f'(x)$ for negativa à esquerda e positiva à direita de x_0 (Fig. 8.23b).

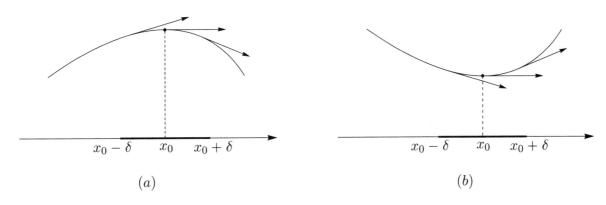

Figura 8.23

Outro modo de tirar as mesmas conclusões consiste em analisar o sinal de $f''(x)$. Se esta função for negativa em x_0 e num intervalo $(x_0 - \delta, x_0 + \delta)$, com $\delta > 0$, então $f'(x)$ será decrescente nesse intervalo; como $f'(x_0) = 0$, vemos que $f'(x)$ será positiva à esquerda e negativa à direita de x_0, e este será um ponto de máximo (Fig. 8.23a). Ao contrário, se $f''(x)$ for positiva em x_0 e num intervalo $(x_0 - \delta, x_0 + \delta)$, $f'(x)$ será crescente nesse intervalo; como ela se anula em x_0, $f'(x)$ será negativa à esquerda de x_0 e positiva à direita, e x_0 será ponto de mínimo (Fig. 8.23b).

Dissemos "se $f''(x)$ for positiva em x_0 e num intervalo $I_\delta = (x_0 - \delta, x_0 + \delta)$". Acontece que, nos casos concretos com que lidamos, $f''(x)$ *é uma função contínua; portanto, $f''(x)$ será positiva em todo um intervalo I_δ se $f''(x_0) > 0$*. Esse fato, que se demonstra nos cursos de Análise, é conseqüência da continuidade de f''.

Vamos resumir tudo o que vimos expondo em duas regras explícitas, que permitem saber se um ponto crítico é de máximo ou de mínimo.

> **Teste da derivada primeira.** *Seja f uma função com ponto crítico em x_0, de sorte que $f'(x_0) = 0$. Se $f'(x)$ for positiva à esquerda e negativa à direita de x_0, este x_0 será ponto de máximo de $f(x)$. Ao contrário, se $f'(x)$ for negativa à esquerda e positiva à direita de x_0, então x_0 será ponto de mínimo de $f(x)$.*
>
> **Teste da derivada segunda.** *Seja f uma função com ponto crítico em x_0, tal que $f''(x)$ seja contínua num intervalo $(x_0 - \delta, x_0 + \delta)$. Então x_0 será ponto de máximo se $f''(x_0) < 0$ e ponto de mínimo se $f''(x_0) > 0$.*

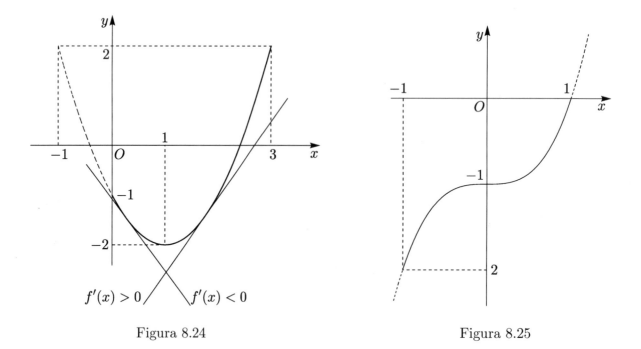

Figura 8.24 Figura 8.25

Exemplo 2. Vamos considerar a função

$$f(x) = x^2 - 2x - 1$$

apenas no intervalo $[0, 3]$ (Fig. 8.24). Sua derivada, dada pela expressão

$$f'(x) = 2x - 2 = 2(x - 1),$$

se anula em $x = 1$, é negativa à esquerda e positiva à direita desse ponto. Em conseqüência, a reta tangente ao gráfico de f tem declive negativo à esquerda de $x = 1$ e positivo à direita; logo, pelo teste da derivada

8.2 O Teorema do Valor Médio

primeira, concluímos que $x = 1$ é ponto de mínimo. Podíamos também chegar a esta mesma conclusão com o teste da derivada segunda, notando que $f''(1) = 2 > 0$.

Como $x = 1$ é o único ponto crítico, é claro que ele é também ponto de mínimo absoluto, cujo valor é $f(1) = -2$. O máximo absoluto só pode ocorrer num dos extremos. Como $f(0) = -1$ e $f(3) = 2$, vemos que esse máximo é 2 e ocorre em $x = 3$.

Exemplo 3. Seja a função $f(x) = x^3 - 1$ no intervalo $[-1, 1]$ (Fig. 8.25). Sua derivada $f'(x) = 3x^2$ se anula em $x = 0$ e é positiva para todo $x \neq 0$. Em conseqüência, a função é sempre crescente e $x = 0$ não é ponto de máximo nem de mínimo. O máximo absoluto é zero, atingido em $x = 1$: $f(1) = 0$; e o mínimo absoluto -2 ocorre em $x = -1$: $f(-1) = -2$.

A mesma função, considerada em toda a reta, não tem máximo nem mínimo, pois ela tende a $\pm\infty$ conforme $x \to \pm\infty$, respectivamente.

Exemplo 4. Vamos analisar a função $f(x) = x^3 - x$ no intervalo $[-1, 1]$ (Fig. 8.26). Sua derivada,

$$f'(x) = 3x^2 - 1 = 3\left(x^2 - \frac{1}{3}\right) = 3\left(x + \frac{1}{\sqrt{3}}\right)\left(x - \frac{1}{\sqrt{3}}\right),$$

tem zeros em $x = \pm 1/\sqrt{3}$, que são os pontos críticos da função f. Como $f''(x) = 6x$, vemos que

$$f''\left(-\frac{1}{\sqrt{3}}\right) < 0 \quad \text{e} \quad f''\left(\frac{1}{\sqrt{3}}\right) > 0.$$

Pelo teste da derivada segunda, isto significa que $-1/\sqrt{3}$ e $1/\sqrt{3}$ são pontos de máximo e mínimo relativos de f, respectivamente. Eles são também pontos de máximo e mínimo absolutos, pois

$$f\left(-\frac{1}{\sqrt{3}}\right) = \frac{2}{3\sqrt{3}} \approx 0,4 \quad \text{e} \quad f\left(\frac{1}{\sqrt{3}}\right) = \frac{-2}{3\sqrt{3}} \approx -0,4$$

e f se anula nos extremos do intervalo de definição: $f(-1) = f(1) = 0$.

A mesma função, considerada em toda a reta, não tem máximo nem mínimo absolutos, já que ela tende a $\pm\infty$, conforme x tende a $\pm\infty$, respectivamente.

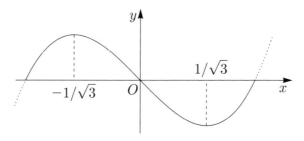

Figura 8.26

Exemplo 5. O teste da derivada segunda nem sempre é aplicável. Vamos ilustrar este fato com a função

$$f(x) = x^4\sqrt{x+1}, \quad x \geq -1,$$

cujo gráfico está esboçado na Fig. 8.27. Temos

$$f'(x) = 4x^3\sqrt{x+1} + \frac{x^4}{2\sqrt{x+1}} = \frac{8x^3(x+1) + x^4}{2\sqrt{x+1}} = \frac{x^3(8+9x)}{2\sqrt{x+1}};$$

$$f''(x) = \frac{24x^2 + 36x^3}{2\sqrt{x+1}} - \frac{x^3(8+9x)}{4(x+1)\sqrt{x+1}} = \frac{63x^4 + 112x^3 + 48x^2}{4(x+1)\sqrt{x+1}}.$$

Então, $f'(0) = 0$, donde vemos que $x = 0$ é ponto crítico; como $f''(0) = 0$, não podemos aplicar o teste da derivada segunda. Mas é fácil ver que $f'(x) > 0$ para $x > 0$ e $f'(x) < 0$ logo à esquerda de $x = 0$, precisamente para $-8/9 < x < 0$. Então, pelo teste da derivada primeira, concluímos que $x = 0$ é ponto de mínimo. Neste ponto a função se anula: $f(0) = 0$.

f tem outro ponto crítico em $x = -8/9$, pois $f'(-8/9) = 0$. Como

$$f'(x) > 0 \quad \text{para} \quad -1 < x < -8/9$$

e

$$f'(x) < 0 \quad \text{para} \quad -8/9 < x < 0,$$

o teste da derivada primeira nos diz que $x = -8/9$ é ponto de máximo. É fácil ver que

$$f\left(-\frac{8}{9}\right) = \left(-\frac{8}{9}\right)^4 \frac{1}{\sqrt{9}} = \frac{4096}{19683} \approx 0,2.$$

Como $f(x) \to +\infty$ com $x \to +\infty$, a função f não tem máximo absoluto. Seu mínimo absoluto é o mínimo local zero, atingido em $x = 0$.

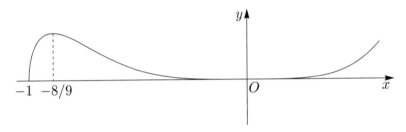

Figura 8.27

Exercícios

Nos Exercícios 1 a 11, determine os valores c tais que $f'(c) = \dfrac{f(b) - f(a)}{b - a}$, e faça os gráficos em cada caso.

1. $f(x) = x^2$, $a = 1$, $b = 2$.
2. $f(x) = x^3$, $a = 0$, $b = 1$.
3. $f(x) = x^3$, $a = -2$, $b = 2$.

4. $f(x) = x^2 + 3x - 7$, $a = -1$, $b = 2$.

5. $f(x) = \dfrac{1}{x}$, $a = 1$, $b = 5$.
6. $f(x) = -\dfrac{1}{x^2}$, $a = -3$, $b = -1$.

7. $f(x) = \sqrt{x}$, $a = 1/2$, $b = 3/2$.
8. $f(x) = \sqrt{x}$, $b > a > 0$.
9. $f(x) = \dfrac{1}{\sqrt{x}}$, $b > a > 0$.

10. $f(x) = \dfrac{x-1}{x+1}$, $b > a > 1$.
11. $f(x) = x^3 - 3x^2$, $a = 0$, $b = 2$.

12. Demonstre, no caso da parábola $f(x) = Ax^2 + Bx + C$, que só existe um número c que satisfaz o Teorema do Valor Médio. Determine esse número em termos de a e b, faça um gráfico e interprete o resultado geometricamente.

Em cada um dos Exercícios 13 a 37, determine os pontos críticos da função dada, indicando os que são de máximo e os que são de mínimo. Determine os intervalos onde a função é crescente e onde é decrescente.

13. $f(x) = x^2 - 2$.
14. $f(x) = x^3$.
15. $f(x) = -2x^2 + 3x + 2$.
16. $f(x) = x^4$.
17. $f(x) = x^3 - 3x^2 + 3x - 1$.
18. $f(x) = x^3 + 6x^2 + 12x + 7$.
19. $f(x) = 2x^3 + 3x^2 - 36x$.
20. $f(x) = 7 - 15x + 6x^2 - x^3$.
21. $f(x) = x(x-2)^2$.

8.2 O Teorema do Valor Médio

22. $f(x) = \cos 5x.$

23. $f(x) = \operatorname{sen} 3x.$

24. $f(x) = x + 1/x.$

25. $f(x) = \dfrac{x}{x^2 + 1}.$

26. $f(x) = \dfrac{x^2 - 1}{x^2 + 1}.$

27. $f(x) = x^2(x^2 - 1).$

28. $f(x) = \operatorname{sen} x + \cos x.$

29. $f(x) = x^2 - \ln x.$

30. $f(x) = \sqrt{x} + \dfrac{1}{\sqrt{x}}.$

31. $f(x) = xe^x.$

32. $f(x) = xe^{-x}.$

33. $f(x) = x^2 e^{-x}.$

34. $f(x) = \dfrac{x + 1}{x - 1}.$

35. $f(x) = \dfrac{x - 1}{x + 1}.$

36. $f(x) = \dfrac{\ln x}{x}.$

37. $f(x) = (x - 1)\sqrt[3]{x^2}, \quad x > 0.$

38. Demonstre que a função $y = ax^2 + bx + c$, com $a \neq 0$, tem máximo se, e somente se, $a < 0$; e mínimo se, e somente se, $a > 0$.

39. Demonstre que a condição necessária e suficiente para que a função $y = x^3 + ax^2 + bx + c$ não tenha máximo ou mínimo é que $a^2 < 3b$, em cujo caso a função é sempre crescente. Na hipótese de ser $a^2 > 3b$, determine os extremos relativos e os intervalos onde a função é crescente e decrescente.

40. Determine o parâmetro a para que $x = 2$ seja ponto crítico da função $y = \sqrt{x} + a/\sqrt{x}$. Determine os intervalos onde a função é crescente e decrescente.

41. Mostre que $e^x > 1 + x$ para $x > 0$. Mostre, em seguida, que $e^x > 1 + x + x^2/2$, com a mesma restrição $x > 0$. Use o método de indução para provar, em geral, que

$$e^x > 1 + x + \frac{x^2}{2!} + \ldots + \frac{x^n}{n!} \quad \text{para} \quad x > 0.$$

42. Mostre que $x > \operatorname{sen} x$, para $x > 0$.

43. Mostre que $\tan \theta > \theta$, para $0 < \theta < \pi/2$.

44. Mostre que $\ln(1 + x) < x$ em $x > 0$.

45. Mostre que $\ln(1 + x) > \dfrac{x}{1 + x}$ em $x > 0$.

46. Mostre que a equação $x^2 - x \operatorname{sen} x - \cos x = 0$ tem duas e somente duas raízes, uma negativa e a outra positiva.

Respostas, sugestões e soluções

1. $c = 3/2.$

3. $c - \pm 2/\sqrt{3}.$

5. $c = \sqrt{5}.$

7. $c = \dfrac{1}{2(\sqrt{3} - 1)^2}.$

8. $c = \dfrac{(\sqrt{a} + \sqrt{b})^2}{4}$. Para verificar que esse número está efetivamente entre a e b, basta notar que, como $a < b$, então

$$\frac{(\sqrt{a} + \sqrt{b})^2}{4} < \frac{(2\sqrt{b})^2}{4} = b \qquad \text{e} \qquad \frac{(\sqrt{a} + \sqrt{b})^2}{4} > \frac{(2\sqrt{a})^2}{4} = a.$$

9. $c = \left[\dfrac{ab(\sqrt{a} + \sqrt{b})^2}{4} \right]^{1/3}$. Como no exercício anterior, verifique que $a < c < b$.

10. $c = \sqrt{(a + 1)(b + 1)} - 1$. Verifique que $a < c < b$.

11. $c = 1 \pm 1/\sqrt{3}$. Observe que estes dois pontos estão no intervalo $0 < c < 2$, como deve ser.

12. É só fazer os cálculos para obter $c = (a + b)/2$. Observe que se trata do ponto médio do segmento $[a, b]$, qualquer que seja o trinômio particular que se considere.

15. Ponto crítico em $x = 3/4$, de máximo absoluto. A função é crescente em $x \leq 3/4$ e decrescente em $x \geq 3/4$.

17. Observe que $f'(x) = 3(x - 1)^2 > 0$ para $x \neq 1$ e $f'(1) = 0$. Ponto crítico em $x = 1$, nem de máximo nem de mínimo. A função é sempre crescente. Faça seu gráfico.

19. $f'(x) = 6(x+3)(x-2)$. Pontos críticos em $x = -3$ e $x = 2$. Como

$$f'(x) < 0 \text{ em } -3 < x < 2 \text{ e } f'(x) > 0 \text{ em } x < -3 \text{ e } x > 2,$$

vemos que $f(x)$ é decrescente no primeiro destes intervalos e crescente nos outros dois. $x = -3$ é ponto de máximo relativo e $x = 2$ de mínimo relativo. A função não tem máximo ou mínimo absolutos, pois

$$\lim_{x \to -\infty} f(x) = -\infty \quad \text{e} \quad \lim_{x \to +\infty} f(x) = +\infty.$$

20. O trinômio $f'(x) = -3(x^2 - 4x + 5)$ tem raízes complexas, portanto nunca se anula, sendo sempre negativo. $f(x)$ não tem máximo nem mínimo, é sempre decrescente, passando de $+\infty$ em $x = -\infty$ a $-\infty$ em $+\infty$, pois

$$\lim_{x \to -\infty} f(x) = +\infty \quad \text{e} \quad \lim_{x \to +\infty} f(x) = -\infty.$$

21. Pontos críticos em $x = 2/3$ e $x = 2$, o primeiro de máximo local (mas não absoluto, pois $f(x) \to +\infty$ com $x \to +\infty$) e o segundo de mínimo local (mas não absoluto, pois $f(x) \to -\infty$ com $x \to -\infty$). A função é decrescente em $2/3 \leq x \leq 2$ e crescente em $x \leq 2/3$ e $x \geq 2$.

22. $f'(x) = -5\operatorname{sen}5x$ se anula nos pontos $x = k\pi/5$, $k = 0, \pm1, \pm2, \ldots$, que são os pontos críticos da função dada, a qual é crescente nos intervalos $(2k-1)\pi/5 \leq x \leq 2k\pi/5$ e decrescente nos intervalos $2k\pi/5 \leq x \leq (2k+1)\pi/5$. Os pontos $x = (2k-1)\pi/5$ são pontos de mínimo absoluto e $x = 2k\pi/5$ de máximo absoluto.

24. A função não tem máximo nem mínimo absolutos, pois $\lim_{x \to \pm\infty} f(x) = \pm\infty$. Seus pontos críticos são $x = -1$ e $x = +1$, o primeiro de máximo, o segundo de mínimo, ambos relativos. Ela é crescente em $x \leq -1$ e $x \geq 1$, e decrescente em $-1 \leq x \leq 1$, $x \neq 0$.

26. Ponto crítico em $x = 0$, de mínimo absoluto, pois a função é decrescente para $x \leq 0$ e crescente para $x \geq 0$. Ela não tem máximo, sendo $f(x) < 1 = \lim_{x \to \pm\infty} f(x)$.

27. Pontos críticos em $x = 0$ e $x = \pm1/\sqrt{2}$. O primeiro é de máximo relativo e os outros dois são de mínimo absoluto: $f(\pm1/\sqrt{2}) = -1/4$. Não há máximo absoluto, pois $f(x) \to +\infty$ com $x \to \pm\infty$. A função é crescente em $-1/\sqrt{2} \leq x \leq 0$ e decrescente em $-\infty < x \leq -1/\sqrt{2}$ e $0 \leq x \leq 1/\sqrt{2}$.

28. Os pontos críticos ocorrem quando $f'(x) = \cos x - \operatorname{sen} x = 0$, ou $\tan x = 1$. Tais são os pontos da forma

$$x_k = k\pi + \frac{\pi}{4}, \quad k = 0, \pm1, \pm2, \ldots$$

São de máximo absoluto os pontos x_{2k} e de mínimo absoluto os pontos x_{2k+1}, pois a função é crescente nos intervalos $x_{2k-1} \leq x \leq x_{2k}$ e decrescente em $x_{2k} \leq x \leq x_{2k+1}$.

30. $f'(x) = (x-1)/2x\sqrt{x}$. Ponto crítico em $x = 1$, de mínimo absoluto, pois a função é crescente em $x \geq 1$ e decrescente em $x \leq 1$. Ela não tem máximo.

31. $f'(x) = (1+x)e^x$. Ponto crítico em $x = -1$, de mínimo absoluto, pois a função é crescente em $x \geq -1$ e decrescente em $x \leq -1$. Ela não tem máximo.

32. $f'(x) = (1-x)e^{-x}$. Ponto crítico em $x = 1$, de máximo absoluto, pois a função é crescente em $x \leq 1$ e decrescente em $x \geq 1$. Ela não tem mínimo.

33. Pontos críticos em $x = 0$ (de mínimo absoluto) e $x = 2$ (de máximo relativo). f é crescente em $0 \leq x \leq 2$ e decrescente em $x \leq 0$ e $x \geq 2$.

34. A derivada $f'(x) = -2(x-1)^{-2}$ é sempre negativa, exceto em $x = 1$, onde a função não é definida. Não há pontos críticos, f sendo sempre decrescente.

35. Análogo ao anterior. f não tem pontos críticos, sendo sempre crescente.

36. $f'(x) = (1 - \ln x)/x^2$. Ponto crítico em $x = e$, de máximo absoluto. f é crescente em $0 < x \leq e$ e decrescente em $x \geq e$. Não tem mínimo.

37. Ponto crítico em $x = 2/5$, de mínimo absoluto. f é crescente em $x \geq 2/5$ e decrescente em $0 < x \leq 2/5$.

38. $y' = 2ax + b = 2a(x + b/2a)$ se anula em $x = -b/2a$. Se $a > 0$, $y' < 0$ em $x < -b/2a$ e $y' > 0$ em $x > -b/2a$. A situação inverte-se quando $a < 0$.

39. Devemos ter $y' \neq 0$. Como $y' = 3x^2 + 2ax + b$, $y' \neq 0 \Leftrightarrow a^2 < 3b$. Se $a^2 \geq 3b$, y' se anula em

$$x_{\pm} = \frac{-a \pm \sqrt{a^2 - 3b}}{3}.$$

8.3 Problemas de máximos e mínimos

A função é crescente em $x \leq x_-$ e $x \geq x_+$; e decrescente em $x_- \leq x \leq x_+$, se $a^2 > 3b$, em cujo caso x_- é ponto de máximo e x_+ é de mínimo. Se $a^2 = 3b$, $x_- = x_+$, f é sempre crescente, não tendo máximo ou mínimo.

40. Como $y' = (x-a)/2x\sqrt{x}$, o valor pedido é $a = 2$. A função é crescente à direita desse valor e decrescente à esquerda.

41. Pondo $f(x) = e^x - 1 - x$, verifica-se que $f'(x) > 0$ para $x > 0$ e $f(0) = 0$, donde $f(x) > 0$. O próximo passo é considerar

$$g(x) = e^x - 1 - x - \frac{x^2}{2},$$

observar que $g'(x) = f(x) > 0$ e $g(0) = 0$, donde $g(x) > 0$. A indução se faz assim: pondo

$$f_n(x) = e^x - 1 - x - \frac{x^2}{2!} - \frac{x^3}{3!} - \ldots - \frac{x^n}{n!},$$

observamos que $f_n'(x) > 0$ pela hipótese de indução. Como $f'(0) = 0$, concluímos que $f_n(x) > 0$.

42. Análogo ao anterior, com $f(x) = x - \operatorname{sen} x$.

43. Análogo ao anterior, com $f(\theta) = \tan \theta - \theta$.

44. Como os anteriores; considere $f(x) = x - \ln(1+x)$. Observe que as desigualdades

$$\ln(1+x) < x \quad \text{e} \quad e^x > 1 + x,$$

com $x > 0$, são equivalentes: a segunda resulta da exponenciação da primeira e esta é obtida tomando-se o logaritmo da segunda.

45. Como os anteriores:

$$f(x) = \ln(1+x) - \frac{x}{1+x}, \quad f'(x) = \frac{1}{1+x}\left(1 - \frac{1}{1+x}\right).$$

46. Examine os trechos em que a função $f(x) = x^2 - x\operatorname{sen} x - \cos x$ é crescente, decrescente, onde assume valores positivos, negativos, e utilize o Teorema do Valor Intermediário.

8.3 Problemas de máximos e mínimos

Discutiremos nesta seção vários problemas que podem ser resolvidos encontrando pontos de máximo e mínimo de certas funções. Em geral, temos de lidar com diversas variáveis, uma das quais deve ser maximizada ou minimizada. Esta variável deve, então, ser expressa como função de uma única variável independente, o que é conseguido por eliminação das outras, graças a certas relações que aparecem no problema. Esse procedimento é ilustrado nos vários exemplos que seguem.

Exemplo 1. Vamos encontrar dois números positivos x e y, cuja soma s seja dada e cujo produto p seja o maior possível.

De $x + y = s$, tiramos $y = s - x$. Daqui e de $p = xy$, obtemos

$$p = p(x) = x(s-x) = sx - x^2.$$

A derivada desta função, $p'(x) = s - 2x$, se anula em $x = x_0 = s/2$. Usando o teste da derivada segunda, é fácil ver que $x = x_0$ é ponto de máximo de $p(x)$, pois $p''(x) = -2 < 0$ para todo x. Então, os números procurados são $x_0 = s/2$ e $y = y_0 = s - x_0 = s/2$, isto é,

$$x_0 = y_0 = s/2.$$

O problema que acabamos de resolver admite uma interpretação geométrica interessante. Notamos que ele envolve duas grandezas, $s = x + y$ e $p = xy$, a primeira das quais deve ser constante e a segunda a maior possível. A primeira destas condições significa que o ponto $Q = (x, y)$ pertence à reta $x + y = s$, ilustrado na Fig. 8.28. Por outro lado, para cada valor de p, a condição $xy = p$ significa que o ponto $Q = (x, y)$ pertence a uma certa hipérbole H. Em geral, para p suficientemente pequeno, essa hipérbole corta a reta $x + y = s$ em dois pontos, Q e R. À medida que p vai crescendo — digamos que ele passe de p a um valor $p' > p$ — os pontos Q e R, agora Q' e R', vão se tornando cada vez mais próximos, até se fundirem num único ponto Q_0. Vemos, pois, que a solução do problema é dada por esse ponto $Q_0 = (s/2, s/2)$, onde a hipérbole H_0, de equação $xy = p_0$, com o maior valor possível de p, tangencia a reta $x + y = s$. Veja também o Exercício 1 adiante.

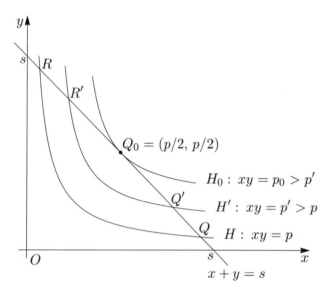
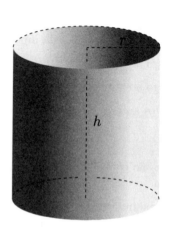

Figura 8.28   Figura 8.29

Exemplo 2. Vamos determinar as dimensões de um cilindro circular reto, de volume dado, de forma que sua área seja a menor possível.

Sejam r e h o raio da base e a altura do cilindro, respectivamente (Fig. 8.29). Devemos minimizar sua área total A, que é a soma da área lateral $2\pi r h$ com as áreas das bases, $2\pi r^2$ (igual ao dobro da área da base, πr^2):

$$A = 2\pi r h + 2\pi r^2.$$

O volume do cilindro é uma constante V, dada por $V = \pi r^2 h$, relação esta que utilizamos para eliminar r ou h na expressão da área. Isso nos dá

$$A = 2\pi r^2 + \frac{2V}{r}.$$

A derivada desta função em relação a r,

$$A' = 4\pi r - \frac{2V}{r^2} = \frac{4\pi}{r^2}\left(r^3 - \frac{V}{2\pi}\right),$$

se anula quando $r = r_0 = (V/2\pi)^{1/3}$. Neste ponto, a derivada segunda $A'' = 4\pi + 4V/r^3$ é positiva; logo, pelo teste da derivada segunda, r_0 é um ponto de mínimo. Como $h = V/\pi r^2$, a solução do problema é dada por

$$r_0 = \left(\frac{V}{2\pi}\right)^{1/3} \quad \text{e} \quad h = h_0 = \frac{V}{\pi r_0^2}.$$

Podemos ainda exprimir h_0 em termos de r_0. De fato, da primeira destas duas últimas equações, tiramos $V = 2\pi r_0^3$. Daqui e da última equação acima obtemos $h_0 = 2r_0$. Vemos, pois, que o cilindro de volume dado e área máxima tem altura igual ao seu diâmetro.

8.3 Problemas de máximos e mínimos

Exemplo 3. Um problema interessante consiste em achar, sobre o eixo de um anel metálico circular, carregado de eletricidade, o ponto P onde o campo elétrico assume valor máximo.

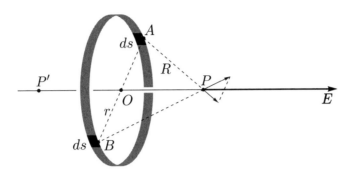

Figura 8.30

Sejam r o raio do anel e Ox seu eixo (Fig. 8.30). Supondo que a carga total q esteja uniformemente distribuída, um elemento ds do anel, localizado num ponto A, possui carga $q\,ds/2\pi r$. Esta carga cria, no ponto P, um campo elétrico de intensidade

$$\frac{q\,ds/2\pi r}{R^2} = \frac{q\,ds}{2\pi r(x^2+r^2)},$$

o qual faz um ângulo α com o eixo Ox. Ao mesmo tempo, o elemento ds no ponto B, diametralmente oposto ao ponto A, cria em P um campo de igual intensidade, jazendo no mesmo plano do eixo Ox e do primeiro campo mencionado e fazendo com Ox o mesmo ângulo α, como ilustra a Fig. 8.30. Como é fácil ver, a resultante desses dois campos elementares é um campo na direção do eixo Ox, de intensidade

$$\frac{q\,ds}{\pi r(x^2+r^2)} \cdot \cos\alpha = \frac{q\,ds}{\pi r(x^2+r^2)} \cdot \frac{x}{R} = \frac{qx\,ds}{\pi r(x^2+r^2)^{3/2}}.$$

Portanto, o campo total $\boldsymbol{E}$ devido ao anel pode ser obtido como a soma de todos esses campos elementares criados pelos pares de elementos opostos, fazendo o ponto A (e, em conseqüência, também o ponto B) percorrer uma semicircunferência. A soma dos diferentes ds resulta ser πr e o resultado é o campo de intensidade

$$E(x) = \frac{qx}{(x^2+r^2)^{3/2}}.$$

Para achar o valor máximo desse campo, procuramos o valor de x que anula sua derivada. Como

$$E'(x) = \frac{q}{(x^2+r^2)^{3/2}} - \frac{3qx^2}{(x^2+r^2)^{5/2}} = \frac{q(r^2-2x^2)}{(x^2+r^2)^{5/2}},$$

vemos que $E'(x) = 0$ para $x = x_0 = r/\sqrt{2}$ (a raiz $x = -r/\sqrt{2}$ corresponde ao ponto P', oposto do ponto P em relação ao anel, como ilustra a Fig. 8.30). Esse valor x_0 é realmente um ponto de máximo, pois $E'(x)$ é positivo para $x < x_0$ e negativo para $x > x_0$.

Antes mesmo de resolvermos esse problema, seria fácil ver, por argumentos físico-geométricos, que $E(x)$ deve assumir um valor máximo à medida que P se desloca ao longo do eixo Ox. De fato, com referência à Fig. 8.30, se P se desloca para a direita, o ângulo α diminui, parecendo indicar que a resultante dos campos elementares aumenta; no entanto, esses campos também diminuem de intensidade, pois R aumenta. Em conseqüência, o campo total diminui a partir do ponto P de abscissa x_0. Ao contrário, se P se desloca para a esquerda, α aumenta até atingir o valor de 90° no centro do anel, onde o campo total se anula. Assim, esse campo também diminui quando P se desloca para a esquerda, a partir da posição de abscissa x_0.

Exemplo 4. Vamos encontrar, sobre a curva

$$x^2 - y^2 = 1, \qquad (8.3)$$

o ponto mais próximo do ponto (0, 1).

A Eq. (8.3) mostra que a curva em questão é simétrica em relação a cada um dos eixos de coordenadas. Ela possui dois ramos, como ilustra a Fig. 8.31.

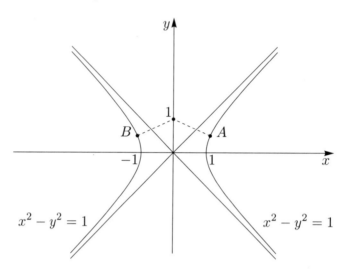

Figura 8.31

A solução do problema é o ponto (x, y) sobre a curva, cuja distância d ao ponto (0, 1) seja mínima. Mas minimizar d é o mesmo que minimizar seu quadrado f:

$$f = d^2 = x^2 + (y-1)^2. \qquad (8.4)$$

Usando a Eq. (8.3) é mais conveniente eliminar x de (8.4) do que y. Assim procedendo, exprimimos f como função apenas da variável y:

$$f(y) = 1 + y^2 + (y-1)^2.$$

A derivada

$$f'(y) = 2y + 2(y-1) = 4y - 2 = 4\left(y - \frac{1}{2}\right)$$

se anula em $y = 1/2$. Este é um ponto de mínimo de $f(y)$, como pode-se ver, seja pelo teste da derivada primeira, seja pelo teste da derivada segunda. Substituindo $y = 1/2$ na Eq. (8.3), obtemos $x = \pm\sqrt{5}/2$. Portanto, nosso problema tem duas soluções, que são os pontos $A = (\sqrt{5}/2, 1/2)$ e $B = (-\sqrt{5}/2, 1/2)$, ilustrados na Fig. 8.31.

Exemplo 5. O Princípio de Fermat, da Óptica Geométrica, afirma que o caminho seguido por um raio de luz que vai de um ponto A até um ponto B é aquele que torna mínimo o tempo de percurso entre esses pontos. Em outras palavras, dentre todos os caminhos possíveis, ligando A a B, a Natureza escolhe aquele que o raio de luz pode percorrer no menor tempo possível.

O exemplo do salva-vidas é uma boa analogia, que muito facilita a compreensão do Princípio de Fermat na dedução da lei da refração da luz. Imaginemos um salva-vidas em terra, no ponto A, no momento em que um banhista começa a se afogar num ponto B (Fig. 8.32). Talvez o primeiro pensamento do salva-vidas seja o de alcançar o banhista em linha reta, correndo o trecho AC e nadando o trecho CB. Mas como correr é mais rápido do que nadar, seria mais conveniente aumentar o trecho em terra e diminuir o percurso de nado. O caminho ADB, com DB perpendicular à margem, é o que corresponde ao percurso mínimo de nado; mas aí o percurso AD em terra fica muito longo. Na verdade, é fácil entender que deve haver um caminho AEB, com E entre C e D, pelo qual o salva-vidas alcançará o banhista no menor tempo possível.

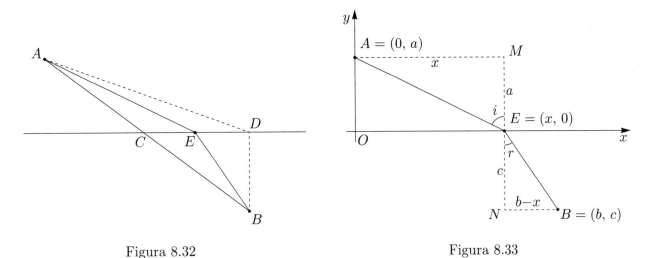

Figura 8.32　　　　　　　　　　　Figura 8.33

A situação é a mesma no caso da refração da luz. Imaginemos dois pontos A e B, situados em meios onde a luz se propaga com velocidades v_1 e v_2, respectivamente (Fig. 8.33). Para fixar as idéias, suponhamos $v_1 > v_2$. Seja AEB o caminho efetivamente seguido pela luz para ir de A até B. Consideremos um sistema cartesiano no plano AEB, com $A = (0, a)$, $B = (b, c)$, $E = (x, 0)$ e com o eixo dos x coincidindo com a interseção do plano AEB com o plano que separa os dois meios. Os tempos gastos pela luz nos trechos AE e EB são AE/v_1 e EB/v_2, respectivamente, de sorte que o tempo total no trajeto AEB é dado por

$$t = \frac{AE}{v_1} + \frac{EB}{v_2} = \frac{\sqrt{a^2 + x^2}}{v_2} + \frac{\sqrt{(x-b)^2 + c^2}}{v_2}.$$

Como o ponto E é determinado pela variável x, de acordo com o Princípio de Fermat devemos encontrar x para o qual $t = t(x)$ atinja seu valor mínimo. Calculando sua derivada, obtemos

$$\frac{dt}{dx} = \frac{x}{v_1\sqrt{a^2 + x^2}} + \frac{x - b}{v_2\sqrt{(x-b)^2 + c^2}}.$$

Mas

$$\frac{x}{\sqrt{a^2 + x^2}} = \frac{AM}{AE} = \operatorname{sen} i,$$

$$\frac{b - x}{\sqrt{(x-b)^2 + c^2}} = \frac{NB}{EB} = \operatorname{sen} r;$$

logo,

$$\frac{dt}{dx} = \frac{\operatorname{sen} i}{v_1} - \frac{\operatorname{sen} r}{v_2},$$

derivada esta que se anula para um determinado $x = x_0$ tal que

$$\frac{\operatorname{sen} i}{v_1} = \frac{\operatorname{sen} r}{v_2}.$$

Quando x cresce acima de x_0 e o ponto E se desloca para a direita, sen i aumenta e sen r diminui; em conseqüência, a derivada dt/dx fica positiva. Do mesmo modo, dt/dx é negativa quando x está à esquerda de x_0. Isso mostra que $t = t(x)$ atinge, efetivamente, seu valor mínimo no ponto $x = x_0$. Nosso interesse

206   Capítulo 8 Máximos e mínimos

aqui não é, propriamente, calcular x_0, mas descobrir a condição que minimiza $t(x)$. Como vemos, isso ocorre
quando

$$\frac{\operatorname{sen} i}{\operatorname{sen} r} = \frac{v_1}{v_2},$$

que é conhecida lei da refração da luz, a qual obtivemos aqui como conseqüência do Princípio de Fermat.

Na verdade, a análise apresentada está incompleta por não incluir a demonstração de que a reta MN
é perpendicular ao plano de separação dos dois meios. Isso exige um tratamento com funções de duas
variáveis independentes, o que é feito em nosso livro de Cálculo das funções de várias variáveis.

Exemplo 6. Deseja-se construir um oleoduto de um ponto A de uma plataforma continental a um
ponto C ao longo da costa. O preço por quilômetro de oleoduto instalado é P no oceano e p em terra, sendo
$p < P$. O problema que propomos aqui é o de encontrar o ponto B ao longo da costa (Fig. 8.34) de forma
que o trajeto ABC corresponda ao gasto mínimo com a construção do oleoduto.

Este problema tem grande analogia com o do exemplo anterior, mas merece um tratamento separado
por apresentar uma peculiaridade nova, como veremos a seguir. Sempre com referência à Fig. 8.34, seja
$d = OA$ a distância do ponto A até a costa. Se o ponto O coincidir com C, o problema estará resolvido.
Vamos supor que esses pontos sejam distintos. Sejam $m = OC$ e $x = OB$. Supondo que B esteja entre O e
C, teremos

$$AB = \sqrt{d^2 + x^2} \quad \text{e} \quad BC = m - x,$$

de sorte que o custo de construção do oleoduto ABC será dada por

$$C(x) = P\sqrt{d^2 + x^2} + p(m - x).$$

Daqui segue-se que

$$C'(x) = \frac{Px}{\sqrt{d^2 + x^2}} - p$$

e

$$C''(x) = \frac{P}{\sqrt{d^2 + x^2}} - \frac{Px^2}{(d^2 + x^2)^{3/2}} = \frac{Pd^2}{(d^2 + x^2)^{3/2}} > 0.$$

A derivada primeira se anula quando

$$Px = p\sqrt{d^2 + x^2}; \tag{8.5}$$

portanto,

$$x^2 = \frac{p^2 d^2}{P^2 - p^2}, \tag{8.6}$$

donde segue-se que $C'(x)$ se anula para

$$x = x_0 = \frac{pd}{\sqrt{P^2 - p^2}}.$$

(Note que descartamos a outra raiz de (8.6), o número negativo $x = -x_0$, que não anula $C'(x)$. A Eq. (8.5)
mostra que x deve ser positivo. O aparecimento da raiz $x = -x_0$ da Eq. (8.6) se deve ao processo de elevar
(8.5) ao quadrado.)

É claro que $x = x_0$ é ponto de mínimo de $C(x)$, pois a derivada segunda desta função é sempre positiva.
Obtemos assim a posição procurada num ponto B, desde que x_0 seja menor do que m.

Se $x_0 \geq m$, a função custo seria

$$C_1(x) = P\sqrt{d^2 + x^2} + p(x - m),$$

8.3 Problemas de máximos e mínimos

não $C(x)$. Acontece que a derivada de $C_1(x)$ é sempre positiva:

$$C'_1(x) = \frac{Px}{\sqrt{d^2+x^2}} + p;$$

logo o mínimo desta função ocorre em $x = m$. Em conseqüência, no caso de ser $x_0 \geq m$, o ponto B coincide com C.

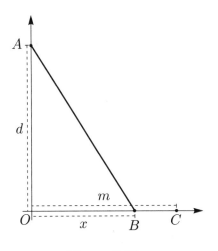

Figura 8.34

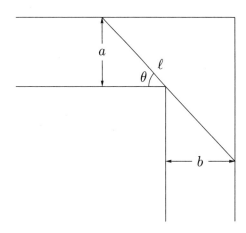

Figura 8.35

Exercícios

1. Determine dois números positivos x e y, cujo produto p seja dado e cuja soma s seja a menor possível.

2. Deseja-se construir uma caixa sem tampa em forma de um cilindro circular reto de volume dado. Determine as dimensões da caixa, de forma que sua área seja a menor possível.

3. Uma fábrica pode vender x milhares de unidades mensais de um determinado artigo por $V = 120x - x^2$ reais. Sendo o custo de produção $C = x^3/3 + x^2 + 3x + 10$, determine o número ótimo de artigos a vender para maximizar o lucro $L = V - C$.

4. Determine as dimensões de uma caixa retangular de base quadrada, sem tampa, de forma que sua área total tenha um valor prefixado A e seu volume V seja o maior possível.

5. Demonstre que o retângulo de área máxima inscrito num círculo de raio r é um quadrado.

6. Determine o retângulo de área máxima inscrito num semicírculo, de forma que um de seus lados esteja sobre o diâmetro.

7. Demonstre que o retângulo de área máxima e perímetro dado é o quadrado.

8. Demonstre que, dentre os retângulos de mesma área, o que tem menor perímetro é o quadrado.

9. Mostre que dentre todos os triângulos isósceles de igual perímetro o que tem maior área é o triângulo eqüilátero.

10. Dois corredores, de larguras a e b, encontram-se num ângulo reto, como indica a Fig. 8.35. Seja l o comprimento máximo de uma viga que pode passar horizontalmente de um corredor ao outro. Determine l em termos de a e b.

11. Uma cerca de altura h está a uma distância d da parede lateral de uma casa. Calcule o comprimento mínimo de uma escada que se apóia na parede e no chão, do lado de fora da cerca.

12. Encontre, sobre a curva $y^2 - x^2 = 1$, o ponto mais próximo do ponto $(-1, 0)$.

13. Encontre, sobre a curva $x^2 - y^2 = 1$, o ponto mais próximo do ponto $(0, -1)$. Calcule essa distância e faça o gráfico correspondente.

14. Determine o ponto da curva $y = \sqrt{x}$ que está mais próximo do ponto $(a, 0)$, $a > 0$. Considere $a \geq 1/2$ e $a < 1/2$.

15. Considere um cilindro circular reto, inscrito num cone circular reto, de altura H e raio da base R. Determine a altura e o raio da base do cilindro de volume máximo.

16. Considere n medidas $x_1, x_2, \ldots, x_n$ de uma certa grandeza x e os erros $x_1 - x, x_2 - x, \ldots, x_n - x$. Mostre que o valor de x que minimiza a soma dos quadrados dos erros é a medida aritmética

$$x_0 = \frac{x_1 + x_2 + \ldots + x_n}{n}.$$

17. Use o Princípio de Fermat para estabelecer a lei da reflexão da luz, segundo a qual o ângulo de incidência é igual ao ângulo de reflexão.

18. Um barqueiro encontra-se num lago, numa posição A (Fig. 8.36), distante $d = AB$ da margem. Ele rema à velocidade v e anda em terra à velocidade V, sendo $v < V$. Para atingir o ponto D da margem, a uma distância r do ponto B, ele deseja seguir um percurso ACD em tempo mínimo. Determine a posição C.

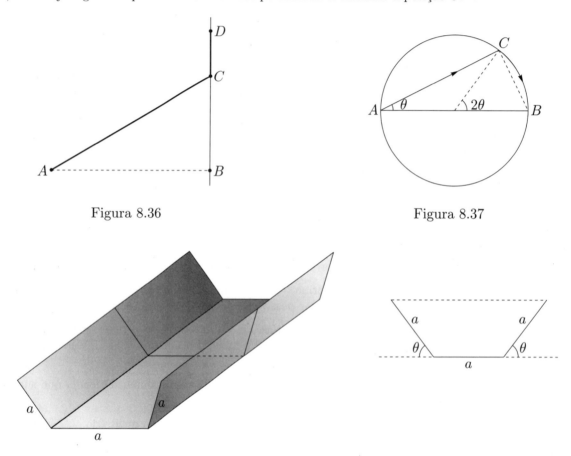

Figura 8.36   Figura 8.37

Figura 8.38

19. Dois pontos A e B estão situados à margem de um lago circular, diametralmente opostos (Fig. 8.37). Um homem vai de A a um ponto C da margem nadando em linha reta com velocidade v; de C a B ele vai andando pela margem com velocidade V. Determine as posições de C que correspondam ao menor e ao maior tempo de percurso. A solução dependerá da razão v/V maior ou menor do que $2/\pi$. Suponha $v < V$.

20. Determine o cilindro reto inscrito numa esfera de raio R, que tenha volume máximo.

21. Um avião com velocidade e altura constantes se aproxima de um observador que o vê sob um ângulo θ acima do horizonte. Exprima a taxa absoluta de variação $T = |d\theta/dt|$ em função da distância x do observador à perpendicular do avião sobre o solo. Mostre que T assume seu máximo em $x = 0$.

22. A intensidade de iluminação num ponto é inversamente proporcional ao quadrado da distância desse ponto à fonte luminosa e diretamente proporcional a um fator k que depende de cada fonte. Duas fontes A e B, para as quais $k = k_1$ e $k = k_2$, respectivamente, estão separadas por uma distância d. Determine o ponto C, entre A e B, onde a iluminação tem intensidade mínima.

23. O custo operacional de um dos caminhões de uma transportadora é de $a + x/b$ reais por quilômetro, onde x é

8.3 Problemas de máximos e mínimos 209

a velocidade em km/h. Supondo que o motorista ganhe s reais por hora, calcule a velocidade que minimiza o custo numa viagem cobrindo uma distância D. Observe que a solução independe do parâmetro a. Verifique que $x = 80$ km/h quando $b = 1600$ e $s = 4$ reais.

24. Deseja-se construir um canal, cuja seção transversal seja um trapézio (Fig. 8.38), a base e as paredes laterais tendo largura fixada a. Calcule o ângulo θ de inclinação das paredes laterais para que o canal dê a máxima vazão.

Respostas, sugestões e soluções

1. $(\sqrt{p},\ \sqrt{p})$. Faça uma intepretação geométrica, como no Exemplo 1.

2. Sejam V o volume, r o raio da base e h a altura de cilindro. Como $V = \pi r^2 h$, a área A da caixa cilíndrica assim se exprime: $A = \pi r^2 + 2\pi r h = \pi r^2 + 2V/r$. Seu valor mínimo ocorre com $r = (V/\pi)^{1/3}$, que faz $A' = 0$. Esse é também o valor de h.

3. $x = 9$, isto é, 9 000 artigos.

4. Base $b = \sqrt{A/3}$, altura $h = \sqrt{A/3}/2$.

5. Se r é o raio do círculo e x e y são os lados do retângulo, então $x^2 + y^2 = 4r^2$. A função a maximizar é a área

$$A = xy = x\sqrt{4r^2 - x^2}.$$

Isso acontece em $x = y = r\sqrt{2}$.

6. Base $b = 2r/\sqrt{3}$ e altura $h = r\sqrt{2/3}$.

7. Sendo $2p$ o perímetro e x e y os lados do retângulo, devemos maximizar $A = xy = x\sqrt{p - x}$.

8. Minimizar, $p = x + y = x + A/x$, onde $A = xy$ é a área e p o semiperímetro.

9. Sejam b a base, h a altura, l cada um dos outros dois lados do triângulo, p o perímetro e A a área. Então,

$$h = \frac{\sqrt{4l^2 - b^2}}{2}, \quad A = \frac{1}{2}bh = \frac{(p - 2l)\sqrt{4pl - p^2}}{4}, \quad \frac{dA}{dl} = \frac{p(p - 3l)}{\sqrt{4pl - p^2}}.$$

Vemos que $l = p/3$ maximiza A; e com este valor, b também é $p/3$.

10. Seja $l = l(\theta)$ o comprimento do segmento que toca o vértice e as paredes do corredor (Fig. 8.35). Então, o comprimento procurado é o mínimo da função

$$l = l(\theta) = \frac{a}{\operatorname{sen}\theta} + \frac{b}{\cos\theta}, \quad 0 < \theta < \frac{\pi}{2}.$$

$$l'(\theta) = \frac{b\operatorname{sen}\theta}{\cos^2\theta} - \frac{a\cos\theta}{\operatorname{sen}^2\theta} = \frac{b\operatorname{sen}^3\theta - a\cos^3\theta}{(\cos\theta\operatorname{sen}\theta)^2}.$$

Esta expressão se anula em $\theta = \theta_0 \Leftrightarrow \tan\theta_0 = (a/b)^{1/3}$. Se $\theta < \theta_0$, $l'(\theta) < 0$, e se $\theta > \theta_0$, $l'(\theta) > 0$, donde se conclui que θ_0 é ponto de mínimo. Para calcular $l(\theta_0)$, expresse $\operatorname{sen}\theta_0$ e $\cos\theta_0$ em termos de $\tan\theta_0 = (a/b)^{1/3}$:

$$l(\theta_0) = [(a^2 b)^{1/3} + b]\sqrt{1 + (a/b)^{2/3}}.$$

11. $l = \dfrac{(d + \sqrt[3]{dh^2})\sqrt{h^2 + (dh^2)^{2/3}}}{(dh^2)^{2/3}}.$

12. $(-1/2,\ \pm\sqrt{5}/2)$. Veja o exercício seguinte.

13. Trata-se de minimizar $f = x^2 + (y + 1)^2$, sendo $x^2 = y^2 + 1$. Eliminando x, obtemos f como função de y, cujo mínimo ocorre em $y = -1/2$. Então $x = \pm\sqrt{5}/2$ e a resposta são os dois pontos $(\pm\sqrt{5}/2,\ -1/2)$.

14. Se $a \geq 1/2$, então $P = (a - 1/2,\ \sqrt{a - 1/2})$ e se $a < 1/2$, $P = (0,\ 0)$.

15. Sejam r o raio do cilindro, h sua altura e V seu volume. Então

$$\frac{H}{R} = \frac{H - h}{r} \quad \text{e} \quad V = \pi r^2 h = \frac{\pi R^2}{H^2}(H - h)^2 h.$$

$dV/dh = 0$ em $h = H/3$ e $h = H$, o primeiro destes valores sendo ponto de máximo e o segundo de mínimo, como se comprova pelo teste da derivada primeira. Com $h = H/3$ obtemos $r = 2R/3$.

16. Seja $f(x)$ a soma dos quadrados dos erros. Resolva $f'(x) = 0$.

17. Mais simples que o Exemplo 5, já que agora v_1 e v_2 são iguais a um mesmo v.

18. Seja θ o ângulo CAB. Devemos ter sen $\theta = v/V$.

19. Como o triângulo ABC é retângulo, $AC = AB\cos\theta$ e $\widehat{CB} = (2\theta)(AB/2)$. Então, o tempo de percurso é dado por

$$t = \frac{AB\cos\theta}{v} + \frac{\theta AB}{V}, \quad 0 \leq \theta \leq \frac{\pi}{2},$$

donde obtemos: $\dfrac{dt}{d\theta} = \dfrac{AB}{V} - \dfrac{AB}{v}\operatorname{sen}\theta = 0 \Leftrightarrow \operatorname{sen}\theta = \dfrac{v}{V}$ e $\dfrac{d^2t}{d\theta^2} = -\dfrac{1}{v}AB\cos\theta < 0$ para $0 < \theta < \frac{\pi}{2}$. Assim, o ângulo θ_0 tal que sen $\theta_0 = \dfrac{v}{V}$ é ponto de máximo. O mínimo deve ocorrer em $\theta = 0$ ou $\theta = \pi/2$; ocorrerá em $\theta = 0$ se $\dfrac{v}{V} > \dfrac{2}{\pi}$ e em $\theta = \pi/2$ se $\dfrac{v}{V} < \dfrac{2}{\pi}$.

20. $r = R\sqrt{2/3}$, $h = 2R/\sqrt{3}$.

21. Se v é a velocidade do avião e h sua altura, é fácil mostrar que $T = \dfrac{v}{h^2 + x^2}$.

22. C está à distância $x = \dfrac{d\sqrt[3]{k_1}}{\sqrt[3]{k_1} + \sqrt[3]{k_2}}$ de A.

23. $C(x) = D(a + x/b) + sD/x$; $x = \sqrt{sb}$ é o valor que minimiza esse custo.

24. $\theta = 60°$.

8.4 Notas históricas

O Princípio de Fermat e as leis da Óptica Geométrica

A lei da reflexão da luz, proposta neste capítulo como Exercício 17, aparece num trabalho de Euclides, cerca de 300 anos a.C. No primeiro século de nossa era, Herão de Alexandria interpretou essa lei em termos de caminho mínimo. Mais precisamente, Herão demonstrou que *dados dois pontos A e B num mesmo semiplano determinado por uma reta r, dentre todos os caminhos de A até B, passando por um ponto de r, o mais curto é o caminho ARB tal que os ângulos $\widehat{ARN}$ e $\widehat{NRB}$ sejam iguais*, onde RN é a normal a r no plano de r, A e B. (Veja a Fig. 8.39.)

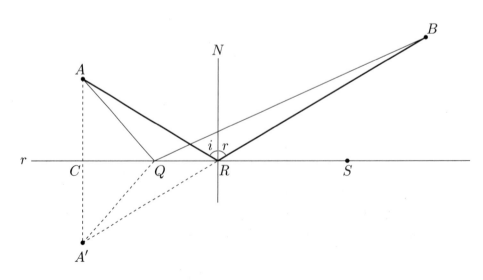

Figura 8.39

8.4 Notas históricas

A demonstração desse teorema é muito interessante e merece ser reproduzida aqui. Seja AQB um caminho de A até B, tocando a reta r em Q. Se imaginamos o ponto Q deslocando-se sobre r, percebemos que o comprimento AQB vai mudando de valor, devendo efetivamente atingir um mínimo para certa posição do ponto Q. Para provar que isso realmente ocorre, tracemos por A a perpendicular à reta r e marquemos o ponto A' de tal forma que $AC = A'C$. Então, os triângulos ACQ e $A'CQ$ são congruentes, donde resulta que $AQ = A'Q$. Em conseqüência, os caminhos AQB e $A'QB$ têm o mesmo comprimento; em outras palavras, a cada caminho AQB corresponde um caminho $A'QB$ de igual comprimento. Isso permite resolver o problema proposto inicialmente, partindo agora de A' em vez de A. Mas, evidentemente, o caminho mais curto de A' até B é o do segmento retilíneo $A'B$, que corta r em R. Como os triângulos ACR e $A'CR$ são congruentes, $A'RB$ equivale ao caminho ARB. Isso prova que este último caminho é de fato o mais curto dentre os caminhos de A até B, passando por r. Finalmente, como os ângulos $\widehat{ARC}$ e $\widehat{A'RC}$ são congruentes, o mesmo acontecendo com os ângulos opostos pelo vértice $\widehat{A'RC}$ e $\widehat{BRS}$, concluímos pela congruência dos ângulos $\widehat{ARN}$ e $\widehat{NRB}$, que é o resultado desejado.

A recíproca desse teorema também é verdadeira e sua demonstração não oferece dificuldade. Diante disso, dizer que os ângulos de incidência e reflexão são iguais equivale a dizer que ARB é o caminho mais curto ligando o ponto A ao ponto B e passando por um ponto de r. Por outro lado, sendo constante a velocidade da luz no meio em que se encontram os pontos A e B, a condição de que ARB seja o caminho mais curto equivale à condição de que o caminho seguido pela luz, de A até B, passando por r, é aquele que a luz percorre em tempo mínimo.

A interpretação dada por Herão à lei de reflexão da luz propicia uma comprovação da idéia de que a Natureza age sempre da maneira mais simples e econômica. Essa idéia foi ganhando aceitação ao longo dos séculos, desde os tempos de Herão. Os argumentos aduzidos em seu favor naturalmente tinham de ser mais de ordem filosófica e teológica que científica. Sua comprovação no caso da reflexão da luz era tomada como indício seguro de sua validade em geral. E foi essa a motivação que levou Fermat a formular o Princípio do Tempo Mínimo sobre a propagação da luz. Graças a esse princípio, Fermat pôde deduzir a lei da refração (em 1661), o que lhe fez adquirir credibilidade total nessa lei, bem como sentir-se seguro sobre o Princípio do Tempo Mínimo.

A lei da refração havia sido descoberta pelo holandês Willebrord Snell (1591–1626) em 1621. Todavia, ele não a publicou, conservando-a em manuscrito, o qual teria sido examinado por Huygens já nos primeiros anos do século XVIII. No entanto, essa lei aparece na obra de Descartes "La Dioptrique" de 1637, sem referência a Snell. Ao que tudo indica, Descartes teria redescoberto a lei independentemente de Snell. No entanto, enquanto, ao que parece, Snell teria baseado suas conclusões em verificações experimentais, Descartes deduziu a lei de certas hipóteses sobre a propagação da luz. Fermat questionou o raciocínio de Descartes, chegando a duvidar de suas conclusões, porque de fato as hipóteses de Descartes não eram todas verdadeiras ou não podiam ser verificadas. Dessa maneira, Fermat foi levado a demonstrar a lei da refração a partir do princípio que leva seu nome.

Capítulo 9

Comportamento das funções

Neste capítulo continuamos desenvolvendo as técnicas do Cálculo Diferencial no estudo das funções, sobretudo no que diz respeito ao modo como elas se comportam em determinados pontos de seus domínios, ou quando a variável independente tende a infinito. O instrumento natural para esse estudo é a "Regra de L'Hôpital"[1]. Com ela estudamos, em particular, as funções logarítmica e exponencial, esta última sem dúvida a função mais importante da Matemática. Como veremos, o rápido crescimento da função exponencial no infinito corresponde ao lento crescimento do logaritmo, fatos esses que devem ser bem enfatizados, dada sua grande importância, tanto na Matemática propriamente como em aplicações em outros domínios científicos.

Mais da metade final do capítulo é dedicada a uma série de problemas que ilustram o aparecimento da função exponencial nas aplicações. Essas aplicações não foram apresentadas quando do estudo do logaritmo e da exponencial no Capítulo 7 justamente por não dispormos então do comportamento preciso da exponencial de x com x tendendo a infinito.

9.1 Regra de L'Hôpital

Veremos, nesta seção inicial, um modo muito útil de calcular limites de formas indeterminadas, utilizando a chamada *Regra de L'Hôpital*. Para isso, precisamos estabelecer um resultado preliminar, que é uma generalização do Teorema do Valor Médio.

Teorema (do Valor Médio Generalizado). *Sejam f e g funções contínuas num intervalo $[a, b]$ e deriváveis no intervalo (a, b). Suponhamos que $g'(x) \neq 0$ e $g(b) - g(a) \neq 0$. Então existe um ponto c em (a, b), tal que*

$$\frac{f(b) - f(a)}{g(b) - g(a)} = \frac{f'(c)}{g'(c)}. \tag{9.1}$$

Demonstração. Consideremos a função auxiliar

$$F(x) = f(x) - f(a) - Q[g(x) - g(a)],$$

onde Q é o primeiro membro de (9.1). Como é fácil verificar, $F(a) = F(b) = 0$. Portanto, pelo Teorema de Rolle, existe c em (a, b) tal que $F'(c) = 0$, isto é

$$f'(c) - Qg'(c) = 0.$$

Daqui segue a relação (9.1) e a demonstração está completa.

Agora estamos em condições de explicar a Regra de L'Hôpital. Já tivemos oportunidades de lidar com formas indeterminadas no Capítulo 6, onde os limites discutidos eram relativamente simples e puderam

---

[1]Este nome aparece com diferentes grafias na literatura matemática. Seguimos aqui aquela adotada na abalizada obra de Nicolas Bourbaki.

ser calculados com certa facilidade. Exemplos mais complicados não poderiam ser tratados diretamente, exigindo a utilização da Regra de L'Hôpital. Mas, como veremos, mesmo no caso dos limites discutidos anteriormente, a utilização dessa regra é muito conveniente e facilita bastante os cálculos.

Regra de L'Hôpital no caso 0/0. *Sejam f e g funções contínuas num ponto $x = a$, $g'(x) \neq 0$ num intervalo contendo a internamente ou como um de seus extremos, e $f(a) = g(a) = 0$. Supomos ainda que existe o limite do quociente $f'(x)/g'(x)$ com $x \to a$. Então existe também o limite de f/g e*

$$\lim_{x \to a} \frac{f(x)}{g(x)} = \lim_{x \to a} \frac{f'(x)}{g'(x)}.$$

Demonstração. Pelo teorema anterior, para cada $x \neq a$ e bastante próximo de a (para termos $g'(x) \neq 0$), existe c entre a e x, tal que

$$\frac{f(x)}{g(x)} = \frac{f(x) - f(a)}{g(x) - g(a)} = \frac{f'(c)}{g'(c)}.$$

Quando fazemos $x \to a$, temos também $c \to a$ e o último membro anterior se aproxima de um valor limite; logo, o primeiro membro também se aproximará desse limite:

$$\lim_{x \to a} \frac{f(x)}{g(x)} = \lim_{c \to a} \frac{f'(c)}{g'(c)},$$

ou ainda,

$$\lim_{x \to a} \frac{f(x)}{g(x)} = \lim_{x \to a} \frac{f'(x)}{g'(x)}.$$

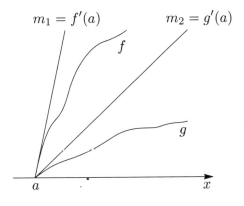

Figura 9.1

Interpretação geométrica

A regra de L'Hôpital tem um conteúdo geométrico interessante, que vale a pena explicitar. Para isso, consideremos as curvas (Fig. 9.1)

$$y = f(x) \quad \text{e} \quad y = g(x),$$

nas proximidades de $x = a$. Sejam

$$m_1 = f'(a) \quad \text{e} \quad m_2 = g'(a)$$

os declives dessas curvas no ponto $x = a$. O que a regra de L'Hôpital nos diz é que o limite de $f(x)/g(x)$, quando $x \to a$, é precisamente o quociente dos declives m_1/m_2. Isso é natural, como já tivemos oportunidade de observar quando tratamos do limite de $(\text{sen}\, x)/x$ com $x \to 0$ (p. 130).

Vários exemplos

Exemplo 1. Vamos aplicar a regra de L'Hôpital ao cálculo do limite de

$$\frac{11x - 5\,\mathrm{sen}\,x}{2x} \quad \text{com} \quad x \to 0.$$

Temos:

$$\lim_{x \to 0} \frac{11x - 5\,\mathrm{sen}\,x}{2x} = \lim_{x \to 0} \frac{11 - 5\cos x}{2} = 3.$$

Na aplicação da regra de L'Hôpital, pode acontecer que $f'(a) = g'(a) = 0$. Então, aplicamos novamente a regra ao quociente $f'(x)/g'(x)$. Se necessário, aplicamos a regra novamente, tantas vezes quantas forem necessárias.

Exemplo 2. Aqui a regra é aplicada duas vezes, veja:

$$\lim_{x \to 0} \frac{e^x - \mathrm{sen}\,x - \cos x}{\mathrm{sen}^2 x} = \lim_{x \to 0} \frac{e^x - \cos x + \mathrm{sen}\,x}{2\,\mathrm{sen}\,x \cos x} = \lim_{x \to 0} \frac{e^x - \cos x + \mathrm{sen}\,x}{2x}$$

$$= \lim_{x \to 0} \frac{e^x + \mathrm{sen}\,x + \cos x}{2\cos 2x} = \frac{1 + 0 + 1}{2 \cdot 1} = 1.$$

Exemplo 3. Ao aplicar a regra de L'Hôpital é preciso cuidado para não incorrer em erro. Veja o que acontece quando tentamos aplicar a regra para calcular o limite de $[x^2\,\mathrm{sen}(1/x)]/\mathrm{sen}\,x$ com $x \to 0$:

$$\lim_{x \to 0} \frac{D[x^2\,\mathrm{sen}(1/x)]}{D(\mathrm{sen}\,x)} = \lim_{x \to 0} \frac{2x\,\mathrm{sen}(1/x) - \cos(1/x)}{\cos x}.$$

Acontece que este último limite não existe porque $\cos(1/x)$ oscila entre -1 e 1. No entanto, o limite original existe, como vemos por um cálculo direto:

$$\lim_{x \to 0} \frac{x^2\,\mathrm{sen}(1/x)}{\mathrm{sen}\,x} = \lim_{x \to 0} \frac{x}{\mathrm{sen}\,x} \cdot \lim_{x \to 0} \left(x\,\mathrm{sen}\,\frac{1}{x} \right) = 0.$$

A regra de L'Hôpital não se aplica aqui porque ela pressupõe a existência do limite do quociente de derivadas; e, como observamos, este limite não existe no presente caso.

A mesma regra se aplica quando $a = +\infty$ ou $a = -\infty$. Por exemplo, se $a = +\infty$, pomos $x = 1/t$ e aplicamos a regra, usando derivação em cadeia:

$$\lim_{x \to +\infty} \frac{f(x)}{g(x)} = \lim_{t \to 0+} \frac{f(1/t)}{g(1/t)} = \lim_{t \to 0+} \frac{f'(1/t)(-1/t^2)}{g'(1/t)(-1/t^2)} = \lim_{x \to +\infty} \frac{f'(x)}{g'(x)}.$$

A regra de L'Hôpital é válida também para tratar indeterminações do tipo ∞/∞. Neste caso a demonstração é mais delicada e não será feita aqui; ela pertence mais a um curso de Análise.

Exemplo 4. Eis um exemplo muito simples de ∞/∞:

$$\lim_{x \to \infty} \frac{10x^2 - 7x + 3}{2x^2 + 9x - 5} = \lim_{x \to \infty} \frac{20x - 7}{4x + 9} = \frac{20}{4} = 5.$$

Exemplo 5. Indeterminações do tipo $\infty - \infty$ geralmente se reduzem ao tipo $0/0$, como ilustra este exemplo:

$$\lim_{x \to 0} \left[\frac{1}{x} - \frac{1}{\ln(x+1)} \right] = \lim_{x \to 0} \frac{\ln(x+1) - x}{x\ln(x+1)} = \lim_{x \to 0} \frac{-1 + 1/(x+1)}{\ln(x+1) + x/(x+1)}$$

$$= \lim_{x \to 0} \frac{1 - x - 1}{(x+1)\ln(x+1) + x} = \lim_{x \to 0} \frac{-1}{\ln(x+1) + 1 + 1} = -\frac{1}{2}.$$

A lentidão do logaritmo

Nos exemplos seguintes veremos como a função $\ln x$ é lenta ao tender a infinito com $x \to \infty$ ou $x \to 0$.

Exemplo 6. O primeiro desses exemplos é o de $\ln x/x$:

$$\lim_{x \to \infty} \frac{\ln x}{x} = \lim_{x \to \infty} \frac{1/x}{1} = 0.$$

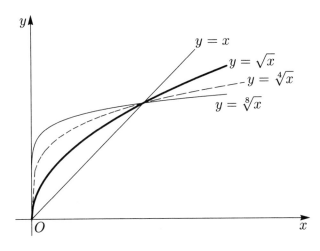

Figura 9.2

Este exemplo nos leva a perguntar se existe alguma potência positiva de x, por pequeno que seja o expoente ($y = x^r$, com $r > 0$ e menor do que 1), que tenda a infinito mais devagar que $\ln x$, visto que x^r tende a infinito tanto mais devagar quanto menor for o expoente r (Fig. 9.2). Surpreendentemente, a resposta a essa pergunta é negativa. Com efeito, de acordo com a regra de L'Hôpital,

$$\lim_{x \to +\infty} \frac{\ln x}{x^r} = \lim_{x \to +\infty} \frac{1/x}{rx^{r-1}} = \lim_{x \to +\infty} \frac{1}{rx^r} = 0,$$

e isto significa que $\ln x$ tende a infinito, com $x \to +\infty$, mais devagar que qualquer potência positiva de x. Geometricamente (Fig. 9.3), vemos que, a partir de certo x, o gráfico de x^r acaba ficando acima do gráfico do logaritmo, "infinitamente acima". Repare a figura, onde se mostra que o logaritmo pode ultrapassar a curva em certo intervalo, mas acaba ficando abaixo dela a partir de certo x.

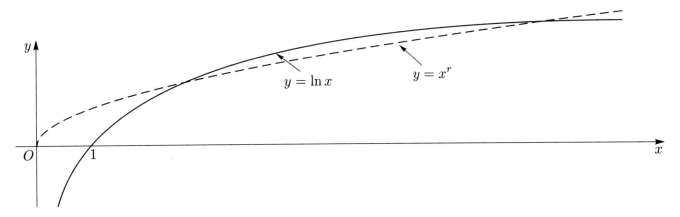

Figura 9.3

O próximo exemplo tem a ver com o comportamento do logaritmo quando $x \to 0$; embora $\ln x$ tenda a $-\infty$, isso acontece mais lentamente que $1/x$; e a explicação está no fato de que, pondo $x = 1/v$,

$\ln x = -\ln v$, e quando $x \to 0$, $v \to \infty$.

Exemplo 7. A função $y = x^r \ln x$, com $r > 0$, é uma forma indeterminada do tipo $0 \cdot \infty$ quando $x \to 0+$. Ela se reduz ao caso ∞/∞ escrevendo $y = \ln x / x^{-r}$:

$$\lim_{x \to 0+} (x^r \ln x) = \lim_{x \to 0+} \frac{\ln x}{x^{-r}} = \lim_{x \to 0+} \frac{1/x}{-rx^{-r-1}} = \lim_{x \to 0+} \left(-\frac{x^r}{r}\right) = 0.$$

Isso mostra que $\ln x$ tende a infinito, quando $x \to 0+$, mais lentamente que qualquer potência positiva de $1/x$, não importa quão pequeno seja o expoente.

O crescimento exponencial

"Crescimento exponencial" é sinônimo de crescimento muito rápido. E os exemplos seguintes mostram o significado preciso desse fenômeno. Há uma perfeita correspondência entre a lentidão com que $\ln x$ tende a infinito, tanto com $x \to \infty$ como com $x \to 0$, e a rapidez com que a função inversa $y = e^x$ tende a infinito com $x \to +\infty$ e a zero com $x \to -\infty$.

Exemplo 8. Vamos aplicar a regra de L'Hôpital n vezes (n inteiro positivo), lidando com indeterminação do tipo ∞/∞, no cálculo do limite seguinte.

$$\lim_{x \to \infty} \frac{e^x}{x^n} = \lim_{x \to \infty} \frac{e^x}{nx^{n-1}} = \lim_{x \to \infty} \frac{e^x}{n(n-1)x^{n-2}} = \ldots = \lim_{x \to \infty} \frac{e^x}{n!} = \infty.$$

Isso significa que e^x tende a infinito mais depressa que qualquer potência de x, com $x \to \infty$. De modo análogo, e^x tende a zero, com $x \to -\infty$ mais depressa que qualquer potência negativa de x (indeterminação do tipo $0/0$):

$$\lim_{x \to -\infty} \frac{e^x}{x^{-n}} = \lim_{x \to -\infty} \frac{x^n}{e^{-x}} = \lim_{x \to -\infty} \frac{n!}{(-1)^n e^{-x}} = 0.$$

Outras formas indeterminadas

Além das formas já tratadas, outras indeterminações que ocorrem com certa freqüência são as do tipo 1^∞, 0^0 e ∞^0. Para vermos que 1^∞, 0^0 e 0^∞ também são formas indeterminadas, basta lembrar que

$$f(x)^{g(x)} = e^{g(x) \cdot \ln f(x)}.$$

Então, se $f(x) \to 1$ e $g(x) \to \infty$, o expoente $g(x) \cdot \ln f(x)$ será uma forma indeterminada do tipo $\infty \cdot 0$, de sorte que $f(x)^{g(x)}$ também será uma forma indeterminada. Se $f(x) \to 0$ e $g(x) \to 0$, o expoente $g(x) \cdot \ln f(x)$ será do tipo $0 \cdot \infty$; e se $f(x) \to \infty$ e $g(x) \to 0$, $g(x) \cdot \ln f(x)$ ainda será do tipo $0 \cdot \infty$. Vemos, assim, que os três casos mencionados, 1^∞, 0^0 e ∞^0, são indeterminações que se reduzem ao tipo $0 \cdot \infty$. Esta forma, por sua vez, se reduz aos casos $0/0$ ou ∞/∞.

Exemplo 9. Vamos calcular $\lim_{x \to 0}(\cos 3x)^{1/x^2}$, que é do tipo 1^∞. Formando o logaritmo de $f(x) = (\cos 3x)^{1/x^2}$, reduzimos a indeterminação a uma do tipo $0/0$:

$$\begin{aligned}
\lim_{x \to 0} \ln f(x) &= \lim_{x \to 0} \frac{\ln \cos 3x}{x^2} = \lim_{x \to 0} \frac{-3 \operatorname{sen} 3x}{\cos 3x} \cdot \frac{1}{2x} \\
&= -\frac{3}{2} \lim_{x \to 0} \frac{\operatorname{sen} 3x}{x} \cdot \frac{1}{\cos 3x} = -\frac{9}{2}.
\end{aligned}$$

Como a função exponencial é contínua, se uma variável y se aproximar de um certo valor y_0, então e^y se aproximará de e^{y_0}. Vamos aplicar esse fato ao caso acima, onde

$$(\cos 3x)^{1/x^2} = f(x) = e^y, \quad y = \ln f(x) \to -9/2.$$

9.1 Regra de L'Hôpital 217

Obtemos, então,

$$\lim_{x \to 0} (\cos 3x)^{1/x^2} = e^{-9/2}.$$

Exemplo 10. A função x^x, com $x \to 0+$, é um exemplo de indeterminação do tipo 0^0. Ela é tratada de maneira análoga à do exemplo anterior:

$$f(x) = x^x, \quad y = \ln f(x) = x \ln x = \frac{\ln x}{1/x};$$

$$\lim_{x \to 0+} y = \lim_{x \to 0+} \frac{\ln x}{1/x} = \lim_{x \to 0+} \frac{1/x}{-1/x^2} = \lim_{x \to 0} (-x) = 0;$$

portanto,

$$\lim_{x \to 0+} x^x = \lim_{x \to 0+} e^y = e^0 = 1.$$

Exemplo 11. Um caso de indeterminação do tipo ∞^0 é dado pela função $f(x) = (\tan x)^{\cot x}$, com $x \to \pi/2-$. Vejamos:

$$\lim_{x \to \pi/2-} \ln f(x) = \lim_{x \to \pi/2-} (\cot x) \ln \tan x.$$

Pondo $y = \tan x$ e notando que $y \to +\infty$ com $x \to \pi/2-$, obtemos:

$$\lim_{x \to \pi/2-} \ln f(x) = \lim_{y \to +\infty} \frac{\ln y}{y} = 0;$$

logo,

$$\lim_{x \to \pi/2-} (\tan x)^{\cot x} = e^0 = 1.$$

O número e

Vamos utilizar a regra de L'Hôpital para estabelecer um resultado muito importante, referente ao número e, base do logaritmo natural. Esse resultado é o seguinte:

$$\boxed{\lim_{x \to 0} (1 + x)^{1/x} = e,} \tag{9.2}$$

Para isso, escrevemos a função dada na forma

$$(1 + x)^{1/x} = e^{(1/x) \ln(1+x)},$$

e calculamos o limite do expoente que aí aparece:

$$\lim_{x \to 0} \left[\frac{\ln(1 + x)}{x} \right] = \lim_{x \to 0} \frac{1}{1 + x} = 1.$$

Daqui e da identidade anterior obtemos o resultado desejado.

O resultado (9.2) é valido sem restrição sobre a maneira como $x \to 0$; em particular, x pode aproximar-se de zero por valores estritamente positivos ou por valores estritamente negativos. Em conseqüência, pondo $x = 1/t$, $x \to 0$ quando $t \to +\infty$ ou $t \to -\infty$, de forma que podemos escrever (9.2) assim:

$$\lim_{t \to +\infty} \left(1 + \frac{1}{t} \right)^t = \lim_{t \to -\infty} \left(1 + \frac{1}{t} \right)^t = e.$$

218   Capítulo 9   Comportamento das funções

Dada a importância deste resultado, vamos reescrevê-lo com a variável x em lugar de t:

$$\lim_{x\to+\infty}\left(1+\frac{1}{x}\right)^x=\lim_{x\to-\infty}\left(1+\frac{1}{x}\right)^x=e. \tag{9.3}$$

Isto é conseqüência imediata de (9.2).

Exercícios

Utilize as regras de L'Hôpital para calcular os limites indicados nos Exercícios 1 a 29.

1. $\lim_{x\to0}\dfrac{e^x-1}{\ln(1+x)}$.

2. $\lim_{x\to0}\dfrac{1-\cos x}{\operatorname{sen} x}$.

3. $\lim_{x\to0\pm}\dfrac{\operatorname{sen} x}{1-\cos x}$.

4. $\lim_{x\to2}\dfrac{x^2-4}{x^2-5x+6}$.

5. $\lim_{x\to a}\dfrac{x^2-a^2}{x^3-a^3}$.

6. $\lim_{x\to a}\dfrac{\operatorname{sen} x-\operatorname{sen} a}{x-a}$.

7. $\lim_{x\to a+}\dfrac{x-\sqrt{ax}}{x^3-a^3}$, $a>0$.

8. $\lim_{x\to1}\dfrac{\ln x}{x-\sqrt{x}}$.

9. $\lim_{x\to0}\dfrac{\tan x-x}{x-\operatorname{sen} x}$.

10. $\lim_{x\to0}\dfrac{e^x-1}{\tan x}$.

11. $\lim_{x\to\pi/2-}\dfrac{\ln\tan x}{\tan x}$.

12. $\lim_{x\to2+}\dfrac{\ln(x^2-x-2)}{\ln(x^2-4)}$.

13. $\lim_{x\to0+}\dfrac{x}{\ln\operatorname{sen} x}$.

14. $\lim_{x\to0}(x\ln x^2)$.

15. $\lim_{x\to+\infty}xe^{-x}$.

16. $\lim_{x\to\infty}\dfrac{2e^x+x^5\ln x}{3e^x+x^3\sqrt{x^2+1}}$. Não use a regra de L'Hôpital! É mais fácil observar que e^x é dominante, tanto no numerador como no denominador.

17. $\lim_{x\to0+}x\ln(e^x-1)$.

18. $\lim_{x\to+\infty}\dfrac{\ln(3x+e^x)}{x}$.

19. $\lim_{x\to1}\left(\dfrac{1}{\ln x}-\dfrac{x}{\ln x}\right)$.

20. $\lim_{x\to0}(1-x)^{1/x}$.

21. $\lim_{x\to\pm0}\left(1-\dfrac{1}{x}\right)^x$.

22. $\lim_{x\to0+}\left(\dfrac{1}{x}\right)^{\tan x}$.

23. $\lim_{x\to0}(1+ax^2)^{1/x^2}$.

24. $\lim_{x\to\pm\infty}\left(1+\dfrac{a}{x}\right)^x$.

25. $\lim_{x\to0}(1+ax)^{b/x}$.

26. $\lim_{x\to0+}[(\operatorname{sen} x)(\ln x)]$.

27. $\lim_{x\to0+}(\operatorname{sen} x)^x$.

28. $\lim_{x\to0+}xe^{1/x}$.

29. $\lim_{x\to\pm\infty}(xe^{1/x}-x)$.

30. Mostre que $\ln(\ln x)$ tende a infinito, com $x\to+\infty$, mais devagar que o próprio $\ln x$.

31. Mostre que se uma função $f(x)$ tende a infinito com $x\to a$, então existe sempre uma função $g(x)$ que tende a infinito mais devagar ainda que $f(x)$, quando $x\to a$.

32. Mostre que existem funções que tendem a infinito, com $x\to+\infty$, mais rapidamente que e^x.

33. Mostre que $x(\ln x)^r\to0$ com $x\to0+$, qualquer que seja r, positivo, negativo ou nulo.

34. Mostre que $e^x/x^r\to+\infty$, com $x\to+\infty$, qualquer que seja $r>0$, inteiro ou não.

Respostas, sugestões e soluções

1. 1   **3.** $\pm\infty$.   **7.** $-\infty$.   **8.** -2.   **10.** 1.

9.2 Concavidade, inflexão e gráficos

14. $x \ln x^2 = \dfrac{\ln x^2}{1/x}$. Resp.: Zero.

16. $f(x) = \dfrac{2 + (x^5 \ln x)/e^x}{3 + (x^3 \sqrt{x^2 + 1})/e^x} \to \dfrac{2}{3}$.

17. $\lim\limits_{x \to 0+} \dfrac{\ln(e^x - 1)}{1/x} = \lim\limits_{x \to 0} e^x \cdot \lim\limits_{x \to 0} \dfrac{-x^2}{e^x - 1} = \lim\limits_{x \to 0} \dfrac{-2x}{e^x} = 0$.

18. $\lim\limits_{x \to +\infty} \dfrac{3 + e^x}{3x + e^x} = \lim\limits_{x \to +\infty} \dfrac{e^x}{3 + e^x} = 1$.

19. $\lim\limits_{x \to 1} \dfrac{1 - x}{\ln x} = \lim\limits_{x \to 1} \dfrac{-1}{1/x} = -1$.

20. $\lim\limits_{x \to 0} \exp \dfrac{\ln(1 - x)}{x} = \lim\limits_{x \to 0} \exp \dfrac{-1}{1 - x} = 1/e$.

21. $\lim\limits_{x \to \pm\infty} \exp \dfrac{\ln(1 - 1/x)}{1/x} = \lim\limits_{t \to 0} \exp \dfrac{\ln(1 - t)}{t}$. Isto é igual a $1/e$ pelo exercício anterior.

22. $\lim\limits_{x \to 0+} e^{-\tan x \cdot \ln x} = \lim\limits_{x \to 0+} \exp \dfrac{-\ln x}{1/\tan x} = \lim\limits_{x \to 0} \exp \dfrac{\operatorname{sen}^2 x}{x} = 1$.

23. $\lim\limits_{x \to 0} \exp \dfrac{\ln(1 + ax^2)}{x^2} = \lim\limits_{x \to 0} \exp \dfrac{a}{1 + ax^2} = e^a$.

24. e^a.

25. e^{ab}.

26. $\lim\limits_{x \to 0+} \dfrac{\ln x}{1/\operatorname{sen} x} = \lim\limits_{x \to 0} \dfrac{\operatorname{sen} x \cdot \tan x}{x} = 0$.

27. $\lim\limits_{x \to 0+} e^{x \ln \operatorname{sen} x} = \lim\limits_{x \to 0} \exp \dfrac{x^2 \cos x}{\operatorname{sen} x} = 1$.

28. $\lim\limits_{x \to 0+} \dfrac{e^{1/x}}{1/x} = \lim\limits_{t \to +\infty} \dfrac{e^t}{t} = +\infty$.

29. $\lim\limits_{x \to \pm\infty} \dfrac{e^{1/x} - 1}{1/x} = \lim\limits_{t \to 0} \dfrac{e^t - 1}{t} = 1$.

30. $\lim\limits_{x \to +\infty} \dfrac{\ln(\ln x)}{\ln x} = \lim\limits_{t \to +\infty} \dfrac{\ln t}{t} = 0$.

31. Por exemplo, $g(x) = \ln |g(x)|$.

32. Por exemplo, e^{e^x}, e^{x^2}, $e^{x\sqrt{x}}$, $e^{x \ln x}$, etc.

33. Claro, se $r \le 0$. Se $r > 0$, $\lim\limits_{x \to 0+} \dfrac{(\ln x)^r}{1/x} = -r \lim\limits_{x \to 0+} x^2 (\ln x)^{r-1}$. Aplicando repetidamente a regra de L'Hôpital, o expoente de $\log x$ acaba sendo ≤ 0.

34. $\lim\limits_{x \to +\infty} \dfrac{e^x}{x^r} = \dfrac{1}{r} \lim\limits_{x \to +\infty} \dfrac{e^x}{x^{r-1}}$. Aplique repetidamente a regra de L'Hôpital até que o expoente de x no denominador fique ≤ 0.

9.2 Concavidade, inflexão e gráficos

O teorema da p. 194 tem importantes aplicações no estudo dos gráficos das funções, como veremos a seguir. Seja f uma função tal que $f'' > 0$ num intervalo. Como f'' é a derivada de f', isto significa, por aquele teorema, que f' é crescente nesse intervalo. Mas f' é o declive da reta tangente ao gráfico de f, de sorte que f' ser crescente significa que essa tangente gira no sentido contrário ao dos ponteiros do relógio, à medida que avançamos sobre a curva da esquerda para a direita, como indica a Fig. 9.4a. Nessas condições, dizemos que o gráfico de f tem sua *concavidade voltada para cima*.

Considerações análogas se aplicam quando $f'' < 0$ num intervalo; então f' é decrescente e a reta tangente ao gráfico de f gira no sentido dos ponteiros do relógio, à medida que avançamos sobre esse gráfico, da esquerda para a direita, como vemos na Fig. 9.4b. Dizemos agora que o gráfico tem sua *concavidade voltada para baixo*.

Quando a derivada segunda f'' se anula num ponto x_0, sendo positiva à esquerda e negativa à direita de x_0, o gráfico muda sua concavidade nesse ponto, que é, então, chamado de *ponto de inflexão* (Fig. 9.5a). A inflexão em x_0 pode também ocorrer quando f'' se anula em x_0, é negativa à esquerda desse ponto e positiva à direita (Fig. 9.5b).

As informações obtidas sobre pontos de máximo e mínimo de uma função, intervalos onde ela é crescente ou decrescente, concavidade e pontos de inflexão, limites quando a variável independente se aproxima de certos valores particulares, são dados importantes para esboçar o gráfico da função. É o que veremos, a seguir, através de vários exemplos.

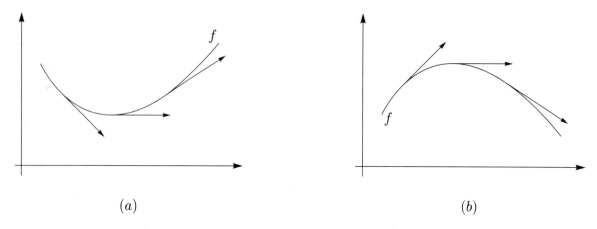

Figura 9.4

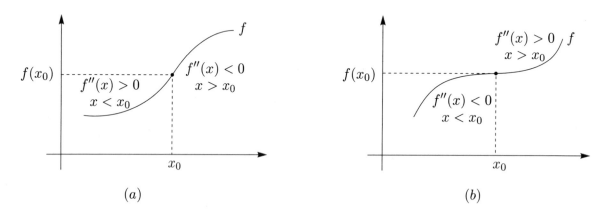

Figura 9.5

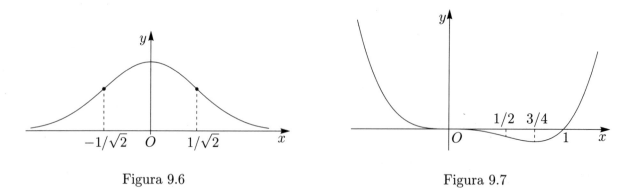

Figura 9.6 · · · · · · · · · · · · · · · · · · Figura 9.7

Exemplo 1. A função $f(x) = e^{-x^2}$ é par, de forma que seu gráfico é simétrico em relação ao eixo dos y. Como $f'(x) = -2xe^{-x^2}$ só se anula para $x = 0$, este é o único ponto crítico. Observe que

$$f''(x) = 4(x^2 - 1/2)e^{-x^2}$$

de sorte que $f''(0) < 0$ e $x = 0$ é ponto de máximo de $f(x)$. $f''(x)$ se anula nos pontos $x = \pm 1/\sqrt{2}$, sendo positiva em $|x| > 1/\sqrt{2}$ e negativa em $|x| < 1/\sqrt{2}$. Então, o gráfico de f é côncavo para baixo no intervalo

9.2 Concavidade, inflexão e gráficos

$|x| < 1/\sqrt{2}$ e côncavo para cima nos dois outros trechos, $x < -1/\sqrt{2}$ e $x > 1/\sqrt{2}$. Finalmente, o fato de ser

$$\lim_{x \to \pm\infty} e^{-x^2} = 0$$

permite completar o esboço do gráfico para todo x (Fig. 9.6).

Exemplo 2. Seja a função
$$f(x) = x^4 - x^3 = x^3(x-1).$$
Calculemos suas derivadas primeira e segunda:
$$f'(x) = 4x^3 - 3x^2 = 4x^2(x - 3/4),$$
$$f''(x) = 12x^2 - 6x = 12x(x - 1/2).$$

$f''(x)$ se anula nos pontos $x = 0$ e $x = 1/2$, sendo positiva para $x < 0$, negativa no intervalo $(0, 1/2)$ e positiva para $x > 1/2$. Logo, $x = 0$ e $x = 1/2$ são pontos de inflexão, sendo a concavidade para cima nos trechos $x < 0$ e $x > 1/2$, e para baixo quando $0 < x < 1/2$. Os pontos críticos são $x = 0$ e $x = 3/4$, o primeiro de inflexão e o segundo um ponto de mínimo (Fig. 9.7). Observemos ainda que $\lim_{x \to \pm\infty} f(x) = +\infty$, como conseqüência da expressão
$$f(x) = x^4(1 - 1/x).$$

Quando x cresce acima de qualquer número, o mesmo acontece com x^4, ao passo que $(1-1/x)$ tende a 1; logo, o produto $f(x)$ tende a $+\infty$. O mesmo acontece quando $x \to -\infty$.

Exemplo 3. Consideremos a função $f(x) = x + 1/x$ e calculemos suas derivadas primeira e segunda:

$$f'(x) = 1 - \frac{1}{x^2}, \quad f''(x) = \frac{2}{x^3}.$$

f'' é positiva para $x > 0$ e negativa para $x < 0$, de forma que as concavidades nesses trechos são para cima e para baixo, respectivamente. f' se anula nos pontos $x = +1$ e $x = -1$, o primeiro de mínimo e o segundo de máximo. À medida que x tende a $+\infty$ a curva se aproxima mais e mais da reta $y = x$, pois $1/x \to 0$. Portanto, esta reta é uma assíntota da curva. Como $f(x) \to \pm\infty$, o eixo Oy é outra assíntota (Fig. 9.8).

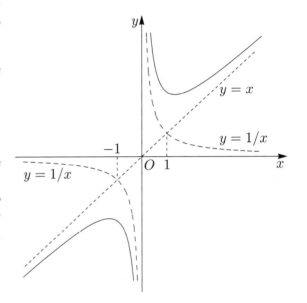

Figura 9.8

Exercícios

Em cada um dos Exercícios 1 a 30, faça o gráfico da função dada, indicando pontos de máximo e mínimo, inflexões, concavidades e assíntotas, quando possível.

1. $y = x^2 - 4x + 3$.
2. $y = 6 - x^2 - 2x$.
3. $y = 2x^2 - 4x + 3$.
4. $y = x^3 - 6x^2 + 9x + 1$.
5. $y = -x^3 + 3x + 4$.
6. $y = x^3 - 3x^2 + 2$.
7. $y = x^4 - 4x^3$.
8. $y = x^4 - 16x^2 + 48$.
9. $y = x^4 - 2x^2$.
10. $y = x - \dfrac{1}{x}$.
11. $y = x + \dfrac{3}{x}$.
12. $y = \dfrac{x}{x^2 + 1}$.
13. $y = \dfrac{3x}{x + 3}$.
14. $y = \dfrac{x(x-3)}{(x+3)^2}$.
15. $y = x^{7/3}$.

222 — Capítulo 9 Comportamento das funções

16. $y = \operatorname{sen} x$.

17. $y = \cos x$.

18. $y = \tan x$.

19. $y = \operatorname{sen} x - \cos x$.

20. $y = \cos^2 x$.

21. $y = \operatorname{sen}^2 x$.

22. $y = \tan^2 x$.

23. $y = x + \cos x$.

24. $y = x - \cos x$.

25. $y = xe^{-x}$.

26. $y = x^2 e^{-x}$.

27. $y = e^x/x$.

28. $y = xe^{-x^2}$.

29. $y = x^2 e^{-x^2}$.

30. $y = e^{1/x}$.

31. Faça o gráfico da função $f(x) = x^3 - 3x + a$. Mostre que a equação $f(x) = 0$ tem três raízes distintas se $-2 < a < 2$; apenas uma se $a < -2$ ou $a > 2$; e uma raiz simples e uma raiz dupla se $a = -2$ ou $a = 2$.

Respostas, sugestões e soluções

1. Concavidade voltada para cima, ponto de mínimo em $x = 2$.

2. Concavidade voltada para baixo, ponto de máximo em $x = -1$.

3. Concavidade voltada para cima, ponto de mínimo em $x = 1$.

4. Máximo relativo em $x = 1$ e mínimo relativo em $x = 3$, ponto de inflexão em $x > 2$; a concavidade é para baixo em $x \leq 2$ e para cima em $x \geq 2$.

7. $y' = 0$ em $x = 0$ e $x = 3$, este sendo ponto de mínimo absoluto; $x = 0$ é apenas ponto de inflexão, com tangente horizontal. Outra inflexão ocorre em $x = 2$. A concavidade é para baixo em $0 \leq x \leq 2$ e para cima em $x \leq 0$ e $x \geq 2$.

9. Mínimo absoluto em $x = \pm 1$, máximo relativo em $x = 0$, inflexões em $x = \pm 1/\sqrt{3}$. Concavidade para baixo em $-1/\sqrt{3} \leq x \leq 1/\sqrt{3}$ e para cima em $x \leq -1/\sqrt{3}$ e $x \geq 1/\sqrt{3}$.

10. Não há máximo, mínimo ou inflexão; a concavidade é para baixo em $x > 0$ e para cima em $x < 0$; $y = x$ é assíntota, tanto para $x \to +\infty$ como para $x \to -\infty$; o eixo Oy também é assíntota, em seus dois sentidos.

12. Máximo absoluto em $x = 1$, mínimo absoluto em $x = -1$ e inflexões em $x = \pm\sqrt{3}$ e $x = 0$; concavidade para cima em $-\sqrt{3} \leq x \leq 0$ e $\sqrt{3} \leq x$, para baixo em $x \leq -\sqrt{3}$ e $0 \leq x \leq \sqrt{3}$; o eixo Ox é assíntota em seus dois sentidos.

13. Observe que $y = 3 - 9/(x + 3)$. O gráfico, que é uma hipérbole, pode ser construído facilmente com a técnica de translação de eixos.

15. Ponto crítico em $x = 0$, que é também de inflexão. O gráfico tangencia o eixo Ox na origem e tem sua concavidade para cima em $x \geq 0$ e para baixo em $x \leq 0$.

22. Função periódica de período π, com mínimos em $x = 0$ e $x = \pi$, concavidade sempre voltada para cima, tendendo assintoticamente para a reta $x = \pi/2$.

23. Pontos críticos em $x = 2k\pi + \pi/2$ e de inflexão em $x = k\pi + \pi/2$, $k = 0, \pm 1, \pm 2, \ldots$ Trace primeiro o gráfico com x variando de zero a $2\pi + \pi/2$, a partir da reta $y = x$ e do gráfico de $y = \cos x$. Observe que os pontos críticos são pontos de inflexão com tangente horizontal; a concavidade é para baixo até $x = \pi/2$, para cima em $[\pi/2, 3\pi/2]$ e para baixo em $[3\pi/2, 2\pi + \pi/2]$, repetindo-se assim com período 2π. Observe também que a curva cruza $y = x$ de cima para baixo em pontos críticos, e de baixo para cima nas demais inflexões.

24. Proceda como no exercício anterior. Outro procedimento consiste em observar que

$$y + \pi = (x + \pi) + \cos(x + \pi).$$

Isto sugere a translação

$$X = x + \pi, \quad Y = y + \pi,$$

que reduz o problema ao anterior com $Y = X + \cos X$.

25. Máximo absoluto em $x = 1$, inflexão em $x = 2$. A curva passa pela origem com tangente a $45°$, tem concavidade para baixo em $x \leq 2$ e para cima em $x \geq 2$, tendendo assintoticamente ao eixo Ox com $x \to +\infty$. y tende a $-\infty$ com $x \to -\infty$.

26. Máximo relativo em $x = 2$, mínimo absoluto em $x = 0$ e inflexões em $x = 2 \pm \sqrt{2}$. A curva tem concavidade para baixo em $[2 - \sqrt{2}, \, 2 + \sqrt{2}]$ e para cima fora desse intervalo, passando pela origem com tangente horizontal, tendendo

9.3 Aplicações da função exponencial

a $+\infty$ com $x \to -\infty$ e assintoticamente a Ox com $x \to +\infty$.

27. Observe que

$$y' = \frac{x-1}{x^2}e^x \quad \text{e} \quad y'' = \frac{x^2 - 2x + 2}{x^3}e^x,$$

e que $x^2 - 2x + 2$ é sempre positivo. Vê-se então que há um mínimo relativo em $x = 1$ e que a concavidade é para cima em $x > 0$ e para baixo em $x < 0$. O eixo Oy é assíntota em seus dois sentidos; e Ox é assíntota em seu sentido negativo.

28. Tratando-se de uma função ímpar, basta fazer o gráfico em $x \geq 0$ e refleti-lo na origem.

29. O gráfico é simétrico em relação ao eixo Oy, já que a função é par. Consideremos, pois, apenas $x \geq 0$. A curva tangencia o eixo Ox na origem e lhe é assintótica; máximo (absoluto) em $x = 1$. Para determinar os pontos de inflexões teríamos de resolver $y'' = 0$. Como

$$y'' = 2f(x)e^{-x^2}, \quad \text{onde} \quad f(x) = 2x^5 - 5x^2 + 1,$$

isso equivale a resolver $f(x) = 0$. Ora, $f'(x) = 20x(x^3 - 1)$ se anula em $x = 0$ e $x = 1$, sendo negativa em $(0, 1)$ e positiva em $x \geq 1$. Como $f(0) > 0$, $f(1) < 0$ e $f(x) \to +\infty$ com $x \to +\infty$, vemos que f tem duas raízes positivas, x_- e x_+, com $0 < x_- < 1 < x_+$. A concavidade da curva original é para baixo em $x_- \leq x \leq x_+$ e para cima fora desse intervalo, em $x \geq 0$.

30. Inflexão em $x = -1/2$, concavidade para cima em $[-1/2, 0)$ e $x > 0$, para baixo em $x \leq -1/2$. A reta $y = 1$ é assíntota em seus dois sentidos, e o eixo Oy apenas em sua parte positiva. Observe que

$$y' = -\frac{1}{x^2}e^{1/x} \to 0 \quad \text{com} \quad x \to 0-,$$

de sorte que a curva aproxima a origem pela esquerda tangenciando o eixo dos x.

9.3 Aplicações da função exponencial

O número e foi introduzido no início do Capítulo 7 como sendo aquele que tem logaritmo igual a 1. Essa definição nada faz suspeitar que esse número esteja ligado a algum fenômeno natural. No entanto, como veremos nesta seção, ele é um dos números mais "naturais" da Matemática, no sentido de estar presente na descrição de uma grande variedade de fenômenos. Curiosamente, o número e, como o limite dado em (9.3), apareceu pela primeira vez no cálculo de juros compostos, como veremos a seguir.

Juros compostos

Consideremos um capital inicial de C_0 reais, que rende juros à taxa anual j. Capitalizar juros anualmente significa que, ao final de um ano, o capital inicial C_0 terá rendido jC_0 reais de juros, passando a valer

$$C_0 + jC_0 = C_0(1 + j).$$

Assim, a cada ano o capital anterior é multiplicado pelo fator $1 + j$. Ao final de dois anos o capital será $C_0(1 + j)^2$; ao final de três anos será $C_0(1 + j)^3$; e assim por diante. De um modo geral, ao final de t anos, o capital será $C_0(1 + j)^t$ reais.

Embora os bancos anunciem juros anuais, eles costumam capitalizar os juros ao final de cada um dos n períodos em que dividem o ano. O mais comum é fazer $n = 2$ (períodos de seis meses), $n = 3$ (períodos de quatro meses) e $n = 4$ (períodos de três meses). Os bancos então costumam pagar nesses períodos, juros às taxas $j/2$, $j/3$ e $j/4$, respectivamente. Já é costume, principalmente nos fundos de investimento, capitalizar os rendimentos diariamente, em cujo caso uma taxa anual j passa a ser $j/365$ ao dia. É claro que os resultados dessas diferentes taxas em cada período não são os mesmos. Vejamos um exemplo.

Exemplo 1. Um cliente coloca R\$1 000,00 no banco à taxa anual $j = 6\%$. No final do ano o capital será igual a

$$1\,000(1 + 6\%) = 1\,000(1,06) = 1\,060 \text{ reais.}$$

Se os juros forem capitalizados a cada seis meses, ao final de um ano o capital será

$$1\,000(1 + 0,06/2)^2 = 1\,000(1,03)^2 = 1\,060,90 \text{ reais.}$$

Se os juros forem capitalizados a cada quatro meses, ao final de um ano o capital será (a partir de agora é conveniente utilizar uma calculadora científica, com a qual podemos fazer a operação y^x com facilidade)

$$1\,000(1 + 0,06/3)^3 = 1\,000(1,02)^3 \approx 1\,061,21 \text{ reais.}$$

Vamos agora capitalizar os juros a cada três meses:

$$1\,000(1 + 0,06/4)^4 = 1\,000(1,015)^4 \approx 1\,061,36 \text{ reais.}$$

Finalmente, a capitalização diária nos dá, ao fim de um ano,

$$1\,000(1 + 0,06/365)^{365} \approx 1\,061,83 \text{ reais.}$$

Este exemplo mostra que o capital vai crescendo mais e mais, quanto mais freqüentemente é a capitalização dos juros. Mas é de se observar também que o crescimento do capital é cada vez mais lento à medida que o número de períodos em que dividimos o ano vai aumentando. É natural perguntar o que acontece se dividirmos o ano em n períodos e fizermos n tender a infinito; o capital crescerá para infinito ou tenderá a um valor finito?

Antes de responder a essa pergunta, vamos provar o que já percebemos nos números acima. Quando uma instituição financeira anuncia que paga juros anuais à taxa j (chamada *taxa nominal*), porém, capitalizados a cada n períodos em que o ano é dividido, isto significa que a taxa de cada período é j/n, de forma que, ao final de um ano, o capital estará valendo $C_0(1 + j/n)^n$. Isto é maior do que $1 + j$, que é o resultado de uma única capitalização no ano. Para provar isso utilizamos o binômio de Newton, assim:

$$\left(1 + \frac{j}{n}\right)^n = 1 + n \cdot \frac{j}{n} + \frac{n(n-1)}{2} + \ldots > 1 + j.$$

Vemos então que a taxa nominal, quando os juros são capitalizados várias vezes ao ano, é uma taxa falsa. A *taxa efetiva* ou taxa verdadeira é aquela que produz o mesmo resultado de uma única capitalização. Assim, se a taxa anual nominal é j, e a capitalização é feita n vezes ao ano, a taxa efetiva é J tal que $1 + J = (1 + j/n)^n$.

Exemplo 2. Calculemos a taxa efetiva no caso de uma taxa nominal de 6% e capitalização mensal. Usando uma calculadora científica, teremos:

$$J = (1 + 0,06/12)^{12} - 1 = (1,005)^{12} \approx 0,0616778 \approx 6,168\%.$$

Capitalização contínua

Vamos responder agora à questão que levantamos há pouco. Se os juros forem capitalizados a cada fração $1/n$ de ano, à taxa j/n por tal período, então, ao final de t anos, o capital terá sido capitalizado nt vezes e ficará sendo

$$C_n(t) = C_0\left(1 + \frac{j}{n}\right)^{nt} = C_0\left[\left(1 + \frac{j}{n}\right)^{n/j}\right]^{jt}.$$

Qual será o valor do capital $C(t)$, ao final de t anos, se os juros forem capitalizados *continuamente* com o passar do tempo? Para responder a esta pergunta, basta fazer $n \to \infty$ na expressão anterior. Pondo $n/j = x$ e notando que $x \to \infty$ com $n \to \infty$, obtemos:

$$C(t) = \lim_{x \to \infty} C_0\left[\left(1 + \frac{1}{x}\right)^x\right]^{jt} = C_0\left[\lim_{x \to \infty}\left(1 + \frac{1}{x}\right)^x\right]^{jt}.$$

9.3 Aplicações da função exponencial

Ora, o limite que aí aparece entre colchetes é precisamente a expressão (9.3) da p. 218, de forma que podemos escrever:

$$C(t) = C_0 e^{jt}.$$

Foi com esse problema de capitalizar juros continuamente que o número e surgiu, pela primeira vez, no século XVII, na forma do limite dado em (9.3).

Como já vimos, no caso de capitalizar os juros ao longo de n períodos iguais, totalizando 1 ano, é natural esperar que o capital

$$C(t) = C_0 e^{jt}, \tag{9.4}$$

obtido capitalizando-se os juros continuamente, seja maior que o capital $C_0(1+j)^t$, que obtemos com capitalização anual. Para provar esse fato, basta notar que

$$C_0(1+j)^t = C_0 e^{[\ln(1+j)]t} = C_0 e^{j't}, \tag{9.5}$$

onde $j' = \ln(1+j)$, quantia esta que é inferior a j, como já tivemos oportunidade de ver (Exercício 44 da p. 199); logo, o capital $C(t)$, dado em (9.4) é realmente maior que o capital dado em (9.5).

Derivando (9.4) obtemos, prontamente,

$$\frac{dC(t)}{dt} = jC(t),$$

ou seja, a taxa de variação da função $C(t)$ é proporcional ao valor desta função a cada instante, sendo j o fator de proporcionalidade. Essa taxa é o produto $jC(t)$, de forma que j não é "taxa" no sentido próprio do termo, como o definimos na p. 169. Entretanto, é costume dizer que j é a *taxa de crescimento exponencial* da função $C(t)$.

Observe que capitalizar juros anualmente equivale a capitalizar os juros continuamente, desde que se use, neste caso, a taxa de crescimento exponencial $j' = \ln(1+j)$, que é menor que a taxa anual j. Nos exemplos seguintes, e em outros mais adiante, temos de fazer os cálculos com uma calculadora científica.

Exemplo 3. As cadernetas de poupança costumam pagar juros mensalmente a uma taxa de 0,5%, acrescida da chamada TR. Suponhamos que, em média, a taxa total seja de 0,7% ao mês. Vamos calcular o tempo mínimo para que um capital atinja ou ultrapasse o dobro de seu valor inicial. Devemos ter:

$$C_0 \times 1,007^n = 2C_0, \quad \text{donde} \quad n = \frac{\ln 2}{\ln 1,007} \approx 99,35.$$

Isto é aproximadamente 100 meses, ou seja, 8 anos e 4 meses.

Exemplo 4. Em contraste com o exemplo anterior, calcularemos agora o número mínimo de meses necessários para que uma dívida de cheque especial atinja ou ultrapasse seu valor inicial, supondo que o banco cobre 10% ao mês de juros. Agora devemos ter:

$$(1,1)^n = 2, \quad \text{donde} \quad n = \frac{\ln 2}{\ln(1,1)} \approx 7,27.$$

Isso significa que em oito meses a dívida terá ultrapassado seu valor inicial. Como exemplo concreto, considere uma dívida de R\$3 000,00. Após oito meses ela estará em

$$C_0(1,1)^8 \approx C_0 \times 2,1435888 = 3\,000 \times 2,1435888 \approx \text{R\$6 430,77}.$$

Exemplo 5. Imagine um comerciante que anuncia um certo produto por R\$400,00 em quatro prestações mensais de R\$100,00 cada uma, sendo a primeira no ato da compra. Ou então, à vista, com desconto de 10%. E ele diz que esses 10% divididos pelas quatro prestações resultam em juros mensais de 2,5%. Isto é verdade?

Os consumidores, em sua quase totalidade, vão nessa conversa, quando, na verdade, estão pagando juros de quase 8% ao mês.

Para resolver o problema, seja p a prestação que amortiza uma dívida D em três meses, à taxa mensal j. Devemos ter

$$\{[D(1+j)-p](1+j)-p\}(1+j)-p = 0,$$

donde se obtém

$$p = \frac{jD(1+j)^3}{(1+j)^3 - 1}. \tag{9.6}$$

Voltando agora ao problema concreto, começamos observando que, se o comerciante pode dar 10% de desconto para pagamento à vista, então o preço da mercadoria é R\$360,00 e não R\$400,00; e a dívida verdadeira é R\$260,00, e não R\$360,00, devido ao pagamento de R\$100,00 no ato da compra. Essa dívida vai ser amortizada em três parcelas, de forma que substituindo $j = 2,5\% = 0,025$ em (6.12) e utilizando uma calculadora científica, obtemos $p \approx$ R\$91,04, e não R\$100,00. Fazendo as contas com $j = 7\%$ obtemos $p \approx$ R\$99,07; e com $j = 8\%$, $p \approx$ R\$100,89. Portanto, a taxa de juros está entre 7 e 8%.

Crescimento populacional

O *crescimento populacional* é outro fenômeno da mesma natureza que o crescimento de um capital a juros compostos. Quando dizemos que uma população cresce à taxa de 3% ao ano, isso significa que ela aumenta, a cada ano, 0,03 do seu valor. Então, se P_0 é o valor inicial da população, ao final de t anos seu valor será

$$P_0(1 + 0,03)^t = P_0(1,03)^t.$$

Em geral, a população envolve um número muito grande de indivíduos, como os habitantes de um país ou as bactérias de uma certa cultura. Em vista disso, é razoável considerar a população $P(t)$ como uma função que varia continuamente com o tempo. Então, o mesmo raciocínio usado no estudo de juros compostos nos leva a concluir que

$$P(t) = P_0 e^{kt} \quad \text{e} \quad \frac{dP(t)}{dt} = kP(t),$$

onde a constante k é a taxa de crescimento exponencial, enquanto a taxa de crescimento da população, dP/dt, é, a cada instante t, proporcional à própria população $P(t)$ nesse instante.

A constante P_0 representa o valor inicial da população, como se vê fazendo $t = 0$. O fato de ser exponencial o crescimento de uma população justifica muito bem a expressão "explosão populacional", já que a função e^{kt} cresce mais rapidamente do que qualquer potência de t com $t \to \infty$ (como vimos na p. 216). Esse fato é evidenciado de maneira muito significativa no caso de microorganismos, como veremos no Exemplo 7 adiante.

Exemplo 6. Consideremos o crescimento de uma população num período de t anos, a uma taxa anual média k: $P(t) = P_0(1 + k)^t$. Resolvendo em relação a k, encontramos:

$$k = \exp\left[\frac{1}{t} \ln \frac{P(t)}{P_0}\right] - 1.$$

Como aplicação, vamos calcular a taxa anual média de crescimento da população brasileira no decênio de 1940 a 1950, sabendo que o Brasil tinha 41 236 315 habitantes em 1940 e 51 944 397 em 1950. (Aqui, e em outros problemas adiante, é necessário o uso de uma calculadora científica.) Substituindo esses últimos valores numéricos na equação anterior, obtemos:

$$k \approx 0,02335 = 2,335\% \ \text{ao ano}.$$

A taxa de crescimento exponencial correspondente é

$$k' = \ln(1 + k) = \ln 1,02335 = 0,0230816,$$

9.3 Aplicações da função exponencial | 227

ou seja, $k' \approx 2,308\%$ ao ano.

Exemplo 7. Seja T o tempo necessário para que uma população dobre seu valor. Como ela cresce à taxa exponencial, devemos ter:

$$2P_0 = P_0 e^{kT}, \quad \text{donde} \quad kT = \ln 2 \approx 0,693147.$$

Esta relação permite calcular k conhecendo T, e vice-versa. Assim, se uma colônia de bactérias duplica seu número a cada 10 minutos, então $k \approx 0,069$ por minuto. Se a colônia possui, inicialmente, P_0 bactérias, depois de uma hora esse número será:

$$P(60) = P_0 e^{0,069 \times 60} = P_0 e^{4,14} \approx 62,8 P_0,$$

que é superior a 62 vezes o número inicial. Assim, a cada hora, a população é multiplicada por 62,8. Em 8 horas uma única bactéria terá dado origem a

$$62,8^8 \approx 2,419229947 \times 10^{14} \text{ bactérias.}$$

Estamos supondo, evidentemente, que o ambiente em que se encontram as bactérias seja favorável à sua livre proliferação. Fosse isso possível durante 40 horas e uma única bactéria teria originado

$$62,8^{40} \approx 2,245820213 \times 10^{73} \text{ bactérias,}$$

uma flagrante impossibilidade, pois este número é cerca de duas vezes o número de átomos do universo!

Desintegração radioativa

A radioatividade foi descoberta no final do século XIX, mas só seria devidamente compreendida graças ao trabalho de Ernest Rutherford (1871–1937) e seus colaboradores no início do século XX. Com efeito, Rutherford foi o primeiro cientista a estudar quantitativamente a radioatividade, através de uma série de experiências que permitiram estabelecer a ligação desse fenômeno com a desintegração atômica. Ao mesmo tempo essas experiências conduziram Rutherford a conceber a estrutura atômica da matéria como a conhecemos hoje.

Vamos descrever sucintamente uma dessas experiências. Os elementos radioativos emitem partículas alfa (que são núcleos de hélio, ou seja, dois prótons e dois nêutrons), partículas beta (que são elétrons em alta velocidade) e fótons de raios gama (que são um tipo de radiação eletromagnética). Rutherford encerrou uma amostra pura de substância radioativa reduzida a pó, juntamente com um gás, em uma "câmara de ionização", que é um tubo de vidro fechado, em cujos extremos são instalados eletrodos conectados a uma fonte elétrica. Seja $N(t)$ o número de átomos da substância radioativa no instante t. As partículas radioativas emitidas pela substância ionizam o gás, dando origem a uma corrente elétrica $i(t)$ através da câmara de ionização. Essa corrente é proporcional à quantidade de íons presentes a cada instante, quantidade essa que, por sua vez, é proporcional à taxa de decaimento radioativo $N'(t)$ (observe que esta taxa é sempre negativa, pois $N(t)$ é função decrescente), de sorte que

$$\frac{N'(t)}{N'(0)} = \frac{i(t)}{i(0)}. \tag{9.7}$$

Medindo a corrente elétrica para diferentes valores de t, Rutherford constatou que a razão acima era sempre menor do que 1, indicando que a atividade radioativa em $t = 0$, medida pelo valor absoluto da derivada $N'(0)$, era sempre maior do que a atividade $|N'(t)|$ em qualquer instante subseqüente, como era de se esperar. Mais do que isso, marcando num plano os pontos

$$\left(t, \ln \frac{N'(t)}{N'(0)} \right)$$

para diferentes valores de t, ele observou que esses pontos deveriam estar todos numa reta pela origem. Isso significa que existe uma constante negativa $-\lambda$ tal que

$$\ln \frac{N'(t)}{N'(0)} = -\lambda t, \quad \text{donde} \quad N'(t) = N'(0)e^{-\lambda t}.$$

Essa constante λ é conhecida como *constante de decaimento radioativo.*

O segundo membro da última expressão é a derivada de $-N'(0)e^{-\lambda t}/\lambda$; e como funções com a mesma derivada diferem por uma constante (Corolário 2 da p. 193), concluímos que

$$N(t) = -N'(0)e^{-\lambda t}/\lambda + C,$$

onde C é a referida constante. Mas esta constante é zero, o que constatamos fazendo $t \to \infty$ nesta última equação. Concluímos então que

$$N(t) = -N'(0)e^{-\lambda t}/\lambda.$$

Fazendo $t = 0$, vemos que $N(0) = -N'(0)/\lambda$, de forma que podemos escrever, finalmente,

$$N(t) = N(0)e^{-\lambda t}. \tag{9.8}$$

Esta fórmula tem várias conseqüências importantes, a primeira delas, que podemos obter imediatamente, por derivação, é que a taxa de decaimento radioativo é proporcional ao número de átomos presentes a cada instante, isto é,

$$N'(t) = -\lambda N(t).$$

Embora os átomos da substância radioativa sofram transmutações de maneira aleatória, uns demorando mais tempo para se desintegrarem, outros menos, o grande número de átomos numa certa massa faz com que o número daqueles que se desintegram na unidade de tempo seja sempre proporcional ao número de átomos existentes a cada instante. O fenômeno aqui é exatamente como o da variação de uma população, com a diferença que agora o número de indivíduos (átomos) está diminuindo; é como o evoluir de uma população em que só ocorrem mortes e não nascimentos. Podemos também imaginar o fenômeno radioativo do futuro para o passado; seria como o crescimento de uma população que agora estaria passando do valor $N(t)$ ao valor inicial $N_0 = N(t)e^{\lambda t}$.

Observe que N_0 e $N(t)$ tanto podem ser os números de átomos da substância radioativa no instante inicial e no instante t, respectivamente, como podem ser as massas da substância nesses instantes, digamos, M_0 e $M(t)$. De fato, estas massas são obtidas multiplicando os correspondentes números de átomos pela massa de cada átomo.

Exemplo 8. Numa de suas experiências, Rutherford isolou uma amostra de substância radioativa em mineral de rádio, que ele chamou de "emanação de rádio". Posteriormente veio a saber que se tratava de um isótopo do gás radônio, precisamente o radônio-222, ou $^{222}_{86}$Rn. (Nesta notação, o índice inferior 86 denota o *número atômico,* que é o número de prótons do núcleo, enquanto o índice superior é o *número de massa,* que é igual ao número atômico acrescido do número de nêutrons presentes no núcleo do elemento considerado.)

Pelas medições da corrente elétrica em sua câmara de ionização, Rutherford obteve os seguintes valores, em diferentes instantes de tempo:

$$t = 20,8 \text{ horas}, \ \frac{N'(0)}{N'(t)} = 1,167; \qquad t = 187,6 \text{ horas}, \ \frac{N'(0)}{N'(t)} = 4,167;$$

$$t = 354,9 \text{ horas}, \ \frac{N'(0)}{N'(t)} = 14,493; \qquad t = 521,9 \text{ horas}, \ \frac{N'(0)}{N'(t)} = 66,667;$$

$$t = 786,9 \text{ horas}, \ \frac{N'(0)}{N'(t)} = 526,316.$$

9.3 Aplicações da função exponencial

Observe agora que (9.8) nos dá, prontamente,

$$N'(t) = -\lambda N(0)e^{-\lambda t} \quad \text{e} \quad N'(0) = -\lambda N(0);$$

portanto,

$$\frac{N'(0)}{N'(t)} = e^{\lambda t}, \quad \text{donde} \quad \lambda = \frac{1}{t}\ln\frac{N'(0)}{N'(t)}.$$

Daqui e de (9.7) obtemos a fórmula para o cálculo de λ em termos da corrente elétrica:

$$\lambda = \frac{1}{t}\ln\frac{N'(0)}{N'(t)} = \frac{1}{t}\ln\frac{i(0)}{i(t)}.$$

Substituindo nesta fórmula os dados numéricos anteriores, calculamos cinco diferentes valores de λ,

$$\lambda = 0,00743, \quad 0,0076, \quad 0,00753, \quad 0,00805, \quad 0,00797,$$

cuja média aproximada é $\lambda = 0,0077$ horas^{-1}. (Observe que a constante λ tem dimensão tempo^{-1}.)

A meia-vida

A constante de decaimento radioativo λ costuma ser expressa em termos da *meia-vida* da substância radioativa. Esta é definida como sendo o tempo T durante o qual a substância fica reduzida à metade de sua massa original:

$$\frac{M_0}{2} = M_0 e^{-\lambda T}, \quad \text{donde} \quad T = \frac{1}{\lambda}\ln 2.$$

Nada há de especial na escolha da meia-vida. Assim, poderíamos ter introduzido T como, digamos, o tempo necessário para a substância radioativa reduzir-se à terça parte de sua massa original; essa grandeza serviria muito bem para determinar λ. Acontece que a noção de meia-vida como a definimos é bastante sugestiva (veja a Fig. 9.9), do mesmo modo que é bem mais sugestivo caracterizar o crescimento de uma população pelo tempo que ela gasta para duplicar do que para triplicar ou quadruplicar.

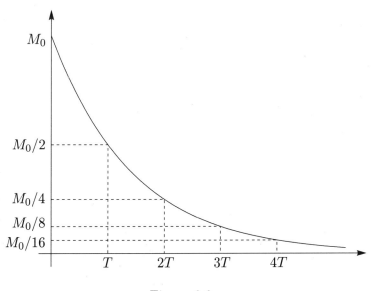

Figura 9.9

Exemplo 9. O valor da constante radioativa obtida no exemplo anterior permite calcular prontamente a meia-vida do radônio-222:

$$T = \frac{1}{\lambda}\ln 2 = \frac{0,693}{0,0077} = 90 \text{ anos}.$$

Idades geológicas

À medida que uma substância radioativa se desintegra e sua massa diminui, uma nova substância estável começa a se formar. Se $N_1(t)$ é o número de átomos da nova substância, então a soma $N(t) + N_1(t)$ será constante com o tempo e igual a N_0. Portanto,

$$e^{\lambda t} = \frac{N_0}{N(t)} = \frac{N(t) + N_1(t)}{N(t)} = 1 + \frac{N_1(t)}{N(t)},$$

donde obtemos:

$$t = \frac{1}{\lambda} \ln\left[1 + \frac{N_1(t)}{N(t)}\right].$$

Esta última fórmula é o fundamento do método mais preciso de determinação de idades geológicas, que tem sido empregado, com muito êxito, desde inícios do século XX. Nessas determinações a substância radioativa utilizada deve ter meia-vida longa, da ordem de milhões ou bilhões de anos, como é o caso do urânio-235 e urânio-238.

Para explicar esse método, imaginemos uma amostra de rocha que inicialmente fosse urânio-238 puro. Esse elemento passa por uma série de desintegrações até atingir o elemento estável chumbo-206. Determinando as quantidades de átomos de chumbo e de urânio presentes na amostra de rocha, a fórmula anterior permite encontrar a idade t da rocha em função da constante λ e da fração conhecida N_1/N.

Como se vê, para a correta determinação de idade de que estamos falando, é necessário que a rocha utilizada tenha sido inicialmente constituída somente daquela substância radioativa cujo decaimento esteja sendo considerado. Isso nem sempre é verdade, e é uma questão delicada fazer uma estimativa confiável do estado inicial da rocha, um trabalho que envolve geólogos, químicos e físicos.

Pressão atmosférica

A pressão p, num dado ponto, é igual ao peso da coluna de ar disposta verticalmente acima de um elemento de área unitária, no ponto onde se deseja calcular a pressão. De acordo com a lei de Boyle-Mariotte, $pv = nRT$, onde R é uma constante do gás e n é o número de moles, de sorte que n/v é proporcional à densidade de massa μ. Então, à temperatura constante, $p = k\mu$, onde k é uma constante de proporcionalidade.

Sejam p_0 a pressão atmosférica na superfície da Terra, g a aceleração da gravidade e $\mu = \mu(\lambda)$ a densidade do ar a uma altura λ. Então, pode-se mostrar que a pressão p, que depende da altura h, é tal que

$$\frac{dp}{dh} = -g\mu.$$

Com $p = k\mu$, eliminamos μ e encontramos a seguinte equação diferencial em p:

$$\frac{dp}{dh} = -\frac{g}{k}p.$$

Finalmente, a solução $p = p(h)$ dessa equação, que satisfaz a condição $p(0) = p_0$, é

$$p = p_0 e^{-gh/k}.$$

Daqui obtemos ainda, tomando logaritmos,

$$h = \frac{k}{g} \ln \frac{p_0}{p}.$$

Esta fórmula é usada para determinar a altura de um lugar medindo-se a pressão barométrica p. Isso pressupõe, evidentemente, que se conheçam p_0 e k. A fórmula serve também para determinar k em termos de p_0, p e h.

9.3 Aplicações da função exponencial

Circuito elétrico

Quando ligamos um circuito elétrico, a intensidade I da corrente não atinge um valor fixo de imediato. Todo circuito tem um certo coeficiente de auto-indutância I; assim, se aplicarmos ao circuito uma força eletromotriz E, ele reagirá com força contra-eletromotriz de intensidade LdI/dt, de sorte que a força eletromotriz efetiva será

$$E - L\frac{dI}{dt}.$$

De acordo com a lei de Ohm, devemos ter

$$RI = E - L\frac{dI}{dt},$$

onde R é a resistência do circuito.

Seja $f(t) = I(t) - E/R$. Note que

$$f' = I' = \frac{E - RI}{L} = -\frac{R}{L}\left(I - \frac{E}{R}\right),$$

ou seja,

$$f'(t) = -\frac{R}{L}f(t).$$

Como já sabemos, a solução desta equação diferencial é $f(t) = f(0)e^{-Rt/L}$; e como $I(0) = 0$, obtemos:

$$I(t) = \frac{E}{R}(1 - e^{-Rt/L}).$$

Esta expressão mostra que a corrente cresce assintoticamente, de $I = 0$ até $I = E/R$, à medida que t cresce de $t = 0$ até $t = +\infty$. Como se vê, facilmente, quanto menor for L, tanto mais rapidamente $I(t)$ se aproximará do seu valor limite E/R (Fig. 9.10).

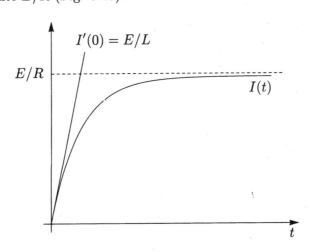

Figura 9.10

Um fenômeno análogo ocorre quando se desliga o circuito. Então,

$$-L\frac{dI}{dt} = RI, \; I(0) = I_0 = \frac{E}{R},$$

e a corrente é dada por $I = E/Re^{-Rt/L}$, o que mostra que ela tende exponencialmente a zero, com $t \to +\infty$, sendo E/R seu valor inicial.

Exercícios

1. Um fundo de investimento rende, mensalmente, 1% sobre o capital investido. Se o capital inicial for R\$1 000,00, qual será o capital após 5 anos?

2. Um capital rende juros de 1%, compostos mensalmente. Qual o número mínimo de meses para que o capital atinja o dobro do seu valor?

3. Calcule as taxas de crescimento exponencial da população brasileira nas últimas cinco décadas do século XX, sabendo que em 1950, 1960, 1970, 1980, 1991[2] e 2000 a população foi de 51 944 397, 70 992 343, 94 508 583, 121 150 573, 146 917 459 e 169 590 693, respectivamente. Faça um gráfico ilustrativo da evolução do crescimento populacional do Brasil nessas últimas décadas.

4. Imagine que um país como o Brasil tivesse uma população de 10^8 habitantes e uma taxa de crescimento exponencial $k = 3\%$ ao ano (na década de 50 ela foi superior a 3%!). Em quanto tempo a população dobraria seu valor? Em quanto tempo ela atingiria 85×10^{11}, isto é, 1 habitante por metro quadrado?

5. Deseja-se amortizar um capital C em n meses. Se o capital, a cada mês, rende $j/100\%$ de juros, mostre que a prestação mensal é dada por

$$p = \frac{Cq^n(q-1)}{q^n - 1},$$

onde $q = 1 + j/100$.

6. Uma colônia de bactérias cresce 50% em 10 horas. Calcule sua taxa de crescimento exponencial e dê a fórmula relacionando a população $P(t)$ ao tempo t.

7. Uma cultura contém, inicialmente, 200 bactérias. Observa-se que o número de bactérias sobe para 1 200 nove horas depois. Quantas bactérias haverá 15 horas após a primeira contagem?

8. A taxa de decaimento exponencial do rádio é $k = 0,000433$ por ano. Que fração da massa original de rádio restará depois de 100 anos de desintegração? Qual a meia-vida do rádio?

9. O urânio-235 tem meia-vida de 713 milhões de anos, ao passo que a meia-vida do urânio-238 é de 4,53 bilhões de anos. Por argumentos da Física Nuclear, é razoável admitir que na época da formação da crosta terrestre, esses dois isótopos de urânio fossem igualmente abundantes. Atualmente, a proporção de urânio-238 para urânio-235 é de 137,8 por 1. Mostre, a partir desses dados, que a idade da crosta é da ordem de 6 bilhões de anos. (Este é considerado um valor aproximado da idade máxima da crosta.)

10. Uma certa amostra de minério contém 1 átomo de urânio-235 para cada 29 átomos de chumbo-207. Supondo que a rocha fosse inicialmente urânio puro, determine sua idade, sabendo que a meia-vida do urânio-235 é de 713 milhões de anos.

11. Quando a luz penetra na água (no oceano, por exemplo), ela perde intensidade com o aumento da profundidade h da água. A taxa de diminuição dessa intensidade em relação a h é proporcional à própria intensidade. Sabe-se que a intensidade cai pela metade numa profundidade de 10 m. Qual a intensidade da luz a 100 m de profundidade, em termos da intensidade na superfície?

12. Uma certa quantidade de açúcar numa determinada porção de água dissolve-se a uma taxa proporcional à quantidade de açúcar não dissolvida. Se a quantidade inicial Q_0 de açúcar cai pela metade em 2 minutos, quanto tempo levará para que ela caia para $Q_0/4$? Quanto tempo para o açúcar se dissolver por completo?

13. Segundo a lei do resfriamento de Newton, a taxa de decaimento da temperatura de um corpo é proporcional à diferença entre essa temperatura e a temperatura do meio ambiente, por um fator k. Exprima a temperatura T do corpo em termos de sua temperatura inicial T_0, da temperatura do meio ambiente θ_0, da constante k e do tempo t. Supondo que $\theta_0 = 10°$ e $k = 0,01$ por minuto, calcule o tempo necessário para a temperatura do corpo cair de $T_0 = 100°$ para $T = 80°$.

14. Obtenha uma fórmula análoga à do problema anterior, supondo a temperatura do corpo inferior à do meio ambiente. Observe que, neste caso, a temperatura do corpo aumenta com o tempo.

15. Uma esfera de aço, à temperatura de 100°, é colocada num meio cuja temperatura se mantém sempre a 40°.

---

[2]Em 1990 houve um atraso no censo, saindo apenas o resultado referente a 1991.

9.3 Aplicações da função exponencial

Calcule o tempo necessário para a temperatura da esfera cair para $50°$, sabendo que ela cai para $80°$ em 2 minutos.

16. Numa reação química, uma substância se decompõe a uma taxa proporcional à quantidade de substância presente a cada instante. Em 3 horas, a substância fica reduzida à metade de sua massa original. Quanto restará da substância depois de 13 horas?

17. Num reator nuclear, uma quantidade inicial P de plutônio está se transformando continuamente em urânio-235 e este em tório. No instante t a massa de plutônio é $p(t) = Pe^{-kt}$, sendo que a diferença $P - p(t)$ se transformou em urânio. Supondo que o urânio esteja se transformando em tório à mesma taxa k, sua massa residual é $U(t) = kPte^{-kt}$ (porque $U' = -k(U - p)$). Faça o gráfico dessa massa residual. Calcule, em termos de P e k, o máximo valor dessa massa. Se ela atingir a massa crítica de 800 gramas, o reator explodirá. Qual será, então o valor máximo de P para que não haja explosão?

Respostas, sugestões e soluções

2. 70 meses, ou seja, 6 anos e 10 meses.

3. Como $P(t) = P_0 e^{kt}$, $70\,967\,185 = 51\,944\,397 e^{10k}$; logo, $k = \dfrac{1}{10} \ln \dfrac{70\,992\,343}{51\,944\,397} \approx 0,0312 = 3,12\%$. O procedimento é análogo para o cálculo referente às outras décadas (com exceção das duas últimas, que são períodos de 11 e nove anos, respectivamente), resultando em $k \approx$ 2,86%, 2,48%, 1,75% e 1,59%.

4. 23 e 378 anos, respectivamente.

5. Após o pagamento da primeira prestação, a dívida fica reduzida a $Cq - p$; depois do segundo pagamento, fica sendo $Cq^2 - qp - p$. Em geral, após n meses devemos ter

$$Cq^n - (q^{n-1} + q^{n-2} + \ldots + q + 1)p = 0,$$

donde

$$p = \frac{Cq^n(q-1)}{q^n - 1}.$$

6. Como $P(t) = P_0 e^{kt}$ e $P_0 + 50\%$ de P_0 é $3P_0/2$, devemos ter $P_0 e^{10k} = 3P_0/2$, donde

$$k = \frac{1}{10} \ln 1,5 \approx 0,0405 \quad \text{e} \quad P(t) = P_0 e^{0,405t}.$$

7. De $200e^{9k} = 1\,200$, obtemos $k = \ln 6/9 \approx 2,986$. O número de bactérias pedido é

$$1\,200 e^{15k} \approx 1200 e^{2,986} \approx 1\,200 \times 19,79 = 23\,748.$$

8. $M(t)/M_0 = e^{-100 \times 0,000433} \approx 0,958$; $\quad M_0/2 = M_0 e^{-kt} \Leftrightarrow t = \ln 2/k \approx 1\,600$ anos.

9. Sejam M e N os números atuais de átomos de urânio-238 e urânio-235, respectivamente, t o tempo, em milhões de anos, desde o instante em que $M_0 = N_0$. Então,

$$M = M_0 e^{-\mu t} \quad \text{e} \quad N = N_0 e^{-\nu t},$$

onde $\mu = \ln 2/4530$ e $\nu = \ln 2/713$. Portanto,

$$\frac{M}{N} = \frac{M_0}{N_0} e^{(\nu - \mu)t} = e^{(\nu - \mu)t},$$

donde segue-se que

$$t = \frac{1}{\nu - \mu} \ln \frac{M}{N}.$$

Com os valores de μ e ν acima e $M/N = 137,8$, obtemos $t \approx 6,01336$ bilhões de anos.

10. Aproximadamente 3,5 bilhões de anos. Esta é considerada a idade mínima da crosta.

11. Sendo $I = I(h)$ a intensidade,

$$I'(h) = -kI, \quad \text{donde} \quad I(h) = I_0 e^{-kh};$$

$$I(10) = \frac{I_0}{2} = I_0 e^{-10k} \Leftrightarrow k = \frac{\ln 2}{10};$$

$$I(100) = I_0 e^{-100k} = I_0 e^{-10 \ln 2} = \frac{I_0}{2^{10}} = \frac{I_0}{1024} \approx 0,00098 I_0.$$

12. Quatro minutos. Tempo infinito para ser dissolvido por completo.

13. A lei do resfriamento de Newton é

$$\frac{dT}{dt} = -k(T - \theta_0),$$

onde $T = T(t)$ é a temperatura do corpo no instante t, $T_0 = T(0)$ e θ_0 é a temperatura do meio ambiente. É fácil verificar que

$$T = \theta_0 + (T_0 - \theta_0)e^{-kt}$$

é a solução dessa equação, que satisfaz a condição $T(0) = T_0$. Inserindo aí os dados do problema, obtemos:

$$80 = 10 + (100 - 10)e^{0,01t},$$

donde obtemos: $t \approx 25,13$ minutos.

14. Devemos ter

$$\frac{dT}{dt} = k(\theta_0 - T), \quad k > 0.$$

Como se trata da mesma equação do exercício anterior, a solução também é a mesma. Se isso parecer paradoxal ao leitor, faça o gráfico de $T = T(t)$ em cada caso, $T_0 > \theta_0$ e $T_0 < \theta_0$: em ambos os casos $T = T(t)$ tende assintoticamente a $T = \theta_0$, decrescentemente no primeiro caso e crescentemente no segundo.

15. 8,84 minutos.

16. 0,05 = 5% da massa original.

17. Para o gráfico, veja o Exercício 25 da p. 222. O máximo de $U(t)$ ocorre quando $t = 1/k$. Para este t, $U = P/e$, de forma que o valor máximo de P é dado por:

$$P = 800e \approx 800 \times 2,718 \approx 2\,174 \text{ gramas.}$$

9.4 Notas históricas

Os naturalistas

James Ussher (1581–1656) foi um respeitável arcebispo anglicano da Irlanda, freqüentemente lembrado por um cálculo infeliz que fez de que o mundo fora criado no ano 4 004 a.C. Houve quem fosse mais longe, na mesma época e independentemente de Ussher, dando o dia e a hora do começo do mundo: 9 horas da manhã do dia 23 de outubro de 4 004 a.C.

Contamos essa pequena história, não para ridicularizar o arcebispo Ussher, que foi homem de notável conhecimento, autoridade em línguas semíticas e estudos bíblicos, especialmente textos do antigo testamento, havendo determinado as datas de vários fatos históricos narrados na Bíblia. O cálculo de Ussher é interessante por evidenciar o quão pouco se sabia do mundo, da Terra e do sistema solar, da origem e idade dos animais, das plantas e do homem. A idéia que se tinha era de que o mundo, com toda a complexidade dos minerais, vegetais e animais, fora criado de uma só vez e passara a existir num estado estático. Assim, todo o meio ambiente, as florestas, os rios, as montanhas e os desertos foram sempre os mesmos, estiveram sempre onde estão, sem qualquer mudança ao longo do tempo. Os próprios animais e as plantas, afora os processos de nascer, crescer e morrer, reproduziam-se de maneira uniforme e imutável.

Essas idéias, inclusive as da idade do mundo, não estavam só nas cabeças de religiosos. Muitos cientistas sérios da época não pensavam de maneira diferente. Mas foi nesse ambiente desfavorável que tiveram início as primeiras observações de fenômenos que evidenciavam mudanças na Natureza. Artefatos de pedra que teriam sido instrumentos de seres humanos primitivos começaram a ser encontrados; ossos de animais que não mais existiam, e ossos que só podiam ser de humanos antediluvianos, tudo isso foram descobertas feitas inicialmente por amadores, cujas explicações mais razoáveis em termos de vida muito antiga eram rechaçadas, tanto por religiosos como por cientistas. Mas, aos poucos, esses achados foram despertando a curiosidade e o interesse de cientistas sérios, que procuravam então entender a origem e o significado de tais objetos. Uma das dificuldades que esses cientistas enfrentavam para explicar como

9.4 Notas históricas

poderia ter havido vida tão antiga, mesmo à exclusão do ser humano, era precisamente a pouca idade que se atribuía ao planeta. Eles só começaram a ter idéia de que essa idade poderia ser muito longa a partir do final do século XVIII, com os primeiros estudos de Estratigrafia. As observações de depósitos rochosos, formando camadas sobre camadas de rochas sedimentares, muitas delas entremeadas de fósseis de animais marinhos, foram, aos poucos, convencendo os cientistas de que o planeta nem era estático, nem era de origem tão recente como se pensava até então. Dentre os vários sábios que produziram evidências da longevidade da Terra, dos animais e do próprio homem encontra-se Charles Lyell (1797–1875), um dos mais conceituados geólogos do século XIX. Em seus estudos de Estratigrafia Lyell foi levado a concluir que muitos estratos rochosos tinham pelo menos 100 000 anos de idade. E os artefatos de pedra também encontrados nesses estratos levavam a uma conclusão semelhante sobre a idade do homem no planeta. Lyell publicou sua importante obra sobre Geologia nos anos de 1830 a 1833. É interessante notar que Lyell foi lido por Charles Darwin (1809–1882), antes mesmo do embarque de Darwin em memorável viagem exploratória que o levaria a observar a vida selvagem na América do Sul e ilhas do Pacífico. Darwin publicou seus estudos sobre a evolução das espécies em 1859, quando as estimativas sobre a idade da vida no planeta eram ainda insuficientes para explicar a complexidade a que haviam chegado as diferentes espécies animais.

Idades geológicas

Ainda no século XIX vários matemáticos utilizaram a teoria da propagação do calor para calcular a idade da Terra. Eles partiam do pressuposto de que a Terra fora inicialmente uma bola líquida que se esfriava por condução do calor interno para a superfície, e irradiação desse calor para o espaço. Mas as estimativas obtidas não passavam de algumas dezenas de milhares de anos, muito aquém da realidade, devido, pelo menos em parte, à produção de calor por radioatividade das rochas, um fenômeno só descoberto nos últimos anos do século XIX, e que não era levado em conta pelos matemáticos.

Essas previsões teóricas mostravam-se inadequadas mesmo diante do que já sabiam os geólogos por seus estudos de Estratigrafia. De fato, por volta de 1900 a idéia aceita entre eles era de que a história de nosso planeta situava-se entre os limites de 20 a 100 milhões de anos. Mas isso ainda não era nada satisfatório para os evolucionistas, que exigiam um mínimo de 200 milhões de anos para explicar a complexidade e a diversidade atingida pelos organismos vivos em sua evolução. Foi então que, com a descoberta da radioatividade, surgiu um recurso novo e bem mais preciso que todos os métodos anteriores para calcular a idade das rochas.

O fenômeno da radioatividade espontânea foi descoberto por acaso, em 1895 e 1896, em fenômenos observados por Wilhelm Roentgen e Henri Becquerel, respectivamente. Mas o estudo quantitativo desse fenômeno só foi realizado nas décadas seguintes, graças ao trabalho de vários sábios, notadamente Ernest Rutherford e seus associados. Foi Rutherford que estabeleceu a ligação da radioatividade com a desintegração atômica, reconhecendo a possibilidade de usar esse fato para determinar idades de rochas. O próprio Rutherford calculou a idade de um cristal como superior a 500 milhões de anos. A partir daí, os químicos e geólogos têm desenvolvido e aperfeiçoado vários métodos de idades geológicas, baseados na desintegração radioativa. Esses estudos, aplicados a rochas terrestres e minerais obtidos de meteoritos, levam à conclusão de que a idade provável da crosta terrestre é de 4,5 bilhões de anos.

O carbono-14 e as idades arqueológicas

Os elementos radioativos usados nessas determinações, como urânio, tório, potássio, decaem tão vagarosamente que são inadequados na determinação de acontecimentos ocorridos apenas há alguns milhares de anos. A partir da década de 1940, um método apropriado à determinação de idades de importância histórica e arqueológica foi desenvolvido na Universidade de Chicago por William F. Libby (1908–1980), baseado num isótopo de carbono, o carbono-14. O carbono natural que ocorre na natureza é uma mistura de dois isótopos estáveis, o carbono-12 e o carbono-13, mais precisamente, $^{12}_{6}C$ e $^{13}_{6}C$. O carbono-14, ou seja, $^{14}_{6}C$, é um elemento radioativo, com vida-média de aproximadamente 5.730 anos. Ele se forma nas camadas superiores da atmosfera, por efeito da radiação cósmica sobre o nitrogênio, sendo razoável supor que sua presença na superfície da Terra tenha atingido, há muito tempo, uma proporção constante relativamente ao carbono ordinário. É interessante notar que a presença desse carbono-14 é muito reduzida, apenas um dentre $6,463 \times 10^{11}$ átomos de carbono. No entanto, essa ínfima quantidade de carbono-14 é a base de um método extremamente valioso de datação arqueológica, como explicaremos em seguida.

Os animais e plantas absorvem o carbono-14 pela respiração e alimentação, de forma que, enquanto vivos, possuem carbono-14 em proporção fixa. Depois de mortos, a absorção desse elemento cessa e o que possuíam continua a se desintegrar. Portanto, a análise da proporção de carbono-14 existente em um osso, um pedaço de madeira ou uma peça de linho permite determinar a idade desses objetos. Libby e seus colaboradores fizeram centenas de determinações de idades, pelo método do carbono-14 (veja W. F. Libby, *Radiocarbon Dating*, University of Chicago Press, 1965), dentre as quais destacamos as seguintes: carvão deixado pelo homem na caverna de Lascaux, na França, notável pelas pinturas lá encontradas: $15\,516 \pm 900$ anos; carvão deixado pelo homem nos famosos monumentos de Stonehenge, na Inglaterra: $3\,789 \pm 275$ anos; linho que embrulhava o papiro do livro de Isaías, encontrado numa caverna do Mar Morto em 1947: $1\,917 \pm 200$ anos. Libby foi laureado com o Prêmio Nobel de Química em 1960 pelos seus trabalhos de determinação de idades pelo método do carbono-14.

Capítulo 10

O Cálculo Integral

Neste capítulo apresentamos a integral, começando com a noção de primitiva. Em seguida introduzimos a integral como área sob o gráfico de uma função. Isso tem a vantagem da intuição geométrica, que ajuda muito para que se possa logo apresentar o Teorema Fundamental e partir para o cálculo de integrais de várias funções. As integrais impróprias são consideradas apenas no caso de integrandos com primitivas imediatas — as outras serão tratadas no vol. 2 —, porém com os importantes casos das integrais de x^α, com diferentes valores de α, um tópico que o aluno precisa dominar com facilidade. A seguir, introduzimos o conceito de integral em termos das somas de Riemann, uma introdução breve, logo seguida de aplicações interessantes na Mecânica.

10.1 Primitivas

Dizemos que uma função F é *primitiva* de uma outra função f se esta é a derivada daquela, isto é, $F' = f$. Por exemplo,

$$x^3 \text{ é primitiva de } 3x^2; \qquad \operatorname{sen} x \text{ é primitiva de } \cos x;$$

$$\sqrt{x} \text{ é primitiva de } \frac{1}{2\sqrt{x}}; \qquad \operatorname{arcsen} x \text{ é primitiva de } \frac{1}{\sqrt{1-x^2}}.$$

Como a derivada de uma constante C é sempre zero, se F é primitiva de f, então $F + C$ também é. De fato,

$$(F(x) + C)' = F'(x) = f(x).$$

Vemos, assim, que uma função f, com primitiva F, tem uma infinidade de primitivas, do tipo $F(x) + C$, onde C é uma constante arbitrária. E essas são *todas* as primitivas de f, pois se F e G forem duas primitivas quaisquer da mesma função, elas terão derivadas iguais, donde $[F(x) - G(x)]' = 0$. Daqui e do Corolário 2 da p. 193, $F(x) - G(x)$ é uma constante C, ou, o que é o mesmo, $F(x) = G(x) + C$. Portanto, *para achar a primitiva genérica de uma função f, basta achar uma primitiva particular F. A primitiva mais geral é da forma $G(x) = F(x) + C$, onde C é uma constante.*

Exemplo. Vamos mostrar que

$$\operatorname{arcsen} x + \arccos x = \frac{\pi}{2}.$$

Para isso, basta notar que a derivada do primeiro membro é zero; logo, esse primeiro membro é uma constante C:

$$\operatorname{arcsen} x + \arccos x = C.$$

Fazendo $x = 0$ nesta expressão, resulta $C = \pi/2$.

O leitor deve notar que é importante conhecer bem as regras de derivação e as derivadas de várias funções para determinar primitivas. O cálculo de primitivas nada mais é do que o inverso do cálculo de derivadas.

238 Capítulo 10 O Cálculo Integral

Assim, para achar a primitiva de $5/(2x+3)$, começamos tentando $\log|2x+3|$, cuja derivada é $2/(2x+3)$. Um ajuste simples do fator multiplicativo nos mostra que a primitiva procurada é

$$\frac{5}{2}\ln|2x+3| + C = \ln(\sqrt{|2x+3|})^5 + C.$$

Exercícios

Determine as primitivas das funções dadas nos Exercícios 1 a 33.

1. $4x^3 - 3x^2 + 1$.

2. $1/\sqrt{x}$.

3. $\sqrt{x}$.

4. $x^{2/3}$.

5. $x^{5/3}$.

6. $x^{-1/3}$.

7. $\dfrac{1}{x}$.

8. $1/x\sqrt{x}$.

9. $x\sqrt{x}$.

10. $\dfrac{1}{x-1}$.

11. $\dfrac{1}{x+3}$.

12. $\dfrac{3}{2x-1}$.

13. $\dfrac{1}{(x-a)^2}$.

14. $\dfrac{1}{(x+a)^3}$.

15. $\dfrac{1}{(2x+1)^2}$.

16. $\dfrac{1}{(3x+a)^4}$.

17. $\dfrac{1}{(ax+b)^r}$, $r \neq 1$, $a \neq 0$.

18. x^r, $r \neq -1$.

19. $(ax+b)^r$, $a \neq 0$, $r \neq -1$.

20. $\sqrt{x+1}$.

21. $\operatorname{sen} kx$, $k \neq 0$.

22. $\cos kx$, $k \neq 0$.

23. $\sec^2 3x$.

24. $\operatorname{cosec}^2(ax+b)$, $a \neq 0$.

25. $\operatorname{sen}(\omega t - \varphi)$, $\omega \neq 0$.

26. $\dfrac{1}{\sqrt{1-x^2}}$.

27. $\dfrac{1}{\sqrt{1-4x^2}}$.

28. $\dfrac{1}{\sqrt{1-\omega^2 t^2}}$, $\omega \neq 0$.

29. $\dfrac{1}{1+x^2}$.

30. $\dfrac{1}{1+kx^2}$, $k > 0$.

31. $\dfrac{1}{|x|\sqrt{x^2-1}}$.

32. $\dfrac{1}{|x|\sqrt{kx^2-1}}$, $k > 0$.

33. $\ln x$.

Determine as primitivas F das funções dadas nos Exercícios 34 a 37, satisfazendo as condições especificadas.

34. $F(x)$ de $x^2 + \dfrac{1}{x^2}$ tal que $F(1) = 0$.

35. $F(x)$ de $\cos 3x - \operatorname{sen} 3x$ tal que $F(0) = 0$.

36. $F(x)$ de $\sqrt{x+1} + \dfrac{1}{\sqrt{x+2}}$ tal que $F(0) = \sqrt{2}$.

37. $F(x)$ de $\dfrac{1}{1+x^2} + x^2 + 1$ tal que $F(0) = 1$.

38. Prove que $\arctan x + \operatorname{arccot} x = \pi/2$.

39. Prove que $\arctan \dfrac{1+x}{1-x} - \arctan \dfrac{x-1}{x+1} = \pi/2$.

40. Prove que $\arctan \dfrac{1+x}{1-x} - \operatorname{arcsen} \dfrac{x}{\sqrt{1+x^2}} = \pi/4$.

Respostas, sugestões e soluções

1. $x^4 - x^3 + x + C$.

2. $2\sqrt{x} + C$.

3. $2x\sqrt{x}/3 + C$.

4. $\dfrac{3x^{5/3}}{5} + C$.

5. $\dfrac{3x^{8/3}}{8} + C$.

6. $\dfrac{3x^{2/3}}{2} + C$.

10.2 O conceito de integral

7. $\ln|x| + C$.

8. $C - 2/\sqrt{x}$.

9. $2x^2\sqrt{x}/5 + C$.

10. $\ln|x-1| + C$.

11. $\ln|x+3| + C$.

12. $\dfrac{3}{2}\ln|2x-1| + C$.

13. $C - \dfrac{1}{x-a}$.

14. $C - \dfrac{1}{2(x+a)^2}$.

15. $C - \dfrac{1}{2(2x+1)}$.

16. $C - \dfrac{1}{9(3x+a)^3}$.

17. $C - \dfrac{1}{a(r-1)(ax+b)^{r-1}}$.

18. $\dfrac{x^{r+1}}{r+1} + C$.

19. $\dfrac{(ax+b)^{r+1}}{a(r+1)} + C$.

20. $\dfrac{2(x+1)\sqrt{x+1}}{3} + C$.

21. $C - \dfrac{\cos x}{k}$.

22. $\dfrac{\operatorname{sen} kx}{k} + C$.

23. $\dfrac{\tan 3x}{3} + C$.

24. $C - \dfrac{\cot(ax+b)}{a}$.

25. $C - \dfrac{\cos(\omega t - \varphi)}{\omega}$.

26. $\operatorname{arcsen} x + C$.

27. $\dfrac{\operatorname{arcsen} 2x}{2} + C$.

28. $\dfrac{\operatorname{arcsen}\omega t}{\omega} + C$.

29. $\arctan x + C$.

30. $\dfrac{1}{\sqrt{k}}\arctan\sqrt{k}x + C$.

31. $\operatorname{arcsec} x + C$.

32. $\operatorname{arcsec}\sqrt{k}x + C$.

33. $x\ln x - x + C$.

34. $F(x) = \dfrac{x^3}{3} - \dfrac{1}{x} + \dfrac{2}{3}$.

35. $F(x) = \dfrac{\operatorname{sen} 3x + \cos 3x - 1}{3}$.

37. $F(x) = \arctan x + \dfrac{x^3}{3} + 1$.

38. Pondo $F(x) = \arctan x + \operatorname{arccot} x$, vemos que $F'(x) = 0$, logo $F(x)$ é constante. Essa constante é qualquer valor de F, como

$$F(1) = \frac{\pi}{4} + \frac{\pi}{4} = \frac{\pi}{2}.$$

10.2 O conceito de integral

A derivada e a integral são os dois conceitos básicos em torno dos quais se desenvolve todo o Cálculo. Vimos, no Capítulo 4, que a derivada tem origem geométrica: está ligada ao problema de traçar a tangente a uma curva. A integral também tem uma origem geométrica: está ligada ao problema de determinar a área de uma figura plana delimitada por uma curva qualquer.

Já na antigüidade os gregos lidaram com áreas mais gerais que polígonos, calculando áreas de várias figuras de contornos curvos. Mas métodos gerais de cálculo só se desenvolveram a partir do século XVII, quando surgiram os recursos da Geometria Analítica.

Consideremos uma função f, cujo domínio inclui um intervalo $[a, b]$. Inicialmente supomos que f seja sempre positiva. Vamos considerar o problema de calcular a área da figura delimitada pela curva $y = f(x)$, as laterais $x = a$ e $x = b$, e pelo eixo dos x (Fig. 10.1). Os matemáticos do século XVII interpretaram essa área como soma de uma infinidade de retângulos verticais, que podemos descrever assim: em cada ponto x há um retângulo de altura $f(x)$ e base infinitamente pequena, indicada por dx (Fig. 10.2), de sorte que a área desse retângulo é dada pelo produto $f(x) \cdot dx$, que é também uma quantidade infinitamente pequena.

Essas quantidades "infinitamente pequenas", tanto o dx como o produto $f(x)\, dx$, receberam o nome de *infinitésimos*. Supostamente, seriam quantidades (positivas) inferiores a qualquer número positivo, porém não zero. É claro que essa afirmação é, em si, contraditória, mas acabou revelando-se uma idéia que frutificou muito, como veremos em todo este capítulo.

A noção de retângulos infinitesimais permite visualizar a área da figura como a soma infinita de todos os retângulos. É como se a figura fosse "fatiada", "dissecada", e pudesse assim ser vista como a "soma" de todos os seus retângulos infinitesimais, como ilustra a Fig. 10.2. Seguindo essa linha de pensamento, e designando por A a área da referida figura, escrevemos:

$$A = \int_a^b f(x)dx, \tag{10.1}$$

onde o símbolo $\int$ é uma letra "s", que hoje diríamos "alongada", mas que, no século XVII, era grafada assim mesmo, como se pode ver em livros compostos naquela época. Esse símbolo é utilizado para significar que estamos obtendo a área A como a soma das áreas $f(x)dx$ de todos os retângulos infinitesimais. Essas áreas estão sendo integradas na área A, daí o nome de *integral* que se dá a essa expressão. Mais precisamente, a expressão (10.1) é a *integral* da função f de a até b, ou *integral no intervalo* $[a, b]$. Os números a e b são chamados os *limites de integração* (inferior e superior, respectivamente); a função f é chamada *integrando*.

Na expressão (10.1) que define a integral, estamos supondo que $a < b$. A integral de b até a é definida como o oposto da integral de a até b, isto é,

$$\int_b^a f(x)dx = -\int_a^b f(x)dx,$$

e a integral num intervalo de extremos iguais é tomada como sendo zero:

$$\int_a^a f(x)dx = 0.$$

Como já dissemos, a definição de integral que estamos dando aqui carece de uma sólida fundamentação lógica, fundamentação essa que só seria desenvolvida depois de 1850. Como se trata de um assunto próprio dos cursos de Análise, isso não será tratado aqui. Para nossos propósitos basta a noção intuitiva de integral que, como veremos, nos levará bastante longe na obtenção de propriedades e aplicações.

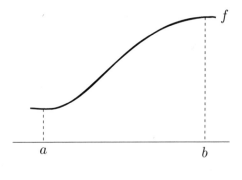
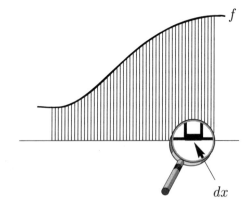

Figura 10.1   Figura 10.2

Funções integráveis

Quando o conceito de integral foi introduzido no século XVII, os matemáticos só lidavam com funções relativamente simples, e nem suspeitavam que pudessem existir funções para as quais o conceito não se aplicasse. Mas, como se demonstra nos cursos de Análise, *toda função contínua num intervalo fechado é integrável*, isto é, para tais funções o conceito de integral é aplicável. Há também funções descontínuas que são integráveis. Mas no século XIX foram descobertas funções que não são integráveis. Isso aconteceu no contexto de estudos aprofundados da Teoria das Funções. E, é bom que se diga, funções que não são integráveis têm de ser construídas propositadamente, e não são encontradas entre as funções que ocorrem naturalmente no Cálculo e nas ciências aplicadas. Portanto, o leitor não tem por que se preocupar com isso no momento.

Quando o integrando é negativo

Até agora falamos da integral de funções estritamente positivas. Nos trechos em que a função for identicamente nula, sua integral deve ser tomada como sendo zero, evidentemente. Se a função for positiva num trecho do intervalo e negativa noutro trecho, a área entre o gráfico e o eixo dos x estará ora acima desse eixo, ora abaixo. Nesse caso a integral é entendida como a área total, porém contada positivamente a parte acima do eixo, e negativamente a parte que fica abaixo desse eixo. Por exemplo, no caso da Fig. 10.3, a integral no intervalo $[a, b]$ é igual à integral no subintervalo $[a, c]$, que é positiva, mais a integral no subintervalo $[c, d]$, que é negativa, pois neste último intervalo $f(x) < 0$, de sorte que todos os produtos $f(x)dx$ também serão negativos. Assim,

$$\int_a^b f(x)dx = \int_a^c f(x)dx + \int_c^b f(x)dx,$$

sendo esta última parcela negativa.

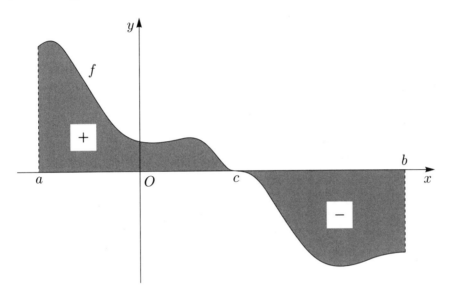

Figura 10.3

Propriedades da integral

Vamos estabelecer algumas propriedades da integral, que, embora simples, são muito importantes:

Aditividade. *Sendo f e g funções integráveis no intervalo $[a, b]$, então o mesmo é verdade de $f + g$ e*

$$\int_a^b [f(x) + g(x)]dx = \int_a^b f(x)dx + \int_a^b g(x)dx.$$

Multiplicação por escalar. *Sendo f uma função integrável no intervalo $[a, b]$ e C uma constante, então o mesmo é verdade de Cf e*

$$\int_a^b Cf(x)dx = C\int_a^b f(x)dx.$$

Aditividade por intervalos. *Sendo f uma função integrável nos intervalos $[a, c]$ e $[c, b]$, então ela é integrável em $[a, b]$ e*

$$\int_a^b f(x)dx = \int_a^c f(x)dx + \int_c^b f(x)dx. \tag{10.2}$$

Todas essas propriedades são de fácil compreensão, mas suas demonstrações rigorosas estão fora do nosso alcance, pois só podem ser feitas com uma definição igualmente rigorosa do conceito de integral.

Observamos que a identidade (10.2) é válida em todos os casos possíveis de combinações: $a < b < c$,

$a < c < b$, $b < c < a$, $b < a < c$, $c < a < b$ e $c < b < a$. E ela se estende ao caso de um número qualquer de pontos; por exemplo,

$$\int_a^e f(x)dx = \int_a^b f(x)dx + \int_b^c f(x)dx + \int_c^d f(x)dx + \int_d^e f(x)dx.$$

Teorema Fundamental do Cálculo

Até agora temos usado a mesma letra x no símbolo da integral. Ela é chamada de *variável de integração*. Mas não há nada de especial nesse símbolo, que tanto pode ser x como outra letra qualquer. Assim, podemos escrever:

$$\int_b^a f(x)dx = \int_b^a f(t)dt = \int_b^a f(u)du = \int_b^a f(w)dw, \text{ etc.}$$

No teorema seguinte, usaremos a letra t porque precisamos reservar o x para ser o limite superior de integração. Assim a integral passa a ser uma nova função de x, que denotaremos por $F(x)$:

$$F(x) = \int_a^x f(t)dt.$$

Vamos provar que essa função é uma primitiva de f.

Teorema (Fundamental do Cálculo). *Se f é uma função contínua num intervalo $[a, b]$, então a função F, que acabamos de definir, é derivável em todos os pontos x internos a esse intervalo, e*

$$\frac{dF(x)}{dx} = f(x).$$

Demonstração. Seja Δx um incremento da variável x. Pela aditividade da integral, podemos escrever:

$$\int_a^{x+\Delta x} f(t)dt = \int_a^x f(t)dt + \int_x^{x+\Delta x} f(t)dt,$$

ou ainda,

$$F(x + \Delta x) = F(x) + \int_x^{x+\Delta x} f(t)dt.$$

Esta última integral representa a área de uma região parecida com um trapézio (Fig. 10.4). Ela é igual à área de um retângulo de base Δx e altura igual ao valor da função f num certo ponto conveniente do intervalo $[x, x + \Delta x]$, que chamaremos de ζ. (ζ é uma letra grega, que se lê "dzeta".) Assim,

$$\int_x^{x+\Delta x} f(t)dt = f(\zeta)\Delta x.$$

Portanto,

$$\Delta F = F(x + \Delta x) - F(x) = f(\zeta)\Delta x,$$

donde

$$\frac{\Delta F}{\Delta x} = \frac{F(x + \Delta x) - F(x)}{\Delta x} = f(\zeta).$$

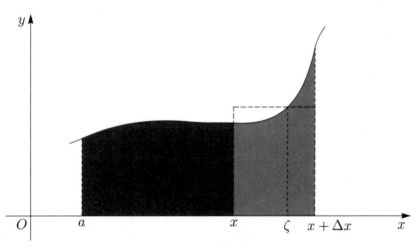

Figura 10.4

10.2 O conceito de integral

Quando Δx tende a zero, ζ tende a x; logo, $f(\zeta)$ tende a $f(x)$, visto que f é contínua. Isso prova que o limite, nesta última igualdade, com $\Delta x \to 0$, existe e é igual a $f(x)$, isto é,

$$F'(x) = f(x),$$

o que completa a demonstração.

Observação 1. O teorema foi estabelecido no pressuposto de que $a < x < b$. Mas ele é válido também se os limites de integração aparecerem na ordem oposta, o que equivale a afirmar que

$$\frac{d}{dx}\int_b^x f(t)dt = f(x).$$

Para verificar isso, observamos que

$$\int_a^b f(t)dt = \int_a^x f(t)dt + \int_x^b f(t)dt = \int_a^x f(t)dt - \int_b^x f(t)dt.$$

Derivando e notando que a integral do primeiro membro é constante, obtemos:

$$\frac{d}{dx}\int_b^x f(t)dt = \frac{d}{dx}\int_a^x f(t)dt = f(x),$$

como queríamos provar.

Observação 2. Nas mesmas hipóteses do teorema,

$$\frac{d}{dx}\int_x^b f(t)dt = -f(x).$$

De fato, derivando a igualdade

$$\int_a^x f(t)dt + \int_x^b f(t)dt = \int_a^b f(t)dt,$$

obtemos:

$$f(x) + \frac{d}{dx}\int_x^b f(t)dt = 0,$$

donde segue o resultado desejado.

Integral definida e integral indefinida

O Teorema Fundamental nos diz que

$$F(x) = \int_a^x f(t)dt$$

é uma primitiva de f, precisamente aquela que se anula para $x = a$: $F(a) = 0$. A primitiva mais geral de f é, então, dada por

$$G(x) = \int_a^x f(t)dt + C, \tag{10.3}$$

onde C é uma constante arbitrária. Ela é também chamada *integral indefinida*, justamente porque a constante C é indeterminada. Em contraposição, a integral num intervalo $[a, b]$ ou $[a, x]$,

$$\int_a^b f(t)dt \quad \text{ou} \quad \int_a^x f(t)dt,$$

é chamada *integral definida*. É costume escrever

$$G(x) = \int^x f(t)dt + C, \quad G(x) = \int^x f(t)dt,$$

ou simplesmente

$$G(x) = \int f(x)dx$$

para indicar a integral indefinida ou primitiva geral de f.

Usando primitivas para calcular integrais

Quando definimos a integral num intervalo $[a, b]$, o leitor bem que poderia perguntar: mas como vamos calcular essa área que define a integral? A resposta será dada agora pelo Teorema Fundamental. Com efeito, de (10.3) obtemos:

$$G(b) - G(a) = \left[\int_a^b f(t)dt + C \right] - C = \int_a^b f(t)dt,$$

vale dizer, *a integral de f, de a até b, é igual à diferença $G(b) - G(a)$ entre os valores de uma primitiva qualquer de f, nos pontos b e a, respectivamente.* A seguir veremos exemplos práticos de aplicação desta regra.

Vários exemplos

A diferença $G(b) - G(a)$ costuma ser escrita nas formas

$$[G(x)]_a^b \quad e \quad G(x)\Big|_a^b.$$

Observe também que

$$-[G(x)]_a^b = G(a) - G(b) = G(x)\Big|_b^a.$$

Faremos uso dessas observações nos exemplos seguintes.

Exemplo 1. Para calcular

$$\int_{-5}^{-1} \frac{dx}{x},$$

lembramos que $\log|x|$ é uma primitiva de $1/x$; portanto,

$$\int_{-5}^{-1} \frac{dx}{x} = \ln x \Big|_{-5}^{-1} = \ln|-1| - \ln|-5| = -\ln 5,$$

que é a área, tomada com o sinal negativo, entre a curva $y = 1/x$, o eixo dos x e as retas $x = -5$ e $x = -1$ (Fig. 10.5).

O leitor deve notar que seria errado escrever algo como

$$\int_{-1}^{2} \frac{dx}{x} = \left[\ln|x| \right]_{-1}^{2} = \ln 2 - \ln 1 = \ln 2,$$

pois a função $1/x$ tende a infinito na origem; não há como integrar de -1 a 2.

10.2 O conceito de integral

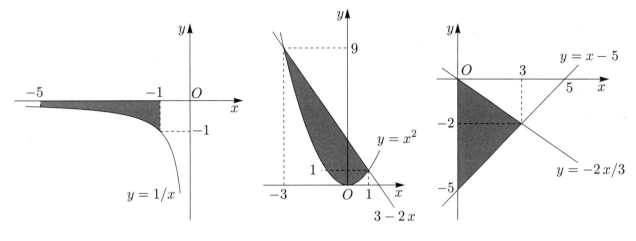

Figura 10.5   Figura 10.6   Figura 10.7

Exemplo 2. Vamos calcular a área da figura compreendida entre a parábola $y = x^2$ e a reta $y = 3 - 2x$, ilustrada na Fig. 10.6. Este é o problema clássico de calcular a área de um segmento de parábola, tratado por Arquimedes na antigüidade. (Veja as notas históricas no final do capítulo.) Primeiro, observamos que as duas curvas se cortam quando $x^2 = 3 - 2x$, isto é, quando $x = -3$ e $x = 1$. Portanto, a área procurada é dada por

$$\int_{-3}^{1} (3 - 2x - x^2)dx = \left[3x - x^2 - \frac{x^3}{3}\right]_{-3}^{1} = 1\frac{2}{3} - (-9) = 10\frac{2}{3}.$$

Como o leitor pode notar, este é um cálculo extremamente simples, principalmente quando comparado com as dificuldades encontradas por Arquimedes, justamente por ele não contar com os recursos analíticos que possuímos hoje.

Exemplo 3. Vamos calcular a área da figura determinada pelas retas $y = -2x/3$, $y = x - 5$ e o eixo Oy (Fig. 10.7). Estas retas se cortam quando $x = 3$, de forma que a área procurada é dada por:

$$\int_{0}^{3} \left[-\frac{2x}{3} - (x - 5)\right] dx = \left[-\frac{x^2}{3} - \frac{x^2}{2} + 5x\right]_{0}^{3} = -\frac{9}{3} - \frac{9}{2} + 15 = 7,5.$$

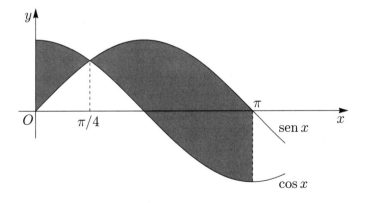

Figura 10.8

Exemplo 4. Vamos calcular a área da figura delimitada pelas curvas $y = \operatorname{sen} x$ e $y = \cos x$, no intervalo $[0, \pi]$. Observe a Fig. 10.8: $\cos x \geq \operatorname{sen} x$ no intervalo $[0, \pi/4]$ e $\operatorname{sen} x \geq \cos x$ no intervalo restante $[\pi/4, \pi]$,

246 | Capítulo 10 O Cálculo Integral

de sorte que a área desejada é dada por:

$$\int_0^\pi |\operatorname{sen} x - \cos x| dx = \int_0^{\pi/4} (\cos x - \operatorname{sen} x) dx + \int_{\pi/4}^\pi (\operatorname{sen} x - \cos x) dx$$

$$= (\operatorname{sen} x + \cos x)\Big|_0^{\pi/4} + (-\cos x - \operatorname{sen} x)\Big|_{\pi/4}^\pi$$

$$= \left(\frac{\sqrt{2}}{2} + \frac{\sqrt{2}}{2} - 1\right) + \left(\frac{\sqrt{2}}{2} + \frac{\sqrt{2}}{2} - 1\right) = 2(\sqrt{2} - 1).$$

Exercícios

Calcule as integrais indicadas nos Exercícios 1 a 17.

1. $\displaystyle\int_0^2 (x^3 - 3x^2 + 1) dx.$

2. $\displaystyle\int_1^2 \frac{dx}{x}.$

3. $\displaystyle\int_{-2}^{-1} \frac{dx}{x}.$

4. $\displaystyle\int_0^5 \frac{dx}{x+1}.$

5. $\displaystyle\int_{-2}^0 \frac{dx}{x-2}.$

6. $\displaystyle\int_0^{\pi/2} \cos(3x) dx.$

7. $\displaystyle\int_0^x \operatorname{sen}\frac{t}{2} dt.$

8. $\displaystyle\int_0^1 \frac{dt}{1+t^2}.$

9. $\displaystyle\int_0^x \frac{dt}{1-t}.$

10. $\displaystyle\int_1^x 3e^t dt.$

11. $\displaystyle\int_0^1 e^{2x} dx.$

12. $\displaystyle\int_0^x \frac{e^{kt}}{k}, \quad k \neq 0.$

13. $\displaystyle\int_0^{\pi/4} \frac{dx}{\cos^2 x}.$

14. $\displaystyle\int_{\pi/2}^{\pi/4} \frac{dt}{\operatorname{sen}^2 t}.$

15. $\displaystyle\int_1^x \frac{dt}{t} dx.$

16. $\displaystyle\int_5^0 \frac{3}{4x+5} dx.$

17. $\displaystyle\int_0^x e^{-3t} dt.$

18. Mostre que $\displaystyle\int_0^{2\pi} \operatorname{sen} kt \, dt = 0, \quad k \neq 0$ inteiro.

19. Mostre que $\displaystyle\int_0^{2\pi} \cos kt \, dt = 0, \quad k \neq 0$ inteiro.

Calcule as integrais dos Exercícios 20 a 27. Em cada caso faça os gráficos dos integrandos e interprete o resultado geometricamente.

20. $\displaystyle\int_{-2}^2 x dx.$

21. $\displaystyle\int_{-\pi}^\pi |\operatorname{sen} x| dx.$

22. $\displaystyle\int_0^\pi |\cos x| dx.$

23. $\displaystyle\int_2^3 \frac{dx}{x-1}.$

24. $\displaystyle\int_{-4}^0 \frac{dx}{x+5}.$

25. $\displaystyle\int_0^1 \operatorname{sen}(2\pi x) dx.$

26. $\displaystyle\int_0^1 \cos(\pi x) dx.$

27. $\displaystyle\int_{-a}^a \operatorname{sen} x \, dx.$

Calcule as áreas das figuras determinadas pelas curvas dadas nos Exercícios 28 a 34. Faça gráficos e dê a interpretação geométrica em cada caso.

28. $y = x^2$ e $y = \sqrt{x}$.

29. $y = \cos x$, $y = \operatorname{sen} x$, $x = -\pi/4$ e $x = \pi/4$.

30. $y = 1/x$, $y = 0$, $x = 1$ e $x = a > 1$. Observe que a área tende a infinito com $a \to \infty$.

31. $y = 1/x^2$, $y = 0$, $x = 1$ e $x = a > 1$. Observe que a área tem limite finito com $a \to \infty$.

10.3 Funções com saltos e desigualdades
247

32. $y = 1/x^r$, $y = 0$, $x = 1$ e $x = a > 1$. Discuta o problema com $a \to \infty$.

33. $y = 1/x^r$, $y = 0$, $x = 1$ e $x = a$, onde $0 < a < 1$. Discuta o problema com $a \to 0$.

34. $y = \operatorname{sen} x$, $y = \cos x$, $x = 0$ e $x = \pi/4$.

Calcule as seguintes integrais e faça gráficos mostrando as figuras cujas áreas as integrais representam.

35. $\displaystyle\int_{-\pi}^{\pi} |\operatorname{sen} x - \cos x| dx$.

36. $\displaystyle\int_{-1}^{2} |x - x^2| dx$.

Respostas, sugestões e soluções

1. $\left(\dfrac{x^4}{4} - x^3 + x \right)\Big|_0^2 = -2$.

3. $\ln 1 - \ln 2 = -\ln 2$.

5. $\ln 2 - \ln 4 = -\ln 2$.

6. $\dfrac{\operatorname{sen}(3\pi/2)}{3} = -\dfrac{1}{3}$.

7. $-2\cos \dfrac{t}{2}\Big|_0^x = 2[1 - \cos(x/2)]$.

8. $\arctan 1 = \pi/4$.

9. $-\ln|1 - t|\Big|_0^x = -\ln|1 - x|$.

10. $3(e^x - e)$.

11. $\dfrac{1}{2}(e^2 - 1)$.

12. $\dfrac{1}{k^2}(e^{kx} - 1)$.

13. $\tan \dfrac{\pi}{4} = 1$.

14. $-\cot \dfrac{\pi}{4} + \cot \dfrac{\pi}{2} = -1$.

15. $-\dfrac{1}{2t^2}\Big|_1^x = \dfrac{1}{2} - \dfrac{1}{2x^2}$.

16. $\dfrac{3}{4}\ln|4x + 5|\Big|_5^0 = \dfrac{-3}{4}\ln 5$.

17. $\dfrac{e^{-3t}}{3}\Big|_0^x = \dfrac{1 - e^{-3x}}{3}$.

18. $\displaystyle\int_0^{2\pi} \operatorname{sen} kt\, dt = \dfrac{-1}{k}\cos kt\Big|_0^{2\pi} = 0$.

21. $-\displaystyle\int_{-\pi}^{0} \operatorname{sen} x\, dx + \int_0^{\pi} \operatorname{sen} x\, dx = 4$.

22. $\displaystyle\int_0^{\pi/2} - \int_{\pi/2}^{\pi}$.

25. $\dfrac{1}{2\pi}(\cos 0 - \cos 2\pi) = 0$.

28. $\displaystyle\int_0^1 (\sqrt{x} - x^2) dx = \dfrac{1}{3}$.

29. $\displaystyle\int_{-\pi/4}^{\pi/4} (\cos x - \operatorname{sen} x) dx = \sqrt{2}$.

30. $\displaystyle\int_1^a \dfrac{dx}{x} = \ln a \to \infty$ com $a \to \infty$.

31. $\displaystyle\int_1^a \dfrac{dx}{x^2} = 1 - \dfrac{1}{a} \to 1$ com $a \to \infty$.

32. Há que distinguir $r < 1$ e $r > 1$. (O caso $r = 1$ foi tratado no Exercício 30.) Sendo $r \neq 1$,

$$\int_1^a \frac{dx}{x^r} = \frac{x^{1-r}}{1-r}\Big|_1^a = \frac{1}{r-1}\left(1 - \frac{1}{a^{r-1}} \right).$$

Se $r > 1$, essa área tende a $1/(r-1)$ com $a \to \infty$; se $r < 1$, podemos escrever:

$$\int_1^a \frac{dx}{x^r} = \frac{1}{1-r}(a^{1-r} - 1)$$

e isto tende a infinito com $a \to \infty$. Faça gráficos de $y = 1/x^r$ com $r > 1$ e $r < 1$ para a interpretação geométrica.

33. Análogo ao anterior: $\displaystyle\int_a^1 \dfrac{dx}{x^r} = \dfrac{1}{1-r}(1 - a^{1-r})$ tende a $1/(1-r)$ com $a \to 0$ se $r < 1$; e tende a infinito com $a \to 0$ se $r > 1$.

10.3 Funções com saltos e desigualdades

Vamos estender a noção de integral a uma classe de funções que apresentam um tipo freqüente de descontinuidade, chamada "salto". Um valor x_0 é uma *descontinuidade tipo salto* de uma função se essa função tem limites laterais finitos e distintos no ponto x_0. Exemplo disso é a função $f(x) = \operatorname{sen} x/|x|$ para $x \neq 0$ (Fig. 10.9). Como $|x| = -x$ para $x < 0$, vê-se que f tem limites laterais ± 1 quando $x \to 0\pm$, respectivamente:

$$\lim_{x \to 0+} \frac{\operatorname{sen} x}{|x|} = \lim_{x \to 0+} \frac{\operatorname{sen} x}{x} = 1,$$

$$\lim_{x \to 0-} \frac{\operatorname{sen} x}{|x|} = \lim_{x \to 0-} \frac{\operatorname{sen} x}{-x} = -1.$$

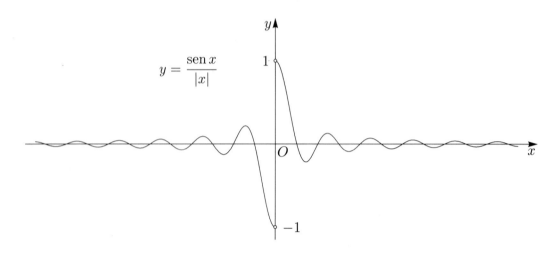

Figura 10.9

A rigor, só deveríamos classificar como pontos de continuidade ou descontinuidade aqueles onde a função já estivesse definida. Mas, quando lidamos com uma função definida num intervalo, exceto num ponto x_0, que seja extremidade ou ponto interno do intervalo, e se não há jeito de estender a função de modo a torná-la contínua em x_0, então esse ponto costuma ser classificado como descontinuidade. É o que acontece no exemplo anterior: a função será sempre descontínua em $x = 0$, qualquer que seja o valor atribuído a $f(0)$. O melhor que podemos fazer é definir f no ponto $x = 0$ de forma que ela seja *contínua à direita* ou *à esquerda* nesse ponto: se pusermos $f(0) = 1$, teremos *continuidade à direita*, ao passo que obteremos *continuidade à esquerda* se pusermos $f(0) = -1$. O caso geral não é diferente: se uma função f tiver descontinuidade tipo salto num ponto x_0, ela será *contínua à direita em* x_0 (Fig. 10.10a) se pusermos

$$f(x_0) = \lim_{x \to x_0+} f(x);$$

e será *contínua à esquerda* nesse ponto (Fig. 10.10b) se pusermos

$$f(x_0) = \lim_{x \to x_0-} f(x).$$

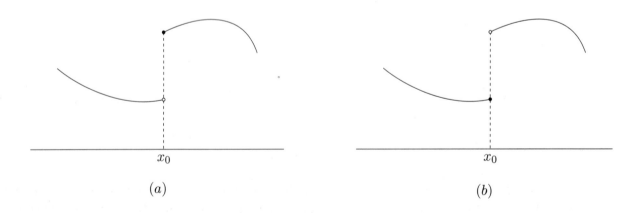

Figura 10.10

Seja, agora, uma função f, definida e contínua num intervalo $[a, b]$, exceto em um número finito de pontos $x_1, x_2, \ldots, x_r$, que supomos sejam descontinuidades tipo salto da função f. Dizemos, então, que f é

10.3 Funções com saltos e desigualdades

contínua por partes no intervalo $[a, b]$. Nessa definição, os pontos de descontinuidade são em número finito, todos eles do tipo salto. Em vista disso, o intervalo $[a, b]$ fica dividido em $r + 1$ subintervalos:

$$I_1 = [a, x_1], \ I_2 = [x_1, x_2], \ldots, I_{r+1} = [x_r, b].$$

Quando consideramos a função f em cada um deles, podemos imaginar que f seja estendida até as extremidades, de forma a ser contínua em todo o subintervalo fechado. Fazemos isso para podermos considerar a integral de f em cada subintervalo $I_1, I_2, \ldots, I_{r+1}$, o que nos permite definir a integral de f no intervalo $[a, b]$ como sendo a soma das integrais nos subintervalos:

$$\int_a^b f(x)dx = \int_a^{x_1} f(x)dx + \int_{x_1}^{x_2} f(x)dx + \ldots + \int_{x_r}^b f(x)dx.$$

A extensão de f aos pontos $x_1, \ldots, x_r$ é feita somente para que f fique contínua, portanto, integrável em cada subintervalo. Quando mudamos de um subintervalo para o seguinte, mudamos os valores de f nos extremos dos subintervalos, como indicamos na Fig. 10.11, ilustrando a passagem de I_1 para I_2.

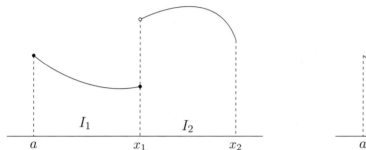
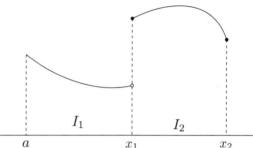

Figura 10.11

Desigualdades

Muitas vezes temos de fazer certas estimativas, onde necessitamos utilizar algumas desigualdades, que vamos estabelecer agora. Em nossas considerações, imaginamos sempre $a < b$, f e g funções contínuas por partes em $[a, b]$. Então,

$$\int_a^b f(x)dx \geq 0 \quad \text{se} \quad f(x) \geq 0;$$

$$\int_a^b f(x)dx \geq \int_a^b g(x)dx \quad \text{se} \quad f(x) \geq g(x);$$

e

$$\left| \int_a^b f(x)dx \right| \leq \int_a^b |f(x)|dx.$$

A primeira dessas desigualdades é conseqüência imediata da definição de integral. A segunda segue da primeira, considerando a função $f - g$:

$$\int_a^b [f(x) - g(x)]dx \geq 0,$$

donde

$$\int_a^b f(x)dx - \int_a^b g(x)dx \geq 0,$$

que é o resultado desejado.

Para estabelecer a terceira desigualdade, observe que $f(x) \leq |f(x)|$ e $-f(x) \leq |f(x)|$; portanto,

$$\int_a^b f(x)dx \leq \int_a^b |f(x)|dx \quad \text{e} \quad -\int_a^b f(x)dx \leq \int_a^b |f(x)|dx.$$

250   Capítulo 10 O Cálculo Integral

Daqui segue o resultado desejado, bastando observar que

$$\left| \int_a^b f(x)dx \right| = \int_a^b f(x)dx \quad \text{ou} \quad \left| \int_a^b f(x)dx \right| = - \int_a^b f(x)dx.$$

Isto é um caso particular da seguinte afirmação: sendo A um número qualquer, então

$$|A| = A \quad \text{ou} \quad |A| = -A.$$

Exercícios

1. Demonstre que, se f e g são funções contínuas por partes, então $f + g$ e cf também o são, onde c é uma constante. A partir daqui, demonstre que $f - g$ e, mais geralmente, $cf + dg$ são funções contínuas por partes, onde c e d são constantes.

Nos Exercícios 2 a 8, calcule as integrais das funções dadas nos intervalos indicados.

2. f em $[-1, 1] : f(x) = x$ se $x < 0$, $f(x) = 2 + x$ se $x > 0$.

3. f em $[-2, 1] : f(x) = x^3$ se $x < 0$, $f(x) = x^2 + 1$ se $x > 0$.

4. $f(x) = [x]$ em $-3 \leq x \leq 5$.

5. f em $[-\pi, 4] : f(x) = \operatorname{sen} x$ se $x < 0$, $f(x) = 3 - x^2$ se $x > 0$.

6. $f(x) = [x] + |\operatorname{sen} x|$ em $[-\pi, \pi]$.

7. $f(x) = |\cos 2x| - [2x]$ em $[-\pi, \pi]$.

8. $f(x) = [4x] + |\operatorname{sen} x|$ em $[0, 2\pi]$.

9. Se $|f(x)| \leq M$ num intervalo $[a, b]$, mostre que

$$\left| \int_a^b f(x)dx \right| \leq M(b - a),$$

supondo que f seja contínua por partes.

10. Seja f uma função definida e contínua num intervalo fechado $[a,b]$, com valores mínimo m e máximo M nesse intervalo. Mostre que

$$m < \int_a^b f(x)dx < M(b - a).$$

Como conseqüência disso, prove o assim chamado *Teorema da Média*, que diz o seguinte: Existe um valor $\xi \in [a,b]$ *tal que*

$$\int_a^b f(x)dx = f(\xi)f(b - a).$$

Respostas, sugestões e soluções

1. Sejam $x_1 < x_2 < \ldots x_r$ os pontos de salto da função f no intervalo $[a, b]$. Considerada em cada um dos subintervalos

$$[a, x_1], [x_1, x_2], \ldots, [x_\pi, b],$$

a função f é contínua, desde que estendida às extremidades da maneira explicada no texto. Então, as descontinuidades de $f + g$ em cada um desses subintervalos são precisamente as de g. É fácil verificar que nesses pontos, bem como nos pontos a, $x_1, \ldots, x_r$, b, $f + g$ tem limites laterais, mesmo que algum dos x_i seja descontinuidade da função g também. Os detalhes e o resto do exercício ficam a cargo do leitor.

2. $\int_{-1}^0 xdx + \int_0^1 (2 + x)dx = 2.$ **3.** $\int_{-2}^0 x^3 dx + \int_0^1 (x^2 + 1)dx = -\dfrac{8}{3}.$

4. Lembre-se: o símbolo $[x]$ significa "maior inteiro contido em x". Assim, $[x] = -3$ se $-3 \leq x < -2$; $[x] = -2$ se $-2 \leq x < -1$, etc. Em conseqüência,

$$\int_{-3}^5 [x]dx = \left(\int_{-3}^{-2} + \int_{-2}^{-1} + \ldots + \int_4^5 \right) [x]dx = -3 - 2 - 1 + 0 + 1 + 2 + 3 + 4 = 4.$$

6. $\left(\int_{-\pi}^{-3} + \int_{-3}^{-2} + \ldots + \int_{3}^{\pi} \right) [x] dx + \left(-\int_{-\pi}^{0} - \int_{0}^{\pi} \right) \operatorname{sen} x \, dx = -4(\pi - 3) - 3 + 3(\pi - 3) - 4 = -\pi - 4.$

9. Decomponha o intervalo nos subintervalos: $[a, x_1], [x_2, x_2], \ldots, [x_r, b]$, onde $x_1 < x_2 < \ldots < x_r$ são os pontos de salto da função f.

10.4 Integrais impróprias

Como já dissemos, toda função contínua num intervalo fechado é integrável nesse intervalo. Mas uma função contínua num intervalo aberto pode ter limites infinitos num ou nos dois extremos do intervalo, como $f(x) = 1/x$ em $x = 0$; ou pode nem ter limite, como $f(x) = (\operatorname{sen} x)/x$, também em $x = 0$. Tais pontos são chamados *singularidades* da função. Às vezes é possível (mas nem sempre) estender o conceito de integral a intervalos que tenham singularidades em um ou em seus dois extremos.

Exemplo 1. Consideremos a função $1/\sqrt{x}$, que desejamos integrar no intervalo $[0, 1]$. Isso não é possível, no sentido ordinário, pois a função tem uma singularidade em $x = 0$. Entretanto, podemos considerar sua integral em qualquer subintervalo $[\varepsilon, 1]$, com $\varepsilon > 0$:[1]

$$\int_{\varepsilon}^{1} \frac{dx}{\sqrt{x}} = 2\sqrt{x}\Big|_{\varepsilon}^{1} = 2(1 - \sqrt{\varepsilon}).$$

Como esta expressão tem limite 2 com $\varepsilon \to 0$, definimos o que chamamos de *integral imprópria* de $1/\sqrt{x}$, no intervalo $[0, 1]$, como sendo esse limite:

$$\int_{0}^{1} \frac{dx}{\sqrt{x}} = \lim_{\varepsilon \to 0+} \int_{\varepsilon}^{1} \frac{dx}{\sqrt{x}} = 2.$$

Geometricamente, isso significa que a região compreendida entre a curva $y = 1/\sqrt{x}$, os eixos de coordenadas e a reta $x = 1$, embora ilimitada, tem área finita e igual a 2 (Fig. 10.12).

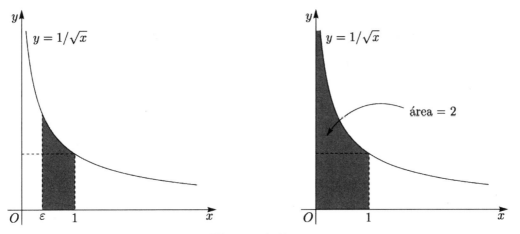

Figura 10.12

Em geral, seja f uma função integrável no sentido ordinário em qualquer subintervalo $[a + \varepsilon, b]$, com $\varepsilon > 0$. Vamos supor que a integral de f nesse intervalo tenha limite finito com $\varepsilon \to 0$. Naturalmente, se f já for contínua ou contínua por partes em $[a, b]$, esse limite será a própria integral de f nesse intervalo. Caso contrário, definimos a *integral imprópria* de f no intervalo $[a, b]$ como sendo o limite em questão, ou seja,

$$\int_{a}^{b} f(x) dx = \lim_{\varepsilon \to 0+} \int_{a+\varepsilon}^{b} f(x) dx.$$

---

[1] ε é uma letra grega, que se lê "épsilon". Ela é muito usada para denotar um número positivo arbitrário; em particular, arbitrariamente pequeno.

Outras integrais impróprias são definidas de modo análogo:

$$\int_a^b f(x)dx = \lim_{\varepsilon \to 0+} \int_a^{b-\varepsilon} f(x)dx,$$

$$\int_a^\infty f(x)dx = \lim_{R \to \infty} \int_a^R f(x)dx,$$

$$\int_{-\infty}^a f(x)dx = \lim_{R \to \infty} \int_{-R}^a f(x)dx,$$

supondo, naturalmente, que os limites indicados existam e sejam finitos. As expressões "a integral imprópria converge" e "a função f é integrável" são usadas com freqüência para indicar esse fato.

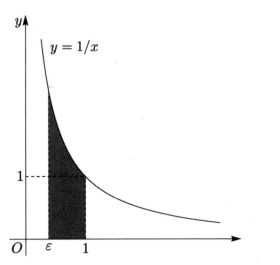
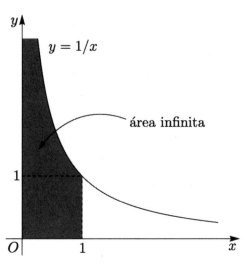

Figura 10.13

Vejamos um exemplo em que a integral imprópria diverge, vale dizer, é infinita:

$$\int_\varepsilon^1 \frac{dx}{x} = \ln x \Big|_\varepsilon^1 = -\ln \varepsilon.$$

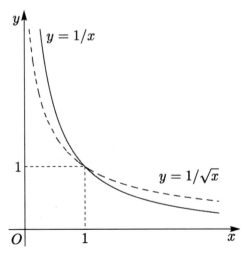

Figura 10.14

Ora, sabemos que essa expressão tende a $+\infty$ com $\varepsilon \to 0+$; logo, a função $1/x$ não é integrável no intervalo $[0, 1]$, nem mesmo no sentido impróprio. Geometricamente, isso significa que a área da figura delimitada pelo gráfico de $y = 1/x$, pelos eixos de coordenadas e pela reta $x = 1$, é infinita (Fig. 10.13). Já obtivemos, em nosso primeiro exemplo, o valor 2 para a integral imprópria de $1/\sqrt{x}$ entre 0 e 1. Para entender por que os resultados são diferentes em situações tão parecidas, o leitor deve observar que $1/x$ tende a infinito mais rapidamente que $1/\sqrt{x}$ quando $x \to 0$ (Fig. 10.14).

Observações importantes

A função $y = 1/x$ é um caso particular das funções do tipo $y = 1/x^\alpha$. Estas funções, consideradas no intervalo $[0, 1]$, são integráveis se $\alpha < 1$ e não são integráveis se $\alpha \geq 1$. De fato, supondo $\alpha \neq 1$, podemos escrever:

$$\int_\varepsilon^1 \frac{dx}{x^\alpha} = \int_\varepsilon^1 x^{-\alpha} dx = \frac{x^{-\alpha+1}}{-\alpha+1}\Big|_\varepsilon^1 = \frac{1-\varepsilon^{1-\alpha}}{1-\alpha};$$

10.4 Integrais impróprias

então, se $\alpha < 1$, a função $y = 1/x^\alpha$ é integrável em $[0, 1]$, pois temos, neste caso,

$$\int_0^1 \frac{dx}{x^\alpha} = \lim_{\varepsilon \to 0+} \frac{1 - \varepsilon^{1-\alpha}}{1 - \alpha} = \frac{1}{1 - \alpha}.$$

Por outro lado, se $\alpha > 1$,

$$\varepsilon^{1-\alpha} = \frac{1}{\varepsilon^{\alpha-1}} \to +\infty \quad \text{com} \quad \varepsilon \to 0+;$$

em conseqüência, sendo $\alpha > 1$,

$$\int_\varepsilon^1 \frac{dx}{x^\alpha} = \frac{1}{\alpha - 1}\left(\frac{1}{\varepsilon^{\alpha-1}} - 1\right) \to +\infty \quad \text{com} \quad \varepsilon \to 0+$$

e a função $y = 1/x^\alpha$ não é integrável. Tendo em vista que $1/x$ também não é integrável, como vimos acima, podemos resumir o exposto no seguinte enunciado: *a função $y = 1/x^\alpha$ é integrável no intervalo $[0, 1]$ se $\alpha < 1$ e não é integrável no mesmo intervalo se $\alpha \geq 1$.*

A Fig. 10.15 ilustra os gráficos das funções $y = 1/x^\alpha$, deixando transparecer o aspecto geométrico do resultado que acabamos de enunciar: *a área da região delimitada pelos eixos de coordenadas, pela reta $x = 1$ e pela curva $y = 1/x^\alpha$ é finita se $\alpha < 1$ e infinita se $\alpha \geq 1$.*

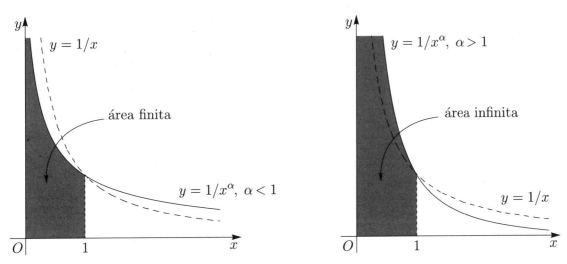

Figura 10.15

Em contraste com o que ocorre na origem, *a função $1/x^\alpha$ é integrável no intervalo $[1, \infty)$ se $\alpha > 1$ e não é integrável no mesmo intervalo se $\alpha \leq 1$.* De fato, supondo $\alpha \neq 1$,

$$\int_1^R \frac{dx}{x^\alpha} = \frac{x^{-\alpha+1}}{-\alpha+1}\bigg|_1^R = \frac{1}{\alpha - 1}\left(1 - \frac{1}{R^{\alpha-1}}\right),$$

expressão esta que, quando $R \to \infty$, converge para um valor finito se $\alpha > 1$ e diverge para $+\infty$ se $\alpha < 1$. Se $\alpha = 1$, temos:

$$\int_1^R \frac{dx}{x} = \ln R \to \infty \quad \text{com} \quad R \to \infty,$$

e isto completa a demonstração do resultado enunciado.

Novamente insistimos na sua interpretação geométrica: *a área delimitada pelo semi-eixo Ox, de 1 a $+\infty$, pela reta $x = 1$ e pela curva $y = 1/x^\alpha$, é finita se $\alpha > 1$ e infinita se $\alpha \leq 1$* (Fig. 10.16).

Muitas outras integrais impróprias podem ser tratadas como os casos que acabamos de analisar. Vamos ilustrar isso através de exemplos.

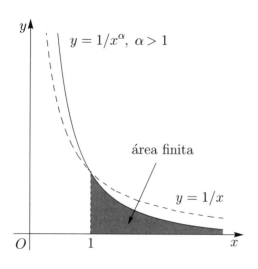
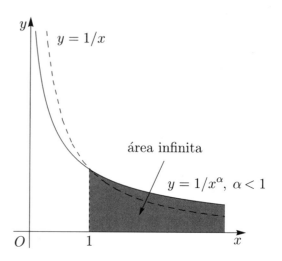

Figura 10.16

Exemplo 2. Consideremos a integral imprópria

$$\int_{-2}^{5} \frac{dx}{\sqrt{|x|}}.$$

Como a singularidade $x = 0$ é interna ao intervalo de integração, temos aqui duas integrais impróprias,

$$\int_{-2}^{0} \frac{dx}{\sqrt{|x|}} \quad e \quad \int_{0}^{5} \frac{dx}{\sqrt{|x|}},$$

pois podemos escrever:

$$\int_{-2}^{5} \frac{dx}{\sqrt{|x|}} = \int_{-2}^{0} \frac{dx}{\sqrt{|x|}} + \int_{0}^{5} \frac{dx}{\sqrt{|x|}} = \int_{-2}^{0} \frac{dx}{\sqrt{-x}} + \int_{0}^{5} \frac{dx}{\sqrt{x}}.$$

Calculando separadamente essas duas integrais, obtemos:

$$\int_{-2}^{0} \frac{dx}{\sqrt{|x|}} = \lim_{\varepsilon \to 0+} \int_{-2}^{-\varepsilon} \frac{dx}{\sqrt{-x}} = \lim_{\varepsilon \to 0+} [-2\sqrt{-x}]_{-2}^{-\varepsilon} = \lim_{\varepsilon \to 0+} 2(\sqrt{2} - \sqrt{\varepsilon}) = 2\sqrt{2};$$

$$\int_{0}^{5} \frac{dx}{\sqrt{|x|}} = \lim_{\varepsilon \to 0+} \int_{\varepsilon}^{5} \frac{dx}{\sqrt{x}} = \lim_{\varepsilon \to 0+} 2(\sqrt{5} - \sqrt{\varepsilon}) = 2\sqrt{5}.$$

Então,

$$\int_{-2}^{5} \frac{dx}{\sqrt{|x|}} = 2\sqrt{2} + 2\sqrt{5} = 2(\sqrt{2} + \sqrt{5}).$$

Geometricamente, esta integral representa a área delimitada pela curva $y = 1/\sqrt{|x|}$, o eixo Ox e as retas $x = -2$ e $x = 5$ (Fig. 10.17).

Exemplo 3. A função $1/(1-x)^2$ é a derivada de $1/(1-x)$, de sorte que

$$\int_{-\infty}^{0} \frac{dx}{(1-x)^2} = \lim_{R \to \infty} \int_{-R}^{0} \frac{dx}{(1-x)^2} = \lim_{R \to \infty} \left(\frac{1}{1-x}\right)_{-R}^{0} = \lim_{R \to \infty} \left(1 - \frac{1}{1+R}\right) = 1.$$

Deixamos ao leitor a tarefa de fazer um gráfico da função e interpretar o resultado como a área de uma figura ilimitada.

10.4 Integrais impróprias

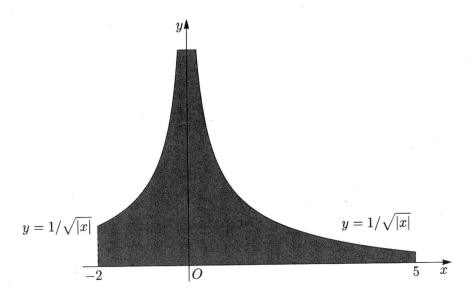

Figura 10.17

Exemplo 4. A função $y = \cos x$ não é integrável no intervalo $[0, \infty)$. De fato,

$$\int_0^R \cos x \, dx = \operatorname{sen} x \Big|_0^R = \operatorname{sen} R - \operatorname{sen} 0 = \operatorname{sen} R,$$

e $\operatorname{sen} R$ não tem limite quando $R \to \infty$. O leitor deve fazer um gráfico e interpretar esse resultado geometricamente.

Exemplo 5. A função $y = 1/(x-1)^2$ não é integrável no intervalo $[0, 1]$, pois

$$\int_0^{1-\varepsilon} \frac{dx}{(x-1)^2} = \frac{-1}{x-1} \Big|_0^{1-\varepsilon} = \frac{1}{\varepsilon} - 1,$$

que tende a infinito com $\varepsilon \to 0+$. O leitor deve fazer um gráfico da função e identificar a figura com área infinita correspondente a essa integral divergente.

Exemplo 6. A função $y = 1/\sqrt{x}$ é integrável em qualquer intervalo $[0, a]$, mas sua integral em $[a, \infty)$ é divergente, de sorte que essa função não é integrável em $[0, \infty)$.

Todas as integrais impróprias que vimos estudando têm integrandos simples, cujas primitivas são facilmente encontradas. Há muitas outras integrais impróprias, que ocorrem nas aplicações, e nas quais isso não acontece. Neste caso é necessário ter critérios que permitam saber, sem efetuar a integração explicitamente, se uma integral converge ou não. Esses critérios serão estudados no vol. 2.

Exercícios

Nos Exercícios 1 a 24 verifique se a integral dada é convergente ou divergente; calcule as integrais convergentes e interprete os resultados geometricamente.

1. $\int_0^1 \frac{dx}{x^{2/3}}.$

2. $\int_0^5 \frac{dx}{\sqrt[3]{x}}.$

3. $\int_{10}^{19} \frac{dx}{\sqrt{x-10}}.$

4. $\int_{-1}^0 \frac{dx}{x+1}.$

5. $\int_0^2 \frac{dx}{x\sqrt{x}}.$

6. $\int_1^5 \frac{dx}{(5-x)^2}.$

256 Capítulo 10 O Cálculo Integral

7. $\displaystyle\int_1^\infty \frac{dx}{x\sqrt{x}}.$

8. $\displaystyle\int_0^\infty \frac{dx}{x\sqrt{x}}.$

9. $\displaystyle\int_0^\infty \frac{dx}{(x+1)^3}.$

10. $\displaystyle\int_{-1}^1 \frac{dx}{\sqrt{|x|}}.$

11. $\displaystyle\int_{-3}^0 \frac{dx}{\sqrt{|x+1|}}.$

12. $\displaystyle\int_0^\infty e^{-x}dx.$

13. $\displaystyle\int_{-\infty}^0 e^x dx.$

14. $\displaystyle\int_{-\infty}^\infty e^{-|x|}dx.$

15. $\displaystyle\int_0^\infty xe^{-x^2}dx.$

16. $\displaystyle\int_0^\infty e^{-3x}dx.$

17. $\displaystyle\int_0^\infty \frac{dx}{x-1}.$

18. $\displaystyle\int_0^1 \frac{dx}{(1-x)^{3/5}}.$

19. $\displaystyle\int_0^\infty \frac{e^{-\sqrt{x}}}{\sqrt{x}}dx.$

20. $\displaystyle\int_{-\infty}^\infty \frac{e^{-\sqrt{|x|}}}{\sqrt{|x|}}dx.$

21. $\displaystyle\int_{-\infty}^\infty xe^{-x^2}dx.$

22. $\displaystyle\int_{-\infty}^0 x^2 e^{x^3}dx.$

23. $\displaystyle\int_0^\infty x^3 e^{-x^4}dx.$

24. $\displaystyle\int_0^\infty x^{n-1}e^{-x^n}dx,\ n\geq 1.$

Respostas, sugestões e soluções

2. $\left.\dfrac{3}{2}x^{2/3}\right|_0^5 = \dfrac{3\sqrt[3]{25}}{2}.$

3. $\left.2\sqrt{x-10}\right|_{10}^{19} = 6.$

4. Diverge.

6. Diverge.

7. $\left.\dfrac{-2}{\sqrt{x}}\right|_1^\infty = 2.$

8. Divergente na origem.

10. $\displaystyle\int_{-1}^0 \frac{dx}{\sqrt{-x}} + \int_0^1 \frac{dx}{\sqrt{x}} = 4.$

11. $2(\sqrt{2}+1).$

12. $\left.-e^{-x}\right|_0^\infty = 1.$

15. $\left.-e^{-x^2}/2\right|_0^\infty = 1/2.$

17. Diverge em $x=1$ e no infinito.

19. $\left.-2e^{-\sqrt{x}}\right|_0^\infty = 2.$

21. Observe que $xe^{-x^2} = (-e^{-x^2}/2)'.$

22. $\left.\dfrac{e^{x^3}}{3}\right|_{-\infty}^0 = 1/3.$

24. $1/n.$

10.5 A integral de Riemann

Até agora vimos trabalhando com o conceito de integral como área sob o gráfico de uma função. Assim entendida, a integral tem limitações, uma das quais é que ela depende da noção de área. Mas acontece que precisamos da integral para lidar com situações onde a idéia de área nem aparece. É o que ocorre em problemas que envolvem os conceitos de trabalho e energia, como veremos logo adiante. Por essas razões vamos fazer aqui uma primeira apresentação, ainda que breve, do conceito de integral como limite de uma soma. E como motivação, faremos isso como tentativa de precisar a idéia de área.

Definição de integral

Em geometria elementar o conceito de área é desenvolvido a partir da área de um quadrado e depois estendida a todos os polígonos, a começar pelo retângulo, seguido do paralelogramo e do triângulo. Chega-se a um polígono qualquer decompondo-o em triângulos. Mas como estender essa noção a uma figura com perímetro curvo, como o círculo? Arquimedes resolveu esse problema no caso do círculo e outras figuras geométricas simples, como um segmento de parábola, aproximando essas figuras por uma seqüência infinita de polígonos. (Veja as notas históricas no final do capítulo.)

O procedimento que usaremos aqui não é muito diferente. Consideremos o problema de definir a área da figura delimitada pelo gráfico de uma função positiva f, pelo eixo dos x e por duas retas $x = a$ e $x = b$. Começamos considerando a soma das áreas de uma série de retângulos como os ilustrados na Fig. 10.18, obtidos da seguinte maneira: dividimos o intervalo $[a, b]$ em n subintervalos iguais, de comprimentos

10.5 A integral de Riemann

$\Delta x = \dfrac{b-a}{n}$. Sejam $x_0 = a < x_1 < x_2 < \ldots < x_n = b$ os pontos dessa divisão, a qual é chamada *partição* do intervalo $[a, b]$. Em cada um dos subintervalos da partição escolhemos pontos quaisquer (usaremos a letra grega ξ, que se lê "csi"): ξ_1 no primeiro, ξ_2 no segundo, ξ_3 no terceiro, etc. Estes últimos pontos podem ser escolhidos arbitrariamente (podendo mesmo ser um dos extremos do subintervalo), como ilustra a própria Fig. 10.18. Dessa maneira formamos n retângulos, todos com base Δx e alturas dadas por

$$f(\xi_1),\ f(\xi_2),\ f(\xi_3),\ldots,\ f(\xi_n).$$

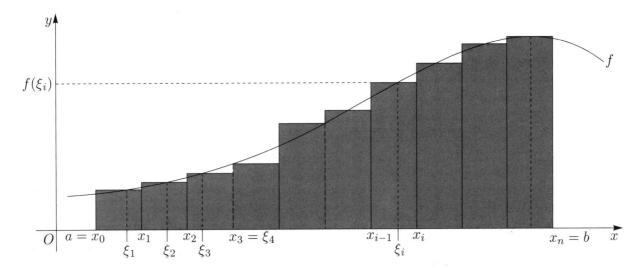

Figura 10.18

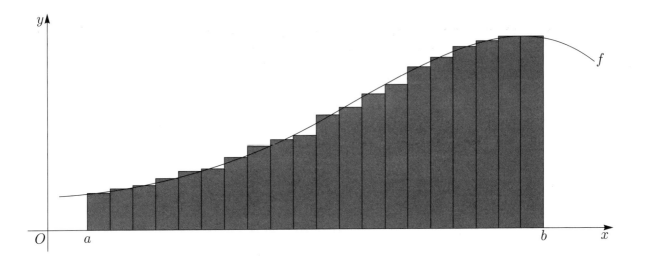

Figura 10.19

As Figs. 10.19 e 10.20 mostram esses retângulos nos casos $n = 20$ e $n = 30$, respectivamente. A soma das áreas dos retângulos, representada pelo número S_n, dado por

$$S_n = f(\xi_1)\Delta x + f(\xi_2)\Delta x + \ldots + f(\xi_n)\Delta x,$$

pode ser escrita, abreviadamente, com a notação do somatório:

$$S_n = \sum_{i=1}^{n} f(\xi_i)\Delta x.$$

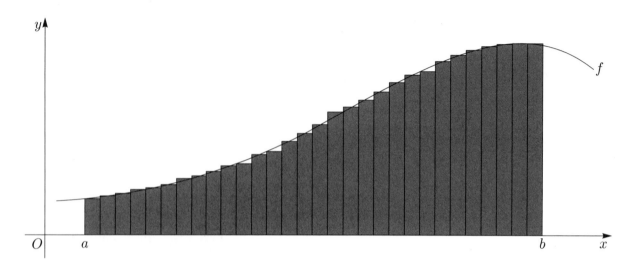

Figura 10.20

Vamos imaginar uma seqüência infinita dessas somas, correspondentes a diferentes partições:

$$S_1, \ S_2, \ S_3, \ldots, \ S_n, \ldots$$

A própria Fig. 10.20 sugere que esses valores S_n se aproximam de um valor limite, à medida que n cresce acima de qualquer número dado. E a mesma figura sugere que esse valor limite é o que devemos tomar como sendo a área da figura delimitada pelo gráfico de f, pelo eixo dos x e pelas retas $x = a$ e $x = b$. O limite assim obtido é chamado de *integral de f no intervalo* $[a, b]$, a qual é indicada com o símbolo

$$\int_a^b f(x)dx.$$

Portanto, por definição,

$$\int_a^b f(x)dx = \lim_{n\to\infty} \sum_{i=1}^n f(\xi_i)\Delta x. \tag{10.4}$$

Note que, para definir a integral, o limite que aí aparece deve existir independentemente da escolha dos pontos $\xi_1, \xi_2, \ldots, \xi_n$ nos subintervalos de divisão de $[a, b]$.

As somas S_n da definição anterior são chamadas *somas de Riemann*, e a integral, como a definimos, é chamada *integral de Riemann*. Isso porque foi o matemático alemão Bernard Riemann (1826–1866) quem primeiro construiu, em meados do século XIX, uma teoria adequada da integral ao longo das linhas aqui esboçadas. (Veja a nota histórica sobre Riemann no final do capítulo.)

Observação 1. Ao contrário da definição de integral que demos com base na noção de área, na definição (10.4) a função f pode assumir valores positivos, negativos ou nulos. E nem é preciso que os subintervalos da partição de $[a, b]$ sejam todos iguais; basta que o maior dos comprimentos desses subintervalos tenda a zero. Mais precisamente, vamos considerar uma partição do intervalo $[a, b]$ pelos pontos $x_0 = a < x_1 < x_2 < \ldots < x_n = b$. Tomando os pontos ξ_1 em $[x_0, x_1]$, ξ_2 em $[x_1, x_2], \ldots$, ξ_n em $[x_{n-1}, x_n]$, e denotando por

$$\Delta x_1 = x_1 - x_0, \ \Delta x_2 = x_2 - x_1, \ldots, \ \Delta x_n = x_n - x_{n-1},$$

os comprimentos dos subintervalos, formamos a soma

$$S_n = f(\xi_1)\Delta x_1 + f(\xi_2)\Delta x_2 + \ldots + f(\xi_n)\Delta x_n = \sum_{i=1}^n f(\xi_i)\Delta x_i.$$

10.5 A integral de Riemann

Por definição, a integral de f no intervalo $[a, b]$ é o limite da soma S_n, com $n \to \infty$, sob o pressuposto de que o maior dos comprimentos dos subintervalos Δx_1, $\Delta x_2, \ldots, \Delta x_n$ tenda a zero e que o limite de S_n realmente exista (o que é verdade para funções contínuas). Escrevemos, então,

$$\int_a^b f(x)dx = \lim_{n \to \infty} \sum_{i=1}^n f(\xi_i)\Delta x_i. \tag{10.5}$$

Observação 2. O leitor deve notar que esta definição de integral é puramente numérica, não depende da noção de área, a qual aparece aí apenas como elemento motivador. De posse da integral, invertemos as coisas e definimos a área da figura delimitada pelo gráfico de f, pelo eixo dos x e pelas retas $x = a$ e $x = b$ como a integral dessa função no intervalo $[a, b]$.

Observação 3. A definição (10.5) põe, de imediato, o problema de saber se existe mesmo o limite das somas S_n. Isso equivale a perguntar se a função f é integrável, uma pergunta já mencionada antes. Como já afirmamos, mais de uma vez, toda função contínua num intervalo fechado é integrável nesse intervalo. Isto é demonstrado nos cursos de Análise a partir da definição (10.5).

A integral de Riemann, como a definimos em (10.4) e (10.5), é um conceito mais amplo e tem um escopo muito maior do que o simples conceito de área. A noção de área é agora apenas um caso particular de integral.

Trabalho e energia

Veremos agora algumas aplicações da integral a problemas relacionados com a energia de um sistema mecânico.

Lembremos a definição de *trabalho* de uma força F atuando sobre uma partícula que se desloca, em linha reta, de uma posição A a uma posição B. No caso em que a força atua na mesma direção do deslocamento e tem intensidade constante, o trabalho W_{AB} é simplesmente o produto da força pelo deslocamento: $W_{AB} = F \cdot AB$. Esse produto deverá ser tomado com o sinal positivo se a força e o deslocamento tiverem o mesmo sentido, e com o sinal negativo se tiverem sentidos opostos.

Vamos imaginar uma força variável, dependendo apenas da abscissa x da partícula que se desloca de $x = a$ a $x = b$. Neste caso, consideramos o intervalo $[a, b]$ dividido em subintervalos iguais $I_i = [x_{i-1}, x_i]$, $i = 1, 2, \ldots, n$, pelos pontos

$$a = x_0 < x_1 < x_2 < \ldots < x_n = b$$

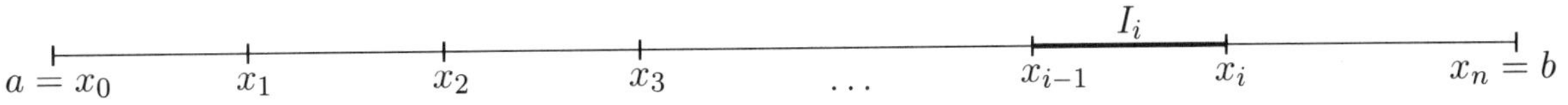

Figura 10.21

ilustrados na Fig. 10.21. Usando um número n bem grande, os subintervalos I_i serão bem pequenos e a força $F(x)$ será praticamente constante em cada um deles. Isso justifica considerar $F(x_i)\Delta x$ como valor aproximado do trabalho da força F no deslocamento de x_{i-1} a x_i. O trabalho aproximado no deslocamento de a até b será dado pela soma de Riemann:

$$\sum_{i=1}^n F(x_i)(x_i - x_{i-1}) = \sum_{i=1}^n F(x_i)\Delta x.$$

Naturalmente, quanto maior n, tanto menor será Δx e mais próximo de uma constante será a função F em cada subintervalo. Essas considerações nos levam a definir o *trabalho da força F no deslocamento de a*

até b como sendo

$$W_{ab} = \int_a^b F(x)dx.$$

A força F será positiva ou negativa conforme atue no mesmo sentido ou em sentido oposto ao deslocamento.

Vamos imaginar uma partícula de massa m deslocando-se de a até b. Sendo F a força que atua sobre essa partícula, então, pela segunda lei do movimento de Newton (força = massa × aceleração):

$$F = m\frac{dv}{dt}, \quad \text{onde} \quad v = \frac{dx}{dt}.$$

Por outro lado, supondo que F só dependa da posição x da partícula,

$$W_{ax} = \int_a^x F(\xi)d\xi; \quad \text{logo,} \quad \frac{dW_{ax}}{dx} = F(x).$$

Então,

$$\frac{dW_{ax}}{dt} = \frac{dW_{ax}}{dx} \cdot \frac{dx}{dt} = F(x)v = mv\frac{dv}{dt} = \frac{d}{dv}\left(\frac{mv^2}{2}\right) \cdot \frac{dv}{dt} = \frac{d}{dt}\left(\frac{mv^2}{2}\right).$$

Daqui segue-se que

$$\frac{d}{dt}\left(\frac{mv^2}{2} - W_{ax}\right) = 0;$$

portanto, a grandeza

$$E = \frac{mv^2}{2} - W_{ax} \tag{10.6}$$

é constante. Essa grandeza é conhecida como a *energia* da partícula. O fato de ela ser constante é chamado *teorema de conservação da energia*. As suas duas parcelas,

$$E_c = \frac{mv^2}{2} \quad \text{e} \quad E_p = -W_{ax},$$

são chamadas *energia cinética* e *energia potencial*, respectivamente.

Convém observar que a demonstração da conservação da energia foi possível graças à hipótese de que F só depende da posição x. Forças desse tipo são chamadas *conservativas*, justamente porque elas implicam conservação da energia. Outra observação que cabe fazer aqui é que a energia potencial está determinada a menos de uma constante aditiva. De fato, na definição

$$E_p = -W_{ax} = -\int_a^x F(\xi)d\xi$$

podemos trocar o limite inferior de integração a por outro qualquer, sem prejuízo do teorema de conservação. Isso só tem o efeito de alterar E_p por uma constante aditiva.

Movimento de queda livre

Vamos aplicar o teorema de conservação da energia ao fenômeno da queda de um corpo sob a ação apenas da força da gravidade — o assim chamado "fenômeno da queda livre". Com referência a um eixo com origem no solo e orientado positivamente para cima (Fig. 10.22), a força-peso $F = -mg$ é constante e a energia potencial é $E_p = -W = mgx$; substituindo este valor em (10.6), o teorema de conservação da energia assume a forma:

$$E = \frac{mv^2}{2} + mgx.$$

10.5 A integral de Riemann

Assim, se o corpo for lançado verticalmente para cima, com velocidade inicial V, sua energia no início do movimento será somente cinética: $E = mV^2/2$. Quando ele atinge a altura máxima h, a velocidade é zero e a energia é apenas potencial: $E = mgh$. Como a energia é sempre a mesma, temos

$$\frac{mV^2}{2} = mgh, \quad \text{donde} \quad V = \sqrt{2gh}.$$

Num ponto qualquer da trajetória, temos sempre, devido à conservação da energia,

$$\frac{mv^2}{2} + mgx = mgh = \frac{mV^2}{2}, \tag{10.7}$$

ou seja,

$$v^2 = 2g(h - x).$$

Em particular, sendo $x = 0$, $v = V = \sqrt{2gh}$, que é a velocidade inicial de lançamento.

Figura 10.22

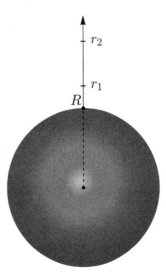

Figura 10.23

Velocidade de escape

De acordo com a lei da gravitação universal de Newton, duas partículas de massas M e m, a uma distância r uma da outra, se atraem mutuamente com força de intensidade

$$F = G\frac{Mm}{r^2}.$$

G é a constante de gravitação, que depende do sistema de unidades usado. No sistema MKS, seu valor é $6,67 \times 10^{-11}$. Isso significa, por exemplo, que dois corpos, cada um com 1 kg de massa, a uma distância de 1 m, se atraem com a força $6,67 \times 10^{-11}$ newtons. Para se ter uma idéia de quão ínfima é essa força, observe que 1 newton $\approx 1/9,8$ kgf, onde 1 kgf é o peso de 1 kg de massa = 9,8 newtons.

Imagine uma partícula de massa m, em movimento ao longo de uma reta pelo centro da Terra, orientada como indica a Fig. 10.23. Seja M a massa da Terra e R o seu raio ($R \approx 6\,370$ km). Observe que a força de atração da Terra sobre a partícula é conservativa, pois ela só depende da abscissa r. Podemos tomar a energia potencial como sendo

$$-W_{Rr} = -\int_R^r F(s)ds = \int_R^r \frac{GMm}{s^2}ds = -\left.\frac{GMm}{s}\right|_R^r = GMm\left(\frac{1}{R} - \frac{1}{r}\right).$$

Em conseqüência, o teorema de conservação da energia (10.6) assume a forma:

$$\frac{mv^2}{2} + GMm\left(\frac{1}{R} - \frac{1}{r}\right) = \text{constante.}$$

Podemos desprezar o termo constante GMm/R e redefinir a energia potencial como sendo $E_p = -GMm/r$. Dessa maneira, a energia total passa a ser:

$$E = \frac{mv^2}{2} - \frac{GMm}{r}.$$

Vamos usar o fato de E ser constante para calcular a velocidade de escape V. Esta é definida como a velocidade mínima que a partícula deve possuir na superfície da Terra para que venha a se afastar indefinidamente, não tendo o seu movimento revertido pela força de atração da Terra. Isso equivale a dizer que, à medida que r cresce, tendendo a infinito, v tende a zero. Como E permanece constante, concluímos que a expressão acima da energia total deve ser zero:

$$E = \frac{mv^2}{2} - \frac{GMm}{r} = 0, \quad \text{donde} \quad v = \sqrt{\frac{2GM}{r}}.$$

Fázendo $r = R$, obtemos a velocidade de escape:

$$V = \sqrt{\frac{2GM}{R}}.$$

É interessante notar, como revela esta expressão, que a velocidade de escape independe da massa m da partícula.

Podemos ainda eliminar M na expressão de V. Para isso lembramos que, na superfície da Terra, a força GMm/R^2 é dada por mg:

$$\frac{GMm}{R^2} = mg, \quad \text{donde} \quad M = \frac{R^2 g}{G}.$$

Portanto,

$$V = \sqrt{2gR}.$$

Com os valores numéricos $g \approx 9,8 \text{ m/s}^2$ e $R \approx 6\,370$ km, obtemos: $V \approx 11,173$ km/s $\approx 40\,223$ km/h.

Exercícios

1. Que velocidade deve ter uma pedra de 2 kg para possuir a mesma energia cinética de um automóvel de 1000 kg a 80 km/h?

2. Demonstre que a energia cinética E_c de um corpo em queda livre é uma função quadrática do tempo:

$$E_c = at^2 + bt + c,$$

onde t é contado a partir do momento em que se inicia a queda com velocidade zero. Determine os coeficientes a, b, c em termos da aceleração da gravidade e da massa m do corpo.

3. Obtenha a equação de conservação da energia (10.7) usando apenas a equação horária do movimento $x = v_0 t - gt^2/2$.

4. Determine a equação da velocidade $v = v(t)$ e a equação horária $x = x(t)$ do movimento de uma partícula de massa m, ao longo de um eixo, sob a ação de uma força $F(t) = t$. Supondo que a velocidade e o espaço iniciais sejam nulos, mostre que a força é conservativa e obtenha uma expressão da energia cinética em função do tempo.

5. Considere uma partícula de massa m em movimento retilíneo, sob a ação de uma força $F = F(t)$. Demonstre que sua abscissa é dada por

$$x(t) = x_0 + v_0 t + \frac{1}{m}\int_0^t \left(\int_0^u F(s)ds\right)du,$$

10.5 A integral de Riemann

onde x_0 e v_0 são o espaço e a velocidade iniciais.

6. Um foguete é lançado verticalmente para cima segundo a equação horária $s = 12t^2$ m, t em segundos. Em quanto tempo atingirá a velocidade de escape?

7. Calcule a velocidade de escape na superfície da Lua, sabendo que nosso satélite tem raio $R \approx 1\,740$ km e massa $M \approx 735 \times 10^{20}$ kg.

8. Calcule a aceleração da gravidade g_L na superfície da Lua.

9. Mostre que, se uma pessoa consegue saltar a uma altura h na superfície da terra, apenas com seu esforço muscular, então na superfície da Lua ela saltará a uma altura $h_L = hg/g_L \approx 6,125h$.

Respostas, sugestões e soluções

1. $800\sqrt{5} \approx 1\,789$ km/h ≈ 497 m/s.

2. $E_c = \dfrac{m}{2}v^2 = \dfrac{m}{2}(v_0 + gt)^2 = \dfrac{mg}{2}t^2 + (mv_0g)t + \dfrac{mv_0^2}{2}.$

3. De $x = v_0t - gt^2/2$ segue-se que $v = \dot{x} = v_0 - gt$; logo,

$$\frac{mv^2}{2} + mgx = \frac{m}{2}(v_0 - gt)^2 + mg(v_0t - gt^2/2) = \frac{mv_0^2}{2}.$$

4. De $m\dfrac{dv}{dt} = F = t$, obtemos, por integração,

$$v = v_0 + \frac{t^2}{2m}.$$

Integrando, em seguida, a equação

$$\frac{dx}{dt} = v = v_0 + \frac{t^2}{2m},$$

resulta: $x = x_0 + v_0t + \dfrac{t^3}{6m}$. Se $x_0 = v_0 = 0$, teremos $x = t^3/6m$. Então $F = t = (6mx)^{1/3}$ só depende da posição x da partícula; logo, é conservativa. $E_c = t^4/8m$.

5. Integrando $\dfrac{dv}{dt} = \dfrac{1}{m}\,F(t)$, obtemos:

$$v(t) = v_0 + \frac{1}{m}\int_0^t F(s)ds.$$

Como $\dfrac{dx}{dt} = v(t)$, uma segunda integração nos dá:

$$x(t) = x_0 + v_0t + \frac{1}{m}\int_0^t \left(\int_0^u F(s)ds\right)du.$$

6. $v = \dot{s} = 24t = \sqrt{2gR} \approx 11\,174$; portanto,

$$t \approx 466 \text{ s} = 7 \text{ min } 46 \text{ s}.$$

7. Aprox. 2,37 km/s $\approx 8\,532$ km/h.

8. $g_L = \dfrac{GM_L}{R_L^2} \approx \dfrac{(6,67 \times 10^{-11})(735 \times 10^{20})}{174^2 \times 10^8} \approx 1,6$ m/s^2.

9. Mesma energia potencial na Terra e na Lua: $mgh = mg_Lh_L$.

10.6 Notas históricas

Arquimedes e a área do círculo

O problema de calcular a área de uma figura plana ou o volume de um sólido foi uma das questões centrais da Matemática na Grécia antiga. Arquimedes (287–212 a.C.), da escola de Alexandria, o mais eminente dos matemáticos da Antiguidade, ocupou-se intensamente desse problema, calculando as áreas e os volumes de diversas figuras geométricas. Em suas descobertas, ele valia-se muito de argumentos intuitivos e pouco rigorosos, mas depois de obter seus resultados, os demonstrava com impecável rigor. A seguir daremos uma idéia de como isso era feito.

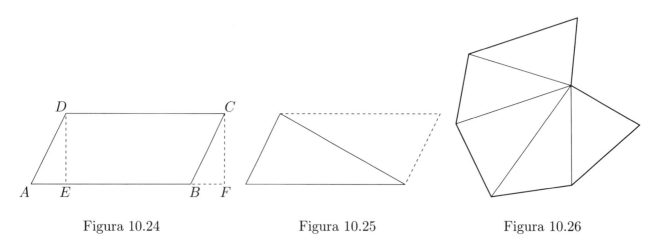

Figura 10.24 Figura 10.25 Figura 10.26

De início observamos que o cálculo de áreas costuma começar com a área do quadrado, tomada como fundamental. Depois vem o retângulo, cuja área é calculada em termos da área do quadrado. Em seguida, a área de um paralelogramo $ABCD$ é igual à área de um retângulo $EFCD$ (Fig. 10.24); e a área de um triângulo é metade da área de um paralelogramo (Fig. 10.25). A área de um polígono qualquer se reduz à soma de áreas de triângulos, por conveniente decomposição do polígono, como ilustra a Fig. 10.26.

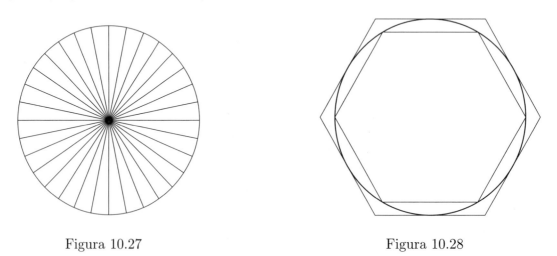

Figura 10.27 Figura 10.28

Depois das figuras poligonais, o círculo é a figura geométrica mais simples a oferecer dificuldade maior. Mesmo assim, um raciocínio intuitivo, baseado na visualização geométrica, permite mostrar que a área do círculo é igual à área de um triângulo de base igual à circunferência do círculo e altura igual ao raio r. Para vermos isso, dividimos o círculo em n setores iguais por meio da divisão da circunferência em n partes iguais (Fig. 10.27). Esses setores são mais e mais parecidos com triângulos, quanto maior for n. E como eles têm a mesma altura r, a soma de suas áreas é o produto da soma dos comprimentos das bases, vezes o raio, dividido por 2. Mas a soma dos comprimentos das bases é exatamente o comprimento da circunferência, que é $2\pi r$, de sorte que a área do círculo é a área do referido triângulo, com base $2\pi r$ e altura r, ou seja,

$$\text{Área do círculo} = \frac{2\pi r \cdot r}{2} = \pi r^2.$$

10.6 Notas históricas

Esse raciocínio, descontada a maneira de expressar os fatos em notação moderna (inclusive a notação π, que data do século XVIII), deve-se essencialmente a Arquimedes. Mas ele foi muito além, demonstrando rigorosamente o resultado obtido inicialmente de maneira apenas intuitiva. Em sua demonstração, ele usou o chamado *método de exaustão*, que se aplicava em situações gerais, e que consistia, essencialmente, em "exaurir" a figura dada por meio de outras áreas ou volumes conhecidos. Esse método, atribuído a Eudoxo (406–355 a.C.), foi desenvolvido e aperfeiçoado por Arquimedes.

No caso do círculo, Arquimedes foi inscrevendo polígonos regulares no círculo, a começar com o hexágono, e dobrando o número de lados a cada passo; e de maneira análoga com polígonos circunscritos. Assim a área do círculo estava sempre compreendida entre as áreas de um polígono inscrito e um polígono circunscrito de n lados (Fig. 10.28); e essas áreas vão-se tornando cada vez mais próximas, quanto maior for n. Arquimedes então prova que a área do círculo é exatamente πr^2, provando que não pode ser nem menor nem maior que esse valor. Para efeitos práticos, começando com $n = 6$ e dobrando a cada passo até chegar a $n = 96$, Arquimedes prova que a razão da circunferência para o diâmetro está compreendida entre $3 + 10/71$ e $3 + 10/70$. Para nós hoje isso significa que

$$3\frac{10}{71} < \pi < 3\frac{10}{70}, \quad \text{donde} \quad \pi \approx 3,14.$$

Arquimedes e a área do segmento de parábola

No caso de um segmento de parábola ACB (Fig. 10.29), Arquimedes usou, como primeira aproximação, o triângulo ABC, onde C é escolhido de maneira que a tangente à parábola por esse ponto seja paralela à reta AB. De modo análogo, são escolhidos os pontos D e E e construídos os triângulos ACD e BCE e assim por diante, indefinidamente. Esses triângulos vão exaurindo a área do segmento de parábola, de forma que essa área pode ser obtida, com a aproximação desejada, somando as áreas de um número suficientemente grande de triângulos. Desse modo, Arquimedes logrou provar que a área do segmento de parábola é $4/3$ da área do triângulo ABC nele inscrito.

Como vemos, pelos exemplos do círculo e da parábola, cada novo problema exigia um tipo particular de aproximação. Esse foi, sem dúvida, um dos motivos por que o cálculo integral não alcançou completa sistematização com Arquimedes, embora esse sábio já possuísse as idéias fundamentais da nova ciência. Em contraste, a noção de integral permite exprimir a área sob o gráfico de uma função f, usando sempre o mesmo tipo de aproximação por retângulos. É verdade que esta simplificação é, antes, conceitual; a Eq. (10.5) (p. 259) não é um meio prático para o cálculo efetivo de integrais, a não ser no desenvolvimento de métodos de aproximação numérica. No entanto, o Teorema Fundamental do Cálculo é o instrumento que permite exprimir a integral de uma função em termos de uma primitiva. Foi devido a esse notável resultado, descoberto por Newton e Leibniz no século XVII, que o Cálculo pode, finalmente, atingir sua completa maturação.

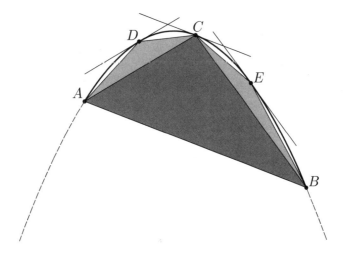

Figura 10.29

Bernhard Riemann

Até o início do século XIX, a integral era interpretada como área, sem qualquer conceituação precisa do que isso significava. Por volta de 1820, o matemático francês Augustin-Louis Cauchy (1789–1857) definiu a integral em termos das somas que, mais tarde, seriam chamadas de somas de Riemann. Mas os estudos de Cauchy, nesse particular, foram muito incompletos. A partir dessa época, intensificavam-se as investigações sobre os fundamentos do Cálculo, levando ao desenvolvimento da Análise Matemática e da Teoria das Funções. É interessante notar que foram problemas de Física Matemática, ligados sobretudo aos fenômenos de condução do calor e propagação ondulatória, que estimularam esses estudos. Por volta de 1854, o eminente matemático alemão Bernhard Riemann (1826–1866) realizou um estudo aprofundado da integral, como nunca fora empreendido antes. Devido a isso, as somas usadas na definição da integral são chamadas de "somas de Riemann", e a própria integral é chamada de "integral de Riemann". Este nome serve para distinguir essa integral de outras que vieram a ser estudadas mais tarde.

Riemann morreu tuberculoso antes de completar 40 anos, deixando uma obra matemática da maior importância, em que revela idéias brilhantes e profundas. Suas concepções em Geometria foram sobremaneira originais e avançadas para sua época. Com o trabalho de Einstein sobre Relatividade Geral, no século XX, a chamada Geometria Riemanniana tornava-se instrumento natural na descrição de fenômenos do mundo físico. Isso não é apenas uma coincidência feliz, já que Riemann era um dedicado estudioso da Física Matemática. Ele trabalhou intensamente para criar uma teoria que unificasse os fenômenos ópticos, elétricos e magnéticos. Entretanto, seus esforços nessa direção não foram bem-sucedidos, embora suas concepções originais apontassem na direção certa. De fato, na mesma época, o grande físico matemático escocês James Clerk Maxwell (1831-1879) descobria as equações do Eletromagnetismo, com a unificação que Riemann imaginara.

Capítulo 11

Métodos de integração

Este capítulo final trata dos "métodos de integração", também conhecidos como "regras de integração", e que são recursos que permitem encontrar primitivas de determinadas funções. Dois desses métodos são da maior importância, e não podem ser omitidos num curso de Cálculo. São eles o *método de integração por substituição* e o *método de integração por partes*, apresentados na parte inicial do capítulo.

Esses dois métodos de integração são importantes, não apenas para calcular efetivamente primitivas de certas funções; mais do que isso, eles são instrumentos poderosos para o desenvolvimento de vários métodos e técnicas, tanto no próprio Cálculo como em outras disciplinas matemáticas.

No passado, os métodos de integração em geral eram muito usados para encontrar primitivas, até que, por volta de 1980, começaram a surgir programas de computação que permitem calcular primitivas com bastante facilidade, bastando dar entrada na função a integrar e clicar. É claro que esses programas trazem enormes benefícios, pois permitem obter resultados rapidamente. Mas é importante, ao mesmo tempo, que o usuário desses programas, principalmente sendo ele um estudante ou estudioso da Matemática, tenha alguma noção sobre os recursos matemáticos que fundamentam a elaboração dos programas. Dar ao leitor informação sobre isso é um dos principais objetivos deste capítulo.

Em face dessas considerações, não vemos necessidade de o professor cobrir todo o material aqui apresentado, pelo menos num primeiro curso. O leitor deve valer-se deste capítulo para posteriores leituras, e para referências que vier a necessitar. A nosso ver, o importante, num primeiro curso, é estudar muito bem os dois primeiros métodos mencionados, de integração por substituição e por partes, um pouco do método sobre funções racionais, e pouca coisa mais sobre funções trigonométricas.

11.1 Integração por substituição

Até agora temos calculado integrais de funções que possuem primitivas fáceis de identificar. Assim,

$$\int x^3 dx = \frac{x^4}{4}, \quad \int \cos x \, dx = \operatorname{sen} x, \quad \int \frac{dx}{x} = \ln x, \quad \int e^x dx = e^x, \text{ etc.}$$

Mas como integrar funções como xe^x ou $\cos^2 x$, das quais não conhecemos primitivas imediatas? Há vários métodos para se fazer isso, conhecidos como *métodos de integração* ou *regras de integração*. Cada um desses métodos é adequado a uma determinada classe de funções. Às vezes, o método que funciona bem numa integração é completamente inadequado em outro e, às vezes, diferentes métodos se aplicam a uma mesma integral.

Veremos, inicialmente, como fazer integração por substituição, um procedimento de grande importância prática. Sejam f e F duas funções tais que $F' = f$. Então, pela regra de derivação em cadeia,

$$\frac{d}{dx}F(g(x)) = F'(g(x))g'(x) = f(g(x))g'(x),$$

donde obtemos:

$$\int f(g(x))g'(x)dx = F(g(x)) + C.$$

Se pusermos $y = g(x)$, teremos, evidentemente:

$$\int f(g(x))g'(x)dx = F(y) + C = \int f(y)dy.$$

Esta relação, obtida a partir da regra de derivação em cadeia, justifica a substituição $y = g(x)$, donde $dy = g'(x)dx$; logo,

$$\int f(g(x))g'(x)dx = \int f(y)dy. \tag{11.1}$$

Daremos, a seguir, vários exemplos ilustrativos de aplicação dessa fórmula na integração. O que temos de fazer, em cada caso, é procurar reduzir a integração que desejamos efetuar à forma $\int f(g(x))g'(x)dx$, onde f seja fácil de integrar.

Exemplo 1. Seja integrar $\dfrac{2x}{1+x^2}$. Como se vê, $2x = (1+x^2)'$; logo, pondo $y = g(x) = 1 + x^2$, teremos:

$$\int \frac{2x}{1+x^2}dx = \int \frac{d(1+x^2)}{1+x^2} = \int \frac{dy}{y} = \ln|y| + C = \ln(1+x^2) + C.$$

Podemos verificar a exatidão desse resultado por simples derivação:

$$D\ln(1+x^2) = \frac{D(1+x^2)}{1+x^2} = \frac{2x}{1+x^2},$$

que é a função original.

Exemplo 2. Às vezes devemos introduzir alguma constante multiplicativa para obter $g'(x)$. Por exemplo,

$$\int \frac{xdx}{(1+x^2)^3} = \frac{1}{2}\int \frac{2xdx}{(1+x^2)^3} = \frac{1}{2}\int \frac{d(1+x^2)}{(1+x^2)^3}.$$

Aqui pomos $y = g(x) = 1 + x^2$; logo,

$$\int \frac{xdx}{(1+x^2)^3} = \frac{1}{2}\int \frac{dy}{y^3} = \frac{-y^{-2}}{4} + C = \frac{-1}{4(1+x^2)^2} + C.$$

Exemplo 3. Seja integrar $x\,\mathrm{sen}\,3x^2$. Pondo $y = 3x^2$, obtemos:

$$\int x\,\mathrm{sen}(3x^2)dx = \frac{1}{6}\int \mathrm{sen}(3x^2)d(3x^2) = \frac{1}{6}\int \mathrm{sen}\,y\,dy = \frac{-\cos y}{6} + C = \frac{-\cos 3x^2}{6} + C.$$

Exemplo 4. $\displaystyle\int \frac{dx}{1+5x^2} = \int \frac{dx}{1+(\sqrt{5}x)^2} = \frac{1}{\sqrt{5}}\int \frac{d(\sqrt{5}x)}{1+(\sqrt{5}x)^2}$. Agora pomos $y = \sqrt{5}x$:

$$\int \frac{dx}{1+5x^2} = \frac{1}{\sqrt{5}}\int \frac{dy}{1+y^2} = \frac{\arctan y}{\sqrt{5}} + C = \frac{\arctan\sqrt{5}x}{\sqrt{5}} + C.$$

Exemplo 5. Com a prática, a substituição $y = g(x)$ pode ser suprimida, sendo realizada apenas mentalmente. Por exemplo,

$$\int \frac{dx}{\sqrt{9-x^2}} = \int \frac{d(x/3)}{\sqrt{1-(x/3)^2}} = \mathrm{arcsen}\,\frac{x}{3} + C.$$

11.1 Integração por substituição

Exemplo 6. Recorde a derivada de $\operatorname{arcsec} x$ para entender este exemplo:

$$\int \frac{dx}{|x|\sqrt{x^2 - 16}} = \frac{1}{4}\int \frac{d(x/4)}{|x/4|\sqrt{(x/4)^2 - 1}} = \frac{\operatorname{arcsec}(x/4)}{4} + C.$$

Observação. As funções $\arccos x$, $\operatorname{arccot} x$ e $\operatorname{arccsc} x$ têm as mesmas derivadas que

$$-\operatorname{arcsen} x, \quad -\arctan x \quad \text{e} \quad -\operatorname{arcsen} x,$$

respectivamente; logo, são inteiramente dispensáveis, já que diferem destas apenas por constantes aditivas.

Em se tratando de integral definida, a igualdade (11.1) assume a forma:

$$\int_a^b f(g(x))g'(x)dx = \int_{g(a)}^{g(b)} f(y)dy, \tag{11.2}$$

Convém notar que o primeiro membro desta igualdade só terá sentido se a imagem de g, com $a \le x \le b$, estiver contida no domínio de f. Então, o intervalo $[g(a), g(b)]$ também estará contido no domínio de f e o segundo membro terá significado. Devemos supor ainda que as funções f, g e g' sejam contínuas, para assegurar que os integrandos sejam funções contínuas, portanto integráveis. A demonstração de (11.2) é, então, imediata, pois, sendo F uma primitiva de f, $F(g(x))$ será uma primitiva de $f(g(x))g'(x)$, e ambos os membros da igualdade se reduzirão a $F(g(b)) - F(g(a))$.

Exemplo 7. $\displaystyle\int_{-1}^2 x^2\sqrt{x^3 + 1}\,dx = \frac{1}{3}\int_{x=-1}^{x=2} \sqrt{x^3 + 1}\,d(x^3 + 1)$. Com a nova variável $y = x^3 + 1$, esta integral passa a ser

$$\frac{1}{3}\int_0^9 \sqrt{y}\,dy = \frac{1}{3}\cdot\frac{2y\sqrt{y}}{3}\bigg|_0^9 = \frac{2}{9}\cdot 9\sqrt{9} = 6.$$

Exemplo 8. $\displaystyle\int_0^1 (1 - x)^3\sqrt{(1 + (1 - x)^4}\,dx = \frac{-1}{4}\int_{x=0}^{x=1} \sqrt{1 + (1 - x)^4}\,d[1 + (1 - x)^4]$. Pondo $y = 1 + (1 - x)^4$, esta última integral assume a seguinte forma:

$$\frac{-1}{4}\int_2^1 \sqrt{y}\,dy = \frac{1}{4}\int_1^2 \sqrt{y}\,dy = \frac{1}{4}\cdot\frac{2y\sqrt{y}}{3}\bigg|_1^2 = \frac{2\sqrt{2} - 1}{6}.$$

Exemplo 9. $\displaystyle\int_0^\pi (\cos x)^3\operatorname{sen} x\,dx = -\int_{x=0}^{x=\pi} (\cos x)^3 d(\cos x)$. Introduzindo $y = \cos x$, obtemos:

$$\int_0^\pi (\cos x)^3 \operatorname{sen} x\,dx = -\int_1^{-1} y^3 dy = \frac{-y^4}{4}\bigg|_1^{-1} = 0.$$

Exemplo 10. $\displaystyle\int_0^1 \frac{\arctan x}{1 + x^2}\,dx = \int_{x=0}^{x=1} \arctan x\,d(\arctan x)$. Com a nova variável $y = \arctan x$, a integral passa a ser

$$\int_0^{\pi/4} y\,dy = \frac{y^2}{2}\bigg|_0^{\pi/4} = \frac{\pi^2}{32}.$$

Exemplo 11. $\displaystyle\int_0^\infty (e^{-x} + 1)^2 e^{-x}dx$. Aqui introduzimos $y = e^{-x} + 1$ e a integral se transforma na seguinte:

$$-\int_2^1 y^2 dy = \frac{y^3}{3}\bigg|_1^2 = \frac{7}{3}.$$

Geometricamente, esse resultado é a medida da área da região ilimitada compreendida entre a curva $y = (e^{-x} + 1)^2 e^{-x}$ e os eixos Ox e Oy (Fig. 11.1).

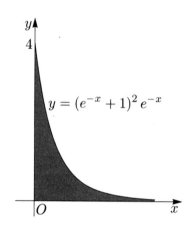

Figura 11.1

Exercícios

Calcule as integrais dadas nos Exercícios 1 a 39. Faça interpretação geométrica onde for apropriado.

1. $\int_0^1 x\sqrt{x^2+1}\,dx.$
2. $\int \operatorname{sen}^2 x \cos x\,dx.$
3. $\int xe^{x^2}\,dx.$
4. $\int_0^\infty xe^{-x^2}\,dx.$
5. $\int_0^{\pi/2} \operatorname{sen} x \cos x\,dx.$
6. $\int \dfrac{dx}{x+5}.$
7. $\int \dfrac{dx}{(x-2)^4}.$
8. $\int \dfrac{dx}{3x+1}.$
9. $\int \dfrac{dx}{(3x-5)^7}.$
10. $\int_0^\infty e^{-kx}\,dx,\ k>0.$
11. $\int \sqrt{3x+5}\,dx.$
12. $\int e^x \operatorname{sen}(e^x)\,dx.$
13. $\int \cos(2x+1)\,dx.$
14. $\int \dfrac{\ln x}{x}\,dx.$
15. $\int \dfrac{(\arctan x)^3}{1+x^2}\,dx.$
16. $\int_0^1 x^3(1+x^4)\,dx.$
17. $\int_0^1 x\sqrt{1-x^2}\,dx.$
18. $\int_0^\pi \dfrac{\cos x}{3-\operatorname{sen} x}\,dx.$
19. $\int_{-\infty}^\infty x^2 e^{-|x^3|}\,dx.$
20. $\int (x^3+5)^{1/3} x^2\,dx.$
21. $\int \dfrac{(\ln x)^3}{x}\,dx.$
22. $\int \tan x\,dx.$
23. $\int \dfrac{dx}{x \ln x}.$
24. $\int \dfrac{x-3/2}{x^2-3x+10}\,dx.$
25. $\int \dfrac{x(x^4+1)}{x^6+3x^2-1}\,dx.$
26. $\int \dfrac{\operatorname{sen} x}{\cos^5 x}\,dx.$
27. $\int \dfrac{\sqrt{x}\,dx}{(1+x^{3/2})^2}.$
28. $\int_0^1 \dfrac{dx}{\sqrt{x}(1+\sqrt{x})^5}.$
29. $\int (x^3+1)^{1/3} x^2\,dx.$
30. $\int \dfrac{e^{\sqrt{x}}}{\sqrt{x}}\,dx.$
31. $\int \dfrac{\operatorname{sen} x}{\sqrt{1+\cos x}}\,dx.$
32. $\int \dfrac{\operatorname{sen} 2x}{1+3\operatorname{sen}^2 x}\,dx.$
33. $\int \dfrac{dx}{|x|\sqrt{x^2-3}}.$
34. $\int_0^\infty (1+e^{at})^{3/2} e^{-at}\,dt,\ a>0.$
35. $\int_0^{\pi/2} \operatorname{sen}^{10} x \cos x\,dx.$
36. $\int \tan^5 x \sec^2 x\,dx.$
37. $\int \dfrac{dx}{\sqrt{4-x^2}}.$
38. $\int \dfrac{\cos\sqrt{x}}{\sqrt{x}}\,dx.$
39. $\int_0^{\pi^2/4} \dfrac{\operatorname{sen} 2\sqrt{x}}{\sqrt{x}}\,dx.$

11.2 Integração por partes

40. Seja f uma função periódica de período p, isto é, $f(x+p) = f(x)$. Use mudança de variável para provar que

$$\int_0^a f(x)dx = \int_p^{p+a} f(x)dx$$

e interprete esse resultado geometricamente.

41. Se f é uma função periódica de período p, prove que $\int_a^{a+p} f(x)dx = \int_0^p f(x)dx$ e interprete esse resultado geometricamente.

42. Seja f uma função par. Prove que $\int_{-a}^a f(x)dx = 2\int_0^a f(x)dx$ e interprete esse resultado geometricamente.

43. Se f é uma função ímpar, prove que $\int_{-a}^a f(x)dx = 0$ e interprete esse resultado geometricamente.

44. Seja f uma função ímpar e periódica, de período p. Prove que $\int_0^p f(x)dx = 0$ e interprete esse resultado geometricamente.

Respostas, sugestões e soluções

1. $\dfrac{1}{2}\displaystyle\int_1^2 y\sqrt{y}dy = \dfrac{2\sqrt{2}-1}{3}$.

3. $\dfrac{e^{x^2}}{2} + C$.

4. $1/2$.

6. $\ln|x+5| + C$.

7. $C - \dfrac{1}{3(x-4)^3}$.

8. $\dfrac{\ln|3x+1|}{3} + C$.

10. $\dfrac{e^{-kx}}{-k}\Big|_0^\infty = 1/k$.

14. $\displaystyle\int \ln x\, d\ln x = \dfrac{(\ln x)^2}{2} + C$.

18. $-\ln(3 - \operatorname{sen} x)\Big|_0^\pi = 0$.

19. Em $x < 0$, $x^2 e^{-|x^3|} = (e^{x^3}/3)'$.

21. $\displaystyle\int (\ln x)^3 d\ln x = \dfrac{(\ln x)^4}{4} + C$.

22. $-\displaystyle\int \dfrac{d\cos x}{\cos x} = C - \ln|\cos x|$.

23. $\displaystyle\int \dfrac{d\ln x}{\ln x} = \ln|\ln x| + C$.

25. $\dfrac{1}{6}\ln|x^6 + 3x^2 - 1| + C$.

28. $\dfrac{1}{\sqrt{x}} = 2(1 + \sqrt{x})'$.

30. $2e^{\sqrt{x}} + C$.

32. $(1 + 3\operatorname{sen}^2 x)' = 3\operatorname{sen} 2x$.

33. $\dfrac{1}{\sqrt{x}}\operatorname{arcsec}\left(\dfrac{x}{\sqrt{3}}\right) + C$.

36. $\dfrac{1}{6}\tan^6 x + C$.

37. $\operatorname{arcsen}\left(\dfrac{x}{2}\right) + C$.

39. $-\cos 2\sqrt{x}\Big|_0^{\pi^2/4} = 1$.

40. $\displaystyle\int_0^a f(x)dx = \int_0^a f(x+p)dx = \int_p^{a+p} f(y)dy$.

41. $\displaystyle\int_a^{a+p} f(x)dx = \int_a^p f(x)dx + \int_p^{a+p} f(x-p)dp = \int_a^p f(x)dx + \int_0^a f(y)dy = \int_0^p f(x)dx$.

42. $\displaystyle\int_{-a}^0 f(x)dx = -\int_0^{-a} f(x)dx = \int_0^a f(-y)dy = \int_0^a f(y)dy$.

44. $\displaystyle\int_0^p f(x)dx = -\int_{-p}^0 f(x)dx = -\int_{-p}^0 f(x+p)dx = -\int_0^p f(y)dy$.

11.2 Integração por partes

Estudaremos agora o chamado *método de integração por partes*, que se revela importante, não apenas para calcular primitivas de certas funções. Ele é também uma técnica muito valiosa de manipulação formal e de desenvolvimento de métodos operacionais importantes em vários domínios da Matemática.

A integração por partes é um procedimento muito simples, baseado na regra de derivação de um produto de duas funções $u = u(x)$ e $v = v(x)$. Sabemos que $(uv)' = u'v + uv'$, donde

$$u(x)v(x) = \int u'(x)v(x)dx + \int u(x)v'(x)dx;$$

ou ainda,

$$\int uv'dx = uv - \int u'vdx.$$

Esta é a fórmula de integração por partes, que permite transformar a integração do produto uv' na integração do produto $u'v$. Devido a isso costumamos dizer que, através dela, estamos "derivando" u e "integrando" v'. Observe que ela pode também ser escrita na forma

$$\int udv = uv - \int vdu.$$

Em se tratando de integral definida, a fórmula de integração por partes é, evidentemente,

$$\int_a^b uv'dx = uv\Big|_{x=a}^{x=b} - \int_a^b u'vdx.$$

Exemplo 1. Seja integrar xe^x. A integração seria imediata se não tivéssemos o fator x, mas apenas e^x. Isto sugere derivar x e integrar e^x; logo, pomos $u = x$, $v' = e^x$ (portanto, $v = e^x$) e obtemos:

$$\int xe^xdx = \int xde^x = xe^x - \int e^xdx = xe^x - e^x + C.$$

Se fosse x^2e^x o integrando, teríamos de integrar por partes duas vezes, na primeira derivando x^2 e integrando e^x, assim:

$$\int x^2e^xdx = \int x^2de^x = x^2e^x - 2\int xe^xdx = x^2e^x - 2xe^x + 2e^x + C.$$

É claro que a mesma idéia se aplica à integral de x^ne^x, n inteiro positivo: na primeira integração por partes, integramos e^x e derivamos x^n, e assim caímos na integral de $x^{n-1}e^x$.

Exemplo 2. Seja integrar $x\cos x$. Como no exemplo anterior, a integração seria imediata, não fosse pela existência do fator x. Daí a idéia de usar integração por partes para eliminar esse x:

$$\int x\cos x\,dx = \int x\,d(\operatorname{sen}x) = x\operatorname{sen}x - \int \operatorname{sen}x\,dx = x\operatorname{sen}x + \cos x + C.$$

Podemos verificar a exatidão do resultado derivando esta última função para obter $x\cos x$.

Se fosse $x^2\cos x$ a função a integrar, teríamos de fazer duas integrações por partes, na primeira derivando x^2 e integrando $\cos x$:

$$\begin{aligned}
\int x^2\cos x\,dx &= \int x^2 d(\operatorname{sen}x) = x^2\operatorname{sen}x - 2\int x\operatorname{sen}x\,dx \\
&= x^2\operatorname{sen}x + 2\int x\,d(\cos x) \\
&= x^2\operatorname{sen}x + 2x\cos x - 2\int \cos x\,dx \\
&= (x^2 - 2)\operatorname{sen}x + 2x\cos x + C.
\end{aligned}$$

11.2 Integração por partes

Exemplo 3. A integração por partes às vezes nos leva de volta à integral inicial:

$$\int \text{sen}^2 x \, dx = -\int \text{sen}\, x \, d(\cos x) = -\text{sen}\, x \, \cos x + \int \cos^2 x \, dx$$
$$= -\text{sen}\, x \, \cos x + \int (1 - \text{sen}^2 x) dx = x - \text{sen}\, x \, \cos x - \int \text{sen}^2 x \, dx;$$

portanto,

$$2\int \text{sen}^2 x \, dx = x - \text{sen}\, x \, \cos x$$

e, finalmente,

$$\int \text{sen}^2 x \, dx = \frac{x - \text{sen}\, x \, \cos x}{2} + C.$$

Exemplo 4. Eis aqui outro exemplo em que duas integrações sucessivas por partes nos levam de volta à integral inicial:

$$\int e^x \cos x \, dx = \int \cos x \, de^x = e^x \cos x - \int e^x (-\text{sen}\, x) \, dx$$
$$= e^x \cos x + \int \text{sen}\, x \, de^x = e^x \cos x + e^x \text{sen}\, x - \int e^x \cos x \, dx;$$

portanto,

$$\int e^x \cos x \, dx = \frac{e^x (\text{sen}\, x + \cos x)}{2} + C.$$

Exemplo 5. Vejamos como integrar $\tan^2 x$. Observe que

$$\tan^2 x = \text{sen}\, x \cdot \frac{\text{sen}\, x}{\cos^2 x} \quad \text{e que} \quad \frac{\text{sen}\, x \, dx}{\cos^2 x} = d\left(\frac{1}{\cos x}\right).$$

Então,

$$\int \tan^2 x \, dx = \int \text{sen}\, x \, d\left(\frac{1}{\cos x}\right) = \text{sen}\, x \cdot \frac{1}{\cos x} - \int \cos x \cdot \frac{1}{\cos x} dx = \tan x - x + C.$$

Exemplo 6. Para integrar $\ln x$ interpretamos esta função como $1 \cdot \ln x$ e integramos por partes, derivando $\ln x$ e integrando 1:

$$\int \ln x \, dx = x \ln x - \int x \, d(\ln x) = x \ln x - \int x \cdot \frac{1}{x} dx;$$

portanto,

$$\int \ln x \, dx = x \ln x - x + C.$$

Exemplo 7. A integração da função $\arctan x$ é feita como no exemplo anterior:

$$\int \arctan x \, dx = x \arctan x - \int x \, d(\arctan x) = x \arctan x - \int \frac{x \, dx}{1 + x^2}$$
$$= x \arctan x - \frac{1}{2} \int \frac{d(1 + x^2)}{1 + x^2} = x \arctan x - \frac{1}{2} \ln(1 + x^2) + C$$
$$= x \arctan x - \ln \sqrt{1 + x^2} + C.$$

Exemplo 8. No próximo exemplo pomos $u = x$ e $v' = \sqrt{x + 1}$, donde

$$v = \int \sqrt{x + 1} \, dx = \frac{2(x + 1)^{3/2}}{3}.$$

Então,

$$\int x\sqrt{x+1}\,dx = \frac{2x(x+1)^{3/2}}{3} - \frac{2}{3}\int (x+1)^{3/2}dx$$
$$= \frac{2x(x+1)^{3/2}}{3} - \frac{4(x+1)^{5/2}}{15} + C.$$

Exemplo 9. Vamos obter uma fórmula de recorrência, que nos permita calcular

$$I_n = \int \operatorname{sen}^n x\,dx,$$

em termos de I_{n-2}, supondo $n \geq 2$. Para isso usamos integração por partes:

$$I_n = \int (\operatorname{sen}^{n-1} x)(\operatorname{sen} x)dx = -\int (\operatorname{sen}^{n-1} x)d(\cos x)$$
$$= -\operatorname{sen}^{n-1} x \cos x + (n-1)\int \operatorname{sen}^{n-2} x \cos^2 x\,dx$$
$$= -\operatorname{sen}^{n-1} x \cos x + (n-1)\int (\operatorname{sen}^{n-2} x)(1-\operatorname{sen}^2 x)\,dx$$
$$= -\operatorname{sen}^{n-1} x \cos x + (n-1)I_{n-2} - (n-1)I_n.$$

Portanto,

$$I_n = \frac{n-1}{n}I_{n-2} - \frac{\operatorname{sen}^{n-1} x \cdot \cos x}{n}.$$

Exercícios

Calcule as integrais propostas nos Exercícios 1 a 24.

1. $\int x^3 e^x\,dx$.

2. $\int xe^{3x}\,dx$.

3. $\int x \operatorname{sen} x\,dx$.

4. $\int x^2 \operatorname{sen} x\,dx$.

5. $\int x^3 \operatorname{sen} 5x\,dx$.

6. $\int \cos^2 x\,dx$.

7. $\int e^x \operatorname{sen} x\,dx$.

8. $\int x\sqrt{x+2}\,dx$.

9. $\int x \ln x\,dx$.

10. $\int \frac{\ln x}{x}\,dx$.

11. $\int x^r \ln x\,dx$, $r \neq -1$.

12. $\int \operatorname{sen}^3 x\,dx$.

13. $\int \cos^3 x\,dx$.

14. $\int \operatorname{sen}^4 x\,dx$.

15. $\int \cos^4 x\,dx$.

16. $\int x^2 e^{-5x}\,dx$.

17. $\int \operatorname{arcsen} x\,dx$.

18. $\int x \cos kx\,dx$.

19. $\int e^{ax} \operatorname{sen} bx\,dx$, $a, b \neq 0$.

20. $\int (\ln x)^2\,dx$.

21. $\int (\ln x)^3\,dx$.

22. $\int xe^{-x}\,dx$.

23. $\int x^2 e^{-x}\,dx$.

24. $\int x(2+3x)^{1/3}dx$.

25. Mostre que $I_n = \int x^n e^x\,dx = x^n e^x - nI_{n-1}$.

26. Sejam $S_n = \int x^n \operatorname{sen} x\,dx$ e $C_n = \int x^n \cos x\,dx$. Use integração por partes para mostrar que

$$S_n = -x^n \cos x + nC_{n-1} \quad \text{e} \quad C_n = x^n \operatorname{sen} x - nS_{n-1}.$$

11.3 Funções definidas por integrais
275

Calcule S_n e C_n para $n = 0$, 1, 2, 3.

27. Seja $I_n = \displaystyle\int x^{\alpha}(\ln x)^n\, dx$, $\alpha \neq -1$. Mostre que

$$I_n = \frac{x^{\alpha+1}(\ln x)^n}{\alpha + 1} - \frac{n}{\alpha + 1}I_{n-1} \quad \text{se} \quad \alpha \neq -1.$$

Neste caso, calcule I_n para $n = 1$, 2, 3. Calcule I_n diretamente, no caso $\alpha = -1$.

28. Seja $I_n = \displaystyle\int \cos^n x\, dx$, $n \geq 2$. Demonstre que

$$I_n = \frac{n-1}{n}I_{n-2} + \frac{(\cos^{n-1} x)\,\text{sen}\, x}{n}$$

e use essa fórmula para calcular I_n nos casos $n = 2$, 3, 4, 5, 6.

29. Calcule as integrais de $\text{sen}^2 x$ e $\cos^2 x$, integrando as identidades

$$\cos^2 x + \text{sen}^2 x = 1$$
$$\cos^2 x - \text{sen}^2 x = \cos 2x$$

e somando e subtraindo as identidades resultantes.

Respostas, sugestões e soluções

1. $e^x(x^3 - 3x^2 + 6x - 6) + C$.

2. $\dfrac{xe^{3x}}{3} - \dfrac{e^{3x}}{9}$.

3. $\text{sen}\, x - x \cos x + C$.

4. $(2 - x^2)\cos x + 2x\,\text{sen}\, x + C$.

6. $\displaystyle\int \cos^2 x\, dx = \dfrac{\text{sen}\, x \cos x + x}{2} + C$.

7. $\dfrac{e^x}{2}(\text{sen}\, x - \cos x) + C$.

8. $\sqrt{x+2} = \left[\dfrac{2(x+2)^{3/2}}{3}\right]'$.

9. $\displaystyle\int x \ln x\, dx = \int x\, d(x \ln x - x)$.

10. $\dfrac{1}{x} = (\ln x)'$.

11. $\ln x = (x \ln x - x)'$.

16. $e^{-5x} = -(e^{-5x})'/5$.

17. $x \arcsin x - \displaystyle\int \dfrac{x\, dx}{\sqrt{1 - x^2}} = $ etc.

18. $\cos kx = (\text{sen}\, kx)'/k$.

19. $\dfrac{e^{ax}}{a^2 + b^2}(a\,\text{sen}\, bx - b\cos bx) + C$.

20. $\displaystyle\int (\ln x)^2\, dx = x(\ln x)^2 - \int x(\ln^2 x)'dx = $ etc.

21. Como o anterior. Veja também o Exercício 27 com $d = 0$.

24. $\displaystyle\int x(1 + 3x)^{1/3}dx = \dfrac{1}{4}\int x[(1 + 3x)^{4/3}]'dx = $ etc.

27. $I_n = \dfrac{1}{\alpha + 1}\displaystyle\int (x^{\alpha+1})'(\ln x)^n dx = $ etc. **28.** $I_n = \displaystyle\int \cos^{n-1} x\, d(\text{sen}\, x) = $ etc.

11.3 Funções definidas por integrais

Pelo que vimos até agora, o leitor pode ter ficado com a impressão de que sempre podemos calcular integrais pelo processo de encontrar primitivas das funções a integrar. Nada mais falso! Em verdade, são pouquíssimas as funções que possuem primitivas conhecidas.

O logaritmo

Comecemos com um exemplo muito simples, o da função $1/x$. Sua primitiva, como sabemos, é o logaritmo de x. Mas o que é $\ln x$? Pelo que vimos no Capítulo 7, o logaritmo é definido como área, que é a integral de

$1/x$. Mais explicitamente,

$$\ln x = \int_1^x \frac{1}{t} dt. \tag{11.3}$$

Só não falamos em integral quando definimos o logaritmo porque não era o momento oportuno. A rigor, deveríamos ter deixado para definir o logaritmo depois da apresentação da integral. Mas, didaticamente, isso não seria conveniente, pois ficaríamos sem uma função importante por muito tempo. O logaritmo dado pela integral em (11.3) é uma das primitivas da função $1/x$, e esta função não tem primitiva mais simples.

Definir o logaritmo sem usar a integral, como se faz no ensino médio, não simplifica nada. Lá o logaritmo é definido como *o expoente a que se deve elevar a base para se obter o número dado*. Achar "o expoente a que se deve elevar a base" não é de maneira nenhuma mais simples que lidar com a integral em (11.3). Como achar esse expoente? Estamos aqui lidando com a função de exponenciação, para definir o logaritmo como a sua inversa. Isso leva a complicações maiores do que primeiro definir o logaritmo como em (11.3).

A função de distribuição normal

Outro exemplo importante é dado pela função

$$\Phi(x) = \frac{1}{\sqrt{2\pi}} \int_{-\infty}^x e^{-t^2} dt.$$

Esta função, denotada com a letra maiúscula grega Φ (que se lê "fi"), é de importância fundamental em Probabilidade e Estatística. É a chamada *função da distribuição normal*, enquanto o integrando, $\phi(x) = e^{-x^2}/\sqrt{2\pi}$, é a *densidade de distribuição normal*. Embora definida por uma integral, essa função $\Phi(x)$ pode ser estudada a partir dessa sua definição, suas propriedades obtidas, e mesmo seus valores numéricos calculados a partir da integral.

A integral como instrumento para definir funções

Os dois exemplos considerados ilustram bem o fato de que a integração é um instrumento muito útil para definir novas funções. E as possibilidades são infinitas; por exemplo, escrevendo mais ou menos ao acaso, as integrais

$$\int_0^x e^{\cos t} dt, \qquad \int_0^x \frac{u \cos u}{1 + \sqrt{u}} du, \qquad \int_1^x \frac{1 + \sqrt{v}}{(1 - v)^{2/5}} dv,$$

são todas elas funções novas que acabamos de inventar, pois seus integrandos não têm primitivas encontradas entre as funções que já conhecemos.

Fique claro, pois, que, embora nem sempre seja possível integrar uma dada função f em termos de primitivas já conhecidas, a expressão

$$F(x) = \int_a^x f(t) dt$$

pode ser perfeitamente adequada para definir uma nova função $F(x)$. É este o caso do logaritmo, da função de distribuição normal Φ e de funções como

$$J_n(x) = \frac{1}{\pi} \int_0^\pi \cos(n\theta - x \operatorname{sen} \theta) d\theta \quad \text{e} \quad \Gamma(x) = \int_0^\infty e^{-t} t^{x-1} dt, \ x > 0,$$

a primeira conhecida como "coeficiente de Bessel" e a segunda como "função gama" (Γ é a letra grega maiúscula gama). O fato de serem definidas por integrais não significa que sejam menos conhecidas que funções dadas por processos aparentemente mais familiares, como

$$f(x) = \operatorname{sen} \sqrt{x^2 + \arctan(1 - 10x - x^2)}.$$

Pelo contrário, conhecemos muito melhor as propriedades das duas funções anteriores, que têm sido exaustivamente estudadas, do que as propriedades da função f acima, que nunca vimos antes! Nem sequer sabemos qual é o seu domínio máximo de definição.

Outras funções definidas por integrais

As funções costumam ser classificadas em *algébricas* e *transcendentes*. Chamam-se algébricas as *funções polinomiais*, como

$$3x^4 - 3x + 1, \quad -x^7 + 2x^5 - 3x^2 + 5;$$

as *funções racionais*, que são quocientes de polinômios, como

$$\frac{3x^4 - 2x^3 - 10}{x^5 + x^2 + 1}, \quad \frac{1}{3x - 1}, \quad \frac{x - 1}{x^2 + 3};$$

e as que delas se obtêm pelas operações algébricas de adição, subtração, multiplicação, divisão, potenciação e radiciação, assim como a operação de composição de funções.

As demais funções são chamadas *transcendentes*. Em particular, chamam-se *transcendentes elementares* as funções trigonométricas e suas inversas, a função logarítmica e sua inversa (a exponencial), e todas as que delas se obtêm pelas operações algébricas já mencionadas e pela operação de composição de funções.

Todas as demais funções, que não estejam na classe das funções algébricas e funções transcendentes elementares, são chamadas de *funções transcendentes mais altas* (em inglês "higher transcendental functions"). Por exemplo, enquanto a função $\phi(x)$ que mencionamos há pouco é uma transcendente elementar, a função $\Phi(x)$ é transcendente mais alta, bem como as funções $J_n(x)$ e $\Gamma(x)$.

Métodos numéricos

Finalmente uma observação sobre integração numérica. Suponhamos que seja preciso calcular a integral de uma função $f(x)$, entre os limites $x = a$ e $x = b$. Num caso como esse, procura-se encontrar um número — o valor da integral. Poderíamos pensar que o caminho mais natural para obter esse número fosse calculando a diferença $F(x) - F(a)$, sendo F uma primitiva de F. Mas isso nem sempre é verdade, por duas razões: primeiro porque f pode não ter uma primitiva elementar ou razoavelmente conhecida na literatura. Em segundo lugar, porque, mesmo que F seja uma função conhecida, pode ser que ela seja complicada a ponto de tornar o cálculo de $F(b) - F(a)$ muito difícil ou inviável. Daí a necessidade de recorrermos a métodos numéricos de integração.

Existem vários métodos, todos eles baseados na idéia de aproximar a área que a integral representa por áreas mais simples. A própria soma de Riemann é um valor aproximado da integral, tanto melhor quanto maior o número de pontos de divisão do intervalo $[a, b]$ em subintervalos iguais. Um método que, em geral, dá uma aproximação melhor com o mesmo número de pontos é o chamado método da aproximação trapezoidal, que consiste no seguinte: dividimos o intervalo $[a, b]$ em n subintervalos iguais, pelos pontos

$$x_i = a + \frac{(b - a)i}{n}, \quad i = 0, 1, 2, \ldots, n,$$

com $x_0 = a$ e $x_n = b$. Calculando os valores $f(x_i)$, podemos determinar a área do trapézio $A_{i-1}B_{i-1}B_iA_i$ (Fig. 11.2), que é dada por

$$\frac{f(x_{i-1}) + f(x_i)}{2} \cdot \frac{b - a}{n}.$$

Então a integral original é obtida, aproximadamente, como a soma das áreas desses trapézios, isto é,

$$\int_a^b f(x)dx \approx \sum_{i=1}^n \frac{f(x_{i-1}) + f(x_i)}{2} \cdot \frac{b - a}{n} = \frac{b - a}{n} \left[\frac{f(a) + f(b)}{2} + \sum_{i=1}^{n-1} f(x_i) \right].$$

Embora esta expressão seja um valor aproximado da integral, ela será uma aproximação tanto melhor quanto maior o número n. Mais precisamente, dado qualquer número positivo ε, por pequeno que seja, é sempre possível, com n suficientemente grande, fazer com que o erro, ao tomarmos a expressão acima pela integral, seja, em valor absoluto, menor que ε.

Não vamos demonstrar fatos como esse, nem entrar em maiores detalhes sobre integração numérica, pois estes são tópicos mais próprios de um curso de Cálculo Numérico. Limitamo-nos a observar que há outros métodos numéricos de integração, como a chamada Regra de Simpson, que se baseia na aproximação da função f por parábolas. O que determina a escolha do método são o tipo particular de função a integrar, o grau de aproximação desejado, etc.

Hoje em dia o cálculo numérico de integrais é muito facilitado pelos programas existentes, como o Maple ou o Mathematica. Vem tudo pronto, basta dar entrada nos dados e clicar.

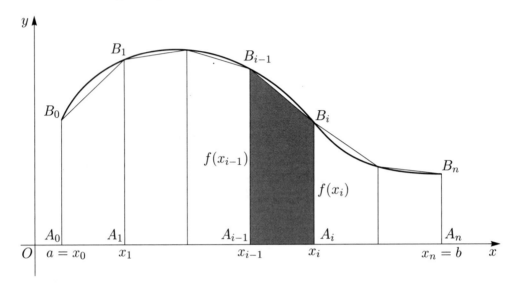

Figura 11.2

11.4 Funções racionais

Para integrar as funções racionais usamos um artifício conhecido como *decomposição* em *frações simples*. Basicamente, essa decomposição consiste em exprimir a função racional como uma soma de funções mais simples, de fácil integração. Esse processo permite, ao menos teoricamente, integrar qualquer função racional dada. Vamos ilustrá-lo primeiro através de dois exemplos concretos, antes de fazer uma exposição geral do método.

Exemplo 1. Seja integrar a função
$$\frac{3x+13}{(x-4)(x+1)}.$$

Procuramos exprimir o integrando na forma
$$\frac{3x+13}{(x-4)(x+1)} = \frac{A}{x-4} + \frac{B}{x+1}.$$

Para determinar os coeficientes A e B, primeiro eliminamos os denominadores:
$$3x + 13 = A(x+1) + B(x-4) = (A+B)x + (A-4B);$$

em seguida notamos que a igualdade de polinômios exige a igualdade dos termos semelhantes, que no caso em questão significa
$$A + B = 3 \quad \text{e} \quad A - 4B = 13.$$

Resolvendo essas equações, encontramos $A = 5$ e $B = -2$; portanto,
$$\frac{3x+13}{(x-4)(x+1)} = \frac{5}{x-4} - \frac{2}{x+1}.$$

11.4 Funções racionais

Finalmente,

$$
\int \frac{(3x+13)dx}{(x-4)(x+1)} = 5\int \frac{dx}{x-4} - 2\int \frac{dx}{x+1}
$$

$$
= 5\ln|x-4| - 2\ln|x+1| + C = \ln \frac{|x-4|^5}{(x+1)^2} + C.
$$

Exemplo 2. Para integrar a função

$$
\frac{x^2 - 16x - 11}{(x-3)(x+2)^2},
$$

procuramos exprimi-la na forma seguinte:

$$
\frac{x^2 - 16x - 11}{(x-3)(x+2)^2} = \frac{A}{x-3} + \frac{B}{x+2} + \frac{C}{(x+2)^2}.
$$

Eliminando os denominadores, obtemos:

$$
x^2 - 16x - 11 = A(x+2)^2 + B(x-3)(x+2) + C(x-3)
$$

$$
= (A+B)x^2 + (4A - B + C)x + (4A - 6B - 3C).
$$

Da identidade do primeiro com o terceiro membro segue-se que

$$
A + B = 1, \quad 4A - B + C = -16 \quad \text{e} \quad 4A - 6B - 3C = -11.
$$

Resolvendo essas equações, encontramos $A = -2$, $B = 3$ e $C = -5$; logo,

$$
\frac{x^2 - 16x - 11}{(x-3)(x+2)^2} = \frac{-2}{x-3} + \frac{3}{x+2} - \frac{5}{(x+2)^2}.
$$

Podemos agora integrar:

$$
\int \frac{x^2 - 16x - 11}{(x-3)(x+2)^2}dx = -2\int \frac{dx}{x-3} + 3\int \frac{dx}{x+2} - 5\int \frac{dx}{(x+2)^2}
$$

$$
- \; 2\ln|x-3| + 3\ln|x+2| + \frac{5}{x+2} + C
$$

$$
= \; \ln \frac{|x+2|^3}{(x-3)^2} + \frac{5}{x+2} + C.
$$

Decomposição em frações simples

Como o leitor deve ter notado nos exemplos acima, a decomposição de uma função racional $p(x)/q(x)$ em frações simples está subordinada ao modo como o denominador $q(x)$ se decompõe em fatores irredutíveis. Os fatores irredutíveis de um polinômio são de dois tipos: fatores lineares da forma $x - a$ e fatores quadráticos sem raízes reais, isto é, trinômios do tipo $x^2 + bx + c$, com $b^2 - 4c < 0$. Por exemplo,

$$
q(x) = K(x-3)^5(x+5)^2(x^2+4)^3(x^2+x+1)^4,
$$

onde K é uma constante, é uma decomposição de um polinômio em fatores irredutíveis, que são os fatores lineares $x - 3$ e $x + 5$, e os fatores quadráticos $x^2 + 4$ e $x^2 + x + 1$. Observe que podemos sempre supor que os coeficientes dos termos de mais alto grau dos fatores irredutíveis são iguais a 1, uma vez que a constante K pode incorporar todos os eventuais fatores diferentes de 1. Essa decomposição corresponde à decomposição de um número em fatores primos, desempenhando os fatores irredutíveis o papel dos números primos da Aritmética.

280   Capítulo 11   Métodos de integração

Do ponto de vista prático, nem sempre é fácil encontrar os fatores irredutíveis da decomposição de um polinômio. Em geral, devemos encontrar as raízes do polinômio dado para identificar os fatores irredutíveis. Por exemplo, no caso do polinômio $x^4 - 16$, vemos que

$$x^4 - 16 = (x^2 - 4)(x^2 + 4) = (x - 2)(x + 2)(x^2 + 4);$$

no caso do polinômio $x^3 + 27$, é visível que $x = -3$ é uma de suas raízes; logo, ele é divisível por $x + 3$. Efetuando a divisão, encontramos:

$$x^3 + 27 = (x + 3)(x^2 - 3x + 9),$$

que é a decomposição completa, já que o trinômio que aí aparece tem discriminante negativo.

Ao fazer a decomposição de uma função racional $p(x)/q(x)$ em frações simples, devemos sempre supor que $p(x)$ e $q(x)$ sejam primos entre si, isto é, não tenham fatores irredutíveis em comum. Supomos também que o grau de $p(x)$ seja menor que o grau de $q(x)$; do contrário devemos efetuar a divisão de $p(x)$ por $q(x)$, obtendo um quociente $Q(x)$ e um resto $r(x)$, de grau menor que o grau de $q(x)$. Então,

$$\frac{p(x)}{q(x)} = Q(x) + \frac{r(x)}{q(x)}$$

e agora é só lidar com a função $r(x)/q(x)$.

Sob as hipóteses feitas, todo fator $(x - a)^n$ que aparece na decomposição do denominador $q(x)$ de uma função racional $p(x)/q(x)$ dá origem às seguintes frações simples na decomposição de $p(x)/q(x)$:

$$\frac{A_1}{x - a}, \quad \frac{A_2}{(x - a)^2}, \dots, \frac{A_n}{(x - a)^n}. \tag{11.4}$$

De modo análogo, um fator $(x^2 + bx + c)^n$, com $b^2 - 4c < 0$, dá origem a frações simples

$$\frac{B_1 x + C_1}{x^2 + bx + c}, \quad \frac{B_2 x + C_2}{(x^2 + bx + c)^2}, \dots, \frac{B_n x + C_n}{(x^2 + bx + c)^n}. \tag{11.5}$$

A demonstração desses fatos é do domínio da Álgebra e não será tratada aqui.

Como vemos, para integrar uma função racional é preciso saber integrar as funções simples que aparecem em (11.4) e (11.5). A integração do primeiro termo em (11.4) é imediata, e resulta em $A_1 \ln|x - a|$. Os outros termos em (11.4) também não oferecem dificuldades; basta fazer a transformação $y = x - a$, e ter em conta que $n > 1$:

$$\int \frac{dx}{(x - a)^n} = \int \frac{dy}{y^n} = \frac{1}{(1 - n)y^{n-1}} + C = \frac{-1}{(n - 1)(x - a)^{n-1}} + C.$$

Vejamos como integrar as frações simples de (11.5). Primeiro usamos a técnica de completar o quadrado para modificar o trinômio do denominador:

$$x^2 + bx + c = \left(x^2 + 2x\frac{b}{2}\right) + c = \left(x^2 + 2x\frac{b}{2} + \frac{b^2}{4}\right) + c - \frac{b^2}{4} = \left(x + \frac{b}{2}\right)^2 + k^2,$$

onde $k = \sqrt{4c - b^2}/2$ é positivo, já que $4c - b^2 > 0$. Pondo $ky = x + b/2$, obtemos:

$$\begin{aligned}
\int \frac{Bx + C}{(x^2 + bx + c)^n} dx &= \int \frac{B(ky - b/2) + C}{[k^2(y^2 + 1)]^n} k\, dy \\
&= \frac{B}{k^{2n-2}} \int \frac{y\, dy}{(y^2 + 1)^n} + \frac{C - Bb/2}{k^{2n-1}} \int \frac{dy}{(y^2 + 1)^n}.
\end{aligned}$$

11.4 Funções racionais

Vemos assim que o problema fica reduzido a calcular as integrais

$$\int \frac{y\,dy}{(y^2+1)^n} \quad e \quad \int \frac{dy}{(y^2+1)^n}. \tag{11.6}$$

Para integrar a primeira delas, pomos $z = y^2 + 1$, donde, se $n > 1$,

$$\int \frac{y\,dy}{(y^2+1)^n} = \frac{1}{2}\int \frac{dz}{z^n} = \frac{-1/2}{(n-1)z^{n-1}} + C;$$

se $n = 1$, obtemos $(1/2)\log z + C$.

A segunda integral em (11.6) é simplesmente $\arctan y$, no caso $n = 1$. O caso $n > 1$ será tratado mais adiante.

Exemplo 3. Seja integrar a função

$$\frac{x-1}{x^2+2x+10} = \frac{x-1}{(x+1)^2+9}.$$

Pondo $x + 1 = 3y$, obtemos:

$$\begin{aligned}
\int \frac{(x-1)dx}{x^2+2x+10} &= \int \frac{3y-2}{9(y^2+1)}3dy = \int \frac{y\,dy}{y^2+1} - \frac{2}{3}\int \frac{dy}{y^2+1} \\
&= \ln\sqrt{y^2+1} - \frac{2}{3}\arctan y + C \\
&= \ln\sqrt{\left(\frac{x+1}{3}\right)^2+1} - \frac{2}{3}\arctan\frac{x+1}{3} + C.
\end{aligned}$$

Exemplo 4. Vamos integrar a função

$$\frac{x^4+48x-1}{(x+7)(x^2+x+1)}.$$

Observe que o grau do numerador é 4, enquanto o do denominador é 3. Portanto, temos de efetuar a divisão, que dará um quociente do primeiro grau, $Ax+B$. Em consequência, a função acima terá uma decomposição do seguinte tipo:

$$\frac{x^4+48x-1}{(x+7)(x^2+x+1)} = Ax + B + \frac{C}{x+7} + \frac{Dx+E}{x^2+x+1}.$$

Eliminando os denominadores, obtemos:

$$\begin{aligned}
x^4+48x-1 &= Ax^4 + (8A+B)x^3 + (8A+8B+C+D)x^2 \\
&+ (7A+8B+C+7D+E)x + (7B+C+7E).
\end{aligned}$$

Agora igualamos os coeficientes dos termos semelhantes, resultando nas seguintes equações:

$$A = 1, \quad 8A+B = 8A+8B+C+D = 0, \quad 7A+8B+C+7D+E = 48 \quad e \quad 7B+C+7E = -1.$$

Resolvendo esse sistema, resulta: $A = 1$, $B = -8$, $C = 48$, $D = 8$ e $E = 1$. Então,

$$\frac{x^4+48x-1}{(x+7)(x^2+x+1)} = x - 8 + \frac{48}{x+7} + \frac{8x+1}{x^2+x+1}$$

e

$$\int \frac{(x^4+48x-1)dx}{(x+7)(x^2+x+1)} = \frac{x^2}{2} - 8x + 48\ln|x+7| + \int \frac{(8x+1)dx}{x^2+x+1} \tag{11.7}$$

Para calcular esta última integral, notamos que

$$x^2 + x + 1 = \left(x + \frac{1}{2}\right)^2 + \frac{3}{4};$$

portanto, com $x + \dfrac{1}{2} = \sqrt{3}y/2$, e após alguns cálculos, obtemos:

$$
\begin{aligned}
\int \frac{8x + 1}{x^2 + x + 1}\,dx &= 8\int \frac{y\,dy}{y^2 + 1} - 2\sqrt{3}\int \frac{dy}{y^2 + 1} = 4\ln(y^2 + 1) - 2\sqrt{3}\arctan y + C \\
&= 4\ln\left[\frac{(2x + 1)^2}{3} + 1\right] - 2\sqrt{3}\arctan\frac{2x + 1}{\sqrt{3}} + C.
\end{aligned}
$$

Substituindo esta expressão em (11.7), obtemos o resultado desejado:

$$\int \frac{(x^4 - 48x - 1)dx}{(x + 7)(x^2 + x + 1)} = \frac{x^2}{2} - 8x + 4\ln\left(|x + 7|^{12}\left[\frac{(2x + 1)^2}{3} + 1\right]\right) - 2\sqrt{3}\arctan\frac{2x + 1}{\sqrt{3}} + C.$$

A segunda integral em (11.6) com $n > 1$. Finalmente vamos estabelecer uma fórmula de recorrência para calcular

$$I_n = \int \frac{dy}{(1 + y^2)^n}$$

em termos de I_{n-1}. Para isso notamos inicialmente que

$$\int \frac{dy}{(1 + y^2)^n} = \int \frac{(1 + y^2) - y^2}{(1 + y^2)^n}\,dy = \int \frac{dy}{(1 + y^2)^{n-1}} - \int \frac{y^2\,dy}{(1 + y^2)^n}.$$

Usando integração por partes, teremos:

$$\int \frac{y^2\,dy}{(1 + y^2)^n} = \int \frac{y}{2}\cdot d\left[\frac{(y^2 + 1)^{1-n}}{1 - n}\right] = \frac{y(y^2 + 1)^{1-n}}{2(1 - n)} + \frac{1}{2(n - 1)}\int \frac{dy}{(y^2 + 1)^{n-1}}.$$

Substituindo esta expressão na relação anterior, obtemos o resultado desejado:

$$\int \frac{dy}{(1 + y^2)^n} = \frac{y}{2(n - 1)(y^2 + 1)^{n-1}} + \frac{2n - 3}{2(n - 1)}\int \frac{dy}{(y^2 + 1)^{n-1}}.$$

Por sucessivas aplicações desta fórmula podemos calcular I_n em termos de I_1, que é simplesmente $\arctan y$.

Exercícios

Calcule as integrais dadas nos Exercícios 1 a 25.

1. $\int \dfrac{dx}{x(x + 1)}.$

2. $\int \dfrac{dx}{x^2 - 4}.$

3. $\int \dfrac{dx}{x^2 + 4}.$

4. $\int \dfrac{dx}{(x - 1)(x + 2)}.$

5. $\int \dfrac{x\,dx}{(x + 3)^2}.$

6. $\int \dfrac{x^2 - 5x + 1}{x(x - 3)}\,dx.$

7. $\int \dfrac{dx}{x^2 + 9}.$

8. $\int \dfrac{dx}{x^2 + x - 2}.$

9. $\int \dfrac{(x^3 + 1)dx}{x(x + 4)}.$

10. $\int \dfrac{(x^3 - 1)dx}{x^2 - x - 2}.$

11. $\int \dfrac{x\,dx}{(x + 2)(x - 3)^2}.$

12. $\int \dfrac{x\,dx}{x^2 + 4x - 5}.$

11.5 Produtos de potências trigonométricas 283

13. $\int \dfrac{x^3 - 2x + 1}{x^2 + 1} dx.$

14. $\int \dfrac{(1 - x)dx}{x^3 + 8}.$

15. $\int \dfrac{x + 3}{(x + 2)^3} dx.$

16. $\int \dfrac{dx}{(x + 1)(x + 2)(x + 3)}.$

17. $\int \dfrac{x\,dx}{(x^2 - 1)(x + 1)}.$

18. $\int \dfrac{dx}{x^2(x^2 + x + 1)}.$

19. $\int \dfrac{dx}{x^4 - 1}.$

20. $\int \dfrac{dx}{(x^2 - 4)^2}.$

21. $\int \dfrac{dx}{x^3 - 1}.$

22. $\int \dfrac{dx}{(x^2 + 1)^2}.$

23. $\int \dfrac{dx}{(x^2 + x + 1)}.$

24. $\int \dfrac{x^4 dx}{(x^2 + 1)^2}.$

25. $\int \dfrac{dx}{(x^2 + 4)^2}.$

Respostas, sugestões e soluções

1. $\ln\left|\dfrac{x}{x + 1}\right| + C.$

2. $\dfrac{1}{x^2 - 4} = \dfrac{1}{4}\left(\dfrac{1}{x - 2} - \dfrac{1}{x + 2}\right).$

3. $\dfrac{1}{2}\arctan\dfrac{x}{2} + C.$

4. $\dfrac{1}{3}\ln\left|\dfrac{x - 1}{x + 2}\right| + C.$

5. $\dfrac{3}{x + 3} + \ln|x + 3| + C.$

6. $\dfrac{x^2 - 5x + 1}{x(x - 3)} = \dfrac{x(x - 3) + x + 1 - 3x}{x(x - 3)} = 1 - \dfrac{2x - 1}{x(x - 3)} = 1 - \dfrac{1}{3x} - \dfrac{5}{3(x - 3)}.$

8. $\dfrac{1}{3}\ln\left|\dfrac{x - 1}{x + 2}\right| + C.$

10. $\dfrac{x^3 - 1}{x^2 - x - 2} = x + 1 + \dfrac{3x + 1}{(x - 2)(x + 1)} = x + 1 + \dfrac{7}{3(x - 2)} + \dfrac{2}{3(x + 1)}.$

14. $x^3 + 8$ se anula em $x = -2$, logo é divisível por $x + 2$.

18. $\dfrac{1}{x^2(x^2 + x + 1)} = \dfrac{-1}{x} + \dfrac{1}{x^2} + \dfrac{x}{x^2 + x + 1}.$

11.5 Produtos de potências trigonométricas

Certas funções trigonométricas podem ser integradas sistematicamente. Esse é o caso das funções que são produtos de potências inteiras das seis funções trigonométricas básicas, como

$$\text{sen}^3 x \tan^{-5} x, \quad \cot^{-7} x \sec^3 x, \text{ etc.}$$

Observe que tais funções podem sempre se exprimir na forma $\text{sen}^m x \cos^n x$, onde m e n são inteiros. Por exemplo,

$$\text{sen}^3 x \tan^{-5} x = \text{sen}^3 x \left(\frac{\text{sen}\,x}{\cos x}\right)^{-5} = \text{sen}^{-2} x \cos^5 x;$$

$$\cot^{-7} x \sec^3 x = \left(\frac{\cos x}{\text{sen}\,x}\right)^{-7}\left(\frac{1}{\cos x}\right)^3 = \text{sen}^7 x \cos^{-10} x.$$

Vamos distinguir vários casos na integração dessas funções.

1) *m e n são pares não-negativos.* Neste caso é conveniente utilizar as fórmulas

$$\text{sen}^2 x + \cos^2 x = 1,$$
$$\cos^2 x - \text{sen}^2 x = \cos 2x.$$

Somando e subtraindo membro a membro essas identidades, obtemos as chamadas *fórmulas de redução* seguintes:

$$\cos^2 x = \frac{1 + \cos 2x}{2} \quad \text{e} \quad \text{sen}^2 x = \frac{1 - \cos 2x}{2}.$$

284   Capítulo 11   Métodos de integração

Esse nome se justifica porque elas permitem reduzir o expoente do co-seno ou do seno,. facilitando a integração, como veremos a seguir.

Exemplo 1. Já vimos como as funções $\operatorname{sen}^2 x$ e $\cos^2 x$ podem ser integradas por partes. Vamos integrá-las agora, usando as fórmulas de redução já citadas:

$$\int \cos^2 x \, dx = \int \frac{1 + \cos 2x}{2} dx = \frac{x}{2} + \frac{\operatorname{sen} 2x}{4} + C = \frac{x + \operatorname{sen} x \cos x}{2} + C;$$

$$\int \operatorname{sen}^2 x \, dx = \int \frac{1 - \cos 2x}{2} dx = \frac{x}{2} - \frac{\operatorname{sen} 2x}{4} + C = \frac{x - \operatorname{sen} x \cos x}{2} + C.$$

Repetidas aplicações das fórmulas de redução permitem transformar qualquer função do tipo $\operatorname{sen}^m x \cos^n x$, onde m e n são números pares positivos, numa soma envolvendo apenas potências de co-senos. Por exemplo,

$$\begin{aligned}
\cos^4 x &= \left(\frac{1 + \cos 2x}{2} \right)^2 = \frac{1}{4} + \frac{\cos 2x}{2} + \frac{\cos^2 2x}{4} \\
&= \frac{1}{4} + \frac{\cos 2x}{2} + \frac{1}{4}\left(\frac{1 + \cos 4x}{2} \right) = \frac{3}{8} + \frac{\cos 2x}{2} + \frac{\cos 4x}{8};
\end{aligned}$$

portanto,

$$\int \cos^4 x \, dx = \frac{3x}{8} + \frac{\operatorname{sen} 2x}{4} + \frac{\operatorname{sen} 4x}{32} + C.$$

Do mesmo modo,

$$\operatorname{sen}^6 x \cos^{10} x = \left(\frac{1 - \cos 2x}{2} \right)^3 \left(\frac{1 + \cos 2x}{2} \right)^5$$

e isto é uma soma de potências positivas de $\cos 2x$, cada potência com um certo coeficiente numérico. Vemos, assim, que, para integrar produtos de potências pares positivas de $\operatorname{sen} x$ e $\cos x$, devemos saber integrar potências positivas de $\cos x$. Enquanto tal potência for par, usaremos a fórmula de redução acima. No caso de uma potência ímpar, bastará usar a transformação $y = \operatorname{sen} x$:

$$\int \cos^{2n+1} x \, dx = \int (1 - \operatorname{sen}^2 x)^n \cos x \, dx = \int (1 - y^2)^n dy.$$

Esta última integral é simplesmente a integral de um polinômio em y e não oferece maior dificuldade.

Exemplo 2. Com $y = \operatorname{sen} x$, temos:

$$\begin{aligned}
\int \cos^7 x \, dx &= \int (1 - \operatorname{sen}^2 x)^3 \cos x \, dx = \int (1 - y^2)^3 dy \\
&= \int (1 - 3y^2 + 3y^4 - y^6) dy = y - y^3 + \frac{3y^5}{5} - \frac{y^7}{7} + C \\
&= \operatorname{sen} x - \operatorname{sen}^3 x + \frac{3 \operatorname{sen}^5 x}{5} - \frac{\operatorname{sen}^7 x}{7} + C.
\end{aligned}$$

2) *Um dos números m, n é ímpar.* As mesmas idéias anteriores se aplicam aqui. Assim, com $y = \operatorname{sen} x$, obtemos:

$$\int \operatorname{sen}^m x \cos^{2q+1} x \, dx = \int y^m (1 - y^2)^q dy;$$

com $y = \cos x$,

$$\int \operatorname{sen}^{2p+1} x \cos^n x \, dx = - \int y^n (1 - y^2)^p dy.$$

11.5 Produtos de potências trigonométricas

Observe que as integrais em y nada mais são que integrais de funções racionais.

Exemplo 3. Pondo $y = \cos x$, teremos:

$$\int \cos^2 x \operatorname{sen}^3 x \, dx = \int \cos^2 x (1 - \cos^2 x) \operatorname{sen} x \, dx = -\int y^2 (1 - y^2) dy$$

$$= -\frac{y^3}{3} \cdot \frac{y^5}{5} + C = \frac{\cos^5 x}{5} - \frac{\cos^3 x}{3} + C.$$

Exemplo 4. Com $y = \operatorname{sen} x$, teremos:

$$\int \frac{\operatorname{sen}^2 x}{\cos^5 x} \, dx = \int \frac{\operatorname{sen}^2 x}{\cos^6 x} \cos x \, dx = \int \frac{y^2}{(1 - y^2)^3} dy.$$

Isso reduz o problema à integração de uma função racional.

Exemplo 5. Seja integrar $\cot x$:

$$\int \cot x \, dx = \int \frac{\cos x}{\operatorname{sen} x} dx = \int \frac{d \operatorname{sen} x}{\operatorname{sen} x} = \ln |\operatorname{sen} x| + C.$$

Exemplo 6. Vamos calcular a integral da função $\sec x$. Usamos a transformação $y = \operatorname{sen} x$:

$$\int \sec x \, dx = \int \frac{dx}{\cos x} = \int \frac{\cos x}{\cos^2 x} dx = \int \frac{dy}{1 - y^2} = \frac{1}{2} \int \left(\frac{1}{1-y} + \frac{1}{1+y} \right) dy$$

$$= \frac{1}{2} [\ln(1 + y) - \ln|1 - y|] = \frac{1}{2} \ln \frac{1 + \operatorname{sen} x}{|1 - \operatorname{sen} x|} + C$$

$$= \frac{1}{2} \ln \frac{(1 + \operatorname{sen} x)^2}{1 - \operatorname{sen}^2 x} + C = \frac{1}{2} \ln \left(\frac{1 + \operatorname{sen} x}{\cos x} \right)^2 + C = \ln \frac{1 + \operatorname{sen} x}{|\cos x|} + C;$$

portanto,

$$\int \sec x \, dx = \ln |\sec x + \tan x| + C.$$

Esta é uma integral famosa, que teria sido de extrema utilidade a Gerhard Mercator em seu trabalho cartográfico de 1569, cerca de um século antes da invenção do cálculo integral. Falaremos mais sobre isso nas notas históricas no final do capítulo.

3) *m e n são pares, um deles negativo.* Neste caso, fazemos intervir as fórmulas

$$1 + \tan^2 x = \sec^2 x \quad \text{e/ou} \quad 1 + \cot^2 x = \csc^2 x.$$

Elas são conseqüência imediata da identidade $\operatorname{sen}^2 x + \cos^2 x = 1$, por simples divisão dessa identidade por $\cos^2 x$ e $\operatorname{sen}^2 x$, respectivamente. Vamos usá-las juntamente com as fórmulas que dão as derivadas de $\tan x$ e $\cot x$:

$$D \tan x = \sec^2 x, \quad D \cot x = -\csc^2 x.$$

Agora observe que a expressão $\operatorname{sen}^m x \cos^n x \, dx$, com m e n pares, pode sempre ser escrita na forma

$$\frac{\operatorname{sen}^{-2p} x \cos^{-2q} x}{\cos^2 x} dx = (\csc^2 x)^p (\sec^2 x)^q d(\tan x).$$

Portanto, pondo $y = \tan x$, essa diferencial passa a ser

$$\left(1 + \frac{1}{y^2} \right)^p (1 + y^2)^q dy,$$

286   Capítulo 11   Métodos de integração

cuja integração se faz pelos métodos das funções racionais.

Poderíamos também ter usado a mudança de variáveis $y = \cot x$, escrevendo a diferencial a integrar na forma

$$\frac{\operatorname{sen}^{-2p} x \cos^{-2p} x}{\operatorname{sen}^2 x}\, dx = -(\csc^2 x)^p (\sec^2 x)^q d(\cot x)$$
$$= -(1 + y^2)^p \left(1 + \frac{1}{y^2}\right)^q dy.$$

Essas idéias se aplicam mesmo que m e n sejam pares, ambos não-negativos.

Exemplo 7. Pondo $y = \tan x$, teremos:

$$\int \tan^2 x\, dx = \int \frac{\operatorname{sen}^2 x}{\cos^2 x}\, dx = \int \frac{d(\tan x)}{\csc^2 x} = \int \frac{dy}{1 + 1/y^2} = \int \frac{y^2 dy}{1 + y^2}$$
$$= \int \frac{(1 + y^2) - 1}{1 + y^2}\, dy = y - \arctan y + C = \tan x - x + C.$$

Exemplo 8. Na integração seguinte utilizaremos a transformação $y = \cot x$.

$$\int \frac{dx}{\operatorname{sen}^4 x} = -\int \csc^2 x\, d(\cot x) = -\int (1 + y^2) dy$$
$$= -y - \frac{y^3}{3} + C = -\cot x - \frac{\cot^3 x}{3} + C.$$

Quando um dos expoentes m e n é ímpar e positivo, o outro pode ser um número qualquer, como ilustram os exemplos seguintes.

Exemplo 9. Seja $y = \cos x$. Então,

$$\int \sqrt[3]{\cos x}\, \operatorname{sen}^5 x\, dx = -\int \sqrt[3]{y}(1 - y^2)^2 dy = -\int (y^{1/3} - 2y^{7/3} + y^{13/3}) dy$$
$$= -\frac{3}{4} y^{4/3} + \frac{3}{5} y^{10/3} - \frac{3}{16} y^{16/3} + C$$
$$= \frac{3}{5}(\cos x)^{10/3} - \frac{3}{4}(\cos x)^{4/3} - \frac{3}{16}(\cos x)^{16/3} + C.$$

Exemplo 10. Seja, agora, $y = \operatorname{sen} x$. Teremos:

$$\int \sqrt{\operatorname{sen} x}\, \cos x\, dx = \int \sqrt{y}\, dy = \frac{2y\sqrt{y}}{3} + C = \frac{2(\operatorname{sen} x)\sqrt{\operatorname{sen} x}}{3} + C.$$

Exercícios

Calcule as integrais indicadas nos Exercícios 1 a 25.

1. $\displaystyle\int \operatorname{sen}^4 x\, dx.$ **2.** $\displaystyle\int \cos^2 3x \cdot \operatorname{sen}^2 3x\, dx.$ **3.** $\displaystyle\int \operatorname{sen}^7 4x\, dx.$

4. $\displaystyle\int \cos^2 x \cdot \operatorname{sen}^2 x\, dx.$ **5.** $\displaystyle\int \operatorname{sen}^6 x\, dx.$ **6.** $\displaystyle\int \operatorname{sen}^5 x \cdot \cos^2 x\, dx.$

7. $\displaystyle\int \tan x\, dx.$ **8.** $\displaystyle\int \csc x\, dx.$ **9.** $\displaystyle\int \tan x \cdot \sec x\, dx.$

10. $\displaystyle\int \cot x \cdot \csc x\, dx.$ **11.** $\displaystyle\int \tan x \cdot \csc^2 x\, dx.$ **12.** $\displaystyle\int \cot x \cdot \sec^4 x\, dx.$

11.5 Produtos de potências trigonométricas

13. $\displaystyle\int \tan^2 x \cdot \sec x\, dx.$

14. $\displaystyle\int \cot^2 x \cdot \csc x\, dx.$

15. $\displaystyle\int \cot^2 x\, dx.$

16. $\displaystyle\int \frac{\cos^2 x}{\operatorname{sen}^4 x}\, dx.$

17. $\displaystyle\int \frac{\operatorname{sen}^n x}{\cos^{n+2} x}\, dx,\ \ n \neq -1.$

18. $\displaystyle\int \frac{dx}{\cos^4 x}.$

19. $\displaystyle\int \frac{\cos^{20} x}{\operatorname{sen}^{22} x}\, dx.$

20. $\displaystyle\int \frac{dx}{\operatorname{sen} x \cdot \cos x}.$

21. $\displaystyle\int \frac{dx}{\operatorname{sen} x \cdot \cos^2 x}.$

22. $\displaystyle\int \tan x \sqrt{\sec x}\, dx.$

23. $\displaystyle\int \frac{\cot^3 x}{\sqrt{\operatorname{sen} x}}.$

24. $\displaystyle\int \tan^3 x\, dx.$

25. $\displaystyle\int \cot^3 x\, dx.$

26. Estabeleça a seguinte fórmula de recorrência:

$$\int \tan^n x\, dx = \frac{\tan^{n-1} x}{n-1} - \int \tan^{n-2} x\, dx,\ \ n \geq 2.$$

Use esta fórmula para calcular

$$\int \tan^2 x\, dx, \quad \int \tan^3 x\, dx, \quad \int \tan^4 x\, dx \quad e \quad \int \tan^5 x\, dx.$$

27. Estabeleça a fórmula de recorrência

$$\int \cot^n x\, dx = -\frac{\cot^{n-1} x}{n-1} - \int \cot^{n-2} x\, dx$$

e utilize-a para calcular a integral de $\cot^4 5x$.

Respostas, sugestões e soluções

1. $\dfrac{3x}{8} - \dfrac{\operatorname{sen} 2x}{8} + \dfrac{\operatorname{sen} 4x}{32} + C.$

3. $-\dfrac{1}{4}\left(\cos 4x - \cos^3 4x + \dfrac{3}{5}\cos^5 4x - \dfrac{\cos^7 4x}{7} \right) + C.$

5. $\dfrac{5x}{16} - \dfrac{\operatorname{sen} 2x}{4} + \dfrac{3\operatorname{sen} 4x}{32} + \dfrac{\operatorname{sen}^3 2x}{64} + C.$

7. $-\ln|\cos x| + C.$

8. $\csc x = \sec(\pi/2 - x).$ Resp.: $-\ln|\csc x + \cot x| + C.$

9. $\sec x + C.$

11. $\tan x \cdot \csc^2 x = \dfrac{1}{\operatorname{sen} x \cos x} = \dfrac{\operatorname{sen}^2 + \cos^2 x}{\operatorname{sen} x \cos x} = \dfrac{\operatorname{sen} x}{\cos x} + \dfrac{\cos x}{\operatorname{sen} x}.$ Resp.: $\ln|\tan x| + C.$

13. $y = \operatorname{sen} x \Rightarrow \displaystyle\int \tan^2 x \sec x\, dx = \int \frac{\operatorname{sen}^2 x}{\cos^3 x}\, dx = \int \frac{y^2}{(1-y^2)^2}\, dy.$

15. $-(x + \cot x) + C.$

17. $\displaystyle\int \frac{\operatorname{sen}^n x}{\cos^{n+2} x}\, dx = \int \tan^n x \sec^2 x\, dx = \frac{\tan^{n+1} x}{n+1} + C.$

19. $C - \dfrac{\cot^{21} x}{21}.$ (Veja o Exercício 17.)

21. $\dfrac{1}{\operatorname{sen} x \cos^2 x} = \dfrac{\operatorname{sen} x}{\cos^2 x} + \dfrac{1}{\operatorname{sen} x}.$ Resp.: $\sec x - \ln|\cot x + \csc x| + C.$

23. $2\left(\dfrac{1}{\sqrt{\operatorname{sen} x}} - \dfrac{1}{5\sqrt{\operatorname{sen}^5 x}} \right) + C.$

24. $C - \left(\dfrac{\cot^2 x}{2} + \ln|\operatorname{sen} x| \right).$

26. Utilize $\tan^2 x = \sec^2 x - 1.$

288   Capítulo 11 Métodos de integração

11.6 Substituição inversa

Como vimos no início deste capítulo (p. 267) , o método de integração por substituição lida com integrandos da forma $f(g(x))g'(x)$, que sugerem a substituição $y = g(x)$, tendo como conseqüência a transformação

$$\int f(g(x))g'(x)dx = \int f(y)dy. \tag{11.8}$$

Esta integral é então calculada encontrando-se uma função F tal que $F' = f$, donde obtemos:

$$\int f(g(x))g'(x)dx = F(g(x)) + C.$$

Um outro tipo de substituição, apropriado a certas integrais (com variável de integração x), é obtido mudando-se da variável x para uma variável y por meio de uma função $x = g(y)$. Como $dx = g'(y)dy$, isso nos dá, formalmente,

$$\int f(x)dx = \int f(g(y))g'(y)dy. \tag{11.9}$$

Esta fórmula, como vemos, é idêntica à fórmula (11.8), com a ressalva de que as variáveis x e y estão trocadas. Sua validade foi estabelecida anteriormente a partir de uma primitiva de f. Mas podemos dar uma demonstração independente de (11.9), supondo que a função g seja invertível. Para tanto, seja $R(y)$ uma primitiva do segundo integrando de (11.9), isto é,

$$R'(y) = f(g(y))g'(y). \tag{11.10}$$

Seja $y = h(x)$ a inversa da função $x = g(y)$, de sorte que

$$h'(x) = \frac{1}{g'(y)}, \quad \text{ou seja,} \quad g'(y)h'(x) = 1. \tag{11.11}$$

Então,

$$\frac{d}{dx}R(h(x)) = R'(h(x))h'(x) = R'(y)h'(x).$$

Daqui e de (11.10) obtemos:

$$\frac{d}{dx}R(h(x)) = f(g(y))g'(y)h'(x),$$

ou seja, em virtude de (11.11),

$$\frac{d}{dx}R(h(x)) = f(x).$$

Isto prova que $R(h(x))$ é uma primitiva de $f(x)$. Este fato, e de (11.10), segue a fórmula (11.9).

Esse método de integração é chamado *substituição inversa*, por razões óbvias: temos de encontrar a inversa $h(x)$ da função $g(y)$, para voltar à variável original x. Vale também a seguinte fórmula para a integral definida:

$$\int_a^b f(x)dx = \int_{h(a)}^{h(b)} f(g(y))g'(y)\,dy.$$

Exemplo. Seja integrar a função $\sqrt{1-x^2}$. Pondo $x = \operatorname{sen} y$, teremos $dx = \cos y\, dy$, donde

$$\begin{aligned}
\int \sqrt{1-x^2}\,dx &= \int \sqrt{1-\operatorname{sen}^2 y}\cos y\, dy = \int \cos^2 y\, dy \\
&= \frac{y + \operatorname{sen} y \cos y}{2} + C = \frac{y + \operatorname{sen} y\sqrt{1-\operatorname{sen}^2 y}}{2} + C \\
&= \frac{\operatorname{arcsen} x + x\sqrt{1-x^2}}{2} + C.
\end{aligned}$$

Observe que, como $\sqrt{1-x^2} \geq 0$, ao escrever $\sqrt{1-\operatorname{sen}^2 y} = \cos y$ estamos admitindo, tacitamente, que $\cos y \geq 0$. Para que seja assim basta considerar a variável y restrita ao intervalo $[-\pi/2, \pi/2]$, no qual a função $x = \operatorname{sen} y$ é invertível, e sua inversa é a função $\operatorname{arcsen} x$ usual, cuja derivada é $1/\sqrt{1-x^2}$.

11.7 Integrandos do tipo $R(e^x)$

289

Exercícios

Calcule as integrais indicadas nos Exercícios 1 a 10.

1. $\displaystyle\int \frac{1 + \sqrt[3]{x}}{\sqrt{x}}\, dx.$

2. $\displaystyle\int \frac{dx}{3 + 2\sqrt{x}}.$

3. $\displaystyle\int \frac{dx}{4 + 5\sqrt[3]{x}}.$

4. $\displaystyle\int \frac{dx}{x(1 + \sqrt{x})}.$

5. $\displaystyle\int \frac{1 + \sqrt{x}}{1 + \sqrt[3]{x}}\, dx.$

6. $\displaystyle\int \frac{3 + 2x}{\sqrt{x - 1}}\, dx.$

7. $\displaystyle\int \frac{\sqrt{1 - 2x}}{x + 1}\, dx.$

8. $\displaystyle\int \frac{\sqrt{x + 2}}{x + 3}\, dx.$

9. $\displaystyle\int x\sqrt{2x - 3}\, dx.$

10. $\displaystyle\int \frac{x\, dx}{\sqrt{3x + 5}}.$

Respostas, sugestões e soluções

1. Ponha $x = y^6$. Resp.: $2\left(\sqrt{x} + \dfrac{6}{5}\sqrt[6]{x^5}\right) + C.$

3. $\dfrac{3}{5}\left[\dfrac{\sqrt[3]{x^2}}{2} - \dfrac{4}{5}\sqrt[3]{x} + \dfrac{16}{25}\ln|5\sqrt[3]{x} + 4|\right] + C.$

6. Faça $x - 1 = y^2$.

11.7 Integrandos do tipo $R(e^x)$

Algumas integrais podem ser transformadas em integrais de funções racionais, graças a certas substituições convenientes. Isso permite, então, calculá-las pelo método de decomposição de funções racionais em frações simples.

Embora uma dada integral se racionalize com certas substituições, pode haver outros modos de calculá-la mais facilmente e só a prática nos ensina a reconhecer o melhor caminho a seguir em cada caso.

Vamos adotar a notação $R(y)$ para indicar uma função racional de y, isto é, o quociente de dois polinômios na variável y. No caso de integrandos do tipo $R(e^x)$, introduzimos a variável $y = e^x$, donde $dy = e^x dx$, ou seja, $dx = dy/y$. Então,

$$\int R(e^x)dx = \int \frac{R(y)dy}{y},$$

e esta última integral tem por integrando a função racional $R(y)/y$.

Exemplo. Vamos integrar a função

$$\tanh x = \frac{\operatorname{senh} x}{\cosh x} = \frac{e^x - e^{-x}}{e^x + e^{-x}}$$

utilizando a substituição $y = e^x$, a qual nos conduz a uma integral de função racional:

$$\int \tanh x\, dx = \int \frac{y - 1/y}{y + 1/y} \cdot \frac{dy}{y} = \int \frac{(y^2 - 1)dy}{y(y^2 + 1)}.$$

Em seguida, decompomos o integrando em frações simples e efetuamos as integrações dos diferentes termos:

$$\begin{aligned}
\int \tanh x\, dx &= \int \left(-\frac{1}{y} + \frac{2y}{y^2 + 1}\right)dy = -\ln|y| + \ln|y^2 + 1| + C \\
&= \ln\frac{y^2 + 1}{|y|} + C = \ln\frac{e^{2x} + 1}{e^x} + C \\
&= \ln(e^x + e^{-x}) + C = \ln\frac{e^x + e^{-x}}{2} + C + \ln 2.
\end{aligned}$$

290 Capítulo 11 Métodos de integração

Como $(e^x + e^{-x})/2 = \cosh x$, pondo $C' = C + \ln 2$, obtemos, finalmente,

$$\int \tanh x \, dx = \ln \cdot \cosh x + C',$$

onde C' é uma constante arbitrária como C.

Como dissemos antes, pode haver algum método mais simples no caso de uma integral particular. É o que acontece no exemplo anterior; observando que

$$\operatorname{senh} x = \frac{e^x - e^{-x}}{2}, \quad \cosh x = \frac{e^x + e^{-x}}{2} \quad e \quad D \cosh x = \operatorname{senh} x,$$

o procedimento seguinte é muito mais fácil:

$$\int \tanh x \, dx = \int \frac{d \cosh x}{\cosh x} = \ln \cosh x + c.$$

(Observe que $\cosh x > 0$ para todo x.)

Exercícios

Calcule as integrais indicadas nos Exercícios 1 a 6.

1. $\displaystyle\int \frac{e^x}{e^x - 1} dx.$

2. $\displaystyle\int e^x \operatorname{sen} e^x dx.$

3. $\displaystyle\int \frac{e^x dx}{e^{2x} + 1}.$

4. $\displaystyle\int e^x \sqrt{e^x + 1} dx.$

5. $\displaystyle\int \frac{e^{2x} - 3e^x + 1}{e^{2x} + 1} dx.$

6. $\displaystyle\int \frac{1 + \operatorname{senh} x}{1 + \cosh x} dx.$

11.8 Integrandos do tipo $R(\operatorname{sen} x, \cos x)$

Com $R(x, y)$ indicaremos uma função racional de duas variáveis. Por exemplo,

$$R(x, y) = \frac{x^2 + 2xy + 1}{1 + xy};$$

e, neste caso, $R(x, \sqrt{x^2 + 1})$ significa

$$R(x, \sqrt{x^2 + 1}) = \frac{x^2 + 2x\sqrt{x^2 + 1} + 1}{1 + x\sqrt{x^2 + 1}}.$$

De modo análogo,

$$R(\cos \theta, \operatorname{sen} \theta) = \frac{\cos^2 \theta + 2 \cos \theta \operatorname{sen} \theta + 1}{1 + \cos \theta \operatorname{sen} \theta}.$$

No caso de integrandos desse tipo, a integral pode sempre ser racionalizada com a substituição $y = \tan(x/2)$. Para tanto, necessitamos das seguintes fórmulas:

$$\operatorname{sen} x = \frac{2 \tan(x/2)}{1 + \tan^2(x/2)} = \frac{2y}{1 + y^2} \tag{11.12}$$

e

$$\cos x = \frac{1 - \tan^2(x/2)}{1 + \tan^2(x/2)} = \frac{1 - y^2}{1 + y^2} \tag{11.13}$$

11.8 Integrandos do tipo $R(\operatorname{sen} x, \cos x)$

que demonstraremos a seguir. Começamos observando que

$$\frac{\operatorname{sen} 2a}{\cos 2a} = \frac{2 \operatorname{sen} a \cos a}{\cos^2 a - \operatorname{sen}^2 a} = \frac{2 \tan a}{1 - \tan^2 a}.$$

Pondo $a = x/2$ e $\tan(x/2) = y$, essa identidade passa a ser

$$\frac{\operatorname{sen} x}{\cos x} = \frac{2y}{1 - y^2}, \tag{11.14}$$

donde resulta que

$$1 + \frac{\operatorname{sen}^2 x}{\cos^2 x} = 1 + \frac{4y^2}{(1 - y^2)^2} = 1 + \frac{4y^2}{1 - 2y^2 + y^4} = \frac{1 + 2y^2 + y^4}{1 - 2y^2 + y^4} = \frac{(1 + y^2)^2}{(1 - y^2)^2}.$$

Por outro lado,

$$1 + \frac{\operatorname{sen}^2 x}{\cos^2 x} = \frac{\cos^2 x + \operatorname{sen}^2 x}{\cos^2 x} = \frac{1}{\cos^2 x}.$$

Daqui e da identidade anterior, obtemos:

$$\cos^2 x = \left(\frac{1 - y^2}{1 + y^2}\right)^2.$$

Observe que se x estiver no primeiro quadrante, então $0 \leq x/2 \leq \pi/4$, $\cos x \geq 0$ e $0 \leq y \leq 1$, donde vemos que $\cos x$ e $(1 - y^2)/(1 + y^2)$ são ambos não-negativos; portanto,

$$\cos x = \frac{1 - y^2}{1 + y^2}.$$

De modo análogo, verifica-se essa igualdade nos outros quadrantes e nos deles obtidos pela adição de um múltiplo inteiro de 2π.

A identidade anterior é precisamente a fórmula (11.13). A identidade (11.12), relativa ao seno, segue de (11.13) e (11.14), do seguinte modo:

$$\operatorname{sen} x = \frac{2y}{1 - y^2} \cdot \cos x = \frac{2y}{1 - y^2} \cdot \frac{1 - y^2}{1 + y^2} = \frac{2y}{1 + y^2}.$$

Vamos usar as identidades (11.12) e (11.13) para transformar a integral

$$\int R(\operatorname{sen} x, \cos x)\, dx$$

com a substituição $y = \tan(x/2)$. Obtemos:

$$x = 2 \arctan y \quad \text{e} \quad dx = \frac{2}{1 + y^2} dy.$$

Daqui, de (11.12) e (11.13) segue-se que

$$\int R(\operatorname{sen} x, \cos x)\, dx = 2 \int R\left(\frac{2y}{1 + y^2}, \frac{1 - y^2}{1 + y^2}\right) \frac{dy}{1 + y^2}. \tag{11.15}$$

Como se vê, esta integral em y é a integral de uma função racional.

Exemplo 1. Seja integrar a função $(\operatorname{sen} x + 2)^{-1}$. Teremos, em virtude de (11.15):

$$\int \frac{dx}{\operatorname{sen} x + 2} = \int \frac{dy}{y^2 + y + 1} = \int \frac{dy}{(y + 1/2)^2 + 3/4}.$$

292   Capítulo 11   Métodos de integração

Pondo $y + 1/2 = (\sqrt{3}/2)z$, esta última integral passa a ser

$$\frac{2}{\sqrt{3}} \int \frac{dz}{z^2 + 1} = \frac{2}{\sqrt{3}} \arctan z + C.$$

Finalmente,

$$\int \frac{dx}{\operatorname{sen} x + 2} = \frac{2}{\sqrt{3}} \arctan\left[\frac{2}{\sqrt{3}}\left(\tan \frac{x}{2} + \frac{1}{2}\right)\right] + C.$$

Exemplo 2. Seja integrar $(\cos x - \operatorname{sen} x)^{-1}$. Neste caso, um método mais fácil que o do exemplo anterior pode ser usado. Basta notar que

$$\cos x - \operatorname{sen} x = \sqrt{2}\left(\frac{\cos x}{\sqrt{2}} - \frac{\operatorname{sen} x}{\sqrt{2}}\right) = \sqrt{2}\cos\left(x + \frac{\pi}{4}\right).$$

Portanto, pondo $y = x + \pi/4$, teremos:

$$\int \frac{dx}{\cos x - \operatorname{sen} x} = \frac{1}{\sqrt{2}} \int \frac{dx}{\cos(x + \pi/4)} = \frac{1}{\sqrt{2}} \int \sec y \, dy = \frac{1}{\sqrt{2}} \ln|\sec y + \tan y| + C.$$

(Esta última integração, da função secante, foi efetuada no último Exemplo 6.) Levando em conta que

$$\sec y = \sec\left(x + \frac{\pi}{4}\right) = \frac{\sqrt{2}}{\cos x - \operatorname{sen} x},$$

$$\tan y = \tan\left(x + \frac{\pi}{4}\right) = \frac{\tan x + 1}{1 - \tan x} = \frac{\operatorname{sen} x + \cos x}{\cos x - \operatorname{sen} x},$$

encontramos o resultado final:

$$\int \frac{dx}{\cos x - \operatorname{sen} x} = \ln\left|\frac{\sqrt{2} + \operatorname{sen} x + \cos x}{\cos x - \operatorname{sen} x}\right| + C.$$

Exercícios

Calcule as integrais indicadas nos Exercícios 1 a 7.

1. $\displaystyle\int \frac{1 - \operatorname{sen} x}{1 + \operatorname{sen} x}\, dx.$

2. $\displaystyle\int \frac{1 - \cos x}{1 + \operatorname{sen} x}\, dx.$

3. $\displaystyle\int \frac{\operatorname{sen} x}{1 + \operatorname{sen} x}\, dx.$

4. $\displaystyle\int \frac{dx}{\operatorname{sen} x - \cos x}.$

5. $\displaystyle\int \frac{dx}{\sqrt{3}\operatorname{sen} x + \cos x}.$

6. $\displaystyle\int \frac{dx}{\cos x - \sqrt{3}\operatorname{sen} x}.$

7. $\displaystyle\int \frac{dx}{a\operatorname{sen} x + b\operatorname{sen} x}, \quad a^2 + b^2 \neq 0.$

Respostas, sugestões e soluções

1. Observe que $\displaystyle\int \frac{1 - \operatorname{sen} x}{1 + \operatorname{sen} x}dx = \int \left(\frac{1 - \operatorname{sen} x}{1 + \operatorname{sen} x}\right)\left(\frac{1 - \operatorname{sen} x}{1 - \operatorname{sen} x}\right)dx.$

3. $\sec x - \tan x - x + C.$

5. $\ln \sqrt{|\sec(x - \pi/3) + \tan(x - \pi/3)|} + C.$

7. $\dfrac{-1}{a + b}\ln(\cot x + \csc x) + C.$

11.9 Integrandos do tipo $R(x, \sqrt{k \pm x^2})$

Seja k uma constante não-nula (se $k < 0$, x^2 leva o sinal positivo), de forma que podemos distinguir os três tipos seguintes de raízes, com $k = \pm a^2$, $a > 0$:

$$a)\ \sqrt{a^2 - x^2}; \quad b)\ \sqrt{x^2 - a^2}; \quad c)\ \sqrt{a^2 + x^2}.$$

Cada uma das integrais correspondentes se reduz a uma das integrais já discutidas, com substituições simples, sugeridas pelo teorema de Pitágoras. Assim, no caso a) consideramos um triângulo retângulo com hipotenusa a e um cateto igual a x (Fig. 11.3), o que sugere a seguinte substituição:

$$\frac{x}{a} = \operatorname{sen}\theta \quad \text{ou} \quad x = a\operatorname{sen}\theta.$$

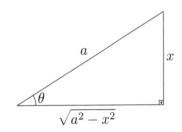
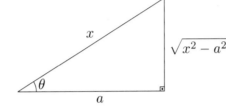
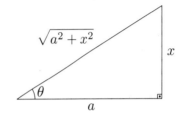

Figura 11.3 Figura 11.4 Figura 11.5

No caso b), a hipotenusa deve ser igual a x e um dos catetos dado por a (Fig. 11.4). Isto sugere a substituição:

$$\frac{a}{x} = \cos\theta \quad \text{ou} \quad x = a\sec\theta.$$

Finalmente, no caso c), tanto x como a devem ser catetos (Fig. 11.5), o que nos leva à substituição:

$$\frac{x}{a} = \tan\theta \quad \text{ou} \quad x = a\tan\theta.$$

A título de ilustração, consideremos o caso a). A substituição $x = a\operatorname{sen}\theta$ nos dá:

$$\int R(x,\ \sqrt{a^2 - x^2}\,)\,dx = \int R(a\operatorname{sen}\theta,\ a\sqrt{1 - \operatorname{sen}^2\theta}\,a\cos\theta\,d\theta$$
$$= \int aR(a\operatorname{sen}\theta,\ a\cos\theta)\cos\theta\,d\theta,$$

que é uma integral de tipo já considerado anteriormente. Deixamos ao leitor a tarefa de estabelecer resultados análogos nos casos das integrais de

$$R(x,\ \sqrt{x^2 - a^2}\,) \quad \text{e} \quad R(x,\ \sqrt{a^2 + x^2}\,),$$

usando as substituições $x = a\sec\theta$ e $x = a\tan\theta$, respectivamente.

Exemplo 1. Seja integrar a função $1/\sqrt{x^2 - a^2}$, onde $a > 0$. Com a substituição $x = a\sec\theta$, temos:

$$dx = a\tan\theta \cdot \sec\theta\,d\theta.$$

Por outro lado, $1 + \tan^2\theta = \sec^2\theta$, de sorte que

$$\sqrt{x^2 - a^2} = a\sqrt{\sec^2\theta - 1} = a|\tan\theta| = \pm a\tan\theta,$$

o sinal sendo positivo ou negativo, conforme seja $\tan\theta > 0$ ou $\tan\theta < 0$. Portanto,

$$\int \frac{dx}{\sqrt{x^2 - a^2}} = \pm \int \sec\theta\, d\theta.$$

Por cálculo anterior da integral da secante,

$$\int \sec\theta\, d\theta = \ln|\sec\theta + \tan\theta| + C.$$

Como

$$\sec\theta = \frac{x}{a} \quad \text{e} \quad \tan\theta = \pm\sqrt{\sec^2\theta - 1} = \pm\frac{\sqrt{x^2 - a^2}}{a},$$

obtemos, com correspondência de sinais:

$$\int \frac{dx}{\sqrt{x^2 - a^2}} = \pm\ln\frac{|x \pm \sqrt{x^2 - a^2}|}{a} + C.$$

Note que essas duas formas (correspondentes às duas possibilidades de sinais) são idênticas, pois

$$\begin{aligned}
-\ln\frac{|x - \sqrt{x^2 - a^2}|}{a} &= \ln\frac{a}{|x - \sqrt{x^2 - a^2}|} = \ln\frac{a|x + \sqrt{x^2 - a^2}|}{|(x - \sqrt{x^2 - a^2})(x + \sqrt{x^2 - a^2})|} \\
&= \ln\frac{a|x + \sqrt{x^2 - a^2}|}{|x^2 - (x^2 - a^2)|} = \ln\frac{|x + \sqrt{x^2 - a^2}|}{a}.
\end{aligned}$$

Podemos, então, escrever sempre

$$\int \frac{dx}{\sqrt{x^2 - a^2}} = \ln\frac{|x + \sqrt{x^2 - a^2}|}{a} + C.$$

Finalmente, como o logaritmo que aí aparece é o logaritmo do numerador menos $\ln a$, temos:

$$\int \frac{dx}{\sqrt{x^2 - a^2}} = \ln|x + \sqrt{x^2 + a^2}| + C',$$

onde C' representa a antiga constante C menos $\ln a$, isto é, C' continua representando uma constante arbitrária de integração.

Exemplo 2. Vamos integrar a função $1/\sqrt{a^2 + x^2}$, $a > 0$. Usaremos a substituição

$$x = a\tan\theta, \quad \text{com} \quad dx = a\sec^2\, d\theta.$$

Restringindo θ ao intervalo $-\pi/2 < \theta < \pi/2$, teremos sempre $\sec\theta > 0$; portanto,

$$\sqrt{a^2 + x^2} = a\sqrt{1 + \tan^2\theta} = a\sec\theta;$$

assim,

$$\int \frac{dx}{\sqrt{a^2 + x^2}} = \int \sec\theta\, d\theta = \ln|\sec\theta + \tan\theta| + C = \ln\left|\frac{\sqrt{x^2 + a^2} + x}{a}\right| + C.$$

Como no exemplo anterior,

$$\int \frac{dx}{\sqrt{a^2 + x^2}} = \ln|\sqrt{x^2 + a^2} + x| + C'.$$

11.9 Integrandos do tipo $R(x, \sqrt{k \pm x^2})$ 295

Exemplo 3. Seja integrar a função $x^2/\sqrt{3-2x^2}$. Observe que

$$\int \frac{x^2 dx}{\sqrt{3-2x^2}} = \int \frac{x^2 dx}{\sqrt{3(1-2x^2/3)}} = \int \frac{x^2 dx}{\sqrt{3}\sqrt{1-(\sqrt{2/3}x)^2}}.$$

Isto sugere a substituição $y = \sqrt{2/3}\,x$, que nos dá

$$\int \frac{x^2 dx}{\sqrt{3-2x^2}} = \frac{3}{2\sqrt{2}} \int \frac{y^2 dy}{\sqrt{1-y^2}}.$$

Agora pomos $y = \operatorname{sen}\theta$, com a restrição $-\pi/2 \leq \theta \leq \pi/2$; e esta última integral assume a seguinte forma:

$$\frac{3}{2\sqrt{2}} \int \operatorname{sen}^2\theta d\theta = \frac{3(\theta - \operatorname{sen}\theta\cos\theta)}{4\sqrt{2}} + C = \frac{3(\operatorname{arcsen} y - y\sqrt{1-y^2})}{4\sqrt{2}} + C.$$

Finalmente,

$$\int \frac{x^2 dx}{\sqrt{3-2x^2}} = \frac{3}{4\sqrt{2}}\left[\operatorname{arcsen}(\sqrt{2/3}\,x) - \frac{x\sqrt{6-4x^2}}{3}\right] + C.$$

Exemplo 4. Seja integrar a função $(x^2+1)^{-3/2}$. Usamos a substituição $x = \tan\theta$, com $-\pi/2 < \theta < \pi/2$; portanto,

$$dx = \frac{d\theta}{\cos^2\theta} \quad \text{e} \quad x^2 + 1 = \tan^2\theta + 1 = \frac{1}{\cos^2\theta}.$$

Então,

$$\int \frac{dx}{(x^2+1)^{3/2}} = \int \cos\theta d\theta = \operatorname{sen}\theta + C.$$

Por outro lado,

$$\operatorname{sen}^2\theta = \cos^2\theta \cdot \tan^2\theta = (1-\operatorname{sen}^2\theta)x^2,$$

de sorte que

$$\operatorname{sen}^2\theta = \frac{x^2}{1+x^2}.$$

Observe que $\operatorname{sen}\theta$ e $x (= \tan\theta)$ têm o mesmo sinal; logo, $\operatorname{sen}\theta = x/\sqrt{1+x^2}$ e

$$\int \frac{dx}{(x^2+1)^{3/2}} = \frac{x}{\sqrt{1+x^2}} + C.$$

Exercícios

Calcule as integrais indicadas nos Exercícios 1 a 13.

1. $\displaystyle\int \frac{dx}{x + \sqrt{a^2-x^2}}.$

2. $\displaystyle\int \frac{dx}{1-x^2+\sqrt{1-x^2}}.$

3. $\displaystyle\int \frac{x^2 dx}{\sqrt{9-x^2}}.$

4. $\displaystyle\int \frac{x^3 dx}{\sqrt{3-x^2}}.$

5. $\displaystyle\int \frac{x^5 dx}{\sqrt{2-4x^2}}.$

6. $\displaystyle\int \frac{dx}{x\sqrt{x^2-4}}.$

7. $\displaystyle\int \frac{dx}{x^3\sqrt{18x^2-2}}$

8. $\displaystyle\int \frac{dx}{\sqrt{(x^2+3)^3}}.$

9. $\displaystyle\int \frac{dx}{(x^2+25)^{3/2}}.$

10. $\displaystyle\int \frac{x^2 dx}{(x^2+9)^{5/2}}.$

11. $\displaystyle\int \frac{dx}{(x^2-4)^{3/2}}.$

12. $\displaystyle\int \frac{dx}{x\sqrt{x^2+5}}.$

13. $\displaystyle\int \frac{\sqrt{1-3x^2}}{x}\, dx.$

296 Capítulo 11 Métodos de integração

11.10 Integrandos do tipo $R(x, \sqrt{ax^2 + bx + c})$

Se $a = 0$, a integral se racionaliza facilmente, com a substituição $y = \sqrt{bx + c}$, já que

$$dy = \frac{b\,dx}{2\sqrt{bx+c}} = \frac{b\,dx}{2y} \quad \text{e} \quad x = \frac{y^2 - c}{b}.$$

No caso $a \neq 0$, podemos escrever:

$$ax^2 + bx + c = a\left(x + \frac{b}{2a}\right)^2 + \frac{4ac - b^2}{4a}.$$

Portanto, pondo $x + b/2a = y/\sqrt{|a|}$, obtemos:

$$\int R(x, \sqrt{ax^2 + bx + C}\,dx = \int R(y/\sqrt{|a|} - b/2a, \sqrt{k \pm y^2})\frac{dy}{\sqrt{|a|}},$$

onde $k = (4ac - b^2)/4a$ e o sinal y^2 será positivo ou negativo conforme seja $a > 0$ ou $a < 0$, respectivamente. Esta última integral já foi tratada anteriormente. Se $4ac - b^2 = 0$, o coeficiente a só poderá ser positivo, e o integrando já é racional:

$$\int R(x, \sqrt{ax^2 + bx + c})\,dx = \int R(x, \sqrt{a}(x + b/2a))dx.$$

Exemplo. Seja integrar a função $x(6x - x^2 - 5)^{-1/2}$. Como

$$6x - x^2 - 5 = -(x - 3)^2 + 4,$$

pondo $x - 3 = 2y$, teremos:

$$\int \frac{x\,dx}{\sqrt{6x - x^2 - 5}} = \int \frac{(2y + 3)dy}{\sqrt{1 - y^2}}.$$

Embora esta seja uma integral já tratada anteriormente, podemos integrá-la mais facilmente separando-a na soma de duas integrais, assim:

$$\int \frac{2y\,dy}{\sqrt{1 - y^2}} + 3\int \frac{dy}{\sqrt{1 - y^2}} = 3\int \frac{dy}{\sqrt{1 - y^2}} - \int (1 - y^2)^{-1/2}d(1 - y^2)$$

$$= 3\arcsen y - 2\sqrt{1 - y^2} + C.$$

Portanto,

$$\int \frac{x\,dx}{\sqrt{6x - x^2 - 5}} = 3\arcsen\left(\frac{x - 3}{2}\right) - \sqrt{4 - (x - 3)^2} + C.$$

Exercícios

Calcule as integrais dadas nos Exercícios 1 a 4.

1. $\displaystyle\int \frac{x\,dx}{\sqrt{2x^2 - 2x + 1}}.$ **2.** $\displaystyle\int \frac{\sqrt{x^2 + x}}{2x + 1}\,dx.$ **3.** $\displaystyle\int \sqrt{4x^2 - 4x - 3}\,dx.$

4. $\displaystyle\int x\sqrt{8 - x^2 - 2x}\,dx.$

5. Mostre que $\displaystyle\int R(x, \sqrt[n]{ax + b}\,)\,dx$ se racionaliza com a substituição $ax + b = y^n$.

6. Mostre que $\displaystyle\int R\left(x^n, \sqrt{\frac{ax + b}{cx + d}}\right)dx$ se racionaliza com a substituição $\dfrac{ax + b}{cx + d} = y^n$.

Calcule as integrais indicadas nos Exercícios 7 a 10.

7. $\displaystyle\int \frac{x}{x + 1}\sqrt{\frac{x + 4}{3x}}\,dx.$ **8.** $\displaystyle\int \left(\frac{5 + 2x}{x - 1}\right)^{1/3}dx.$ **9.** $\displaystyle\int \frac{x\sqrt{x - 2}}{(x + 1)\sqrt{x}}\,dx.$ **10.** $\displaystyle\int \frac{\sqrt{x + 1}}{x\sqrt{2x - 1}}\,dx.$

11.11 Notas históricas

Os mapas e a navegação

Como se sabe, o período das grandes navegações ocorreu a partir do final do século XV. Nas longas viagens marítimas então empreendidas, os recursos mais importantes com que contavam os navegadores eram a bússola e instrumentos simples para medir a latitude de um lugar. Bons mapas, embora pudessem ser de grande valia, ainda não existiam. Havia, sim, um esforço intenso para desenvolver mapas de boa qualidade, mas, como veremos nestas notas, foi só a partir de 1569 que começaram a aparecer mapas adequados à navegação. E, como logo veremos, o elemento fundamental na construção desses mapas foi a integral de $\sec\theta$, calculada na p. 285.

Mapas de grandes regiões do globo terrestre foram feitos já na antigüidade, o mais famoso deles deve-se a Claudio Ptolomeu. Este sábio deixou-nos duas grandes obras: o Almagesto, sobre Matemática e Astronomia, e um livro intitulado Geografia, onde aparece seu trabalho sobre mapas. Este último livro só se tornou disponível na Europa, em tradução latina, em 1472, e continha um mapa daquela parte do mundo conhecido ao tempo de Ptolomeu. Esse mapa exerceu grande influência sobre os cartógrafos e navegadores dos tempos modernos. Mas continha várias incorreções, sendo uma delas a estimativa exagerada da distância que deveria cobrir a região que vai do extremo oriental asiático ao extremo ocidental europeu. Por causa disso, muitos pensavam — inclusive Cristóvão Colombo — que a distância marítima da borda oeste da Europa até a borda leste da Ásia fosse muito menor do que realmente é. Aliás, foi essa crença errônea um dos fatos que encorajou Colombo a empreender a viagem que o levou a descobrir a América. Ele também pensava que não havia terras em seu caminho até as Índias. Fosse isto verdade e seus víveres não seriam suficientes para a viagem empreendida.

Durante todo o século XVI, e quase todo o século XVII, não havia mapas confiáveis, de forma que os navegadores da época só podiam contar, como já dissemos, com a bússola e alguns instrumentos rudimentares para determinar a latitude do lugar, já que a determinação da longitude depende de bons cronômetros a bordo, coisa que só foi conseguida no final do século XVIII.

Conhecer a longitude de um lugar é equivalente a conhecer, simultaneamente, a hora nesse lugar e a hora no lugar de onde se partiu. Para compreender isso, lembre-se de que em uma hora o Sol percorre 15° de longitude em volta da Terra, pois em 24 horas percorre $360° = 24 \times 15°$. Suponhamos que sejam 20 horas no local onde se deseja determinar a longitude, no mesmo instante em que são 23 horas no meridiano de origem em Greenwich. Essa diferença de três horas significa que o local onde se deseja determinar a longitude estará 45° a oeste de Greenwich.

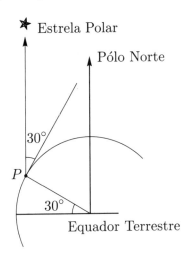

Figura 11.6

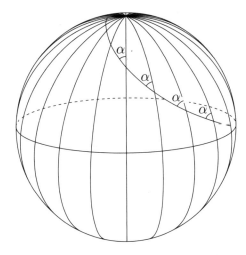

Figura 11.7

Como os navegadores não tinham cronômetros precisos para marcar a hora no local de origem,[1] eles nunca sabiam, com certeza, onde estavam a oeste, ou quantas léguas haviam percorrido. Sabiam apenas onde estavam ao sul ou ao norte do equador, pelo conhecimento da latitude do lugar, pois esta pode ser determinada com simples observação de alguma estrela (de latitude conhecida). Por exemplo, no hemisfério norte, a estrela mais conveniente a se usar é a estrela polar, que tem latitude de 90°, bastando, pois, observar sua altitude angular para saber a latitude do lugar onde se encontra o observador. (Observe a Fig. 11.6, que mostra um ponto P de latitude 30°.) E se o navegador estiver no hemisfério sul, ele poderá calcular sua latitude observando a altura máxima de uma estrela de latitude

---

[1] A hora no local onde se encontravam, essa eles podiam calcular por observação das estrelas.

conhecida (por dados de um almanaque astronômico construído em terra). Assim, os navegadores portugueses que exploraram as costas da África antes de 1500 sabiam muito bem, a cada dia, onde estavam ao sul de Lisboa.

O mapa de Mercator

Um dos modos mais convenientes de se navegar a longas distâncias consiste em seguir uma linha que faça um ângulo fixo com os meridianos, isto é, com a direção norte-sul. O navegador utiliza a bússola para marcar seu curso de navegação e se mantém nesse curso. É o que eles chamam navegar pela "linha de rumo". É claro que a viagem pode ser dividida em várias etapas, cada uma delas seguindo uma certa linha de rumo.

Sobre um globo terrestre as linhas de rumo, em geral, são curvas espiraladas. Uma determinada linha de rumo faz o mesmo ângulo com todos os paralelos, de forma que, sendo esse ângulo diferente de 90°, essa linha vai espiralando mais e mais à medida que se aproxima de um dos pólos geográficos (Fig. 11.7). Se o ângulo com os paralelos for 90°, a linha de rumo será um meridiano; e será um paralelo se esse ângulo for zero. A Fig. 11.8 exibe uma linha de rumo que se origina em local próximo a Caracas, na Venezuela, e termina quase no Pólo Norte. Observe que a linha de rumo não é o caminho mais curto entre os pontos de partida e de chegada; o caminho mais curto é um arco de círculo máximo, que é um círculo cujo plano passa pelo centro do globo.

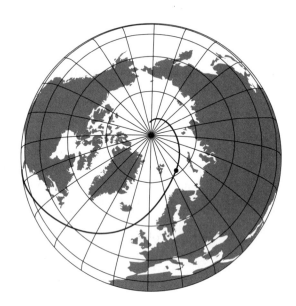

Figura 11.8

Para que a navegação por linhas de rumo funcione com precisão, é necessário dispor de um mapa plano no qual as linhas de rumo sejam retas; o navegador, então, deve traçar, no mapa, uma reta pelos dois pontos, o de partida e o de chegada, e seguir essa linha de rumo com auxílio de sua bússola. Mas, até o século XVI não havia mapas em que as retas fossem linhas de rumo. Foi só em 1569 que surgiu o mapa de Mercator, cuja característica principal era justamente essa: as linhas de rumo eram retas fazendo ângulos constantes com os meridianos. Na Fig. 11.9 exibimos um mapa de Mercator com a mesma linha de rumo exibida nos globos da Fig. 11.8; agora, no mapa plano, ela é reta.

Quem foi Mercator

Gerhard Kremmer (1512–1594) foi um geógrafo e cartógrafo natural de uma região de Flandres, que atualmente faz parte da Bélgica. Ele ficou conhecido pelo seu nome latinizado Gerardus Mercator (Kremmer significa mercador). Mercator já havia feito vários mapas, e trabalhara no aperfeiçoamento do mapa de Ptolomeu. Já era famoso e bem-sucedido profissional e financeiramente, não apenas pelos mapas que fazia, mas também pela habilidade artesanal que investia no aprimoramento de seus mapas, globos terrestres e instrumentos científicos que produzia. Esse seu mapa de 1569 revolucionou a Cartografia; não de imediato, mas aos poucos os navegadores foram percebendo a vantagem que ele oferecia pela facilidade de navegar pelas linhas de rumo. O sucesso foi tal que, após algumas décadas, Mercator foi ficando cada vez mais conhecido e famoso pelo mapa, e não por suas outras obras. Foi ele quem primeiro usou a palavra "atlas" para designar um grupo de mapas.

11.11 Notas históricas

A idéia e o trabalho de Mercator

Para descrever a construção do mapa de Mercator, começamos observando que, dentre todas as linhas de rumo, há duas categorias particulares: os meridianos e os paralelos; eles devem, portanto, ser representados por retas no plano do mapa. Como o ângulo que cada paralelo faz com cada meridiano é de 90°, concluímos que as retas que representam os paralelos devem ser perpendiculares às retas que representam os meridianos. Em consequência, os meridianos devem ser representados por uma família de retas paralelas, e os paralelos, por sua vez, também devem ser representados por uma outra família de retas paralelas e perpendicular às retas da primeira família.[2] Mas isto ainda não garante que outras linhas de rumo sejam representadas por retas.

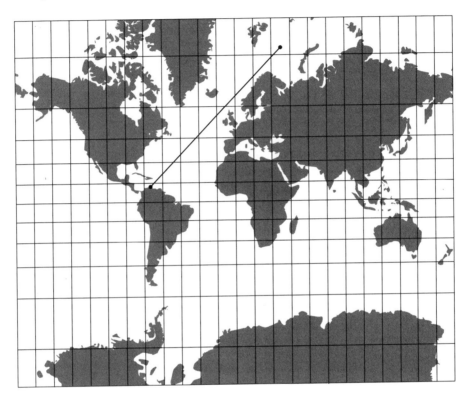

Figura 11.9

Suponhamos os meridianos representados por retas verticais e os paralelos por retas horizontais no mapa plano. Uma linha de rumo sobre o globo terrestre é uma linha que faz um mesmo ângulo com todos os meridianos que ela corta. Portanto, no mapa plano a reta que a representa deve fazer o mesmo ângulo com as retas verticais. Veremos, em seguida, como Mercator conseguiu isso.

Consideremos uma esfera de raio R, representando o globo terrestre, sendo R escolhido de acordo com a escala desejada, de sorte que os comprimentos ao longo do equador permaneçam inalterados na construção do mapa plano. Nessa esfera, sejam $\widehat{AB}$ e $\widehat{CD}$ dois segmentos de paralelos entre os mesmos meridianos, o primeiro deles sobre o equador e o segundo sobre um paralelo de latitude θ (Fig. 11.10). Eles são representados no mapa plano pelos segmentos de mesmo comprimento $A'B'$ e $C'D'$, respectivamente. No entanto, $\widehat{AB}$ e $\widehat{CD}$ têm comprimentos diferentes,[3] pois

$$\widehat{CD} = EC \cdot \varphi = OC \cdot \cos\theta \cdot \varphi = R\varphi \cdot \cos\theta = \widehat{AB} \cdot \cos\theta.$$

Assim, à medida que $\widehat{CD}$ vai se afastando do equador com θ crescente, seu comprimento vai diminuindo progressivamente, tendendo a zero com $\theta \to 90°$. Mas $C'D'$ deve ter o mesmo comprimento que $A'B' = \widehat{AB}$. Portanto, devemos

---
[2]Deixamos ao leitor a tarefa de demonstrar essa afirmação.
[3]Como ilustra a Fig. 11.10, e como veremos adiante, os segmentos iguais $A'C'$ e $B'D'$ são mais longos que os arcos iguais $\widehat{AC}$ e $\widehat{BD}$.

ter:

$$\frac{C'D'}{\widehat{CD}} = \frac{A'B'}{\widehat{CD}} = \frac{\widehat{AB}}{\widehat{AB}\cdot\cos\theta} = \sec\theta.$$

Como $\sec\theta > 1$ para θ entre zero e $90°$, vemos que os comprimentos ao longo dos paralelos devem ser expandidos pelo fator $\sec\theta$.

Temos de ver agora como proceder com os comprimentos ao longo dos meridianos. O caso dos paralelos é mais simples porque o fator $\sec\theta$ é constante ao longo deles. Mas, ao longo de um meridiano $\sec\theta$ cresce à medida que um ponto considerado se desloca do equador para um dos pólos. No mapa plano de Mercator, seja C um ponto de latitude θ (Fig. 11.10), que sofre um deslocamento infinitesimal ds ao longo de uma linha de rumo, e seja α o ângulo que esse deslocamento faz com o meridiano local (Fig. 11.11a). Esse deslocamento ds se decompõe nas componentes horizontal e vertical, $ds\,\text{sen}\,\alpha$ e $ds\cos\alpha$, respectivamente. Como vimos, no mapa plano o comprimento do deslocamento horizontal é aumentado pelo fator $\sec\theta$, de sorte que devemos também aumentar o deslocamento vertical pelo mesmo fator para preservar o ângulo da linha de rumo com os meridianos. Em conseqüência, a imagem dessa linha de rumo no mapa plano será retilínea, pois estará fazendo o mesmo ângulo α com as imagens de todos os meridianos.

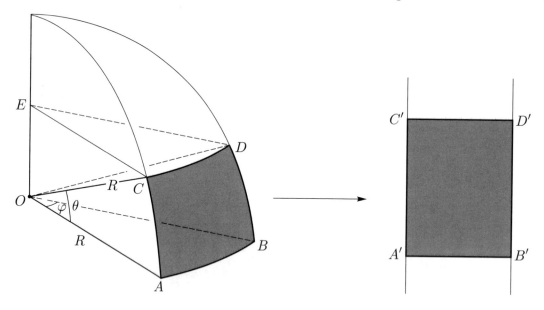

Figura 11.10

Veremos agora como calcular o comprimento $A'C'$ da Fig. 11.10 a partir do comprimento do arco $\widehat{AC}$. Para isso, passemos a denotar com θ_0 a latitude do ponto C. Observe que, enquanto o deslocamento finito horizontal $C'D'$ é o produto do original $\widehat{CD}$ multiplicado por $\sec\theta$, o mesmo não é verdade para o deslocamento vertical, pois θ varia ao longo de cada meridiano. Para entender o cálculo de $A'C'$ na Fig. 11.10, vamos imaginar o arco $\widehat{AC}$ decomposto numa soma de deslocamentos elementares $\Delta v = R\Delta\theta$ (Fig. 11.11b), θ variando de zero ao valor final θ_0. No mapa plano, cada um desses deslocamentos elementares deve ser aumentado pelo fator $\sec\theta$, resultando em $\Delta v \sec\theta = R\sec\theta\Delta\theta$. Assim, o deslocamento finito $A'C'$ será aproximadamente igual à soma desses deslocamentos elementares, isto é,

$$A'C' \approx R\sum \sec\theta\,\Delta\theta; \tag{11.16}$$

e o valor exato é o limite dessa soma quando $\Delta\theta \to 0$. Ora, estamos aqui lidando com o limite de uma soma de Riemann, que é uma integral definida de $\sec\theta$, isto é,

$$A'C' = R\int_0^{\theta_0} \sec\theta\,d\theta.$$

Esta integração tem como conseqüência o alongamento progressivo das distâncias ao longo de um meridiano, à medida que nos afastamos do equador, como bem ilustra a Fig. 11.9. É claro que as distâncias horizontais também vão-se tornando cada vez maiores, e as distâncias em todas as direções vão crescendo e tendendo ao infinito à medida que nos aproximamos de um dos pólos. Estes, por sua vez, se afastam infinitamente do equador. Mas esse problema de

11.11 Notas históricas

deformação das distâncias é típico de todos os mapas planos, pois é matematicamente impossível (como se demonstra) construir um mapa plano de uma região esférica que preserve todas as distâncias na mesma escala.

Quando Mercator publicou seu mapa em 1569 não havia Cálculo Integral, de forma que ele deve ter trabalhado com as somas finitas de deslocamentos elementares (11.16), mas disso nada se sabe, apenas que ele teve a idéia de aumentar corretamente as distâncias levando em conta o fator $\sec\theta$.

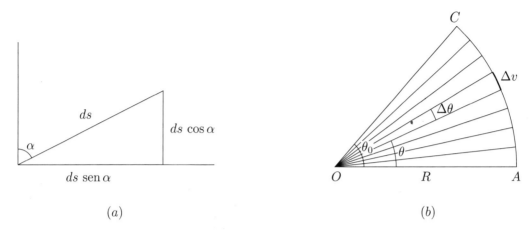

Figura 11.11

Embora o mapa de Mercator introduzisse uma inovação importante na Cartografia, ele não foi aceito de imediato, mesmo porque, sabidamente, os mapas daquela época sempre continham muitas imprecisões e não inspiravam confiança; não seria, pois, um mapa a mais que iria mudar a cabeça das pessoas de uma hora para outra. Mas depois de algum tempo os homens do mar e os cartógrafos foram se apercebendo das vantagens do mapa de Mercator, o qual foi sendo cada vez mais procurado, e foi ganhando credibilidade. Outros mapas mais aperfeiçoados foram sendo elaborados segundo o mesmo princípio de Mercator. Nisso ajudou muito uma publicação de 1599 em que o matemático Edward Wright publicou a primeira explicação do mapa de Mercator segundo uma soma do tipo (11.16). Muitos outros desenvolvimentos se seguiram, dando origem a uma fascinante história desse interessante episódio de aplicação prática da idéia de integral, muito antes de esse conceito estar plenamente desenvolvido.

Bibliografia Comentada

Existem muitos livros bons de Cálculo e Análise que podem ser recomendados ao leitor desejoso de alargar e aprofundar seus conhecimentos além dos limites desta obra. Vamos relacionar aqui apenas oito títulos bem selecionados. Evitamos uma lista longa para não incorrermos no resultado oposto ao desejado — desorientando o leitor em vez de orientá-lo.

Dos dois primeiros livros citados, ambos de nossa autoria, o primeiro é mais breve e menos avançado que o segundo, e dirigido especialmente a alunos de licenciatura. A esses acrescentamos três textos congêneres de autores bem conhecidos.

[1] ÁVILA, G. S. S., *Análise Matemática para Licenciatura*, Editora Edgard Blücher Ltda.

[2] ÁVILA, G. S. S., *Introdução à Análise Matemática*, Editora Edgard Blücher Ltda.

[3] FIGUEIREDO, D. G., *Análise na Reta*, LTC Editora, 1975.

[4] LIMA, E. L., *Curso de Análise* (Projeto Euclides, IMPA/CNPq), vol. I, Editora Edgard Blücher Ltda., 1976.

[5] LIMA, E. L., *Análise Real*, vol. I, CNPq, 1989.

Qualquer um destes cinco livros pode ser usado como seqüência a um curso de Cálculo de um ou dois semestres. Nossos dois textos mencionados em [1] e [2] foram escritos em continuação natural ao presente livro de Cálculo, sem mais pré-requisitos. À exceção do primeiro e do quinto, os outros três diferem entre si, mais pelo estilo e gosto pessoal de cada autor do que propriamente pelo conteúdo. O livro [5] é um texto mais breve que [4], não que seja mais fácil.

[6] COURANT, RICHARD, *Differential and Integral Calculus*, Wiley-Interscience, 2 vols., 1970.

Esse livro apareceu primeiramente em alemão, em 1927, depois em inglês em 1934. Foi publicado em português pela antiga Editora Globo de Porto Alegre, numa tradução não muito feliz. É uma obra primorosa, em que a apresentação equilibra muito bem o rigor e a intuição. Um dos livros de Cálculo mais importantes do século passado, ele tem influenciado, direta ou indiretamente, quase todos os textos posteriormente escritos. Para atualizá-lo, o autor publicou, em parceria com Fritz John, a obra que mencionamos a seguir.

[7] COURANT, R. E JOHN, FRITZ, *Introduction to Calculus and Analysis*, Wiley-Interscience, 2 vols., 1965 e 1974.

O primeiro desses volumes guarda ainda muitas das virtudes que tornaram famosa a obra anterior de R. Courant. O segundo, entretanto, que aborda o Cálculo das funções de várias variáveis, difere bastante do antigo volume II.

[8] SPIVAK, MICHEL, *Cálculo Infinitesimal*, Editora Reverté Ltda., 2 vols., 1970.

Este é um curso de Cálculo em nível mais avançado que os muitos livros de Cálculo que existem no mercado, inclusive o nosso, pois inclui vários tópicos próprios de um curso de Análise. O autor procura dar atenção ao rigor sem descuidar da intuição e consegue um ótimo equilíbrio. O texto é escrito em linguagem agradável. É um livro altamente recomendável. O original, em inglês, é da Editora W. A. Benjamin, Inc.

Referências Bibliográficas

Sobre as notas históricas

Dada a dificuldade de organizar uma bibliografia específica para cada um dos temas tratados nessas notas, limitamo-nos a algumas citações que serão de utilidade para o leitor interessado.

[9] BOURBAKI, NICOLAS, *Éléments d'Histoire des Mathématiques*, Hermann, 1974.

Este livro reúne as notas históricas que aparecem na extensa obra do mesmo autor, intitulada *Éléments de Mathématique*. É um excelente livro, cobrindo praticamente todos os tópicos da História da Matemática. Uma das virtudes dessa obra é a de conter freqüentes referências a uma rica bibliografia de 345 títulos, diretamente ligados ao desenvolvimento da Matemática através dos séculos.

Nicolas Bourbaki é o nome dado a um grupo de matemáticos que se organizou na França após a I Guerra Mundial; um de seus objetivos seria a elaboração de um tratado abrangente sobre toda a Matemática. Este projeto teve início em 1939, e depois da publicação de dezenas de volumes, ficou claro que ele jamais chegaria ao fim, dada a enorme extensão da Matemática e a rapidez com que ela evolui.

A origem do grupo Bourbaki é contada por um de seus primeiros membros, o Prof. Jean Diendonné, num artigo intitulado "The work of Nicolas Bourbaki", que aparece na revista *American Mathematical Monthly*, v. 77 (1970), pp. 134–145. Outro artigo interessante sobre Bourbaki, de autoria de Paul R. Halmos, intitula-se "Nicolas Bourbaki", publicado pela revista *Scientific American*, no fascículo de maio de 1957, pp. 88–99.

[10] BOYER, CARL B., *História da Matemática*, Editora Edgard Blücher Ltda, São Paulo, 1968.

Trata-se de um livro muito bom de História da Matemática, equilibrado na apresentação dos vários tópicos. O original, em inglês, é da Editora John Wiley.

[11] COHEN, I. BERNARD, *The Birth of a new Physics*, W. W. Norton and Company, 1985.

Esse livro, de autoria de um eminente historiador da ciência, é uma obra muito bem estruturada, dando um apanhado da Física antes de Copérnico, do nascimento da Física e da Astronomia modernas, e dos estudos de Kepler, Galileu e Newton.

[12] DAVIS, MARTIN, *The Universal Computer*, W. W. Norton and Company, 2000.

O autor é um dos mais ilustres especialistas em Teoria da Computação. O presente texto, escrito num estilo fluente e de cativante leitura, começa com as idéias de Leibniz no século XVII e vai até os trabalhos de Gödel e Turing no século XX. É uma referência para as notas históricas do final do Capítulo 5 do presente livro.

[13] EDWARDS, C. H., *The Historical Development of the Calculus*. Springer-Verlag, 1979.

Excelente livro. Explica o que realmente fizeram os matemáticos, desde Arquimedes na Antigüidade até Lebesgue neste século, o que não é muito comum nos livros de História da Matemática. Altamente recomendável.

[14] EVES, HOWARD, *Introdução à História da Matemática*, Editora da Unicamp, 1995.

Esse é outro livro muito recomendável. Sua nova edição em inglês, traduzida para o português, incorpora, antes de cada capítulo, um "Panorama Cultural" que orienta o leitor sobre o contexto histórico em que se desenvolvem as idéias matemáticas. O livro é rico em problemas propostos e temas para estudo e pesquisa adicionais.

[15] HIRSH, R. E GRIECO, R. J., *Brownian motion and potential theory*, artigo publicado na revista *Scientific American*, número de março de 1969, pp. 67 a 74.

Este é um belo artigo de divulgação sobre o movimento browniano discutido no final do Capítulo 4.

[16] KLINE, M., *Mathematical Thought from Ancient to Modern Times*. Oxford Univ. Press, 1972.

Trata-se de um excelente texto de História da Matemática, mais extenso e mais completo que os demais citados. Muito bem escrito, faz uma apresentação bastante equilibrada e com muita competência dos diferentes tópicos da História da Matemática nos vários contextos científicos em que se desenvolveram.

[17] STRUIK, D. J., *A Concise History of Mathematics*. Dover Publications, 1967.

Como diz o título, este livro é uma apresentação resumida, porém muito equilibrada e clara, da História da Matemática, desde seus primórdios até fins do século XIX. Publicado pela primeira vez em 1948, tornou-se um clássico muito citado na literatura matemática.

Índice Remissivo

Abscissa, 3, 17
Aceleração, 80
Andrew Wiles, 34
Apolônio de Pergà (aprox. 262-190 a.C.), 34
Argumento, 37
Aristarco (séc. III a.C.), 86, 142, 143
Aristóteles (384–322 a.C.), 86, 110
Arquimedes (287–212 a.C.), 56, 86, 245, 264, 265

Bertrand Russell (1872–1970), 112
Bolzano (1781–1849), 89
Boole (1815–1864), 111
Briggs (1561-1631), 178
Brown (1773–1858), 89
Bürgi (1552–1632), 178

Capitalização contínua, 224–225
Cauchy (1789–1857), 265
Cavalieri (1598–1647), 87
Circuito elétrico, 231
Co-secante de um ângulo, 117
Co-seno de um ângulo, 113–116
Co-tangente de um ângulo, 117
Coeficiente angular, 19
Coeficiente linear, 21
Completando quadrados, 31
Concavidade, 219
Condição
    necessária, 6
    suficiente, 6
Cônicas, 57–59
Continuidade, 68, 77
    e valor intermediário, 69
Contradomínio, 37
Coordenadas
    cartesianas, 18, 34
    na reta, 3
    no plano, 17
Copérnico (1473–1543), 86

Crescimento exponencial, 216
Crescimento populacional, 226–227
Custo marginal, 172

Darwin (1809–1882), 235
Declive, 19
Declividade, 19
Decomposição em frações simples, 278–282
Derivada, 73–74
    da função inversa, 105–106
    de a^x, 161
    de c^x, 161
    de e^x, 161
    do co-seno, 124
    do logaritmo, 149, 150
    do seno, 122–124
    logarítmica, 151
    n-ésima, 77
    segunda, 77
Derivadas
    à direita, 75
    à esquerda, 75
    laterais, 75
Descartes (1596–1650), 34, 87–89, 211
Descontinuidade, 70, 71
    do tipo salto, 247
Desigualdades, 7, 249
Desintegração radioativa, 227–230
Diferencial, 76
Diofanto de Alexandria (séc. III d.C.), 34, 56
Distância
    de um ponto a uma reta, 29
    de um ponto a uma reta qualquer, 30
    entre dois pontos, 26
Domínio, 36, 38

Einstein (1879–1955), 89
Eixo real, 3
Energia, 259
    cinética, 260
    potencial, 260

Equação
    da circunferência, 30–33
    da reta, 18–23
    da velocidade, 80
    horária, 79, 81
Eratóstenes (séc. III a.C.), 142
Euclides, ±300 anos a.C., 210
Extremos de funções contínuas, 184

Fermat (1601–1665), 34, 87, 88
Fibonacci (1180–1250), 14
Forças conservativas, 260
Formas indeterminadas, 129–134, 212–218
Fourier (1768–1830), 56
Frege (1848–1925), 111–112
Função, 35–38, 56
    afim, 38
    co-secante, 117
    co-seno, 113–116
    co-tangente, 117
    composta, 97
    contínua, 68
    contínua à direita, 71
    contínua à esquerda, 71
    contínua à direita, 248
    contínua à esquerda, 248
    crescente, 105
    de distribuição normal, 276
    decrescente, 105
    exponencial, 157–160
    ímpar, 50
    implícita, 100–102
    integrável, 240
    inversa, 104–105
    modular, 39
    par, 44
    secante, 117
    seno, 113–116
    tangente, 117
    valor absoluto, 39
Funções
    crescentes e decrescentes, 194
    definidas por integrais, 275
    hiperbólicas, 166–168
    racionais, 278
    trigonométricas inversas, 136–140

Gödel (1906–1978), 112
Galileu (1564–1642), 80, 86, 87
Gnômon, 144
Gráfico, 38

    da exponencial, 159
    do logaritmo, 154
Grandezas incomensuráveis, 15

Heisenberg (1901–1976), 90
Herão, séc. I d.C., 210–211
Hilbert (1862–1943), 112
Hiparco (séc. II a.C.), 142, 144, 145
Hipérbole, 49–53
Huygens (1629–1695), 110, 211

Idades geológicas, 230
Identidades trigonométricas, 120–121
Imagem, 38
Inequações, 8–13
Inflexão, 219
Integração
    de certas funções particulares, 289–296
    de produtos de potências trigonométricas, 283–286
    por partes, 271–274
    por substituição, 267–270
Integrais impróprias, 251–255
Integral
    como área, 239–246
    de função negativa, 240
    de Riemann, 256–259
    definida, 244
    indefinida, 243
Integrando negativo, 240
Intervalo
    aberto, 5
    fechado, 5
    semi-aberto, 5
    semifechado, 5

Juros compostos, 223–226

Kepler (1571–1630), 86, 87, 178

Leibniz (1646–1716), 56, 79, 87, 98, 110–111
Leonardo de Pisa (1180–1250), 14
Libby (1908–1980), 235
Liber Abaci, 14
Limite, 63, 67, 68
    à direita, 70
    à esquerda, 70
Limites
    infinitos, 71–72
    laterais, 70
    no infinito, 71–72
Linha de rumo, 298

Índice Remissivo

Logaritmo
    de uma potência, 152
    do produto, 151–152
    do quociente, 152
    natural, 148, 275
    numa base a, 147
    numa base qualquer, 163, 276
Logaritmo, lentidão do, 215
Lyell (1797–1875), 235

Marginal, 172
Máximo
    absoluto, 183
    local, 183
Máximos e mínimos, 182
Meia-vida, 229
Menecmo (séc. IV a.C.), 58
Mercator (1512–1594), 285, 298–301
Métodos numéricos, 277
Mínimo
    absoluto, 183
    local, 183
Módulo, 7
Movimento
    uniforme, 79
    uniformemente variado, 80
Movimento de queda livre, 260
Mudança de base, 163

Napier (1550–1617), 178
Neper (1550–1617), 178
Newton (1642–1727), 79, 86, 87, 110
Número
    e, 148, 217
    inteiro, 1
    irracional, 2
    natural, 1
    racional, 1
    real, 3

Ordenada, 17
Oresme (aprox. 1320–1382), 56

Parábola, 43–47
Pascal (1623–1662), 110
Pitágoras (aprox. 580–500 a.C.), 15
Poincaré (1854–1912), 112
Ponto
    anguloso, 76
    de inflexão, 219
    de máximo, 182

    de mínimo, 182
Ponto crítico ou estacionário, 186
Precessão dos equinócios, 145
Pressão atmosférica, 230
Primitivas, 237, 244
Princípio de Fermat, 204, 210
Problemas de máximos e mínimos, 201
Proposição, 6
Propriedades da integral, 241
Ptolomeu (séc. II d.C.), 86, 142, 145, 178, 297, 298

Queda livre, 260

Radioatividade, 227, 235
Razão incremental, 62
Regra
    da cadeia, 98
    de L'Hôpital, 212–218
Regra de Simpson, 278
Representação decimal, 14
Reta normal, 65
Reta numérica, 3
Reta tangente, 61, 63
Retas paralelas, 23
Retas perpendiculares, 28
Riemann (1826–1866), 265, 266
Rutherford (1871–1937), 227, 235

Secante de um ângulo, 117
Seções cônicas, 57–59
Segmentos incomensuráveis, 15
Seno de um ângulo, 113–116
Simbolismo algébrico, 55
Snell (1591 1626), 211
Soma de Riemann, 258, 277, 300
Stevin (1548–1620), 14

Tangente de um ângulo, 117
Taxa
    de variação, 169–174
Teorema
    da Média, 250
    de conservação da energia, 260
    de Fermat, 34
    de Ptolomeu, 146
    de Rolle, 192
    do Valor Intermediário, 69
    do Valor Médio, 191, 192
    do Valor Médio Generalizado, 212
    Fundamental do Cálculo, 242–243
Testes das derivadas primeira e segunda, 196
Trabalho, 259

Translação de gráficos, 40
Tycho Brahe (1546–1601), 86, 178

Ussher (1581–1656), 234

Valor
    absoluto, 7
    máximo, 182
    mínimo, 182
Valores extremos, 183
Variável
    dependente, 35, 36
    independente, 35, 36
Velocidade
    de escape, 261, 262
    instantânea, 80, 90
    média, 79
Viéte (1540–1603), 56

Weierstrass (1815–1897), 89
Wiener (1894–1964), 90

Zenão (séc. V a.C.), 90

Tabela de primitivas

$$\int x^n \, dx = \frac{x^{n+1}}{n+1} + C, \quad n \neq -1$$

$$\int \frac{dx}{x} = \ln|x| + C$$

$$\int \frac{dx}{x^2 + a^2} = \frac{1}{a} \arctan\left(\frac{x}{a}\right) + C, \quad a \neq 0$$

$$\int \frac{dx}{x^2 - a^2} = \frac{1}{2a} \ln\left|\frac{x-a}{x+a}\right| + C, \quad a \neq 0$$

$$\int \frac{dx}{\sqrt{x^2 \pm a^2}} = \ln\left|x + \sqrt{x^2 \pm a^2}\right| + C, \quad a \neq 0$$

$$\int \frac{dx}{\sqrt{a^2 - x^2}} = \arcsen\left(\frac{x}{a}\right) + C, \quad a > 0$$

$$\int \frac{dx}{a^2 + x^2} = \frac{1}{a} \arctan\left(\frac{x}{a}\right) + C$$

$$\int \frac{dx}{x\sqrt{x^2 - a^2}} = \frac{1}{a} \arcsec\left(\frac{x}{a}\right) + C$$

$$\int a^x \, dx = \frac{a^x}{\ln a} + C, \quad a > 0$$

$$\int \sen^2 x \, dx = \frac{x - \sen x \cos x}{2} + C$$

$$\int \cos^2 x \, dx = \frac{x + \sen x \cos x}{2} + C$$

$$\int \frac{dx}{\cos^2 x} = \int \sec^2 x \, dx = \tan x + C$$

$$\int \frac{dx}{\sen^2 x} = \int \csc^2 x \, dx = -\cot x + C$$

$$\int \frac{dx}{\cos x} = \int \sec x \, dx = \ln|\sec x + \tan x| + C$$

$$\int \frac{dx}{\sen x} = \int \csc x \, dx = \ln|\csc x - \cot x| + C$$

$$\int \senh x \, dx = \cosh x + C$$

$$\int \cosh x \, dx = \senh x + C$$

$$\int \frac{dx}{\cosh^2 x} = \tanh x + C$$

$$\int \frac{dx}{\senh^2 x} = -\coth x + C$$

$$\int \frac{\sqrt{ax+b}}{x} \, dx = 2\sqrt{ax+b} + b \int \frac{dx}{x\sqrt{ax+b}} + C$$

$$\int \frac{dx}{x\sqrt{ax+b}} = \frac{2}{\sqrt{-b}} \arctan\left(\frac{\sqrt{ax+b}}{-b}\right) + C, \quad b < 0$$

$$\int \frac{dx}{x\sqrt{ax+b}} = \frac{a}{\sqrt{b}} \ln\left|\frac{\sqrt{ax+b} - \sqrt{b}}{\sqrt{ax+b} + \sqrt{b}}\right| + C, \quad b > 0$$

$$\int \frac{dx}{(ax+b)(cx+d)} = \frac{1}{bc - ad} \ln\left|\frac{cx+d}{ax+b}\right| + C, \quad bc - ad \neq 0$$

$$\int \frac{x}{(ax+b)(cx+d)} \, dx = \frac{1}{bc - ad} \left[\frac{b}{a} \ln|ax+b| - \frac{d}{c} \ln|cx+d|\right] + C, \quad bc - ad \neq 0$$

$$\int \frac{dx}{(ax+b)^2\,(cx+d)} = \frac{1}{bc-ad}\left[\frac{1}{ax+b} + \frac{c}{bc-ad}\,\ln\left|\frac{cx+d}{ax+b}\right|\right] + C, \quad bc-ad \neq 0$$

$$\int \frac{x}{(ax+b)^2\,(cx+d)}\,dx = -\frac{1}{bc-ad}\left[\frac{b}{a\,(ax+b)} + \frac{d}{bc-ad}\,\ln\left|\frac{cx+d}{ax+b}\right|\right] + C, \quad bc-ad \neq 0$$

$$\int \sqrt{x^2 \pm a^2}\,dx = \frac{x}{2}\,\sqrt{x^2 \pm a^2} \pm \frac{a^2}{2}\,\ln\left|x + \sqrt{x^2 \pm a^2}\right| + C$$

$$\int x^2\,\sqrt{x^2 \pm a^2}\,dx = \frac{x}{8}\,\left(2x^2 \pm a^2\right)\,\sqrt{x^2 \pm a^2} - \frac{a^4}{8}\,\ln\left|x + \sqrt{x^2 \pm a^2}\right| + C$$

$$\int \sqrt{(x^2 \pm a^2)^3}\,dx = x\,\sqrt{(x^2 \pm a^2)^3} - 3\int x^2\,\sqrt{x^2 \pm a^2}\,dx + C$$

$$\int \frac{x^2}{\sqrt{(x^2 \pm a^2)^3}}\,dx = \frac{-x}{\sqrt{x^2 \pm a^2}} + \ln\left|x + \sqrt{x^2 \pm a^2}\right| + C$$

$$\int \frac{dx}{\sqrt{(x^2 \pm a^2)^3}} = \frac{\pm x}{a^2\,\sqrt{x^2 \pm a^2}} + C$$

$$\int \frac{dx}{x\,\sqrt{x^2 + a^2}} = -\frac{1}{a}\,\ln\left|\frac{a + \sqrt{x^2 + a^2}}{x}\right| + C$$

$$\int \frac{\sqrt{x^2 \pm a^2}}{x^2}\,dx = \sqrt{x^2 \pm a^2} \pm a^2\int \frac{dx}{x\,\sqrt{x^2 \pm a^2}}$$

$$\int \sqrt{a^2 - x^2}\,dx = \frac{x}{2}\,\sqrt{a^2 - x^2} + \frac{a^2}{2}\,\operatorname{arcsen}\left(\frac{x}{a}\right) + C$$

$$\int x^2\,\sqrt{a^2 - x^2}\,dx = -\frac{x}{4}\,\sqrt{(a^2 - x^2)^3} + \frac{a^2}{4}\int \sqrt{a^2 - x^2}\,dx + C$$

$$\int \sqrt{(a^2 - x^2)^3}\,dx = \frac{x}{4}\,\sqrt{(a^2 - x^2)^3} + \frac{3a^2}{4}\int \sqrt{a^2 - x^2}\,dx + C$$

$$\int \frac{x^2}{\sqrt{a^2 - x^2}}\,dx = -\frac{x}{2}\,\sqrt{a^2 - x^2} + \frac{a^2}{2}\,\operatorname{arcsen}\left(\frac{x}{a}\right) + C$$

$$\int \frac{dx}{\sqrt{(a^2 - x^2)^3}} = \frac{x}{a^2\,\sqrt{a^2 - x^2}} + C$$

$$\int \frac{x^2}{\sqrt{(a^2 - x^2)^3}}\,dx = \frac{x}{\sqrt{a^2 - x^2}} - \operatorname{arcsen}\left(\frac{x}{a}\right) + C$$

$$\int \frac{dx}{x\,\sqrt{a^2 - x^2}} = -\frac{1}{a}\,\ln\left|\frac{a + \sqrt{a^2 - x^2}}{x}\right| + C$$

Tabela de primitivas

$$\int \frac{dx}{x^2 \sqrt{a^2 - x^2}} = -\frac{\sqrt{a^2 - x^2}}{a^2 x} + C$$

$$\int \frac{\sqrt{a^2 - x^2}}{x} \, dx = \sqrt{a^2 - x^2} - a \ln \left| \frac{a + \sqrt{a^2 - x^2}}{x} \right| + C$$

$$\int \frac{\sqrt{a^2 - x^2}}{x^2} \, dx = -\frac{\sqrt{a^2 - x^2}}{x} - \operatorname{arcsen} \left(\frac{x}{a} \right) + C$$

$$\int x \operatorname{sen} x \, dx = \operatorname{sen} x - x \cos x + C$$

$$\int x^n \operatorname{sen} x \, dx = -x^n \cos x + n \, x^{n-1} \operatorname{sen} x - n(n-1) \int x^{n-2} \operatorname{sen} x \, dx$$

$$\int \ln |x| \, dx = x \, (\ln |x| - 1) + C$$

$$\int \ln^n |x| \, dx = x \ln^n |x| + -n \int \ln^{n-1} |x| \, dx$$

$$\int x^m \ln^n |x| \, dx = \frac{1}{m+1} \left[x^{m+1} \ln^n |x| - n \int x^m \ln^{n-1} |x| \, dx \right] + C, \quad m \neq -1$$

$$\int x^n \ln |x| \, dx = \frac{x^{n+1}}{n+1} \left(\ln |x| - \frac{1}{n+1} \right) + C, \quad n \neq -1$$

$$\int \operatorname{arcsen} x \, dx = x \operatorname{arcsen} x + \sqrt{1 - x^2} + C$$

$$\int x^n \operatorname{arcsen} x \, dx = \frac{1}{n+1} \left[x^{n+1} \operatorname{arcsen} x - \int \frac{x^{n+1}}{\sqrt{1 - x^2}} \, dx \right] + C, \quad n \neq -1$$

$$\int \arctan x \, dx = x \arctan x - \frac{1}{2} \ln \left(x^2 + 1 \right) + C$$

$$\int \operatorname{arcsec} x \, dx = x \operatorname{arcsec} x - \ln \left| x + \sqrt{x^2 + 1} \right| + C$$